草业工程机械学

（草业工程及草业机械）

杨明韶　杜健民　主编

中国农业大学出版社
·北京·

内 容 简 介

本书以草业机械装备技术为中心,其中突出了草资源、草产品、草业机械、草产业的融合。

全书共分九章,包括:草地土壤植被机械;农业物料切割及割草机械;农业物料切碎及青饲料收获机械;农业物料的收(聚)集机械;农业物料的输送装置;农业物料压缩工程;农业散粒(粉)体工程;农业物料水分与干燥工程;农业物料的其他加工过程等方面的基本内容。

本书内容丰富、系统,覆盖面广泛。体现了我国草业机械的历史积累和传承,反映了国内外草业机械的新结构、新原理、新技术、新机械、新草产品,至今我国还没有这样全面、系统的草业机械方面的书籍。

本书面向草业工程研究、教学、经营、技术管理等相关人员,特别有利于需要全面了解我国草业机械的科技工作者的阅读。

图书在版编目(CIP)数据

草业工程机械学/杨明韶,杜健民主编. —北京:中国农业大学出版社,2013.8
ISBN 978-7-5655-0781-6

Ⅰ.①草… Ⅱ.①杨… ②杜… Ⅲ.①草业工程机械-高等学校-教材 Ⅳ.①S817.8

中国版本图书馆 CIP 数据核字(2013)第 176224 号

书　　名	草业工程机械学
作　　者	杨明韶　杜健民　主编

策划编辑	赵　中	责任编辑	冯雪梅
封面设计	郑　川	责任校对	王晓凤　陈　莹
出版发行	中国农业大学出版社		
社　　址	北京市海淀区圆明园西路 2 号	邮政编码	100193
电　　话	发行部 010-62818525,8625	读者服务部	010-62732336
	编辑部 010-62732617,2618	出 版 部	010-62733440
网　　址	http://www.cau.edu.cn/caup		
经　　销	新华书店	e-mail	cbsszs @ cau.edu.cn
印　　刷	北京鑫丰华彩印有限公司		
版　　次	2013 年 11 月第 1 版　2013 年 11 月第 1 次印刷		
规　　格	787×1 092　16 开本　25 印张　620 千字		
定　　价	47.00 元		

图书如有质量问题本社发行部负责调换

前　言

1. 草业机械的发展历程与我国草业工程

1958—1978 年是我国发展传统草业机械化时期，重点是为单一的牧草收获生产过程配套机具；而生产的产品，仅是为了草原上冬春自用的原始态的散草垛，它是最原始最初级的干草产品。

1978—1983 年间引进和发展现代牧草收获机械化时期，一下子出现了诸多生产的草产品及其机械系列。例如生产方草捆、圆草捆、集草垛等干草产品以及青饲料产品和相应的机械系列。

20 世纪 80 年代在发展节粮型畜牧业方针的指导下，饲草料加工机械得到发展。草粉、草颗粒、草块、秸秆揉碎、秸秆化学、热化学处理等草产品及机械化，短期内在农村、牧区、城镇迅速发展起来。

2000 年西部大开发，草资源生态升帐。草资源、草业机械、草产品市场空前发展。一种新型的草产业在我国兴起。将草资源生产成草产品的机械，再也不仅仅是单一的机具，而已发展成为促草立业的工程技术系统。草资源、草产品、草业机械、草产业"四个草字"因素的融合，催生了我国草业工程的形成和草产业的发展。

1）草资源

草资源是发展草产业的基础。现代草资源，已非传统的草原资源。发展成为包括一般草地植物和其他草资源，如草农业秸秆、灌丛植物、林木树枝叶，食、药、保健植物，水生植物等生物质资源。至此，我国的草资源已经发展成为大草资源。草资源的战略意义空前。

草资源的价值，已经不局限于作为畜牧业饲料的"饲草"、"牧草"了，其功能几乎是全方位的。其价值已今非昔比；其生态战略功能深入人心，其历史传统文化的属性空前发扬。

2）草产品

所谓草产品是以草资源为基本原料，经加工、调制成能满足经济、社会不断发展需要的物质、文化的草制品。

草产品有固态、液态、粉体、松散集合态；有干燥的、新鲜的。形态多样，种类繁多，是一个正在发展中的产品领域。

草资源本身也是一类草产品。是美化的、装饰的、旅游的文化草资源产品。包括天然的、加工修饰的、人工建造的等，可称其为"草资源产品"。

按功能分，草产品包括：饲料产品；医药、保健产品、食用产品；生物纤维；制取产品；工业半成品；各种生物质制品；生物质能产品等。其覆盖面非常广泛。

3）草业机械

所谓草业机械，就是草资源生产和将草资源收集、加工成草产品，促草立业的工程技术手段,是草业工程的基本组成部分。没有草业机械就构不成草产业;没有草业机械现代化,草产业也就不能实现现代化。

4)草产业

"草业"的概念是钱学森先生首先提出来的。

钱先生提出的草业,涵盖了整个草原畜牧业。是相对农业、林业大层面的概念;是草产业链的延伸。

现代草产业已经发展成为,以现代草资源为基础,运用现代工程技术手段,开发生产草产品群,通过发展草产品满足经济、社会发展需要的新型产业,并具有鲜明的生态功能和草文化的历史属性。

草产业包含了大草资源、广泛的草产品、现代化的工程技术及装备、促草立业。

草产业是以草产品为核心的四个草字的融合;

草业工程是以工程技术及装备为核心的四个草字的融合;

草业工程和草产业已经融在一起了——这就是我国的草业工程的特色,这就是我国的草产业的内涵。这就是我国的草业工程学科。这就是作者提出的观点和定义。

2. 我国草资源开发草产品流程简图

本书是以机械的生产过程为重点进行论述的。为了强调机械、产品、草资源、草产业的关系,将作者提出的我国草业资源开发草产品流程简图附在前言文字后面。该图只是简图,但内涵丰富、潜力深厚,对读者全面了解我国的草业工程肯定是有益的,有意者可对其进行深入研究。

(二)编写思路

在已出版的畜牧机械教材中,由于草业机械只是其中的一部分,内容和要求受到限制,在编写时,很难成系统,在反应学科系统发展上也很难到位。即使冠名类似各类饲(牧)草机械的书籍,其内容单一或理论内容零星不成系统。另外,对我国50年的发展历程的积累和国外现代技术发展,也缺乏系统反应和传承。本书第一次从草业工程的概念进行编写,基于如下编写思路:

1. 书名

"草业工程机械学"(草业工程及草业机械)

1)基本点:本书体现了草资源、草产品、草业机械、草产业的学科融合。非一般的牧草机械或饲草料机械。

2)本书内容:

(1)包括了机械原理、加工原理、工艺过程及要求;注重机械的结构分析和专业理论的论述及系统性。本书反映了有关草业机械中的诸多专业理论。

(2)突出了内容的全面性和系统性以及历史的积累、传承性和发展;

(3)虽然不是按教材要求编写的,但是可以作为参考教材。

3)草业工程机械学,寓意作为草业工程学科,其中是否还应配套"农业物料过程流变学",非一般的流变学;"草业工程资源学",非一般的草资源学;"草业工程草产品学",非一般的草产品学等。

2. 内容的安排

1)突出草产品,突出产品工艺过程,注重各种部件的工作原理的分析。

2)草业机械技术是实用技术,编写的基点和表述的方法力争与其适应。

3)草业机械基础理论,主要应集中研究机械过程中基本工作部件作用于对象的工作原理和工艺过程,侧重最基本因素的基本规律,注意专业理论的全面性和代表性。

4)内容上反应我国历史的传承,包括作者的积累和成果以及国内外的新发展——新技术、新结构、新原理、新机械、新草产品。

5)以草产品的生产为主线,体现机械结构、工艺、产品的一致性。

(三)本书的基本特点

1. 与草资源、草产品的生物学融合

草业机械的功能就是将草资源开发成草产品,草业机械的作业对象是植物体,加工过程中渗透了生物学规律;草产品的生物记忆性延续其生命的全过程,所以草资源的生命过程,草产品的加工、储存、运输到应用的全过程,一直伴随着机械学、生物学的融合。

2. 体现了当代草业工程机械的发展

草业工程机械学以机械学为基础,充分利用草业机械及其相关的发展成果和技术,可体现我国"草业工程机械学"的学科内涵、科技属性、时代特色。

3. 覆盖面广泛,结构完整,内容成系统

覆盖了其他机械门类中的有关技术,例如,农业机械学、农产品加工、生物质能加工等。是一本独立的成系统的学科著作,是草业工程学科科技、教学的主要参考新书之一;体现学科内涵、反应科技发展,覆盖面广泛、专业系统,这是一个尝试,希望起到抛砖引玉的作用。

(四)其他参编人员有:杨红风、杨红蕾、马艳华

(五)致谢

1)在编写和出版过程中,乔万明科长始终给予了大力的支持和鼓励,在此表示衷心感谢。

2)在酝酿和编写过程中,得到了一些同行的鼓励和支持,尤其草原地区教育界同行的提示和我的学生们的期望给我极大的精神鼓舞。另外,中国农业大学王德成教授给本书出版以极大支持。在此一并表示感谢。

3)本书采用了参考文献中有关的配图和相关内容,除了在参考文献中表示之外,在此对作者表示感谢。

编　者

2013 年 1 月

草资源开发草产品流程简图

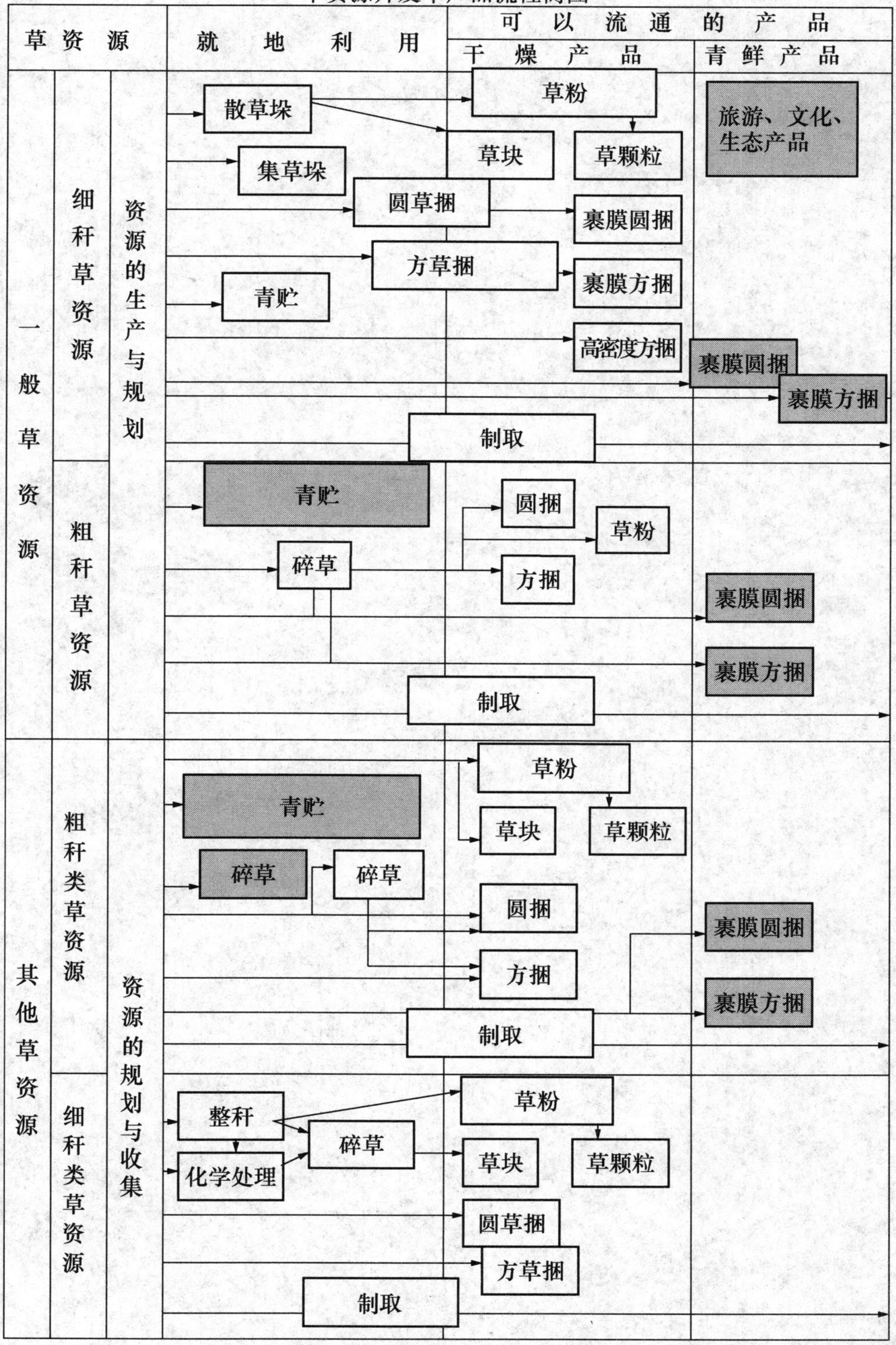

草 资 源	就 地 利 用	可 以 流 通 的 产 品	
		干 燥 产 品	青 鲜 产 品

一般草资源

细秆草资源 — 资源的生产与规划
- 散草垛 → 草粉
- 集草垛
- 圆草捆
- 方草捆
- 青贮
- 草块 → 草颗粒
- 裹膜圆捆
- 裹膜方捆
- 高密度方捆
- 裹膜圆捆
- 裹膜方捆
- 制取
- 旅游、文化、生态产品

粗秆草资源
- 青贮
- 碎草
- 圆捆 → 草粉
- 方捆
- 裹膜圆捆
- 裹膜方捆
- 制取

其他草资源

粗秆类草资源 — 资源的规划与收集
- 青贮
- 碎草 → 碎草
- 草粉
- 草块 → 草颗粒
- 圆捆
- 方捆
- 裹膜圆捆
- 裹膜方捆
- 制取

细秆类草资源
- 整秆
- 化学处理 → 碎草
- 草粉
- 草块 → 草颗粒
- 圆草捆
- 方草捆
- 制取

目　录

第一章　草地土壤植被机械

所谓草地土壤植被机械是在草原的建设中,为草地播种和创造植被生长发育的土壤条件,包括土壤的加工、添加(肥、水等)播种,以及植被的生长发育维护的工程技术手段。草地土壤植被机械也就是常说的人工草地、天然草地改良中的土壤加工和施肥、灌溉、播种以及维护植被生长、发育等一系列过程中的工程技术设备等。

第一节　草原与草原的退化

一、基本概念

(一)草原、草地、草场

在我国大百科全书或经典的著作中的传统的定义和论述:

(1)所谓"草原"(grassland)"是指主要生长草本植物或兼有灌丛和稀疏树木,可为家畜和野生动物提供生存场所的大面积土地,是畜牧业重要的生产基地。"

(2)在农学、畜牧学范畴中,"草原"是"大面积的天然植物群落所着生的陆地部分,这些地方所生产的饲用植物,可以直接用来放牧或刈割后饲养牲畜"。它的同义语有草场和草地。

(3)任继周院士称:"草地是草原的组成单位。""草场原为中国内蒙古割草地的俗称,与作为放牧地的牧场相对应,这些名词在中国也常作为草原的同义语用。"

现代草原上的植物已不仅是饲用,显然也不仅是畜牧业的重要生产基地,其资源的意义已更为广阔,其生态环境功能、文化载体意义已经与时俱进了。

(二)退化草原

所谓退化草原是指草原生态经济系统中的能量流动与物质循环的输入与输出失调,结构变坏,功能下降,稳定性减弱的草原。

退化草原的全部含义应该是包括草场植被退化、土地沙漠化、次生盐渍和水土流失,生态全面恶化的草原;生产上常说的退化草原,是仅指草场植被的退化,即草场产草量降低,草群质量变劣的草原。

1. 草原退化的机理(原因)

(1)草原的过牧、牲畜等人为的践踏,土层变硬,土壤结构恶化,其水分、空气状况、养料状况和热量状况及其环境逐渐恶化,生产能力下降。

(2)牲畜的过度采食,植被来不及恢复,植被变稀少,覆盖度越来越低,尤其植被中的优良草种减少、灭绝。

(3)对草地过度不合理的刈割,刈割后地表裸露,土壤会显著过热,冬季冻层变厚,土壤变干、变紧。另一方面,由于开花前的早期刈割而不能结籽,同样可致使草原植被变稀,覆盖度减低。

(4)气候变化,降雨量少,气候干旱,土壤的风蚀,这是我国北方干旱草原退化的主要原因。

(5)即使降雨量比较多的高寒草原,随着牧草年龄增加,过度利用,土壤逐渐变紧密,温度低,有机物的好气分解过程减弱,土壤中开始有嫌气性过程占优势,草的产量、质量下降,草原退化。

由此可见,对草原的不合理、过度利用和气候的影响,均可造成草原土壤结构恶化,植被群落恶化、变稀少,生产力严重下降,致使草原退化。

2. 退化草原的主要标志

(1)草原变稀疏、变低,覆盖度降低,产草量减少,生产能力下降。

(2)草原植被变劣,优良草种减少,灭绝。

(3)生态恶化,气候干旱、土壤沙化;草原调节气候、涵养水源功能消失;自然灾害日趋频繁。

二、退化草原的恢复

针对其退化的原因,采取休闲、禁用,让其自然恢复;科学利用、施以人为因素,进行改良恢复植被,提高草原生产力。

经验证明,除退化严重的草原,休闲、禁用,让其自然恢复之外;一般退化草原进行机械化治理、改良和人工草地效果显著。机械化治理退化草原,已经发展成为我国退化草原改良的重要方法和途径。

机械化治理和对草原的科学利用、减轻草原负担的经营方式相结合,已逐步形成为我国经营草原、治理草原的方向。

第二节 退化草原的机械化治理

由上可知,草原的退化与草原土壤、草原气候、草原植被、草原的利用等综合的因素相关。对退化草原的改良,要根据退化的原因、机理进行。采取休牧、轮牧等科学方法;科学利用草原;灌溉、施肥;松土补播、深松、浅耕翻等方法都分别有效。目前我国改良退化草原最主要方法除了灌溉、施肥之外,有松土补播、切根、深松、浅耕翻等,其中最典型的是松土补播。

一、草原松土补播的技术要求

所谓草原松土补播,即在退化草原上开沟松土、播种牧草(施肥)、镇压。目的是增加草原植被、改良草原植被,提高草原的生产力,其基本要求主要有:

(1)尽量减少对原有植被(土层)的破坏,尤其对干旱荒漠化草原。

(2)降低原植被对新播植被的竞争力,一般在补播前,采取一些措施为新播植物创造条件:

①过牧;

②烧荒,烧荒必须在枯株比较多的草地上应用。可以消灭老草,幼嫩植物就能得到良好的发育;可以消灭昆虫和其他草种;烧荒后可增加草类营养物质,提高其适口性。但是在干旱地区烧荒也会引起土壤的极度干燥。

（3）干旱地区，选择雨季、雨后播种效果好。

（4）播种的品种要适应当地的条件；在植被中要具有竞争力。

二、草原松土补播机械、装置

在我国草原松土补播机已经有 40 多年的发展历史，机械类型大同小异，比较典型的机型主要有：

1. 9SB-1.75 牧草松土补播机

（1）工艺过程

①开沟松土——开沟、潜松土，切缝 2～4 cm，潜松土深 10～24 cm，潜松范围接近 9 cm；破坏植被（土层）面积小于 30%。

②碎土——被动旋耕式碎土部件，碎土系数大于 70%。

③施肥、播种——播种深度一般 8～13 cm，化肥深施沟底，被碎土掩埋，种子播在肥料上层面切不接触，不能损伤种子和幼苗。

④覆土、镇压——镇压后土壤硬度 1 kg/cm^2，与农业镇压效果相同。

（2）机械的结构、特点，结构如图 1-1 所示。

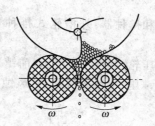

A.9SB-1.75牧草松土补播机　　　　B.双胶辊式排种器

图 1-1

凿式松土铲，铲柄能较好地切断植物根茎；对植被的破坏率小于 30%，土铲松土效果较好，沟底整齐；施肥管直接焊接在松土铲之后，可以将化肥实现深施至沟底；松土铲之后有的设置被动式旋转碎土器，碎土的同时，将化肥掩埋；排种器是双胶辊式排种器，如图 1-1B 所示，总排量稳定性变异系数 14.67%，各行一致性变异系数 18.4%；排种均匀性变异系数 22.9%。为了防止种子架空、堵塞，在辊子上方设有搅拌器。

整机为悬挂式，生产率 15 亩/h，机重 681 kg，工作幅宽 1.75 m，行距 35 cm，动力东方红-75，或铁牛-55 拖拉机。

2. 9MSB-2.10 型草地免耕松播联合机组

（1）主要结构及工作原理，如图 1-2 所示。

基本工作部件主要有凿型铲（开沟）和无壁犁（切根），种肥箱和排种器，前后镇压轮，机架与地轮等。

①凿型松土铲和无壁犁：通过 U 形螺栓固定在机架上。由凿型铲、限位装置、安全剪切螺栓、肥料漏斗等组成。松土深度 10～15 cm 且可调；对于羊草场进行不翻伐切根松土改良时，可换上无壁犁部件，刀刃锋利，设有滑切刃进行（切根）下部松土。

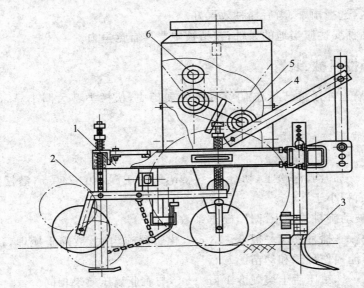

图 1-2　9MSB-2.10 型草地免耕松播联合机组

1. 机架；2. 前后镇压轮；3. 凿形松土铲；4. 种、肥箱；

5. 地轮传动机构；6. 排种拨动器

②种肥箱和排种器：外槽轮式排种器，设有拨动器，适用于禾本科流动性差的草种子的排种。

③前后镇压轮：如图 1-3 所示，前镇压轮压出种床，种子撒播在种床后，覆土链覆土；然后由后镇压轮再镇压，使种床抗旱、抗风蚀。

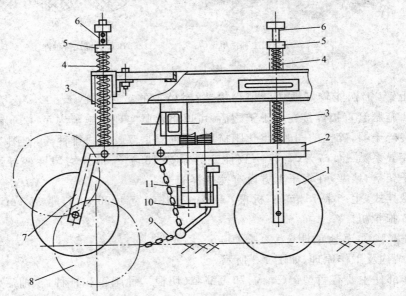

图 1-3　前后镇压轮结构

1. 前镇压轮；2. 前镇压轮支臂；3. 镇压轮弹簧；4. 缓冲弹簧；

5. 限位螺母；6. 镇压轮导杆；7. 后镇压轮支臂；8. 后镇压轮；

9. 覆土链；10. 撒种板；11. 输种管

（2）主要用途：

①在典型的退化草原上，进行松土补播，可保留草原原植被70％以上。

②在羊草原典型区配上羊草切根无壁犁，实现羊草场的切根改良。

③在退耕还草区内建立人工草场，进行开沟、松土，播种，施肥，镇压等。

④主要适用于栗钙土、暗栗钙土、沙壤土等植被稀疏的草地。

3.91BQ-2.1型气流式牧草播种机

适于退化草原牧草补播和人工草场的播种；也可播种其他作物。该机一次通过可以完成划破草皮、开构、播种、覆土作业，对草种子的适应性较强，能满足草种子的播种要求。

主要结构如图1-4所示。

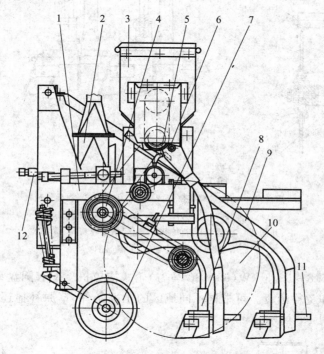

图1-4　91BQ-2.1型气流式牧草播种机

1.机架；2.风机；3.种箱；4.传动系统；5.进气管；6.排种器；7.圆盘刀；
8.开沟器；9.排种管；10.地轮；11.覆土器；12.传动轴

该机作业时，被动圆盘划破草皮切开土层和草根，开沟深度可调，宽度达30 mm；开沟器进行开沟松土，为种子准备种床；地轮驱动外槽轮式排种器，其主要特点是设有螺旋排列的弧形搅拌器防止种子架空、堵塞。为了使输送种管输种可靠，采用气流输送排种器排出的种子，强制其落入沟底内，然后覆土，尤其对形状不规则、质量轻的禾本科草种子更有意义。

圆盘刀和开沟器如图1-5所示。

4.9MSB-2.1免耕松土播种机

是牧草松土补播与免耕播种间隔配置的新机型。可完成切开草层（开沟）、松土、施肥、播种、镇压等项作业。地表开沟宽度小，对草原植被破坏少；对地表仿形能力强，对地形有一定的适应能力；能播种多种牧草种子，播量调节范围广、均匀稳定；工作幅2.1 m，行距30 cm，7行，

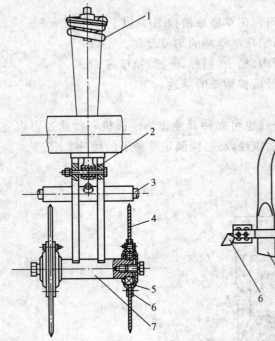

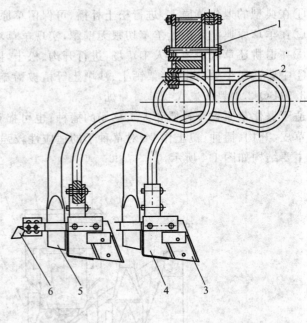

图1-5 圆盘刀和开沟器

左:圆盘刀 1. 锥状螺旋弹簧;2. 圆盘刀支架;3. 支架长轴;
4. 圆盘刀;5. 轴承;6. 轴承座;7. 圆盘刀短轴

右:开沟器 1. 弹簧固定夹板;2. 矩形钢板弹簧;3. 犁刀;
4. 犁刀架;5. 排种管;6. 覆土件

悬挂式,配套动力 47.8～58.8 kW(65～80 马力)轮式拖拉机。配有圆盘刀翼铲式深松铲,凿形深松铲式开沟器和免耕圆盘。可根据不同地区的土壤条件、草原补播还是农业免耕播种进行选用。其结构如图1-6 所示。

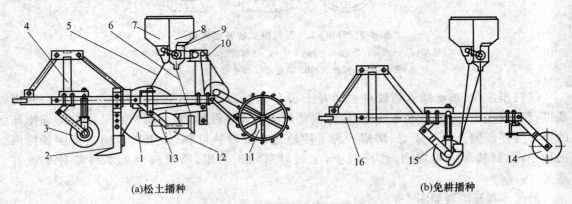

(a)松土播种　　　　　　　　　　　　　(b)免耕播种

图1-6 9MSB-2.1 免耕松土播种机

1. 行走轮;2. 松土铲;3. 圆盘刀;4. 机架;5. 输肥管;6. 输种管;7. 肥箱;8. 种箱;
9. 排种器;10. 变速器;11. 驱动地轮;12. 镇压开沟器;13. 行走轮转臂;
14. 二级镇压器;15. 免耕圆盘开沟器;16. 牵引架

原机初设计时,由于种种原因,在同一个机器上,采取松土行、免耕行,分别适应两种生产条件的设计思想存在矛盾。经过试验进行了如下的改进:

(1)根据条件需要,可全采用松土结构,去掉深松铲和圆盘刀,6 行结构。

(2)也可以都用免耕行结构,6 行结构。

三、牧草补播的基本概念

在牧草播种中常有免耕播种,牧草补播,保护性耕作播种机械和名词,概念相近。在此进行简要界定。

(1)免耕播种:播前不单独进行土壤耕作,作物生长期间不进行土壤管理,而是在茬地上播种的一种耕作制度。一般是指农业播种。

①免耕播种仅是不进行传统的耕翻,并没有排除播种以前没有进行土壤耕作和其他加工;

②免耕播种是在农业种植的土壤基础上进行播种,而不是在原始草原植被上进行播种;一般播种土壤、地面情况比较平整;播种条件较天然草原上直接播种要好。

(2)牧草补播:应该是在天然(退化)草原上直接播种牧草(不是农业播种);尽量减少草原土层破坏程度;减少对土层的破坏是其重要要求指标。

①意义在于补播新草种,增加草原的植被提高产草量和质量;在不同的退化草原对播种草种类有不同的要求;

②补播的开沟(或划破皮)的特点是切断草根或松土和对原有植被破坏要尽量少;

③是天然草原上播种,地面情况、平整情况不如农业用地;因此对机械的稳定性、仿形性要求应高于农业播种。

(3)保护性耕作播种:是有别于铧式犁曲面耕翻土壤为主要特征的传统耕作法的一种新的耕作技术。保护性耕作的指导思想是尽量减少对土壤的加工和投入,获得持续、优化的经济、生态、社会效益。目前要点有:免耕播种技术,秸秆残茬处理技术,杂草及病虫害控制技术,土壤的防蚀等。美国曾提出,"适合美国保护性耕作最佳模式不是免耕,而是深松(少耕)加大秸秆覆盖"。保护性耕作的免耕播种的主要矛盾还有在残茬覆盖的地面上进行播种等问题。保护性耕作的指导思想适用于草地播种,但是与草地补播不是一码事。

四、机械化治理退化草原的典型工作部件

退化草原的机械化治理,应根据草原的类型、气候环境、植被情况、退化程度选择治理方法和设备,例如选用浅翻、松耙等一般选用农业用机械设备等。在此重点介绍一下机械化治理退化草原常用的典型零部件。

1. 开沟、松土部件

(1)旋耕圆盘:例如,9BC-2.1 牧草耕播机上采用的主动旋切刀盘,圆周上交错布满(18 个)旋齿。工作时刀盘能将坚实、草根错结、板结草层切开一道 50 mm 宽、深 20～120 mm 的窄沟;沟壁整齐,不破坏沟外的植被;刀盘转速 495 r/min,转一个齿时间内机器前进 12 cm;开沟的同时向后抛土;沟内土壤松碎,为播种准备了种床。

例如美国进口的 1550 系列的牧草播种机,采用的也是主动旋切刀盘,周边的齿是碳化钨镶块,直径 300 mm,开沟宽 13～19 mm,旋深 25～50 mm(可调节),转速高 635 r/min。

(2)圆盘切根、开沟器:单圆盘可在草地上开一条沟,仅切断草根;双圆盘主要是开沟。

（3）无壁犁刀：切根和开沟且不翻伐，图1-7。

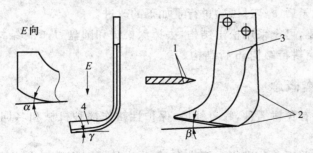

图1-7　无壁犁刀

1. 锋刃；2. 滑切刃；3. 铲柄；4. 犁铲

β-起土角（松土角）；γ-铲翼过渡角，8°～10°；α-铲翼张角，40°～45°

（4）松土铲：窄犁柱下面设松土铲进行松土；而犁柱起开沟作用（有的称开沟铲柄），图1-8。

（5）箭形开沟铲（犁）：如图1-9所示，入土后在地表深处切断草根，不翻垡松土，耕深50～250 mm，改善土壤条件，地表水分容易下渗，防止碎土流失，破坏了板结层，增加了透气性。

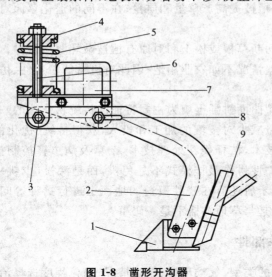

图1-8　凿形开沟器

1. 开沟铲；2. 铲柄；3. 销子；4. 弹簧支座；5. 压簧；
6. 弹簧导杆；7. 机架；8. 销子；9. 种肥管

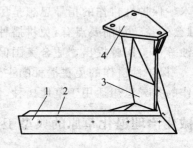

图1-9　箭形开沟铲（犁）

1. 铲片；2. 铲座；3. 犁柱；
4. 连接板

2. 排种、输送种子装置

草种子与谷物种子比较，最突出的特点是禾本科草种子形状不规则、比重轻、流动性差。在播种中，要注重增加其流动性，防止排种过程中架空和落种不畅等问题。所以一般牧草播种机，尤其播种禾本科草种子，都设有拨动、防堵塞装置；有些牧草播种机上，排种后，用气力强制输送草种子至种沟。

3. 牧草撒播镇压装置

一般用辊子、拖板、拖链式进行覆土镇压，与农业上的镇压装置相同。

第三节　人工草地土壤植被机械技术

一、人工草地

人工草地是利用综合农业技术,在完全破坏了天然(草原)植被的基础上,通过播种建立植被的人工新草本群落;目的是获得高产优质的牧草,以补充天然草地之不足,满足家畜的饲养需要;改善草原生态。播种灌木或乔木人工植被群落也属人工草地的范畴。天然草原(地区)以外的人工种草,将草作为一种作物进行农业种植的,也叫人工草地,但是它与一般意义上的人工草地不同,它应该属于农业种草。

人工草地主要是欧洲、北美的农牧业文明产物。人工草地是牧业用地中集约化经营程度最高的类型之一,也是草地畜牧业程度的质量指标之一。

根据国内外人工草地的发展历史,建立人工草地的目的,应该是生态需要和生产的需求。展开来讲,人工草地应有三个基本特征,一是基于草原,是草原的组成部分;二是运用综合农业技术完全更新天然草原植被、加工土壤、播种(施肥)建立了新的植被群落;三是追求的是经济效益和生态效果。

二、建立人工草地工艺、技术要求

(一)建立人工草地的条件及要求

建立人工草地,实质就是天然草原的开垦、种草。建立人工草地的条件与农业种植条件相近,例如,雨水较充足或者有灌溉条件;土壤条件充分,土质土壤风蚀、水蚀趋势小;另外,在草原地区,建立人工草地必须进行对地区和整体草原生态的影响进行评估;还必须考虑草原的四季覆盖;种植制度等必须与草原的生态要求、环境要求、经济发展相一致;还应该对开垦种草进行环境、气候的发展作出科学论证;禁止建立人工草地的随意性。

因此,农区种植业发展人工种草,一直是将草作为一种作物进行种植,在种植中,除了考虑特殊草种子的播种问题之外,与种植业要求完全相同,应归属种植业和种植业机械。

天然草原上建立人工草地的要求比较复杂,在我国已经发展为战略性问题。因此,天然草原上建立人工草地的工艺、机械技术还必须与我国草原生态、环境要求相适应。可是目前我国在天然草原上建立人工草地的技术要求,还在发展完善过程中。

(二)草地播种与农业播种

1. 草地(含退化草原和人工草地)播种

播种的基本因素包括种子和种床。

(1)草地播种,不论是种植业播种还是草原播种,播的都是草种子,排种基本要求相同。

(2)基本不同点在于种床的创造与处理。

①退化草原播种,仅是在草原原始植被上开一个沟(附以松土)进行播种,由于条件的限制,只能制造比较原始的种床,满足草种子发芽、出苗的最基本要求;排种器能将草种子顺当地播在粗糙的种床里;种床的制造,还必须满足对草原植被破坏程度要少的要求。

②人工草地播种,要创造一个松软的种床,一般要对土壤要进行加工处理,创造优良种床的条件比较充分,与一般种植业播种种床的要求相同。

2. 草地播种与谷物播种

人工草地播种与谷物播种的土壤条件相同、种床的要求一致

(1)种植业播种牧草,水土条件好,是在较精整过的土壤条件下进行,土壤松软、细碎均匀、平坦,种床条件与种植谷物条件相同,也就是说种植业播种谷物和播种草种子的种床条件一致、要求相同。

(2)种植业播种谷物种子和播种牧草种子,也仅有某些草种子的形状不规则、流动性差、比重轻等特殊性的差别。在种植业播种机上的基础上,排种、输种等过程中,采取某些局部措施,就可满足播种牧草种子的要求。

三、农业播种机械技术

前已述及,除了种床的情况不同和特殊草种之外,播种牧草和谷物种子的结构、要求基本上差别不大。因为农业播种技术比较完善,草种子播种机基本上是在农业播种的工艺、技术的基础上发展起来的。草种子播种也越来越多的采用农业播种新技术,所以在此将农业播种技术也进行较详细地介绍。

(一)农业播种工艺过程

(1)农业播种机的功能是按照农业技术要求,将作物种子以一定的播量均匀地播入一定深度的种沟(穴)内,并覆以适量的湿土,有时同时施种肥并适当镇压,或同时喷洒农药等,尽量为种子发芽生长发育提供良好的条件。

(2)基本工艺过程是开沟(穴)—播种—覆土—镇压。

开沟(穴)——为种子制造一个良好的种子床。深度、土壤状态(松散、均匀、湿度)适宜。由开沟器完成。

播种——投种,按要求将种子投放到一定深度的沟(穴)底,要求种距均匀、深度一致,投种量符合要求。由排种器、输种管完成。

覆土——投种后,沟壁的湿土适时覆盖种子,覆土在开沟、投种过程中完成;覆土的深度,取决于土壤类型、种子的种类、湿度等;大多数草种子都是很小的,为了适应苗芽能穿出土层,覆土不要过深;对湿润的土壤,小的草种覆土 1~2 cm;疏松的土壤 0.5~1 cm;在干旱地区,一般覆土 4~5 cm。要求覆土均匀。

镇压——覆土后要进行适度的镇压,镇压使种子与土壤紧密接触,土壤的水分易于进入种子,使种子整齐而迅速萌发;镇压使土壤平面平整;镇压能创造良好的水分条件,加速草种在土壤变干前出苗。有时候还需要播前镇压。

(二)播种装置

以条播机为例。

1. 常用的开沟器

开沟(穴)器的作用是在播种的地面上开出种沟(穴),将种子导入沟(穴)内,然后覆盖上湿润土。

对其要求是:开沟直、沟(穴)整齐,深度一致,利于种子在行内的分布均匀,保持投种位置,避免干燥土壤覆盖种子;不乱土层,不堵塞;对土壤的适应性强;阻力小,结构简单。开沟器有双圆盘式、单圆盘式、锄铲式、芯铧式破茬开沟器等。

(1)双圆盘开沟器:

①双圆盘开沟器是应用较普遍的开沟器,其工作部件是两个互相倾斜对称形成夹角(约为

$\varphi=15°$)的平面圆盘,通过球轴承安装在开沟器体上。工作时在土壤反作用力的作用下,各自绕自己的轴线旋转。开沟深度能在 $2\sim10$ cm 调节。双圆盘靠自身重量和弹簧压力入土,两个平面圆盘将土壤向两侧推挤而形成种沟。开沟宽度 $30\sim50$ mm。播种时,导种板将种子导入沟底。开沟整齐,工作稳定,能适应较高的作业速度,能切破土块、切断土中残根,对土壤的适应能力较强,有一定的覆土能力,上、下土层相混的现象较少;广泛用于条播。但是重量较大,开沟阻力较大,沟底不平整,不适于浅播(图1-10)。

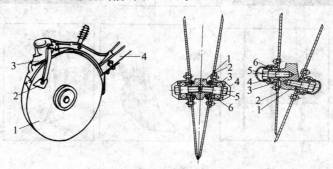

图 1-10 双圆盘开沟器
左:双圆盘体 1. 圆盘;2. 刮泥板;3. 开沟器体;4. 拉杆
右:剖面 1. 开沟器体;2. 圆盘;3. 圆盘毂;4. 防尘盖;5. 轴;6. 球轴承

②双圆盘开沟的特点:实际上,两个圆盘各开出一条凹沟,在两个凹沟之间,则有一个凸埂。在开沟宽度不大时,凸埂对播种深度的影响可以忽略。但在开沟较宽时,凸埂将影响种子在沟内的横向分布。将 φ 角加大,用一个双圆盘可开出两个种沟,可播成两行,实行窄行密植。

(2)单圆盘开构器是一个曲率半径为 $600\sim700$ mm 的球面圆盘,圆盘回转面与机器前进方向有一个偏转角($3°\sim8°$)。工作时圆盘滚动,其刃口切开土壤,土壤沿圆盘凹面升起后 抛向一侧,形成椭圆形沟底。开沟宽度 $20\sim30$ mm,入土性能好,沟底不平,工作不稳定,有干、湿土与种子相混,不适于旱地区使用,主要用于谷物条播机。

(3)芯铧式开沟器:开构宽度 $40\sim120$ mm,入土能力强,沟底平整,能在茬地上作业,适于垄作和平作宽苗幅开沟,作业速度角高,但是高速作业有抛土现象,如图1-11所示。

(4)破茬开(切)沟器:破茬开沟器用于免耕播种开沟。各种型式的破茬开沟器如图1-12所示。

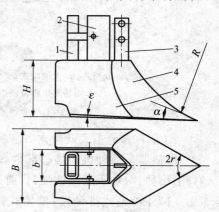

图 1-11 芯铧式开沟器

B-宽度;H-高度;α-碎土角;

ε-入土隙角;R-铧面弧半径

1. 条播管;2. 护种罩;3. 铧柄;

4. 芯铧;5. 侧板

圆盘式开沟器刃口型式不同,功能亦有差别。平滑刀切出一条小缝;缺口刀有锯切作用,切断能力强;皱褶刀利用土壤对刃口的不均匀磨损可使刃口保持锐利,且转动时的滑移率较小,波纹刀对两侧土壤有一定的碎土作用,有利于种子的生根发育;锄铲式破茬开沟器入土能力强,无需很大的压力即可开出较深的种沟。

(5)主动旋转开沟器,是铣削机构原理,锯齿状的圆周边缘,开沟能力强,适应地面坚硬、板结的土壤,但是阻力大,功耗高。

其中波纹式开沟工作情况如图1-12所示。

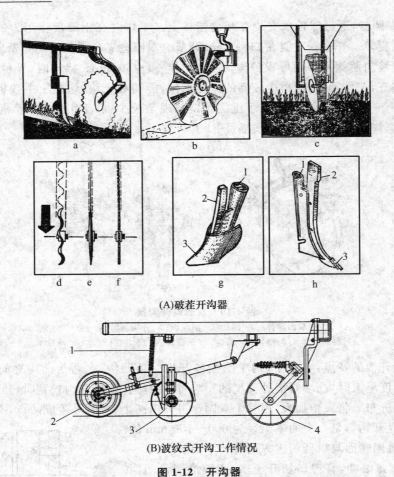

(A)破茬开沟器

(B)波纹式开沟工作情况

图 1-12 开沟器

a. 缺口式；b. 大波纹式；c. 斜圆盘式；d. 波纹式；e. 平滑式；f. 皱褶式；g. 铲式；h. 凿式

1. 单组仿形机构保证播深一致；2. 镇压轮镇压并控制播深；3. 双圆盘精确开出

V形沟，并将种子和肥料播于沟底；4. 波纹圆盘破茬并开出种沟床

2. 排种器的型式及特点

排种器是播种机的核心部件，基本功能是将种箱中的种子按要求给种，在给种过程中均匀、不伤种、对种子适应性强，目前排种器种类繁多。

(1)外槽轮式排种器：槽轮式排种器有外槽轮、内槽轮式，外槽轮式排种有上排和下排，在此仅介绍外槽轮式排种器(下排)。

① 工作原理、结构：如图 1-13 所示。

外槽轮式排种器有排种盒、排种轴、外槽轮、阻塞轮等组成。排种盒装在种箱下面，种子通过种箱底开口流入排种盒。排种轴转动时，外槽轮和花型挡圈一起转动，而阻塞套不动。阻塞套和花型挡圈可防止种子从槽轮两侧流出。

槽轮转动时，凹槽内的种子随槽轮一起转

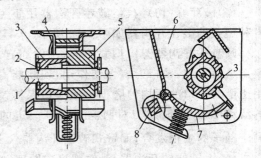

图 1-13 外槽轮排种原理

1. 转动轴；2. 销钉；3. 槽轮；4. 花形挡环；5. 阻塞套；
6. 排种器盒；7. 清种舌门；8. 清种方轴

动,槽外的种子也有被带动。被带动层的厚度,称为带动层。在带动层外,种子流动,称为静止层。带动层内种子的深度是不同的。位于槽轮周边的种子速度最大(仍低于槽轮的速度)。其变化如图 1-14 中的 mn。带动层厚度 C_0 并非常数。带动层与静止层的界面 $a-b-c$,呈扁圆形,C_0 的最大处在第 II 象限内。

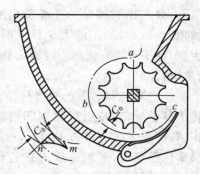

图 1-14 外槽轮排种带动层

mn. 带动层速度变化曲线;

abc. 带动层边界曲线;

C_0. 带动层厚度

外槽轮的播量取决于槽轮的转速及其有效长度(槽轮进入排种盒的长度),轴向移动槽轮轴,改变其工作长度,借以调节播量。如果还不能满足要求,可通过改变槽轮的转速来实现。排种舌的开口可以调节,播大粒种子(如大豆、玉米)时,用较大的间隙。不过间隙过大时,部分种子可能自流排出,影响排种稳定性。间隙过小,可能伤种。有些外槽轮可以顺、逆(时针)转。

为了适应不同的要求,槽轮的形状还有多种变形。小槽轮适于播小播量和小粒种子,直角槽轮,交错槽轮、螺旋槽轮都有助于减少脉动性。

②外槽轮式排种器的特点:

a. 能播种各类光滑种子,如麦类、高粱、豆类、玉米、粟类、草种子、油菜等。当以播麦类、高粱等粒形种子效果最好;

b. 对于中型粒子(麦、高粱等)强制播种,播量稳定,不受地面不平度、前进速度以及种箱充满情况的影响;但对大粒种子损伤率较高。对于小粒种子播量稳定性较差;

c. 排种时,槽轮转到凹槽处排出种子较多,齿脊处排出种子较少,种子流呈脉动,影响排种的均匀度。将排种舌的出口边做成斜线,或将槽轮的轮槽作成交错排列,或做成螺旋斜槽,都有助于提高排种均匀性,但仍不能从基本上消除排种的脉动性。这是槽轮式排种器的基本缺陷。

d. 行间一致性:外槽轮排种器行间排种的一致性主要取决于槽轮工作长度和排种舌间隙是否相等。还与排种盒、排种舌等排种器的制造、安装精度有关。

e. 外槽轮排种器结构简单,容易制造,成本较低,调节方便,使用可靠,通用性广。是一种比较实用、经济的排种器;广泛用于条播机,也可用于排肥器。

③外槽轮排种器有关参数:

a. 槽轮直径(外直径)d 和每分钟转速 n:对播大粒种子,直径要大一些,以避免伤种子,例如,播大粒子外槽轮的直径有的达 110 mm;播小粒种子,尤其小播量时,一般采用小直径槽轮;以播麦类为主的槽轮直径 $d=20\sim40$ mm;播油菜和粟类小粒种子的槽轮直径 $d=24\sim48$ mm。转速大小直接影响播量。槽轮的转速在 $n=9\sim60$ r/min 范围内播量比较稳定。

b. 槽轮的工作长度 L 和槽数 Z:槽轮的工作长度与转速 n 是槽轮排量的基本因素。最小长度应大于种子长度的 $1.5\sim2$ 倍,避免排种受阻和排种部均匀压板工作长度 $30\sim50$ mm;工作长度可调。槽数 Z 与种子大小有关,影响排种的脉动性。一般 $Z=10\sim18$。

c. 凹槽横截面形状:确定凹槽形状的依据是方便种子的填充和流出。播大粒种子常用圆弧形,小粒种子则采用直角槽。

d. 槽轮与排种盒上、下排种口的相对位置:如图 1-15 所示。过上排口的 A 点和下排口的

E 点,分别作对槽轮的外缘所作的切线的倾角 α_1 和 α_2,均不能大于种子的休止角。否则,种子可能自流出。可称 α_1、α_2 为防漏(流)角。

e. 外槽轮排种器的排量是槽轮转一周排出种子量,理论上可根据凹槽的横断面积 A,槽数 Z,有效工作长度 L,种子的带动层平均厚度 C,平均速度 u 进行计算。内有不确定因素是槽内充满系数盒带动层厚度,只有靠试验,取得经验值。

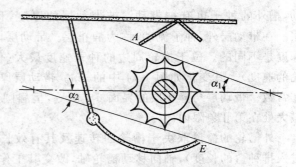

图 1-15 排种口防漏角

(2)内槽轮式排种器:内槽轮排种器,凹槽在槽轮的内侧,内槽轮转动,将种子带到移动的高度,在重力的作用下排出。

(3)型孔轮(窝眼轮)式排种器:如图 1-16 所示,排种轮是窝眼轮或有窝眼的立式圆盘。窝眼轮转动时,种子充入窝眼,刷种轮刷去多余的种子,窝眼轮转到一定位置,靠种子的重力排出。结构简单,可一孔多粒穴播玉米;也可单粒播圆滑的种子,投种精度较高。广泛用于播玉米、大豆、甜菜等中耕作物的播种。

(4)刷式排种器:如图 1-17 所示,是一个具有一定弹性的刷轮式排种器,种子从排种口排出,专用于油菜、苋菜、三叶草、苜蓿等小粒、光滑种子,进行小播量播种。播量主要靠排种口大小来调节。

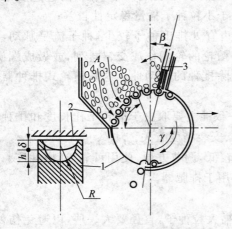

图 1-16 型孔轮式(窝眼轮式)排种器
1. 型孔轮;2. 壳体;3. 种刷

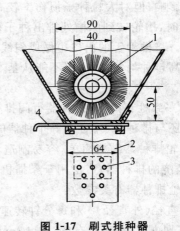

图 1-17 刷式排种器
1. 刷轮;2. 播量调节板;3. 排种孔;4. 插门

(5)气吸式排种器:如图 1-18 所示,排种元件是立式带孔的绕水平轴旋转的排种盘,一侧与种子室接触,另一侧为气吸室,与气吸风机相连,室内为负压。工作时,气吸室的负压通过排种盘孔将种子吸附在排种盘的孔上,清种器 4 将多余的种子刮回种子室。留在排种孔上的种子随排种盘转到下部投种位置时,切断负压,种子靠重力排出。更换吸种盘,变换吸孔大小及盘上的吸孔数,可适应各种种子的粒形尺寸机株距要求。气吸式排种器适于高速作业,不伤种,对种子通用性好,排种盘上均布孔可以单粒精播,成组布孔可进行穴播,布窄缝可进行条播谷子等,吸气负压 2~10 kPa,取决于种子特性,排种孔尺寸与种子有关,种子大,真空度要高,吸种孔也要大,但是种孔太大,种子容易堵塞或吸住双粒种子。通常玉米的孔径为 5~6 mm;高粱 2~2.5 mm;甜菜 2~3 mm;排种盘的直径约 200 mm,盘厚 1.5~2.0 mm,要求平整光滑。工作时,地头、起步易出现漏播。

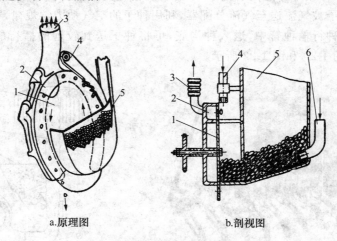

a.原理图   b.剖视图

图 1-18 气吸式排种器

1. 排种盘;2. 真空室;3. 抽气管;4. 清种器、清种喷嘴;5. 种子箱;6. 输送吹嘴

(6)气吹式排种器:如图 1-19 所示,有密闭的种箱,种子从种子箱 5 进入充种区,种子在自重和气力下,填充到旋转着的型孔轮 3 的窝眼内,与此同时拖拉机输出轴驱动的离心风机产生的气力经气流喷嘴 4 产生的高压气流,将窝眼上部的多余种子被吹走,而位于窝眼底部的种子,在上下压力差的作用下紧靠窝眼底部;这样每个窝眼都保留一粒种子。当排种型孔轮窝眼的种子转到护种区时后,气压立即消失,种子在自重和推种片 8 的作用下定时落入种沟。投种的精度比气吸式高。常用气压 3~5 kPa,型孔排种轮的直径为 200~250 mm,播玉米等大粒

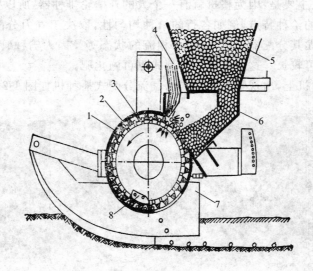

图 1-19 气吹式排种器

1. 护种板;2. 型孔;3. 型孔轮;4. 气流喷嘴;5. 种子箱;
6. 种子通道;7. 开沟器;8. 推种片

距种子适应机速 10 km/h 以上,播大豆等小粒距种子则在 6 km/h 以内,用于玉米,甜菜等播种。地头起步时,气压低易产生重播。

(7)槽轮排种——气力分配式装置。一个大型的槽轮排种器装在种子箱的底部,它将种子排入气流管道。种子被气流送至气流分配器,利用种子的空气动力学规律,在分配器中将种子均匀地分配送入各种行输种管中,送入种沟底,可将种子送到较远的播行的种沟。如图 1-21 所示,机器外貌如图 1-20 和图 1-22 所示。

图 1-20　气力分配式播种机(Vicon)

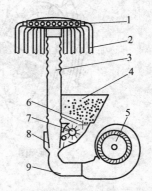

图 1-21　槽轮排种——气力送种式装置原理图

1. 气力分配器;2. 种子输出管;3. 波纹管;

4. 种子箱;5. 风机;6. 种子搅拌器;

7. 排种轮;8. 文丘里管;9. 出风管

其工艺过程是,种子箱的种子流入外槽轮排种轮,外槽轮将种子排入风管;风机将气流吹入风管;种子沿垂直波纹管流向气力分配器;由气力分配器将种子均匀地分配给种子输送管,种子沿输送管被送到种沟中。

这类装置的特点主要是:因为整机就有一个大的外槽轮排种器,所以整机的排种具有外槽轮的一切特点;各行的给种特点,例如各行的给种均匀性,取决于气力分配器系统,包括风机、分配器前的波纹管、尤其分配器中的气流、两相流的状态等。因为输种管中还有气流,所以输种通畅,且输种距离可较长。这种排种送种型式也可施化肥。

最近在国外播种机上,出现了更多型式的气流分配式播种机如图 1-22 所示。

图 1-22　ITALY MASCHIO. Gaspardo 系列气流式播种机

左:气力分配式播种机　中:气流式排种器　右:气流分配器

3. 播种机的其他装置

（1）覆土器。开构器只能将少量的湿土覆盖种子，不能满足覆土的要求；通常还需在开沟器的后面安装覆土器。大多数草种子的覆土深度是很小的。为了使幼弱的苗穿出土层，不要过深覆土。覆土深度取决于土壤类型、草种子种类、土壤湿度（温度）。在干旱地区，覆土比较深。覆土器的功能就是将播入种沟的种子，按要求进行覆土。覆土的要求覆土深度适宜；覆土深度一致；覆土不能改变种子在种沟内的位置。播种机上常用的覆土器有链环式、弹齿式、圆盘式、刮板式等。

（2）镇压器。镇压器的功能是压紧土壤，使种子与湿土严密接触，利于种子的发芽、出土；镇压使土壤平整，干旱地区镇压具有重大意义，镇压能创造良好的水分条件，利于种子出苗。

（3）导种管或输种管。导种管的功能是将排种器排出的种子导入种沟。基本要求是，对种子的干扰小；有足够的伸缩性并能随意挠曲，以适应开沟器的升降、地面仿形和行距调整的需要，条播机上导种管往往影响种子的均匀性；在精密播种机上，导种管及开沟器上的种子通道往往是影响株距的主要因素。导种管用金属、橡胶或塑料制成，目前塑料管居多。

（4）肥箱、排肥装置及要求。

播种机上的施肥，主要是施化肥和施种肥。

a. 常见的施肥方法有侧施肥（肥在种子的侧下方）、正施肥（肥在种子的正下方）和与种子混施。

b. 要保证合理施肥，一是要注意保持土壤中养分平衡。植物生长需要十几种不同的元素，其中最主要的是氮、磷、钾。如缺乏某一种元素，即使其他养分供应充足，作物生长也不一定会好。例如，我国土壤普遍缺氮，因而施入氮肥，产量增加较多，但是若长期偏施氮肥，土壤中的磷、钾就会耗尽，致使土壤肥力下降。我国很多地方推行配方施肥，即根据土壤化验合理配肥、科学施肥。

要提高化肥施后的利用率。目前我国普遍情况是化肥的利用率不高。其原因多种多样。与施肥有关的因素，是氮肥必须深施，无论液态、固态的氮，必须施在表土以下 $6\sim10$ cm 并要覆盖严实，才能减少氨的挥发损失。磷肥在土壤中几乎是不移动的，为了利于种子吸收，又不烧种子，应在播种时，侧深部位施肥。

c. 施肥的装置和播种机相似，主要有肥箱、排肥器、导肥管等。

（5）划印器。播种机工作时，为了保证邻接行距 m 与开沟器间距一致，在机架上安装划印器，L_z 为左划印器臂长，L_y 为右划印器臂长，左右划印器交替工作，一个工作，一个抬起。靠液压或进行控制其起落。如轮式拖拉机带一台播种机，采用梭式播种方法、拖拉机右前轮中线对印为例，说明划印器长度计算公式。划印器的长度确定如图 1-23 所示。

$$L_z = B + \frac{l}{2}$$

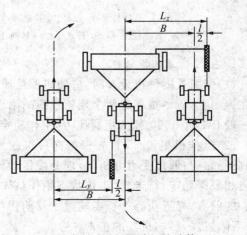

图 1-23　划印器臂长的计算

$$L_y = B - \frac{l}{2}$$

式中：L_z——左划印器臂长；

L_y——右划印器臂长；

B——播种机播幅；

l——拖拉机的前轮距。

(6)种子检视器：播种机田间作业，一定保证每个排种器都能转动排种。当出现故障时应及时警报防止漏播；为此在每个排种器或开沟器上安装机械式或电子式报警，如光电式种子流传感器，仪表上可显示出故障的行数并以声响报警。还可监视每米播种的粒数等。

(三)播种机总体布置及总体参数

播种机的总体如图 1-24 所示。

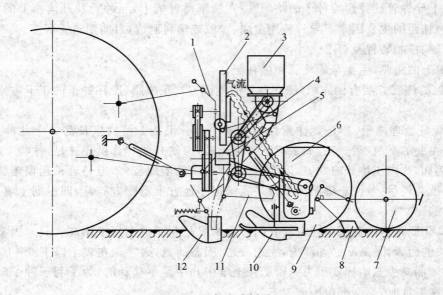

图 1-24　气吸式播种机
1. 悬挂装置；2. 风机；3. 排肥器；4. 传动轮；5. 主梁；6. 排种器；7. 镇压轮；
8；复土器；9. 行走轮；10. 播种开沟器；11. 四连杆机构；12. 施肥开沟器

1. 播种机总体设计

(1)牵引式播种机设计时，应使机器的质心配置在两个地轮和牵引点之间；开构器的接地点在纵向上，应尽量靠近两个地轮连线的附近以保证播深的稳定性、传动的可靠；牵引点的负荷一般有 200～300 N 的负荷压力，工作稳定。

(2)悬挂机组设计，首先根据拖拉机的悬挂系统的特点，进行悬挂整体设计；机器结构紧凑，质心靠前；通过受力分析，合理分配传动轮、仿形轮和镇压轮上的负荷，保证传动可靠、压强适当和限深稳定；行走轮，工作状态用作整体限位；对整体式传动，作为驱动轮，应配置在机器质心的前方，靠近质心。行走轮过于靠前往往会引起拖拉机重力向播种机转移，行走轮载荷过大，下陷过深，影响机器的正常作业。

(3)精密播种机的设计要与土壤等条件、耕作制度结合起来进行。

2. 播种机总体参数

(1)悬挂参数:播种机采用后三点悬挂,悬挂机构的瞬心应在远前方;使其升起状态和工作状态转换过程中,动力输出轴传动轴间的夹角变化应不大;

(2)作业速度:小型播种机一般 4～6 km/h;大、中型播种机要适应 7～8 km/h,甚至 10 km/h 以上。速度高对精密播种精度影响很大,尤其影响播深。

(3)工作幅宽:播种机单位幅宽的阻力比较小。悬挂式机组中往往是拖拉机的悬挂、提升能力限制着幅宽;需要校核悬挂提升力,校核机组的纵向稳定性。对幅宽较大的牵引机组、联合作业机组或折叠式播种机主要考虑拖拉机的满负荷作业。

工作幅还受仿形性能、道路运输及结构因素的限制。常见的最大单机幅宽为 3.6～4.3 m。

(4)播种机的牵引阻力:播种机的牵引阻力主要是行走轮的滚动阻力,开沟器的阻力。由地轮驱动排种器的播种机还包括地轮的滚动阻力。播种机的阻力也可按每米播幅的平均阻力来计算,如双圆盘开沟器的条播机,在行距 15 cm 播深 3～6 cm 时,每米播幅的平均阻力 980～1 860 N。

(四)精密播种系统

精密播种的指导思想是充分发掘土壤、水、肥力、种子、阳光、环境的潜力;使用最合理的工艺、设备,使作物生长、发育、产量达到最高、最优的理想效果。所以精密播种是一种包括土壤(水、肥)、种子、环境、工艺、设备、制度相互适应的种植系统;是充分发掘种子、土壤、阳光潜力追求作物生长、发育、产量最高、最优的种植系统。是典型的集约化经营农业制度。精密播种系统包括精密播种,优良种子,相适应的精细土壤条件等。

(1)精密播种,精密播种是按精确的种子粒数、行距与播深,将种子播入种沟或种穴,同时施种肥,并覆土、镇压,有时施药剂。精密播种涉及播种机、种子、土壤条件,甚至植被田间管理和作物的收获等。

(2)精密播种有单粒精播和精密穴播。

①单粒精播,即每株播 1 粒种子,播种的单粒率 98% 以上。一般有玉米精播,甜菜精播,棉花精播和蔬菜精播。

精密穴播,是指穴内粒数精确,如每穴 2 粒占 90% 以上;穴内粒数不太精确的穴播称为半精量播种。

——实现精密播种是对精密播种机的基本要求,也是精密播种机的基本指标;

②精密播种机,对播种子的适应性强,保证株距合理、均匀,利于播深的一致性;满足种子覆土、镇压的要求;

(3)种子的情况与精密播种相适应。一是保证发芽率,精密播种的种子的发芽率要高,保证单位面积的苗数和产量;二是种子的物理形状的标准化,以保证精密播种。因此精密播种的种子的价值、成本比较高。

(4)土壤条件和精密播种适应。精密播种的土壤精细、平整、水、土肥条件好,适应精密播种和出苗率,利于苗、作物充分利用田间的条件,达到高产量。

——显然精密播种涉及播种机、种子、土壤条件等因素是一个集约化的生产系统;其中缺一均构不成精密播种和达不到精密播种的目的。

(5)精密播种的要求:

①精密播种每株种子粒数为1,即所谓的单粒率是其主要指标(每株的粒数大于1的播种,可称为精少量播种)。

②株距的科学性、一致性。根据土壤的水肥、气候条件,设计播种行距、株距,科学的确定单位面积的株数,以求得最高的产量。有国外资料显示株距1英寸标准差,使玉米穗大小参差不齐,可造成1%的产量损失;例如,有的国外资料介绍,播种玉米,一般是30英寸行距,每亩约5 000粒,7英寸株距,2英寸播深,可获得较好的效果。临河五厚农机专业合作社,选择2尺行距,株距8市寸~1市尺,6 000粒/亩,产量2 000斤/亩。

合理、均匀的播种密度,可使植株充分、均匀合理地利用肥力、空间,生长一致,可以提高产量和质量。

③播深的科学性和一致性。株距和播深影响出苗整齐性。有国外资料介绍,如晚出苗2天(2片叶子)产量损失达4%,晚4天(4片叶子)产量损失达8%;影响出苗的基本因素是播种深度不一,地面状况和播种机速度影响播深的一致性,播深不一致很容易延长5天出苗时间。

④播深形成原理。

• 精密播种机的作业工作过程包括开沟、排种、覆土、镇压四个过程。任何精密播种机都必须有相应的工作部件及辅助结构来完成。这些装置的功能和安装,必须保证种子的定位的准确性。例如,气吸式精密播种机,若是移动式开沟器,开沟时,将其土壤分开,然后碎土回落,排种器排出的种子应该在碎土回落前沟底敞开的状态下到达沟底。这样,才能保证播种深度和覆土深度变化量最小。种子落入沟底的过程如图1-25所示。种子由A点落到沟底后,开沟器后颊处的土立即覆盖,才能保证播深的一致性。

图1-25 精密播种播深形成原理

• 影响播深一致性的基本因素:实际上实现种子着地的瞬间覆土是可能的,种子从排种器排出到落入沟底的过程中,受种子性质、投种速度、投种高度、方向、土壤条件等的影响,种子的着地点位置和时间是变化的。覆土的时间很难与种子着地时间、位置相适应,提前和推后是很难避免的。因而种子在种床内的深度很难一致。也就是说播深一致性是相对的。精密播种机的播种深度是一个优化指标。也是当代精密播种机追求的一个重要指标。精播机上,影响播深一致性的主要因素:

地表土壤需平整、颗粒精细；投种点的相关因素——例如排种的投种点 A 的位置（高度及与开沟器的高度和距离）；投种时刻相对地面的速度；开沟器后颊 B 点土壤情况；种子的大小、质重量、流动性等因素；播种机的速度、机器工作的平稳性等。

第四节　草地灌溉

一、灌溉（原理、种类）

农业灌溉是根据作物需水要求，人为地向农田、草地、作物等补充水分的水利措施。通过灌溉可适时满足农作物需水要求，改善土壤、肥、气、热、盐状况，改良农田、草地的小气候，达到农业增产的目的。

1. 灌溉原理

作物种子的萌发到植株成熟全过程需要大量的水分，包括生理需水和生态需水两方面。作物生理需水指作物生命过程中，为作物生命过程中各项生理活动（如蒸腾作用、光合作用等）需水；作物生态用水指生育过程中，为作物生长、发育创造良好的生活环境的需水。前者用叶面的蒸腾量表示，占作物用水的 $60\% \sim 80\%$；后者用株间蒸发量表示，占作物需水的 $20\% \sim 40\%$。

灌溉量、次数和时间要根据植物的生理、生态需水性，发育阶段，气候、土壤条件和水源状况而定。要适时、适量、科学合理地进行灌溉。

2. 灌溉的种类

主要有播种前灌水、催苗灌水、生长期灌水及冬季灌水等。

3. 灌溉的方法

可分为漫灌、沟灌、畦灌、浇灌、喷灌（微灌）、滴灌、渗灌等。其中喷灌、滴灌是新发展起来的灌溉方式，在草地的现代灌溉中得到了较多应用。

二、喷灌

（一）喷灌的特点

1. 何谓喷灌

利用喷头等专用设备把有压水喷洒到空中，均匀地散成细小水滴落到地面和作物表面的灌溉方法。

2. 喷灌系统

喷灌系统的基本组成包括有泵、配水管、输水管道和喷头等。可以是固定的或移动的。

喷灌的特点：

①省水——一般比地面灌溉节省水量 $30\% \sim 50\%$；在透水性强的沙质土地省水可达 70%。故喷灌不仅使有限水源扩大灌溉面积，还减少了动力消耗，降低了灌溉成本。

②省工——取消了沟渠，可自动化作业，还可以结合施化肥。据统计，喷灌所需的劳动量仅为地面灌溉的 $1/5$。

③提高土地利用率——无需沟渠、畦埂，提高了土地利用率，一般可增加耕地面积 $7\% \sim 13\%$。

④增产——可控制土壤水分,使土壤的湿度维持在最适宜的范围;能冲去作物叶面的尘土,有利于植物的光合、呼吸作用;不冲刷土壤,保持土壤的结构,有利于增产。

⑤适应性——地形适应性强,适于大田作物、经济作物、蔬菜、草场等。另外受风速影响较大,一般在 3～4 级风速时雨滴漂移损失大,喷洒均匀性下降,另外,当空气湿度很小时,蒸发损失大,有时高达 10%;一次投资费用较大。

(二)喷灌系统的组成及性能指标

通常衡量喷灌质量的主要性能指标指喷灌强度、喷灌均匀度和雾化程度等。

1. 喷灌强度

喷灌强度是单位时间内喷洒的水深,也称喷洒率,可用雨筒测量。

喷洒率通常用喷洒区域内点喷灌强度的平均值,即平均喷灌强度表示整个区域的喷灌强度。

(1)点喷灌强度 ρ_i 可用下式表示:

$$\rho_i = \frac{10W}{t \cdot A} (\mathrm{mm/h})$$

式中:W——雨量筒内水的体积($\mathrm{cm^3}$);

　　A——雨量筒的开口面积($\mathrm{cm^2}$);

　　t——喷水时间(h)。

(2)点喷灌强度的计算,与量雨筒的排列布置有关。

①量雨筒方格排列间距相等时,平均喷灌强度为各点喷灌强度的算数平均值,即

$$\bar{\rho} = \frac{2\sum_{i=1}^{n}\rho_i}{n}$$

②当量雨筒径向排列间距相等时,其径向线上的平均喷灌强度为各点喷灌强度的加权平均值,即

$$\bar{\rho} = \frac{2\sum_{i=1}^{n}\rho_i}{n(n+1)}$$

式中:ρ_i——1～n 各点的喷灌强度;

　　n——量雨筒的总个数。

喷灌强度不应超过土壤的渗吸速度,以免发生径流,但对于行走式灌溉系统可允许略高于土壤的渗吸速度。对于沙质土壤的最大喷灌强度为 12～19 mm,对黏壤土为 6～8 mm。

2. 喷灌均匀度

在喷灌面积内水量分布的均匀程度。常用喷洒均匀度系数 CDU 表示:

$$CDU = \left[1 - \sum_{i=1}^{n} |\bar{h} - h_i| / (n\bar{h})\right] \times 100\%$$

式中:n——受水雨量筒总个数(呈方格状排列);

　　$\bar{h}$——各点的喷灌水深(mm);

h_i——平均喷灌水深。

CDU 值的大小应进行优选,一般要求达到 0.75 以上。为此,喷头应有适当的水量分布曲线、布置形式和组合间距。常用喷洒的水量分布曲线有等腰三角形、梯形和鞍形等。如图 1-26 所示为等腰三角形的水量分布曲线。

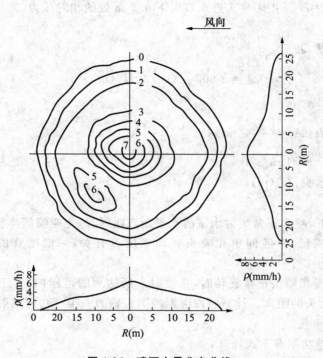

图 1-26　喷洒水量分布曲线

喷灌的管道,首先是由水源来的主管道,下接支管道,立管道装在支管道上,立管上装置喷头。

管路和喷头的布置,主管路一定循地形主坡度方向安置。如果是固定式喷灌机管路应埋在地下,一般主管直径 75~100 mm。支管路应与主要风向垂直,一般管径 30~75 mm。立管是安装在支管上的垂直短管,直径一般 25 mm,喷头安装在立管上。喷头组合配置原则是喷洒不留空白,有较高的均匀度。

3. 雾化程度

雾化程度 P_d 是反应喷洒水滴对作物或土壤的打击强度的一项指标。常用 H/d 比值间接表示:

$$P_d = \frac{H}{d}$$

式中:H——喷头工作压力水头(m);

　　　d——喷嘴直径(m)。

我国的实践认为,对于一般大田作物使用中压喷头,H/d 值在 3 000~4 000 为宜;对于蔬菜使用低压喷头,H/d 值在 4 000~6 000 之间。

4. 工作压力

喷灌系统的工作压力指工作时喷头进水口前的压力,单位是 kgf/cm²,它的大小直接影响喷水质量和喷洒距离。一般规定工作压力大于 5 kgf/cm² 的喷头,称为高压喷头;3~5 kgf/cm² 之间的称中压喷头;低于 3 kgf/cm² 的胶低压喷头,一般多采用中压工作压力。

喷头的工作压力 H 是指距喷头进水口以下 0.2 m 处的相对压力。

5. 工作流量

喷头的工作流量 Q:

$$Q = 3\,600\,\mu A_d \sqrt{2gH_z}\,(m^3 \cdot h)$$

流量系数: $\mu = 0.85 \sim 0.95$;

喷嘴过水截面积: $A_d = \dfrac{\pi d^2}{4}(m^2)$;

重力加速度: $g = 9.81$ m/s²;

喷嘴工作压力水头: $H_z(m)$。

6. 射程

在无风的情况下,喷头正常喷射水流的水平距离叫射程,也叫喷洒半径。射程的大小与工作压力、喷嘴直径、流量、喷灌仰角和喷头转动速度等有关,一般喷管的仰角为 32° 时射程最大。

喷头的射程 R 是指喷头正常旋转时,在喷射水所达到的范围内,等于各点喷灌强度平均值 5% 的那一点到喷头的距离。计算时取湿润椭圆长轴的一半(顺、逆风射程平均值)。

7. 喷头的功率消耗

单喷头的水流净功率有下式计算:

$$p_z = \dfrac{\rho g Q H_z}{1\,000}(kW)$$

式中:　　　Q ——工作流量(m³/s);

　　　　　H_z ——工作压力水头(m);

$\rho = 1\,000$ kg/m² ——水的密度;

　　　　　g ——重力加速度(m/s²)。

(三)喷灌设备

喷灌类型不同设备组成也不同,一般包括:泵、主管道(水源出水管道),接着是横置的支管道,其上接立管,立管上装喷头等以及伐件、动力设备等。

1. 水泵的选择

农业灌溉一般用离心泵,离心泵的选择:

(1)流量:即单位时间抽水体积(t/h,或 m³/h)。

(2)扬程:

①所谓扬程指水泵的扬水高度。用 H 表示,单位 m。水泵扬程以泵轴线为界,包括吸水扬程和压水扬程,分别用 $H_{吸}$、$H_{压}$ 表示。

$H_{压}$ ——表示泵轴以上泵能把水压出去的高度,简称压程。压程包括实压扬程和管道损失扬程,即 $H_{压} = H_{实压} + h_{压损}$。

$H_吸$——泵轴以下泵吸上水的高度,简称吸程。

同样　$H_吸=H_{实吸}+h_{吸损}$。

泵的实际扬程:$H_实=H_{压实}=H_{吸实}$。

泵的损失扬程:$h_损+h_{压损}+h_{吸损}$。

所以泵的扬程公式:$H=H_实+h_损$。

②实际扬程的测量——进水水面到出水口中心的垂直高度。

③损失扬程的计算——损失扬程,包括管道、伐、弯头等转水流所产生的损失,损失与管路布设、组成有关,计算起来比较麻烦,可查专门的水管和附件损失扬程换算表。管线的损失相加就是损失扬程。如果需水量与表中的数值不等,可从表中选择一个与之相近的流量,然后根据下式计算损失扬程:

$$损失扬程=表中查得的损失扬程\times\left(\frac{所需水量}{表中水量}\right)$$

在小型喷管上,损失扬程也可以按实际扬程的 10%～25%估算。

(3)泵的参数表选型:根据流量 Q、扬程 H,查水泵性能参数表选择水泵。

2. 喷头

喷头是喷灌系统的关键部件,作用是把水泵及管道送来的压力水按一定的要求喷洒到田间。喷头有多种形式。

(1)喷头类型及特点:按工作压力分低压、中压和高压三种。

工作压力指工作时喷头进水口前的水压力,单位是 kgf/cm²,其大小直径影响喷水质量和喷射距离。

一般工作压力大于 5 kgf/cm² 的称为高压型,3～5 kgf/cm² 的为中压型,低于 3 kgf/cm² 的称为低压型。

根据射程和喷灌强度选用适当压力的喷头,一般采用中压喷头。

喷头按射程分为远射程(45 m 以上)、中射程(20～45 m)、近射程(20 m 以内)。喷头的分类如表 1-1 所示。

表 1-1　喷头按压力分类

性能	类型		
	低压喷头	中压喷头	高压喷头
工作压力(kgf/cm²)	1～3	3～5	5
流量(m³/h)	2～5	15～40	>40
射程(m)	5～20	20～45	>45

(2)喷头的构造:按喷洒特征分为固定式、孔管式和旋转式三类。

①固定式——又称散水式或漫射式喷头,在整个喷洒过程中与竖管没有相对运动。喷洒的水流做圆周或扇形喷洒。射程较小(一般 5～10 m),喷灌强度大(15～20 mm/h),水量分布不够均匀。结构简单、工作可靠、工作压力要求低,多用于温室、采地和行架式喷灌系统上。

②孔管式——由一根或几根较小的管子组成。管顶部分布由孔径 1～2 mm 的膨水小孔,容易备杂质堵塞。

③旋转式——由喷嘴、喷管、喷头体空心轴及轴套、驱动机构、换向机构等组成。喷头有单喷嘴、双喷嘴或三喷嘴。高压水通过喷嘴形成一股集中射流射出,同时,驱动机构使喷头沿垂直轴线旋转,在射流内部涡流、空气阻力及粉碎机构(粉碎螺钉、粉碎叶片、或叶轮)的冲压下,射流逐步裂散为细小水滴,喷洒在喷头的四周,形成一个以射程为半径的圆形或扇形湿润面。选转喷头的水是以射流的形式喷洒,也称射流式喷头。射程较远,是中、高压式。

旋转式喷头以旋转机构不同,可分为反作用式、叶轮式和摇臂式三种。

反作用式机构简单、转速不稳定,叶轮式机构复杂,故生产中多用摇臂式喷头。

摇臂式喷头——由摇臂的撞击力获得驱动力矩旋转式喷头。结构如图 1-27 所示头的摇臂座在喷管上方的摇臂轴上,从喷嘴射出的水流,通过摇臂头部的导水板冲击挡水板,迫使摇臂相对喷管方向张开 60°~120°;然后在摇臂弹簧 7 扭力的作用下,使摇臂复位,并碰击喷管上的橡胶打击块,使碰管按顺时针方向(俯视)转动 1°~3°。此时摇臂又重新切水流,因而再次张开、复位并碰击喷管,如此反复进行。

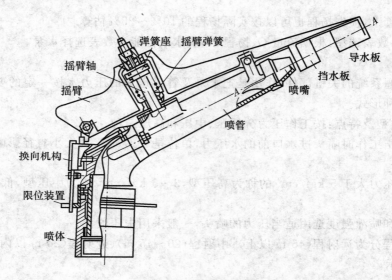

图 1-27 摇臂式喷头

工作时,压力水从喷嘴射出,部分水流冲击摇臂头部导水板使之获得水流的反作用力,克服弹簧的扭力矩和其本身的摩擦阻力矩,向外摆动并快速脱离水流;摇臂脱离水流后,在惯性力矩的作用下继续外摆,摇臂弹簧随之被扭紧,摇臂摆动速度渐小,到摇臂的惯性力矩与摇臂弹簧的扭力矩及摩擦力矩平衡时,摇臂停止摆动,并达到了最大摆幅,被扭紧的摇臂弹簧积蓄了摇臂中水流获得的能量;此后,摇臂弹簧积蓄的能量做功,摇臂回摆,速度不断增加,并以一定的速度切入水流,入水时摇臂头部挡水板先受水,从而获得水流的反作用力,使摇臂在水流中加速,最后以极大的角速度撞击喷管或喷体,使喷头克服摩擦阻力矩转动一个角度后停止。如此反复循环,使喷头做间隙转动进行全园喷洒。如喷头上加设限位装置和换向机构,之喷管在转动一定角度后换向转动,即可进行在规定的扇形范围内喷洒。摇臂式喷头机构比较简单,目前应用最为普遍,但是安装要求比较严格。

(四)喷灌系统类型

喷灌系统由固定式、半固定式和移式三种类型。

固定式——固定泵站或压水源。全部干、支管固定埋于田间冻土或耕作层之下，按一定的间距装设竖管伸出地面，安装喷头。

半固定式——动力、水泵固定不动，干管固定埋于田间，每隔一定距离伸出一个给水栓向支管供水。支管和喷头可以移动。

移动式喷灌系统在田间仅布置水源，而动力装置、干管、支管和喷头都是可移动的。从结构型式来看，主要有中心支架（时针）式，平移式、双臂悬挂式、软管式喷灌机组。其特点如表 1-2 所示。

表 1-2　主要移动式喷灌机组的特点

类型	特点	优缺点	适应范围
双悬臂式	整个支架由悬索或珩架支撑，置于拖拉机的两侧，拖拉机边走、边吸水、边灌溉，喷幅可达 120 m，采用大流量低压喷灌，机组前进速度可达 400~500 m/h	效率高，控制面积大，喷灌强度大，喷灌质量稍差，机组移动不便	平原地区，沙性土壤
中心支架式	支管架设在若干个高 2~3 m 塔架上，塔架间距 30~50 m，塔架设有车轮，用液压、电机等方式驱动，支管总长可达 500 m 以上，各支架以管的一端为中心做圆周运动，水源自中心沿支管供给各喷头，对方形地块的四角另加地角臂喷管	喷灌质量好，受风影响较小，自动化程度高，可用低压喷头，费用较低，管理方便；适用地表较平坦大规模农场，只能灌溉圆面积，一次性投资较大	大平原，浅丘陵任何作物
平移式	支管结构与中心支轴式相同，作平行移动，但在其一端或中间由一个主塔架带动，使其他塔架一起做同步平行移动	可使塔架移动和耕作方向一致，压田少；运动到田头时，需重新回到原来的出发点，才能进行第二次灌溉，平移的准直技术要求高	长方形地块
绞盘式喷灌机	用软管给应该喷头供水，软管盘在一个大绞盘上，灌溉时逐渐将软管卷在绞盘上，喷头边走边喷，一次可灌溉一个宽 2 倍于射程的矩形地块。利用拖拉机的移动时卷管喷灌机，机动灵活	田间过程少，设备简单，工作可靠，一般要配高压喷头，能耗较高	

1. 中心支架式（时针式）喷灌系统

（1）又称中心支轴自走式连续喷灌机组。其喷灌面积是圆形，也称圆形喷灌。1952 年美国富兰克·左巴奇实现获得方面水动圆形喷灌机的专利权。它由中心支架、塔架车、喷洒桁架，末端悬臂和电控同步系统等部分组成。用挠性接头连接，以适应坡地作业。每个塔架车上配有水动装置或 0.75~1.1 kW 的电动机作为行走动力，并配有专用电控同步系统进行同步控制，绕着中心轴旋转，从而实现喷洒支管连续自动喷洒作业湿润一个圆形面积。工作时，水泵送来的压力水由支轴下端进入，经支管道各喷头进行喷洒。驱动机构带动支架的行走机构，使整个喷洒支管缓慢运动，实现行走喷洒。喷灌系统可在较短的时间内喷完一片地后，还可以转移到另一片地作业。其作业示意如图 1-28 所示。

（2）喷灌控制系统基本原理：控制系统是圆形喷灌机的心脏，它指挥一个庞大的机组，以一个预定的速度自动协调安全的运行。圆形喷灌系统的电控制系统基本上有主控箱、集流环、塔架控制箱等组成。

①主控箱是电控系统的大脑。整个机组的启动、停车、正转、反转、运行速度以及事故自动停车等都有主控箱操纵。

②集流环是一个将静止导线传送来的电源和控制信号转送到运动着的各塔架去的装置，避免导线缠绕、扭结、拉断。它的结构一般是若干互相绝缘的铜滑环和其对应的若干碳刷。主控箱来的若干根线连接在铜环上，各塔架的动力线和型号线由碳刷引出。

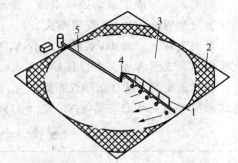

图 1-28　中心支轴式喷灌

1. 支塔架；2 支管末端远射程控制面积；
3. 支管其他喷头控制面积；
4. 中心支架；5. 供水管

③塔架控制箱是把主控箱送出来的动力及控制信号变为各个塔架协调动作的机构。塔架控制箱分第一控制箱（字母下标 1）、中间塔架控制箱（字母下标 2）和末端塔架控制箱（字母标 n）等。

a. 中间塔架控制箱，除了离支座最近和最远的之外都是中间塔架，控制电路完全一样。其工作原理是当该塔架和相邻塔架有一个微小角度差（约 $0.5°$）时，运行开关闭合，使慢的塔架运行，当运行到成一直线时，停止运行。如果某一塔架出故障，使塔架之间的角度差超过预定值时，安全开关切断安全线，整个机组停止运行。

b. 第一塔架控制箱——内部工作原理与中间塔架控制箱基本相同，只多了个时间继电器和微动开关。时间继电器作为过水量保护开关，当第一塔架在某处停留过久时，表示机组在此处的喷水量过大，时间继电器作用。微动开关控制第一塔架方向运行。

c. 末端塔架控制箱——是控制末端电机正、反转的控制箱，比较简单。

整个机组工作过程基本上是：

合上主令开关 LK 及各塔架的分开关；按上启动开关 QA——主动控制箱工作，把动力和控制信号传到末端塔架；当末端塔架超前于前面塔架一角度时，通过拨杆拨动前塔架的微动开关，使前面的塔架运行，按此规律由后往前一级一级往前传动使整个机组围绕着中心支座运行。运行之后，离中心近的塔架行走角速度大，超前于后面的塔架，摆杆脱离微动开关断开，近处塔架运行，只有当下一个塔架运行一段时间再次超过近端塔架时再运行。当百分比继电器置于 100% 时，末端塔架连续运行，其他塔架时走时停，使整个机组近似于直线协调运行。当发生故障时安全线断开，主控制箱停止工作，机组停止运行，同时水泵停止供水。

中心支架式（时针式）喷灌系统如图 1-29 所示。

中心支点弯管受的扭矩最大，旋转弯管的壁最厚（10 mm），带自动润滑系统。跨体长度有的 $30\sim60$ m。中心弯管如图 1-30 所示。

2. 微灌和滴灌

（1）微灌：微型喷灌是一种控制水量的局部灌溉方法，它精确地根据作物需要，用管道把水送到每颗作物的根部，使每颗作物都得到需要的水量。它减少了深层渗漏、地面径流和输水损

图 1-29　中心支架式(时针式)喷灌系统

图 1-30　中心弯管

失,比喷灌省水,微灌压力低得多,主要特点是,经常性微量喷水,使作物根系活动层土壤经常保持湿度,有利作物生长,能调节田间下气候,增产效果显著;低压、小流量、近地面喷灌,节能、节水,能综合利用,结合喷水可施液体化肥农药、除草剂等;单位面积投资高。微灌适于水源缺乏、地形复杂的地方;微灌广泛用于果树、苗圃、花卉、草坪以及温室。微灌系统由水泵、过滤器、微型喷头、管道及其附件、控制元件等组成。

(2)滴灌系统:滴灌的特点用水最省,通过管路和滴头直接把水送到作物的根部,没有水的损失,水的利用率可大 90%~95%,具有显著节水、保墒的优越性。据统计滴灌比地面灌溉深水 50%~70%;比喷灌深水 30%~50%。滴水是浸润土壤,保持水土结构,使土壤疏松,保水性、通气性能好,增产效果显著。但是,易堵塞、造价较高。

滴灌系统一般由水源、控制枢纽、输配水管网和滴头四部分组成,如图 1-31 所示。

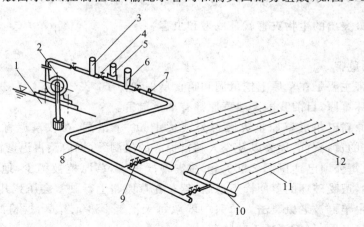

图 1-31　滴灌系统

1. 水源;2. 水泵组;3. 主过滤器;4. 闸门;5. 化学药剂箱;6. 二级过滤器;

7. 水表;8. 干管;9. 流量压力调节器;10. 支管;11. 毛管;12. 滴头

三、灌溉技术的发展方向

1. 基于"3S"技术精细的灌溉

主要内容是运用全球卫星定位系统(GPS)和地理信息系统(GIS)、遥感技术(RS)和计算机控制系统实时地获取农田小区作物生长实际需求的信息,提高信息处理与分析,基于小区农作物条件空间的差异性,采取有效的调控措施最大限度地优化组合各项农业投入和精细管理(包括精细灌溉)以获得最大效益。精细灌溉技术与智能化的决策管理系统将成我国 21 世纪农田灌溉学科发展的热点。

2. 与生物技术相结合的作物调控灌溉技术

基本思路是作物的生理化通道受到遗传特性或生长激素的影响,在生长发育的某些时期施加一定的水分胁迫,即可影响光合产物向不同组织器官分配的倾斜,从而提高产出量。基于此,从作物的生理角度出发,在一定的时期主动施加一定程度有益的亏水度,使作物经历有益的亏水锻炼,改善品质,控制上部旺长,达到节水增产的目的。但是现在调控灌溉技术还不完善。

3. 智能化节水灌溉装备技术

应用生物学、自动控制、微电子、人工智能、信息科学等高等技术的集成,研制适合我国的新一代智能化节水灌溉装备,根据作物与土壤不同的需水要求,实现节水灌溉智能化变量施水。

第五节　草地植被的保护与草原防灾

天然草原和人工草地植被的保护除了灌溉、施肥之外,主要是防虫、治虫,防鼠灾害和黑灾、白灾。

一、植被发育、生长过程中的病虫害防治

草原上目前最突出的生物灾害就是鼠害和虫害。

1. 草原鼠害

(1)草原鼠的危害

①草原的鼠害主要是在草原上挖鼠洞和啃食草根和种子。

鼠洞直接破坏草原,目前我国天然草原都有严重鼠害。

呼伦贝尔草原新巴尔虎草原重灾区每公顷达 1 600 个鼠洞,在牧草返青季节,在草原上"看见的却是裸露的黄褐色的地表以及令人触目惊心的鼠洞"。据内蒙古巴彦淖尔市草原站介绍,半荒漠草原上每公顷已达鼠洞 2 800 个;在灾害严重区,草原植被稀少,地表裸露,洞口密布,鼠道四通八达,遭受破坏的草原惨不忍睹,驾车在草原路上行驶就会压死几只老鼠是常事,在草原上甚至发生羊群被老鼠袭击。每只中䶄鼠每天消耗 253 g 鲜草,据检测显示新巴尔虎右旗生长着上亿只老鼠,每天消耗千吨牧草。

西部草原鼠害也非常猖獗,甘南草原的中华䶄鼠打洞,造成草原上到处是小土堆,其鼠害面积已达 40.9%,15 人的捕鼠队一天可捕 800 只。

西藏是我国第五达草原牧区之一,鼠害严重的藏北地区老鼠数量已经达到 7.5 亿～1 亿只,一年食草量相当于 1 500 万～2 000 万只羊的食量。青藏铁路沿线高原鼠洞口数为每亩 76.6 个,在草皮下鼠洞连接成网,造成草原塌陷、结构退化。

②传布疾病,鼠身上带有 200 多种病菌,其中致人死亡的占 50 多种。

③老鼠繁殖能力惊人,"一公加一母,三年二百五",一对成年鼠可以有 1.5 万只后代。这样繁殖下去,只有灾难。

鼠害不仅是危害草原,还是人类的一种威胁。

(2)灭鼠的方法:目前草原上使用的方法:

①喷洒药物,用气力喷洒机喷洒,毒饵撒布机撒布,飞机撒布。撒布药物毒死了老鼠的同时也毒死了误食的鸟类,甚至给人、畜带来危害。在冬季 1～3 月效果最好。

②利用鼠类天敌进行治理。

利用鹰、猫头鹰、狐狸。西藏介绍,成年鹰一日捕食 20～30 只野鼠,捕食范围 600 m 以上;在内蒙古连牧羊犬都是捕鼠能手。

加强食鼠野生动物的保护,例如西藏提升了赤狐、藏狐、艾虎等 13 种野生动物的保护级别。

③利用生物灭鼠剂灭鼠,引进生物灭鼠剂,即 C 型肉毒梭菌进行大面积草原灭鼠试验、推广成功。鼠类进食后死于呼吸麻痹,进食后 3～6 天死亡;人畜安全,不伤害其天敌动物,无二次中毒,无残留毒性,不污染环境等。

④其他,人工塞洞,用鼠夹等人工捕捉,在草原上都有应用。

(3)啮齿类动物之所以能够生存并大量繁殖,与草原的退化环境有密切关系,天敌减少甚至灭绝。最根本的办法是采取地区有效的方法灭鼠的同时,改良、建设草原,科学利用草原,维护草原生物多样性。

2. 虫灾频频发生

尤其是蝗虫灾。蝗虫灾是毁灭性的。虫灾暴发的基本原因有四,一是全球气候变化,干旱加剧;二是草原生态环境破坏,沙化、退化日趋严重;三是化学农药使用不当,使草原上的天敌的种类数量急剧减少;四是邻国的蝗虫迁入。

(1)蝗虫的危害是毁灭性的,一场虫灾 40 万亩牧草场茂密的防沙带牧草已经被蝗虫啃食一空。一次蝗灾毁了内蒙古 1.9 亿亩草原。小草一旦经蝗虫啃噬,今后将很难生长。

(2)灭蝗,应从幼虫开始,例如气吸式吸捕,撒药等;发生了蝗灾只能喷药灭蝗。

最基本的办法是预防和检测。检测幼虫的踪迹,采取相应的措施。世界粮农署提到蝗虫信息素有可能彻底消灭蝗虫。信息素就是蝗虫交流的语言。蝗虫就是靠信息素联系,集结成群的,当蝗虫集结规模达时就会成灾。按国际标准,每平方米达到 15 只,就已经成灾。

二、天然草原灾害与防灾、救灾

天然草原最主要的自然灾害由黑灾、白灾和草原火灾。

1. 草原火灾

草原广阔,冬春的火灾,往往对草原的人、畜生命、财产产生严重的威胁,属于国家突发性灾害。除了加强草原防火管理、监测、预测之外,防止和灭火设备与森林防、救火相似,应纳入国家、地区应急防、救灾机制。

2. 白灾、黑灾是草原最常见最重要的灾害

天然草原上,大雪覆盖草原,往往形成白灾,即草原积雪影响牧民进行生产,最主要的是大雪覆盖,牲畜无法放牧、啃食牧草,长期饥饿、雪冻致使牲畜大量死亡,尤其春天正值接羔生产之际,雪灾严重往往给草原畜牧业生产带来严重性的打击。大雪封路,尤其严寒天气给运输、救灾带来严重的影响。

白灾的基本问题是牲畜缺草和冷冻,因此,防、救白灾,一是应从供草,解决草原,草畜矛盾和饲草不平衡的基本问题着手;二是解决草原牧区基本建设,解决人畜的居住温暖问题。

所谓的黑灾就是草原不下雨雪,草原干旱无草,尤其冬春牲畜大量死亡。往往又伴随发生沙尘风暴,给草原畜牧业造成重创。

黑灾的基本问题是生态和缺草,从长远来看,它对草原的危害带有毁灭性的。因此防、治黑灾除了解决缺草问题之外,主要是进行草原生态治理、科学、合理利用天然草原和对草原进行治理。

除了科学、合理利用草原和对退化草原的治理之外,预防和治理黑白灾中最基本的问题有:

(1)需要除雪设备,即道路积雪的处理。

(2)解决草原牧区饲草的储备问题,即使非灾害的平时年份也存在饲草生产中的三个不平衡,即丰、歉年不平衡,丰年也缺草;夏秋、冬春生产不平衡,冬春缺草最严重;地区生产不平衡。草原生产的基本矛盾是缺草,从保持草原畜牧业持续稳定发展,建设草原牧区的饲草储备,解决我国草原牲畜的温饱问题,饲草料储备与粮食储备是同样重要的。

(3)基于全球气候的恶化、基于全球草原的退化的严厉的现实,基于我国草原退化的实际,应从战略上及早调整规划我国天然草原的发展方向。应遏制对草原的索取,增加对草原的投入,向着重草原生态环境建设、重发扬草原民族传统、重发展文化旅游的草原畜牧业方向发展。

第二章　农业物料切割及割草机械

第一节　切割过程的意义及基本因素

一、切割的意义

切割是用刀刃将物体切断的过程。

所谓农业物料的切割是将生长的植物茎秆切断并使与其根部脱离的过程。例如割草机、割草压扁机在草地上割草，谷物收获机在田间收割作物等。

切割也是草业机械、农业机械中典型的田间生产过程。所以它是农业工程学中的重要过程，也是草业机械研究的基本过程之一。

二、切割的基本因素

切割过程是"两元"论、三要素。

(1)割刀和茎秆是切割过程的两个基本元素；切割过程是"刀"和"茎秆"的两元过程；再加上切割"目的"就构成了切割过程的三要素。也就是说，切割过程是三要素融合的过程。所谓的切割基本理论就是三要素在切割过程中的融合及其展开。

(2)从几何的角度，刀是一条刃线，茎秆也是一条线，所以切割过程也可以说是两条线的运动过程和结果。因此研究切割要素应紧紧抓住两条几何线的性质及其规律。例如它们在过程中相互位置关系、运动规律及延伸开来的其他规律等。

三、切割型式及切割条件

(一)切割型式及特点

农业切割的基本型式有剪切切割和冲击切割。

(1)所谓剪切，就是切割过程仅是平面切割的形式，靠剪切平面力实现切断，主要包含：

• 一般应有可靠的切割支承体；对于锐利刀刃，仅靠切割物支撑；或施较高的切割速度(惯性支承)，也能实现剪切；

• 刀刃锐利是剪切的关键，锐利的刀刃切割速度可很低；

• 茎秆的剪切切割破坏形式比其他破坏形式的阻力最小；

• 为避免发生非平面力参加切割，保持切割的小间隙尤为重要。

农业往复式切割器的切割原理就是剪切。剪切的基本点是支承切割、低速度、锐利刀刃、较小的切割间隙。

(2)所谓冲击切割，就是主要靠刀刃的高速度实现切割。

农业旋转式切割器采用的冲击切割原理，基本点是高速度，可无需固定的切割支承。

(二)切断条件及切割支承型式

1. 切割进行的条件

茎秆的切断条件,理论上是割刀的切割(能)力能克服茎秆的切割阻力。

(1)切割的条件:

$$P_d = P_z \tag{A}$$

(2)保证切割进行的条件:

$$P_z \leqslant P_{zc} \tag{B}$$

式中:P_d——割刀刃的切割力;

P_z——茎秆的切割阻力;

P_{zc}——切割过程的支撑能力。

(A),(B)两式是保证切割过程进行的充分条件;既保证了切割过程的进行,也保证了切断茎秆,可表示为:

$$P_d = P_z \leqslant P_{zc}$$

2. 切割器切割支承

在切割过程中切割支承包括:a)茎秆的刚性(惯性)支承;b)底刀的支撑(或双动割刀的相互支承);c)底刀和护刃器舌的双支承如图 2-1 所示。

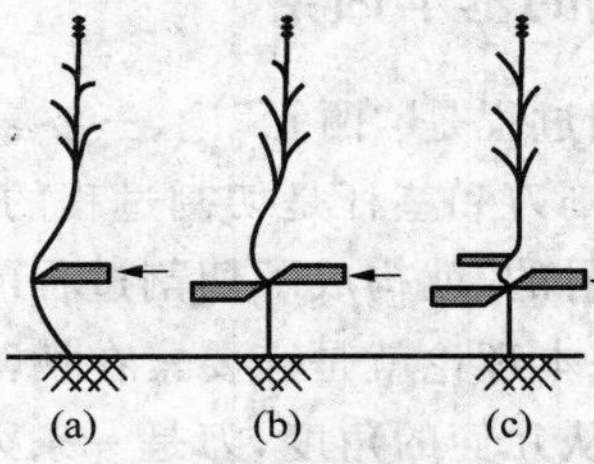

切割过程的支承有茎秆的刚性(抗弯力 P_w),切割速度使茎秆产生的惯性($\sum P_g$)和固定的支承;茎秆的刚性和产生的惯性可称为惯性支承,所以切割过程的支承来源于秸秆惯性和固定支承体的支承。

所谓的无支承切割实际上是惯性支承切割,需要高速度,例如旋转式稻麦收割机割刀速度 10~20 m/s,旋转割草机割刀的速度达 30~60 m/s 以上。

所谓的支承切割,主要是靠固定支承体的支承切

图 2-1 往复式切割器切割的支承型式
(a)茎秆刚性(惯性)支承,常称无支承;
(b)底刀支承,单支承;(c)底刀和
护刃器舌支承,双支承。

割,其切割速度可以很低,例如往复式谷物收割机和割草机的平均切割速度一般均小于 2 m/s。

(三)割刀切割力因素分析

切割力主要取决于茎秆的切割强度、刀刃角的锐利程度、切割方式并和割刀的速度有关。

(1)茎秆的切割强度是决定切割阻力的基本因素。

①不同的茎秆(物料)切割阻力不同。

②相同的茎秆,不同的状态、不同尺寸、不同的切割部位、不同的切方式,切割阻力也不同,例如,青鲜状态牧草的切割阻力一般比干燥时切割阻力大;粗硬茎秆比细茎秆切割阻力大;粗硬的根部切割阻力比其他部位的切割阻力大;正切方式比斜切方式阻力大等。

(2)相同的茎秆,不同的切割型式,其切割阻力不同,例如,剪切阻力最小,冲击切割阻力大;斜切比正切阻力小。

(3)切割力还取决割刀刃角锐利程度,显然刃角锐利切割阻力就小,所以往复式(剪切)割草机的割刀刃角度比较小,光刃刀片的刃角 $i = 19°$,切割过程要定期进行磨刀恢复其锐利程度。

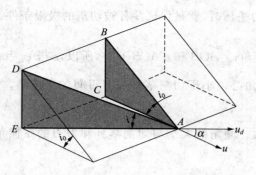

图 2-2(1) 滑切时刀刃楔角的变化

(4)滑切省力。在支承切割过程中,尤为明显。

①宏观上刀刃是一个二面楔子,楔角为 i_0,正切速度 u,其切割角为 i_0,刀刃的切割速度 u_d 沿着刃口法线倾斜 α 角进行滑切时,如图 2-2(1)所示。

刀刃的正面楔角是 i_0,斜切切入茎秆的实际楔角是 i,相当于切割楔角变小了(由 $i_0 \rightarrow i$)。

$$\text{tg}i_0 = \frac{BC}{AC}; \quad \text{tg}i = \frac{DE}{AE} = \frac{BC}{AE}$$

而

$$AE = \frac{AC}{\cos\alpha}$$

所以

$$\text{tg}i = \frac{BC}{AC}\cos\alpha = \text{tg}i \cdot \cos\alpha$$

显然 $i < i_0$

所以切割省力。

②往复式割刀刃的滑切切割情况,如图 2-2(2)所示。

u_d——割刀的往复切割速度,是斜切方向,与正切方向 u(垂直刀刃方向)呈 α 角;

u_α——切割的滑切速度(沿刀刃方向);

α——滑切角,实际上就是割刀刃的倾斜角。

其滑切速度:

$$u_\alpha = u_d \cdot \sin\alpha$$

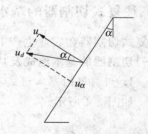

**图 2-2(2) 往复式刀刃切割
过程中的滑切情况**

α 角愈大,滑切速度愈大,切割就愈省力。

滑切角 α 愈大,切入茎秆的实际楔角 i 就愈小。

剪切切割阻力小的基本原因之一,剪切切割过程中存在滑切;滑切省力的基本原因是切割刃角变小。

③刻齿的刀片,刀刃上布满锐利的齿,即使是光滑刀片,刀刃上也布满了微观齿,微观齿的端部很锐利($0.5 \sim 1~\mu m$),齿的根部比较钝($6 \sim 10~\mu m$),当锐利的齿尖作滑切时,可发挥切割茎秆纤维的作用,刻齿刀刃滑切减小切割阻力效果明显。

所以,刻齿刀刃滑切时与光滑刃刀片有相同的作用原理。

(5)稳定切割的条件:刀片切割时,其倾斜角就是其滑切角,物料切割省力,是否可将割刀的倾角选择很大呢? 割刀倾角与稳定切割的关系如图 2-3 所示。

设动刀的倾角 α_1,底刀的倾角 α_2,切割过程中,刀刃与茎秆的摩擦角分别为 φ_1、φ_2,设等于 φ;在切割过程中,割刀和底刀的夹角 $\alpha_1 + \alpha_2$ 形成一个弧口,正压力(N_1,N_2)有推秸秆向刀顶部移动、离开切割的趋势,而刀刃对茎秆的挤压产生的摩擦力

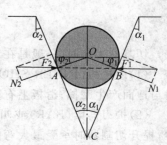

图 2-3 刀刃钳住茎秆的情况

(F_1, F_2)阻止茎秆离开切割刃口。推出力和阻止力平衡时，就是保证茎秆被切割的极限条件。

设在平衡状态：

在四边形□OACB中，角∠OAC和∠OBC为直角；∠AOB和∠ACB互补，所以，$\varphi_1 + \varphi_2 = \alpha_1 + \alpha_2$，$\varphi = \dfrac{\alpha_1 + \alpha_2}{2}$，所以 $\alpha_1 + \alpha_2 < 2\varphi$，也就是刀片的倾角必须小于切割茎秆与刀刃间的摩擦角，才能保证稳定切割。

因此在设计中，割刀的倾角 α 也不能选择太大。倾角的大小与切割茎秆和刀刃的摩擦角有关。

(6)切割力还与切割速度有关。

一般割刀速度高，切割阻力就高；根据试验，在一定范围内，随着切割速度的增加，切割力下降；下降的根本原因是切割速度增加致使切割更接近于纯剪切；但是随着速度的进一步提高，由于其动力因素的影响，切割阻力增加，使切割阻力下降的变化率愈来愈小，进而使切割阻力增加。

第二节　往复式切割器的切割——剪切过程

一、往复式切割器的基本组成

往复式切割器在农业生产中应用普遍，稻麦收割机、割草机械中广泛应用。

(一)切割器的基本组成及功能

1. 切割器的基本组成及功能

如图 2-4 所示。

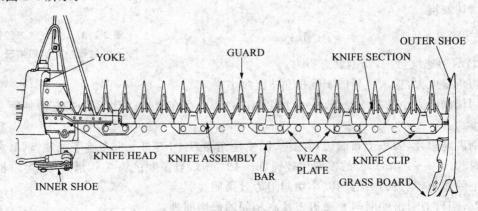

图 2-4　往复式切割器的基本组成

切割器工作时，一般是在地面上滑行。

(1)内托板(INNER SHOE)——切割器的内支撑，下面装有内滑板与地面直接接触，工作时与地面产生摩擦；滑板上有若干孔，作为调节割刀切割高度用。

(2)护刃器梁(BAR)或叫刀梁，是护刃器(含底刀片)的安装支撑；是整个切割器的支撑梁；提升切割器时承受最大弯曲载荷，是切割器的总支撑件。

(3)刀杆(KNIFE-BACK)——安装切割器所有割刀的连接件，承受所有割刀切割力，通过其上的刀头(KNIFE HEAD)与割刀的传动装置相连,带动割刀切割;所有的割刀片牢固地铆接在其上成为切割器的基本运动部件,可称为割刀总成(KNIFE ASSEMBLY)。

(4)护刃器(GUARD),含底刀片(LEDGER-PLATE)——护刃器安装在护刃器梁上,是固定底刀的支撑,底刀铆接在护刃器上,在切割器上,所有的底刀片形成一个平面,作为割刀切割的支撑。

(5)压刃器(KNIFE CLIP)——用螺栓固定在护刃器梁上,前端贴合于割刀上,保证割刀、底刀间的切割间隙。

(6)摩擦片(WEAR PLATE)——一般通过螺栓和压刃器一同固定在护刃器梁上,与割刀下平面后部和刀杆的后平面接触,作为割刀切割时的运动后支撑面——摩擦面。

(7)外托板(OUTER SHOE)、外滑掌,功能同内托板、内滑掌。

(8)其他装置。

①挡草板(GRASS BOARD)——一般装在外托板的后面,将切割下来的草推移向内侧以形成较厚的草趟,使机器过后在地面上留出一个空白地带,便于机器作业时不践压割后草。

②分禾杆——一般装在内托板上,扶起、分开切割器边沿外倒伏的未割牧草,不被切割。

③挂刀架(YOKE)是切割器与割草机挂接的链接装置。

2. 割刀、护刃器、底刀

割刀、底刀是切割器最基本的零件。如图 2-5 所示(割草机护刃器割刀装配,切割器标准 GB 1209—75)。

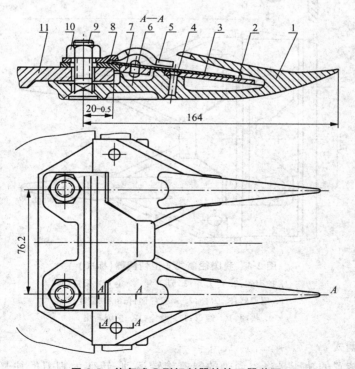

图 2-5　往复式Ⅰ型切割器的护刃器装配

1.护刃器;2.底刀片;3.动刀片(割刀);4.底刀片铆钉;5.压刃器;

6.动刀片铆钉;7.刀杆;8.摩擦片;9.螺栓;10.螺母;11.护刃器梁

在切割装配上,要求所有护刃器的底刀上平面在一个水平平面上。动刀片前端贴合于底刀片上,后端与底刀面允许有 0.5 mm 的间隙。

(二)切割器的基本型式

我国的老标准是根据割刀的行程 s,割刀的间距 t 和底刀间距 t_0 的关系确定的,即:

标准 Ⅰ 型——$s=t=t_0=76.2$ mm

标准 Ⅱ 型——$s=2t=2t_0=152.4$ mm　　　低割型——$s=t=2t_0$

我国现行标准都是 $s=t=t_0=76.2$ mm

其中根据护刃器、刀片、压刃器等零件的形状、尺寸不同,在其中又分为几种型式:

Ⅰ 型切割器——适用于割草机(图 2-5);

Ⅱ 型切割器——适用于谷物收获机(图 2-6);

Ⅲ 型切割器——适用于谷物收获机;

Ⅳ 型切割器——适用于谷物收获机;

Ⅴ 型切割器——适用于水稻为主的小型稻麦收割机或半喂入联合收割机。

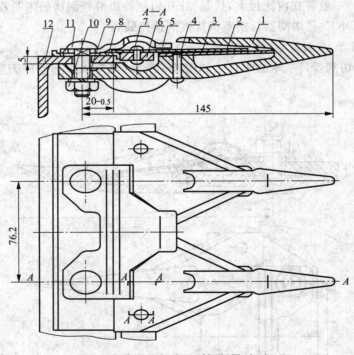

图 2-6　我国往复式Ⅱ型切割器(标准)

1. 护刃器;2. 定刀片;3. 动刀片;4. 定刀片铆钉;
5. 压刃器;6. 刀杆;7. 动刀片铆钉;8. 摩擦片;
9. 垫圈;10. 螺母;11. 螺栓;12. 护刃器梁

(三)割刀的传动型式

切割器传动装置的功能是将主动轴的匀速旋转运动,转变为割刀的往复平面运动。传动的型式很多,如图 2-7 所示。

目前使用普遍的是曲柄连杆机构型式。

1. 曲柄连杆机构

如 9GJ-2.1 割草机的传动机构(图 2-8)是偏置式曲柄连杆机构。

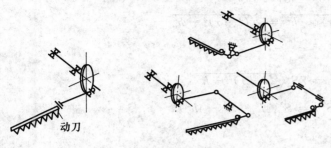

图 2-7 往复式割刀传动型式 　　　　图 2-8 曲柄连杆机构(9GJ-2.1 割草机)

r——曲柄半径,例如 38 mm(36.7 mm)。

d——刀头,与割刀相连。

L——连杆例如 980 mm,连杆愈长,动力性能愈好,其长度受机器结构配置的影响。割草机上连杆受力很大,切割堵塞时阻力则更大,一般采取木质连杆,兼作为安全件;阻力过大时,令其折断,保护切割器;所以木质连杆也是一般割草机的一个重要的安全零件。如果在传动系中存在其他安全装置(例如皮带驱动),也可采用钢铁连杆件(例如 9GS-6.0 三刀割草机)。

h——偏置距,即割刀平面与曲柄轴线的处置距离,例如 9GJ-2.1 割草机最大 $h =$ 264 mm,主要是因为机构的限制,不能采用同心曲柄连杆机构。

2. 摆环机构

摆环机构紧凑,横向尺寸小,在收割机、割草机、割草压扁机上应用广泛。

摆环机构如图 2-9 所示。

二、割刀运动分析

割刀是由传动装置通过刀头带动下完成切割运动的。因为割刀的传动装置就是将动力轴的旋转运动变为割刀的往复运动,以满足切割要求。所以割刀的运动规律也与传动机构有关。

(一)割刀运动方程式

1. 传动机构

现以最普遍的偏置式曲柄连杆机构来分析割刀的运动规律(图 2-10)。

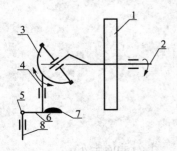

图 2-9 摆环机构

1. 皮带轮;2. 主轴;3. 摆环;4. 扭摆轴;
5. 刀头;6. 摆杆;7. 平衡重;8. 割刀。

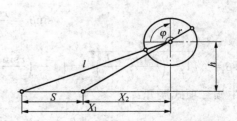

图 2-10 曲柄连杆机构分析

图中:h-偏置距;l-连杆长;r-曲柄半径;
s-割刀行程;x-割刀位移;
φ-曲柄转角。

$$x_1 = \sqrt{(l+r)^2 - h^2}, \ x_2 = \sqrt{(l-r)^2 - h^2}$$

$$S = \sqrt{(l+r)^2 - h^2} - \sqrt{(l-r)^2 - h^2}$$

$$S + \sqrt{(l-r)^2 - h^2} = \sqrt{(l-r)^2 - h^2}$$

将方程式平方后整理得

$$4rl - S^2 = 2S \sqrt{(l-r)^2 - h^2}$$

$$4r^2(4l^2 - S^2) = S^2(4l^2 - S^2 - 4h^2)$$

所以 $2r = S \sqrt{1 - \dfrac{4h^2}{4l^2 - S^2}}$

由于根号内的数值小于 1，则

$$S < 2r$$

$$r = \frac{S}{2} \sqrt{1 - \frac{4h^2}{4l^2 - S^2}}$$

由于割草机的行程 S^2 远小于连杆长度 l^2，所以比较起来可将根号内分母上的 S^2 可以忽略。

因此　　$r = \dfrac{S}{2} \sqrt{1 - \dfrac{4h^2}{4l^2}} = \dfrac{S}{2} \sqrt{1 - \varepsilon^2}$

式中：$\varepsilon = \dfrac{h}{l}$，叫结构的"偏心度"。

从上式中可看出，随 ε 增大，r 将减小。若保持行程 S 不变，r 可以小于 $\dfrac{S}{2}$。

若割草机的割刀行程为 76.2 mm，曲柄连杆机构都是偏置式，所以其曲柄半径都小于 38.1 mm。

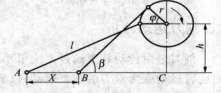

2. 割刀运动方程式

如图 2-11 所示，图中符号同上。

图 2-11　割刀运动分析

割刀的位移　$x = AC - BC = (r + \sqrt{l^2 - h^2}) - (r\cos\varphi + l\cos\beta)$

将 φ 变成 β 的函数，消去 β：

$$\sin\beta = \frac{r\sin\varphi + h}{l}$$

所以 $\cos\beta = \sqrt{1 - \left(\dfrac{r\sin\varphi + h}{l}\right)^2} = \left[1 - \left(\dfrac{r\sin\varphi + h}{l}\right)^2\right]^{1/2}$

按牛顿二项式展开：

$$\cos\beta = 1 - \frac{1}{2}\left(\frac{r\sin\varphi + h}{l}\right)^2 - \frac{1}{8}\left(\frac{r\sin\varphi + h}{l}\right)^4 - \frac{1}{16}\left(\frac{r\sin\varphi + h}{l}\right)^6 - \cdots\cdots$$

其中第 Ⅱ 项展开得：

$$\frac{1}{2}\left(\frac{r^2\sin^2\varphi+2rh\sin\varphi+h^2}{l^2}\right)=\frac{h^2+r^2\sin^2\varphi+2rh\sin\varphi}{2l^2}=\frac{h^2}{2l^2}+\frac{hr\sin\varphi}{l^2}+\frac{r^2\sin^2\varphi}{2l^2}$$

其中第Ⅲ项展开得：

$$\frac{1}{8}\left(\frac{h+r\sin\varphi}{l}\right)^4=\frac{1}{8}\left(\frac{r^2+2hr\sin\varphi+r^2\sin^2\varphi}{l^4}\right)\left(\frac{h^2+2hr\sin\varphi+r^2\sin^2\varphi}{l^4}\right)$$

可以忽略 $\left(\dfrac{r}{l}\right)$ 二次方以上各项，化简得：

$$\cos\beta=1-\left(\frac{h^2}{2l^2}+\frac{hr\sin\varphi}{l^2}+\frac{r^2\sin^2\varphi}{2l^2}\right)=1-\frac{h^2}{2l^2}-\frac{hr\sin\varphi}{l^2}-\frac{r^2\sin^2\varphi}{2l^2}$$

所以割刀位移方程为：

$$\begin{aligned}x&=r+\sqrt{l^2-h^2}-r\cos\varphi-l\left(1-\frac{h^2}{2l^2}-\frac{hr\sin\varphi}{l^2}-\frac{r^2\sin^2\varphi}{2l^2}\right)\\&=r(1-\cos\varphi)+\sqrt{l^2-h^2}-l+\frac{l^2}{2l}+\frac{hr\sin\varphi}{l}+\frac{r^2\sin^2\varphi}{2l} \qquad\qquad \text{(A)}\\&\approx r(1-\cos\varphi)\end{aligned}$$

其运动速度 u_x 加速度 a_x 为：

$$u_x=\frac{\mathrm{d}x}{\mathrm{d}t}\approx r\omega\sin\varphi \qquad\qquad\qquad\qquad \text{(B)}$$

$$a_x=\frac{\mathrm{d}u_x}{\mathrm{d}t}\approx r\omega^2\cos\varphi \qquad\qquad\qquad\qquad \text{(C)}$$

以上各式的假设是连杆 l 长度相对于 r,h 很大时，即 $\dfrac{r}{l}\to0,\dfrac{h}{l}\to0$

当割刀起始于行程端点时，以上（A）（B）（C）三式分别变为：

$$x=r(1-\cos\varphi) \qquad\qquad\qquad\qquad \text{(2-1)}$$

$$u=r\omega\sin\varphi \qquad\qquad\qquad\qquad \text{(2-2)}$$

$$a=r\omega^2\cos\varphi \qquad\qquad\qquad\qquad \text{(2-3)}$$

当割刀起始于任一位置时，以上三式变为：

$$x=r\cos\varphi \qquad\qquad\qquad\qquad \text{(2-1A)}$$

$$u=r\omega\sin\varphi \qquad\qquad\qquad\qquad \text{(2-2A)}$$

$$a=r\omega^2\cos\varphi \qquad\qquad\qquad\qquad \text{(2-3A)}$$

以上三式为割刀的基本运动方程式。

(二)割刀的速度和加速度

1. 割刀的速度

以上两组方程式同效，所以割刀的运动可以看作简谐运动。

由（2-1）式得：$\cos\varphi=\dfrac{r-x}{r}$

由(2-2)式得：$\sin\varphi = \dfrac{u_x}{r\omega} = \sqrt{1+\left(\dfrac{r-x}{r}\right)^2}$

$$u_x = r\omega\sqrt{1+\left(\dfrac{r-x}{r}\right)^2} \tag{2-4}$$

所以 $u_x = s\omega\sqrt{\dfrac{x}{s}\left(1-\dfrac{x}{s}\right)}$ \hfill (2-5)

化简(2-4)式得：

$$\dfrac{u^2}{(r\omega)^2} = 1-\left(\dfrac{r-x}{r}\right)^2$$

整理：\qquad $\dfrac{u^2}{r^2\omega^2} + \dfrac{(r-x)^2}{r^2} = 1$ \hfill (2-6)

上式为椭圆方程式，长轴为 $r\omega(u_x)$，短轴是 $2r(2r=S)$。割刀速度(u_x)，行程 $S=2r$(2-1A)与式(2-3)联立，消去 φ：

式(2-1A)得：$\cos\varphi = \dfrac{r-x}{r}$

式(2-3A)得：$\cos\varphi = \dfrac{a}{r\omega^2}$

所以 $\dfrac{r-x}{r} = \dfrac{a}{r\omega^2}$ $\quad\therefore a = (r-x)\omega^2$ \hfill (2-7)

2. 加速度 a 与位移 x 呈直线关系，见图 2-12。

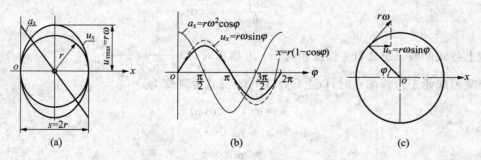

图 2-12 割刀运动因素趋势

(a)加速度、速度与位移 x 关系；(b)移动、速度、加速度与曲柄转角 φ 的关系；
(c)从曲柄旋转角度可直接求出相应的割刀速度

(三)割刀切割速度的选择

1. 割刀的运动速度

(1)割刀的运动速度在行程内随位移 x 变化，即 $u=f(x)$，

$$u = s\omega\sqrt{\dfrac{x}{s}\left(1-\dfrac{x}{s}\right)} \tag{2-8}$$

(2)割刀的运动速度也是曲柄转角 φ 的函数，即 $u=f(\varphi)$，

$$u = r\sin\varphi$$

由割刀运动速度方程式可知，

$x=0(\varphi=0)$时，割刀速度 $u=0$；

$x=r\left(\varphi=\dfrac{\pi}{2}\right)$时，割刀速度 $u_{max}=r\omega$；

$x=2r(\varphi=\pi)$时，割刀的速度 $u=0$。

2. 割刀的切割速度

（1）在这里所谓割刀切割速度指的割刀切割茎秆时的割刀运动速度。

割刀运动过程中不是在全行程内都发生切割，而是割刀将茎秆推至底刀刃处进行切割；也就是说，割刀只有在底刀刃处才发生切割。在发生切割时的割刀运动速度才称为割刀的切割速度。

（2）在行程内割刀的切割速度分析，如图 2-13 所示。

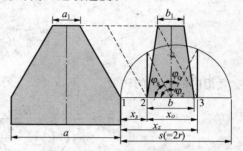

图 2-13 割刀的切割速度

图中：s——割刀的行程（$s=2r$）；a——割刀的后桥宽度；a_1——割刀前桥宽度；b——底刀的后桥宽度；b_1——底刀的前桥宽度。

割刀运动，刀刃从 1 点运动至 2 点与底刀刃接触开始切割茎秆，称为始切点，此时割刀运动的距离：

$$x_s = s - \frac{a+a_1}{2} = s - a_0$$

割刀继续运动，当割刀前桥刀刃与底刀前桥刀刃在 3 点重合，称为终切点，此时割刀运动的距离：

$$x_z = s - \frac{b+b_1}{2} = s - b_0$$

令

$$a_0 = \frac{a+a_1}{2}, \quad b_0 = \frac{b+b_1}{2}$$

将 a_0，b_0 分别代入速度方程式可得到割刀的开始切割速度 u_s 和终了切割速度 u_z，

$$u_s = s\omega\sqrt{\frac{s-a_0}{s}\left(1-\frac{s-a_0}{s}\right)} \tag{2-9}$$

$$u_z = s\omega\sqrt{\frac{s-b_0}{s}\left(1-\frac{s-b_0}{s}\right)} \tag{2-10}$$

（3）割刀切割速度及选择：

①确定茎秆的切割速度是根据试验获得的。

对割草来讲，一般切割速度 $u=2.1\sim2.4$ m/s；

对收割谷物来讲，$u=1.4\sim1.6$ m/s。

②割刀切割速度，应既能保证切割（满足最小切割速度试验值），又避免使割刀的速度过高。

因为切割阻力与切割速度有关，在一般范围内切割速度高，剪切省力，切割速度过高，切割阻力增加；为保证纯剪切省力，需要选择一定的切割速度。

从割刀切割过程速度的变化图,比较 u_s、u_z 以其中较低者作为选择割刀切割速度的根据(保证切割),一般标准Ⅰ型切割器行程中最低切割速度是终了速度是 u_z,所以一般切割器切割过程中,将选择的一定的速度值当作终了切割速度 u_z 代入割刀速度计算公式:

$$u_z = s\omega \sqrt{\left(1 - \frac{s - b_0}{s}\right)\frac{s - b_0}{s}}$$

其中曲柄的旋转角速度:

$$\omega = \frac{u_z}{s\sqrt{\left(1 - \frac{s - b_0}{s}\right)\frac{s - b_0}{s}}}$$

相应的曲柄的转数:

$$n = \frac{30u_z}{\pi s\sqrt{\left(1 - \frac{s - b_0}{s}\right)\frac{s - b_0}{s}}} \qquad \left(\text{其中 } n = \frac{60\omega}{2\pi}\right)$$

(4)图中割刀在一个行程中切割茎秆的行程区间:

$$x_0 = x_z - x_s$$

切割茎秆区间曲柄的转角相应为: $\varphi_0 = \varphi_z - \varphi_s$。

3. 关于切割器割刀切割速度

上面述及的割刀速度、切割速度,仅是割刀往复运动过程的速度。并没有涉及作业过程中机器的前进速度;速度是矢量,大小和方向也需要进一步明确。

(1)往复式割刀的速度 u_D 可认为是割刀相对茎秆的移动的速度。

①工作过程中往复式割刀在作往复移动 u_d 的同时,随机器的速度 u_j 前进。因此工作过程割刀的速度应是二者的合成,所以割刀的速度应该是 u_D,如图 2-14 所示。

即割刀的速度 $u_D = \bar{u}_d + \bar{u}_j$ 为矢量。

例如,割草机的前进速度 $u_j = 8$ km/h $= 2.2$ m/s;

割刀的最大运动速度 $u_d = 3$ m/s;

割刀的速度 $u_D = 3.7$ m/s。

②u_j、u_d 及其关系还影响剪切切割过程茎秆沿刀刃滑动的方向,如图 2-15 所示。

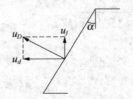

图 2-14 割刀的速度

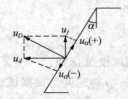

图 2-15 u_j 对切割的影响

图 2-15 中割刀运动速度 u_d 使茎秆在刀刃上产生向后滑动速度 $u_\alpha(-)$;而机器的前进速度 u_j 使茎秆在刀刃上产生向前滑动速度 $u_\alpha(+)$,作业过程中,希望茎秆存在沿刀刃向后滑动的趋势,所以 $u_\alpha(+)$ 不能大于 $u_\alpha(-)$;不然将影响切割的稳定性。切割过程茎秆可能被推出

切割副。其中(一)号说明切割过程中茎秆沿刀刃向后滑动;(+)号表明向前滑动。

(2)割刀的切割速度应该是割刀刃相对于切割茎秆的速度,速度的方向应该是割刀的绝对运动速度的方向 u_D。

(3)思考的问题。在教材、文献中关于往复式割刀速度、切割速度的论述中,为什么都没有涉及机器的前进速度 u_j,而在旋转式切割器的研究中(见旋转式切割器),割刀的速度、切割速度都考虑了机器的前进速度 u_j,为什么,读者可自行分析。

(四)关于双动割刀的切割速度

所谓双动割刀是切割过程中两个相对运动的割刀对茎秆进行切割的装置,如图 2-16 所示。

图 2-16 双动割刀切割器
1. 上刀压刃器;2. 下刀压刃器;3. 上动刀;4. 下动刀

双动割刀的切割速度比较复杂,对双动割刀刃切割速度的分析,对了解刀刃切割情况十分有意义。

研究双动割刀的切割速度必须弄清楚以下几种情况,割刀往复的运动速度,刀刃切割茎秆的方式,生长不同位置的茎秆的切割速度以及割刀切割茎秆的绝对速度等,如图 2-17 所示。

1. 割刀往复运动速度规律

每个刀的运动速度: $u = r\omega\sin\varphi = \omega(r\sin\varphi)$ 或 $u_x = r\omega\sqrt{1-\left(\dfrac{r-x}{r}\right)^2}$,$A\text{-}A$ 刀刃在一个行程的往复运动速度可用 $A\frown A_1$ 半圆表示,圆弧上点在 y 方向的值与角速度 ω 之积就是刀刃 AA 上其对应点位置的速度。同理 $B\frown B_1$,分别是刀刃 $B\text{-}B$ 运动的速度规律。

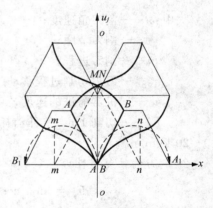

图 2-17 双动割刀切割速度情况
A-A 刀刃与 B-B 刀刃相对运动进行切割

2. 刀刃切割茎秆的方式

只有两个相对的刀刃相遇时才产生(剪)切割。割刀运动过程中,刀刃开始接触茎秆推移茎秆一起运动,并不产生切割;理论上只有在运动的交线 O-O 处发生切割;也即在两个刀刃(例如 A-A,B-B)切割范围内的茎秆都是被引向 O-O 线附近进行切割的。

3. 不同位置的茎秆切割的速度不同

(1)在切割区内,刀刃运动的起始位置(A、B)的割刀速度为零,沿 O-O 线向上的茎秆的切割速度逐渐提高。理论上当茎秆很稀很稀时,生长在 O-O 以外的茎秆的切割速度都是两个刀刃运动的相对速度,理论上是一个刀刃运动速度的 2 倍。

(2)在切割区内,靠近刀刃根部茎秆的切割速度低,越接近刀刃顶端 切割速度越高。

(3)茎秆生长的密度和粗细,对刀刃切割速度均有影响。

(4)上面所说的仅是割刀往复运动切割情况,和一般往复式切割器同样,同样还应考虑机器前进速度 u_j 对切割的影响。

三、割刀动力学分析

(一)切割过程割刀的受力

切割时割刀的受力,包括切割茎秆的阻力,割刀的惯性力和割刀运动的摩擦力等。

1. 割刀切割茎秆的阻力

$$R = \frac{L}{x_0}$$

式中:L——一个动刀在一个行程中切割 $F = th$ 面积的茎秆所消耗的切割功。

$$L = FL_0 = thL_0 = \frac{\pi}{\omega}u_j tL_0$$

对 Ⅰ 型切割器,一个动刀片所攫取的全部茎秆是在割刀部分行程 x_0 内,在一个底刀刃上切割的。因此 Ⅰ 型切割器切割茎秆的平均切割阻力等于:

$$R = \frac{L}{x_0} = \frac{\pi t}{\omega x_0}u_j L_0 = \frac{Bh}{x_0}L_0$$

式中:ω——割刀角速度;

t——割刀节距;

h——割刀进程;

x_0——刀刃切割过程移动的距离;

u_j——机器前进的速度;

L_0——切割 1 m² 茎秆消耗的功(试验),对牧草 $L_0 = 20 \sim 30$ kgm/m²,对谷物 $L_0 = 10 \sim 20$ kgm/m²。

2. 割刀的往复惯性力

$$F_g = mr\omega^2\cos\varphi$$

式中:m——割刀的质量。

3. 割刀运动的摩擦力 F_1 即割刀往复移动的摩擦力

在切割器的正常状态下 F_1 可以忽略,所以在切割过程中割刀的受力为:

$$P_d = R + mr\omega^2\cos\varphi$$

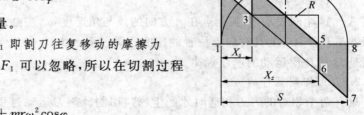

图 2-18　割刀切割过程的受力

如图 2-18 所示。

图中:F_g 为割刀的惯性力,R 为切割阻力。粗线为割刀切割一个行程内的受力的合力 1—2—3—4—5—6—7—8。这些力都作用在带动割刀运动的刀杆上、刀头上。

4. 切割过程刀头位置的影响

在割刀的一个行程中,最大惯性力作用在行程的两端;切割阻力仅作用在中部 x_0 切割范围内。切割时割刀的受力都沿刀杆运动方向上,沿刀杆的受力分布如图 2-19 所示。

作用在刀杆运动方向上,最大受力在接近刀头 D 处。

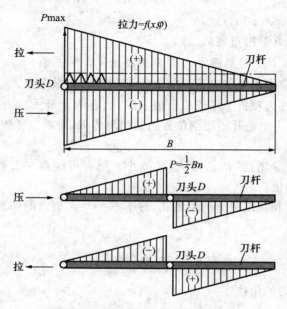

图 2-19 割刀受力沿刀杆方向分布
上:刀头 D 在切割器的一侧,工作时刀杆的受力(拉、压)
中:刀头 D 在刀杆中间(推压);下:刀头 D 在刀杆中间(拉)

(二)曲柄的旋转角速度分析

1. 曲柄的角速度的确定

前已述,从切割终了切割速度 u_z,即以最低切割速度来确定曲柄的角速度,

$$\omega = \frac{u_z}{s\sqrt{\left(1 - \frac{s - b_0}{s}\right)\frac{s - b_0}{s}}} \tag{A}$$

$$n = \frac{30u_z}{\pi s\sqrt{\left(1 - \frac{s - b_0}{s}\right)\left(\frac{s - b_0}{s}\right)}} \tag{A'}$$

2. 曲柄的角速度分析

曲柄的角速度增大,功率消耗增加很快,惯性力大增,磨损加重。为此,在满足切割要求的条件下,希望曲柄角速度小一些。

据前述,为了分析起见,可将切割终了速度 u_z、最低切割速度 $u_{\min}$、最大切割速度 $u_{\max}$ 的关系可表示如下:

在选择切割速度时令 $u_z = u_{\min}$,

或 $ku_{\max} = k\dfrac{S}{2}\omega = u_{\min}$

式中:k——速度系数。

据上述关系将得到:

$$\omega = \frac{2u_{\min}}{kS} = \frac{2u_{\min}}{kt} \tag{B}$$

式中:t——刀片的节距($S = t = t_0$)。

所以确定速度系数 k 是很重要的。

3. 割刀往复惯性力 P_g,切割阻力 R 与曲柄角速度 ω 的关系

前已分析,刀杆的应力主要取决于切割力 R 和惯性力的最大值 $P_{g\max}$;而 R 只产生在割刀行程的中段,这一段惯性力接近于零或成负值。因此,有两个最大应力位置,一个是割刀的端点位置的惯性力 $P_{g\max}$,一个是开始切割位置的切割阻力 R,如果二者数值不等,则可由它们的最大值决定。

因为曲柄的角速度 ω 增加,$P_{g\max}$ 增大,R 减小。则有可能存在二者相等时的角速度。这时割刀的受力应是最小值。

考虑到前面惯性力和切割阻力的关系式,对于 $S = t = t_0$ 型式的切割器

$$F_{g\max} = \pm m_d r \omega^2$$

$$R = \frac{L}{X_0} = \frac{\pi t}{\omega x_0} u_z L_0$$

使二者相等得:割刀的角速度

$$\omega = 3\sqrt{\frac{2\pi u_z L_0}{m_d x_0}} \tag{C}$$

按照式(B),式(C)计算结果如表 2-1 所示。

表 2-1　切割器参数计算结果

已知数						X_0/t	计算结果		采用
t(m)	k	u_j (m/s)	L_0 (kg·m/m²)	$u_{\min}$ (m/s)	m_d (kg·s²/m)		$\omega\left(\dfrac{1}{s}\right)$		
							(B)	(C)	
0.0762	0.85	1.1	20~30	2.1~2.4	0.020	0.4	65~74	61~70	68~73

(三)刀头受力分析及切割功率

1. 刀头受力分析

如图 2-20 所示。

前已述割刀的切割力 $P_d = P_g + R_q$(切割时刀头的受力 P_d 等于切割阻力和割刀的惯性力,包括惯性力和切割茎秆的阻力,分别用 P_g,R_q 表示)。

$P'_d = P_d + F_{gl}$(割刀由连杆传动,在刀头处有连杆的一部分质量(设为其质量的 1/2)随刀头作往复运动,其惯性力用 F_{gl} 表示)。

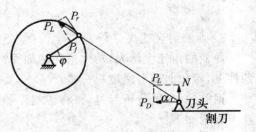

图 2-20　工作时刀头的受力分析与切割功率

工作过程连杆传动对割刀产生垂直压力 N,必然产生摩擦力 $F_2 = fN$。所以工作过程刀

头处的水平受力 P_D 为

$P_D = P'_d + F_2(fN)$（连杆驱动刀头时，对刀头垂直作用力 N，相应的摩擦力 $F_2 = fN$）

所以曲柄连杆驱动刀头工作时的受力为：$P_D = P_d + F_{gl} + F_2(fN)$

f——割刀移动的摩擦系数；

p_D——连杆传动切割时刀头处的平面受力；

由图 $N = P_D \mathrm{tg}\alpha = (P_{d'} + fN)\mathrm{tg}\alpha = P_{d'}\mathrm{tg}\alpha + Nf\mathrm{tg}\alpha$

式中：α——连杆与切割平面间的夹角，切割过程中是变化的。

2. 连杆的轴向受力 P_L

$$N(1 - f\mathrm{tg}\alpha) = P_{d'}\mathrm{tg}\alpha$$

所以

$$N = \frac{P_{d'}\mathrm{tg}\alpha}{1 - f\mathrm{tg}\alpha} = P_L \sin\alpha$$

$$P_L = \frac{P_d}{\cos\alpha - f\sin\alpha} = \frac{R + m_d r\omega^2 \cos\varphi + \frac{1}{2}m_L r\omega^2 \cos\varphi}{\cos\alpha - f\sin\alpha}$$

$$= \frac{R + r\omega^2 \left(m_d + \frac{1}{2}m_L\right)\cos\varphi}{\cos\alpha - f\sin\alpha}$$

3. 曲柄销的受力

连杆的轴向力 P_L

(1) P_L 力在曲柄销处产生的径向分力

$$P_j = \left(m_x + \frac{1}{2}m_L\right)r\omega^2 + P_L\cos(\alpha + \varphi)$$

此力由曲柄销轴承受。

(2) P_L 力在曲柄销处产生切向分力

$$P_r = P_L\sin(\alpha + \varphi) = \frac{R + (m_d + \frac{m_l}{2})r\omega^2\cos\varphi}{\cos\alpha - f\sin\alpha}\sin(\alpha + \varphi)$$

将切割阻力 R 等代入，即可得到曲柄销的切向力。

但是上式中 α, φ 均为未知量。

确定 α, φ 的方法：

根据切割过程的受力，确定最大受力的位置时的曲柄转角 φ，由 φ 确定 α，代入 p_r 公式求出曲柄的切向力 p_r。

4. 切割消耗的功率

(1) 曲柄轴的驱动功率 N_q

$$N_q = P_q r\omega = P_L\sin(\alpha + \varphi)r\frac{\pi n}{15}$$

(2) 切割消耗的轴功率 N_z

$$N_z = N_q\eta = P_L\sin(\alpha + \varphi)\frac{\pi n}{15}\eta$$

式中:n——曲柄的每分钟转数;

  η——传动轴至曲柄轴间的传动效率。

(四)地轮驱动切割功率的计算

地轮驱动的割草机,基本上已经成为历史,但是地轮驱动割草机在我国历史上有着重要意义。

1. 地轮驱动传动

如图 2-21 所示。

地轮驱动的割草机,由地轮的切向力 T 来完成。地轮必须有足够的黏着力 S,才可正常工作,因此要求地轮上的黏着力一定要大于切割器工作时地面作用在地轮沿上的切向力 T,即 $S>T$ 才能保证驱动力。

2. 驱动切割器工作时,地面作用在地轮沿上的切向力

$$T = \frac{2P_x Bri}{\eta D} \quad (\text{kg})$$

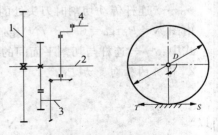

图 2-21 地轮驱动图

左:地轮传动系

1. 地轮;2. 轮轴;3. 齿轮传动;4. 曲柄连杆

右:地轮的驱动力 T,附着力 S

式中:P_x——割刀切割每米工作幅在曲柄销上的作用力,可以将上面割刀的切割阻力代入进行计算,也可代入经验值,切割一般牧草 $P_x=19 \text{ kg/m}$,种植牧草 $P_x=32 \text{ kg/m}$;

  B——工作幅(m);

  r——曲柄半径(m);

  η——传动效率;

  D——地轮直径(m)。

3. 地轮沿上的附着力 S

$$S = fQ_1 + fQ_2 + bhk \cdots (\text{kg})$$

式中:f——轮沿和地面的摩擦系数,一般 $f=0.3$;

  Q_1——割草机在两轮上的负荷(kg);

  Q_2——人体重传到两轮上的分量(kg);

 b 和 h——轮沿的宽度和轮爪的高度(cm),一般 $h=1\sim1.5 \text{ cm}$;

  k——轮爪对地面的许用压应力,一般草地 $k=2.5 \text{ kg/cm}^2$。

4. 地轮上的负重

如表 2-2 所示。

表 2-2 地轮驱动割草机的支点负荷比例 %

支撑点	9G-1.4		9GJ-2.1	
	机重	人重	机重	人重
左轮	38.4~36.2	40.6~49.1	34.8	39
右轮	39.0~47.5	76.4~72.9	45.3	44.8
内滑掌	12.6~7.0	−5.1~6.8	9.8	8.5
外滑掌	4.5~3.2	0~1.7	3.6	3.2
辕杆支撑点	5.5~6.1	11.9~3.5	6.5	4.0

由上看出对地轮驱动的割草机驱动力来源于机器的工作重量(包括操作者的体重在地轮上的分力)。

为了正常工作和切割器切割的稳定性,内外托板、牵引杆端的负重是必需的。

9GJ-2.1 机重 455 kg 的 80% 以上都分配在驱动论上;人体重的 84% 分配在驱动论上。也就是说机重、人重基本上都转化为驱动力了。

5. 驱动功率的计算

(1)作用在轮沿上的切向力 T,实际上是驱动轮的切向力,则驱动功率 N_q。

$$N_q = TR\omega = \frac{2P_x Bri}{\eta D}R\omega$$

(2)我国机引往复式割草机内控标准中介绍每米割幅工作功率消耗为不大于 1 250 W。

四、割刀切割图与切割质量分析

切割器的切割质量一般用切割图进行评价分析。

(一)割刀切割图及绘制

所谓切割图是割草机在田间工作时,动刀刃在水平地面上切割(掠过)的面积。切割图是反应割刀刃切割情况的平面图。

(1)绘制切割图首先需要确定割刀的几何参数、运动参数

①进程:所谓割刀的进程是指割刀运动一个行程中机器前进的距离,用 h 表示:

进程公式:$h = \dfrac{60u_j}{2n} = \dfrac{30u_j}{n}$

式中:u_j——机器的前进速度 m/s;

　　　n——曲柄每分钟的转数。

②例如 I 型切割器,$S = t = t_0 = 76.2$ mm。

③工作时割刀绝对运动(相对地面)方程式。作业时,刀刃有两个运动,一是在 x 方向作往复运动,一是在 y 方向随机器前进,

所以,其轨迹是两个运动的合成即:

$$x = r(1 - \cos\varphi)$$

$$y = u_j t = \frac{h}{\pi}\varphi$$

显然一个割刀刃在地面上画出的是一个螺旋面。

④设割草机前进速度:$u_j = 8$ km/h $= 2.2$ m/s;

割刀双行程数:$n = 800$ 次/min;

计算出割刀的进程:$h = 8.2$ cm。

(2)作切割图

假设在切割过程中,牧草茎秆不沿刀刃移动而是沿刀刃作用方向倾斜,作图过程如图 2-22 所示。

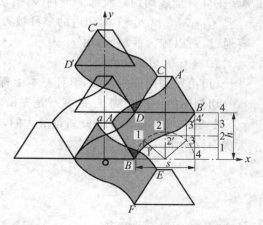

图 2-22　切割图作图

切割过程中,刀片在沿 x 方向移动的同时,沿机器前进的 y 方向匀速运动。将曲柄一个

行程的转角（180°）等分若干（4）份，将进程 h 相应等分若干（4）份，在刀片移动过程中连续找到 $1',2',3',4'$ 各点，将其连接起来，就是刀刃 B 点的轨迹，AB 刀刃扫过的面积 $AB\text{-}A'B'$ 就是刀刃 AB 一个行程的切割面积，同理 $CD\text{-}C'D'$ 就是刀刃 CD 在下一个行程中的切割面积。$AB\text{-}A'B'$，$CD\text{-}C'D'$ 就是一个刀片在曲柄转一周的切割图。交叉部分（涂黑）是二次切割区。行程中，刀刃没有通过的区域是空白区。

（二）切割图分析及切割质量

如图 2-23 所示。

1. 对切割图的分析

割刀在切割过程中是在与底刀刃接触时发生切割的。

• 刀刃 AB 向右运动行程中扫过 $Aa_1'b_2'B$ 面积，将其内的茎秆推至底刀刃 $a_1'b_2'$ 处进行切割。

• 在 AB 刀前面中心线以右底刀刃以左的 $Bb_1'4$ 中的茎秆也被护刃器推至 $Aa_1'b_2'B$ 以内在底刀刃 $a_1'b_2'$ 处切割；所以 $4\text{-}3'\text{-}2'\text{-}B$ 也是在 f_1 区内被切割。

• 右端底刀中心 $5\text{-}6$ 以左的茎秆也是被护刃器分至底刀刃 $a_1'b_2'$ 处被刀刃 AB 切割。

所以 $4\text{-}3'\text{-}2\text{-}b_2''\text{-}1\text{-}6\text{-}5\text{-}b_2'\text{-}b_1'\text{-}4$ 中的茎秆都是被推至 $a_1'b_2'$ 处被 AB 一次切割的。

以上称为一次切割区，即割刀只切割一次用 f_1 表示。

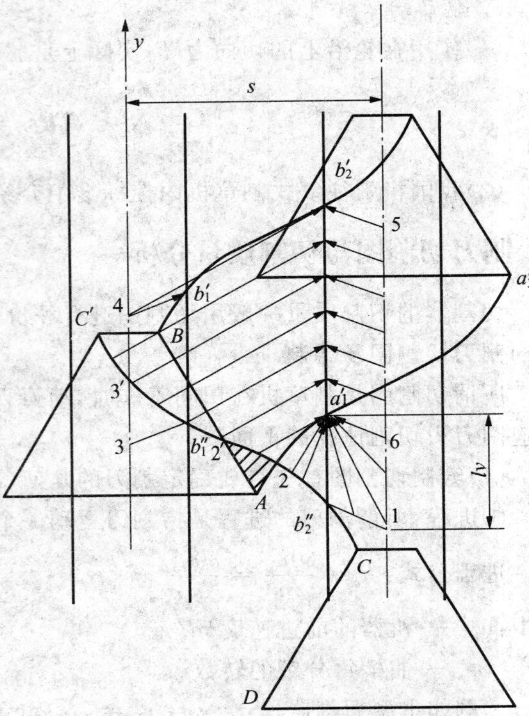

• $A\text{-}2\text{-}2'$ 三角面积内的茎秆被刀刃

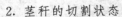

图 2-23 切割图分析

AB、CD 分别各切割一次称为重割区，用 f_2 表示。

• $1\text{-}6\text{-}a_1'\text{-}2\text{-}b_2''\text{-}1$ 面积内的茎秆被刀梁、护刃器推至 a_1' 处集中被切割，因为此区刀刃没有通过，所以称为漏割区，用 f_0 表示。

2. 茎秆的切割状态

（1）由切割图分析可知，茎秆基本上都是在倾斜状态下被切割的，如图 2-24 所示。

切割图的一次切割 f_1 的茎秆是在横向倾斜状态下切割的，例如生长在 a 处的茎秆被推至 b 点被切割，倾斜量为 q 是倾斜量最大的，倾斜程度影响割茬高度，对此可进行理论计算，其最大横向倾斜量 q：

$$q = \frac{t_0 - \dfrac{b_1}{2}}{\cos\theta}$$

式中：b_1——底刀的宽度；

θ——茎秆的倾斜角；

q——茎秆的横向倾斜量。

前已述 AB 刀刃运动方程式：

$$x = r(1 - \cos\omega t)$$
$$y = u_j t$$

斜率 $\text{tg}\theta = \dfrac{\mathrm{d}y}{\mathrm{d}x} = \dfrac{\dfrac{\mathrm{d}y}{\mathrm{d}t}}{\dfrac{\mathrm{d}x}{\mathrm{d}t}} = \dfrac{u_j}{r\omega\sin\varphi}$

因为 $u_j = \dfrac{h\omega}{\pi}$

所以 $\text{tg}\theta = \dfrac{\dfrac{h\omega}{\pi}}{r\omega\sin\varphi} = \dfrac{h}{\pi r\sin\omega t}$

因为 $\cos\theta = \dfrac{1}{\sqrt{1 + \text{tg}^2\theta}} = \dfrac{1}{\sqrt{\left(\dfrac{h}{\pi r\sin\omega t}\right)^2 + 1}}$

所以 $q = \left(t_0 - \dfrac{b_1}{2}\right)\sqrt{\left(\dfrac{h}{\pi r\sin\varphi}\right)^2 + 1}$

式中：t_0 是相邻底刀的节距。

据此式可计算出一次切割区 f_1 内最大横向倾斜量，图中 h_0 切割平面离地面的高度，据此和横向倾斜量 q，可计算出割茬高度见图 2-24(1) a-b。

（2）生长在底刀刃处的茎秆基本上是在生长直立状态下被切割的，见图 2-24(2)c-d。

（3）在空白区 f_0 的茎秆是在纵向倾斜状态下被切割的，见图 2-24(3)a-c。

3. 对空白区 f_1' 纵向倾斜切割的分析（参看图 2-3）

在空白区 f_0 中，1-b_2''-2-a_1'-6-1 内的茎秆被刀梁推至 a_1' 点被切割的特点。

（1）生长在 f_0 区内的茎秆处于特殊位置，这些茎秆在切割时最先被割断，即在直接接近的切割线 a_1' 点的地方被集中切割。

（2）此区段的茎秆几乎是同时被割断，这可能就是开始切割时刀杆承受的阻力突然增大的原因之一。

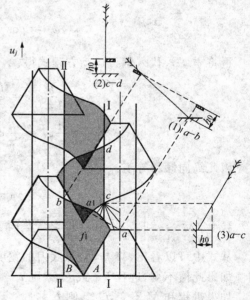

图 2-24

（3）此外，茎秆会因护刃器支持凸部或者护刃器梁的作用而弯曲，并把位于 1-b_2''-2-a_2' 面积内的茎秆被推向前面在 a_1' 处被 AB 刀刃切割。因而这些茎秆将迟一些开始割断。

（4）在机器运动方向上的 1-a_1' 点之间的距离 l_v，可以用来衡量此区段的大小和茎秆的最大纵向倾斜量，a_1' 点就是动刀片的 A 点和护刃器接触瞬间的点，并且位于离 y 轴为：

$x_A = S - \dfrac{a_1}{2}$ 的地方。a_1 为刀片的后桥宽度。

b_2'' 点为动刀片的 C 点由右向左运行时离开护刃器的瞬间的点。此点位于离 y 轴为 $x_C = S - \dfrac{b_1}{2}$ 的地方。b_1 为底刀上端的宽度,将 x_A, x_C 值代入相对运动方程式:

$$x_A = \frac{s}{2}(1 - \cos\varphi_A) + \frac{a_1}{2}$$

A 点:

$$y_A = u_j t = \frac{h}{\pi}\varphi_A$$

C 点:

$$x_C = \frac{s}{2}(1 - \cos\varphi_c)$$

$$y_c = \frac{h}{\pi}\varphi_c + c$$

式中:c 为刀片高度。

将 x_A, x_c,代入割刀方程式得相应这些数值的曲柄转角:

$$\varphi_A = \cos^{-1}\left(1 - \frac{-a_1 - a}{s}\right)$$

$$\varphi_C = \cos^{-1}\left(1 - \frac{-b_1 - b}{s}\right)$$

再将 φ_A, φ_C 代入割刀运动方程式得:

$$y_A = \frac{h}{\pi}\varphi_A = \frac{h}{\pi}\cos^{-1}\left(1 - \frac{-a_1 - a}{s}\right)$$

$$y_C = \frac{h}{\pi}\varphi_C = \frac{h}{\pi}\cos^{-1}\left(1 - \frac{-b_1 - b}{s}\right) + C$$

因此纵向倾斜等于:

$$l_v = y_A - y_C = Mh - C$$

式中:$M = \dfrac{1}{\pi}\left[\cos^{-1}\left(1 - \dfrac{-a_1 - a}{s}\right) + \cos^{-1}\left(1 - \dfrac{-b_1 + b}{s}\right)\right]$

从式中可以看出,M 与动刀、底刀的宽度和节距(行程)之比有关。

如果此值不变,进程 $h\uparrow$ 或 $C\downarrow$,则 $l_v\uparrow$;

如果进程和 M 不变,$C\uparrow$,则 $l_v\downarrow$。

显然从这一点出发,刀片的高度 C 大一点,可使纵向倾斜量减小;如果保持 l_v 一定,C 增大,可提高进程 h,即可提高前进速度 u_j。

当然如果刀片高度 C 太大,在宽度尺寸不变的情况下,刀片倾角 $\alpha\downarrow$,使滑切程度下降,切割阻力可能增加;或者使 b,或者使 a 减小。

(三)双动割刀的切割图

1. 双动割刀切割器的特点

为解决往复式割草机割刀往复惯性力过大的问题,发展过程中出现了双动割刀切割器。

所谓双动割刀切割器,是两个运动方向相反的割刀,在切割茎秆过程中,互为支撑;在切割过程中其往复惯性力方向相反,大小相等,往复惯性力可达到完全平衡。

2. 双动割刀切割分析及切割图

(1)作切割图

已知刀片的型式尺寸,一般 $S=t=76.2$ mm

割刀的双行程数 $n=1\,000$ r/min

计算出曲柄的角速度 $\omega=\dfrac{\pi n}{30}=105(1/s)$

机器前进速度 $u_j=13$ km/h$=3.6$ m/s

计算出进程 $h=\dfrac{30u_j}{n}=11$ cm

切割图的方法同上,如图 2-25 所示。

(2)分析切割图

①AB 区——AA 刃与 BB 刃的切割区;

　AC 区——AA 刃与 CC 刃的切割区;

　BD 区——BB 刃与 DD 刃的切割区。

②深色区为重割区,再从切割图上分析其切割质量情况。

五、往复式切割器割刀尺寸分析

标准型往复式割刀形状如图 2-26 所示,尺寸见表 2-3。

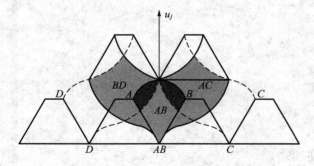

图 2-25　双动割刀切割图

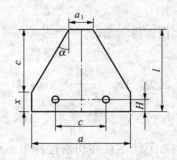

图 2-26　刀片尺寸

表 2-3　刀片的尺寸

动刀片型式	a	l	c	a_1	f	H	刃口
Ⅰ	$76_{-1.0}$	$81_{-1.5}$	51 ± 0.15	$17_{-3.0}$	26 ± 0.5	16 ± 0.5	光
Ⅱ	$76_{-1.0}$	$81_{-1.5}$	51 ± 0.15	$17_{-3.0}$	26 ± 0.5	16 ± 0.5	刻齿

(一)刀刃及倾角

(1)刀片倾角 α 与切割阻力有关,前已述,在一定范围内,刀刃的倾角 α 大,切割省力,如果太大,影响切割的稳定性。Ⅰ型刀片 $\alpha=28.19°$。

(2)刀片倾角与切割状态有关,见前面的分析。

(二)前桥宽度 a_1

(1)与磨刀有关;即留有磨刀的余量。

(2)与切割终了速度有关,保证切割过程中的最低切割速度(前面已述)。

(3)一般光刃到片 13～17 mm. 刻齿 5～10 mm。

Ⅰ型切割器,光刃刀片 $a_1 = 16$ mm,刻齿刀片 a_1 较小。

(三)刀片的高度 C

(1) $\text{tg}\alpha = \dfrac{a - a_1}{2c}$。

(2)与切割性能有关。

①保证切割过程中茎秆向刀根部滑动,

所以 $C = \dfrac{a - a_1}{2\text{tg}\alpha}$。

②保证切割时茎秆沿刀刃向根部滑移(至少不向刀顶滑移),

由图知 $u_\tau = u_j \cos\alpha + u_d \sin\alpha = u_{j\tau(+)} + u_{d\tau(-)}$

要求 u_τ 向后,即 $u_{j\tau} + u_{d\tau} = (-)$

所以 $u_d \sin\alpha = u_{d\tau} \leqslant u_j \cos\alpha \quad \dfrac{u_j}{u_d} > \text{tg}\alpha$,因为 $u_{d\max} = r\omega$

故 $\text{tg}\alpha \angle \dfrac{u_j}{r\omega}$

因为进程 $h = \dfrac{30}{n} u_j = \dfrac{\pi}{\omega}$,所以 $u_j = \dfrac{\omega}{\pi} h$

代入得 $\text{tg}\alpha \angle \dfrac{u_j}{r\omega} = \dfrac{\frac{\omega}{\pi} h}{\frac{s}{2}\omega} = \dfrac{2h}{\pi s}$

因为 $\text{tg}\alpha = \dfrac{a - a_1}{2C}$ $\quad \text{tg}\alpha \leqslant \dfrac{2h}{\pi s}$

所以 $C \geqslant \dfrac{\pi s(a - a_1)}{4h}$

为了使茎秆在切割过程中不滑出,应该

$$C \geqslant \dfrac{a - a_1}{2\text{tg}\alpha_{\max}}$$

显然为了保证切割正常,刀高度 C 应满足上式。

③刀片的高度 C 与切割过程中纵向倾斜量有关(前面已证明)。

④刀片的高度 C 对空白切割区的面积和切割线的分配有较大影响。

随刀片高度增加,空白区 f_0' 内开始和终了成束切割的茎秆数量将减少,即随割刀高度增加,空白区减少,茎秆按切割的分配也较理想。

(四)割刀的刃角

光刃刀片,刃锐利,切割省力,一般刃角 $i = 19°$,易磨钝,使用中,需经常磨刀(锐),多用于割草机。

上刻齿刀片,刀的刃角较大,切割阻力较大,但不易磨钝,不需磨刀(也不能磨刀),一般用于谷物收割机。

后来出现了下刻齿刀片,其特点同上刻齿刀片,但可以磨刀(锐);在割草机和谷物收获机上,都有采用。

割刀除具备前面所述的切割性能外,还应具有高强度、韧性,耐磨性;刻齿刀片还应具有齿尖的尖锐度。

(五)自磨锐刀刃

1. 自磨锐

即刀片经过长期切割,虽有磨损,但齿刃尖能保持合理的外形和一定的尖锐度;这样就不至于使齿间很快地在磨损变钝。

2. 刻齿纹结构参数对刀片性能的作用

齿纹结构有等深齿纹和不等深齿纹。等深齿纹易磨锐;不等深齿纹强度较高;齿纹斜度 δ 也有不同。

齿纹斜度如与茎秆被切断后留在刀片上的运动方向一致,一般认为对自磨锐有利。试验表明,$\delta=0$,有利于自磨锐,$+10°$ 的齿纹短,强度大于 $-10°$ 的。齿面角小,切割锐利,但是强度低,易断齿;为保证强度,可以采取较大的刃角,但不能影响自磨锐,国标定为 $18°\sim25°$。

(六)刀片材料及工艺

根据刀片损坏失效的原因分析,刀片应具有高强度,较高韧性,较高的耐磨性;从性能、工艺、经济综合考虑,一般采用 T9 钢制造。

采取高频加热,等温回火,使刀片的组织达到约 59% 的马氏体,50% 的下贝氏体,能够适应刀片的性能要求。

六、往复式割刀的惯性力及平衡

(一)惯性力平衡的必要性

往复式切割器割刀工作过程中,割刀的往复运动产生变化的往复惯性力,往复频率很高(一般割草机往复次数达 700~900 次/min)。

为了保证切割质量和较高的生产率,要求曲柄的转数较高,所以惯性力很大,其中往复惯性力使机器振动大,影响作业和可靠性以及机器的强度。由于割草机的曲柄转数较高,为此,割草机,尤其高速度的割草机,一般要进行惯性力的平衡。平衡的实质是对其往复惯性力进行限制。

举例:9GX-2.8 型割草机。

割幅 $B=2.8$ m,割刀每米重量 $=2.3$ kg,所以 $m_d=\dfrac{P_d}{g}=\dfrac{2.3\times2.8}{9.8}=0.65$

曲柄半径 $r=0.038$ m,机重约 230 kg,曲柄转数 $n=900$ r/min,所以角速度 $\omega=\dfrac{2\pi n}{60}=94.2\dfrac{1}{S}$

其最大往复惯性力 $F_{gmax}=m_d r\omega^2\approx217$ kg

其最大往复惯性力接近割草机的重量,比切割器的重量大得多,所以对其必须进行平衡。

(二)平衡的方法

平衡的方法有两种,一种是完全平衡(主要是机构问题),一种是部分平衡(平衡其往复惯性力的一部分)。

1. 割刀惯性力分析

(1)割刀工作惯性力情况,如图 2-27 所示。

曲柄销质量 m_x,设连杆随曲柄旋转的质量为 $\frac{1}{2}m_l$,曲柄半径 r,曲柄的旋转角速度 ω,曲柄销处的回转惯性力:

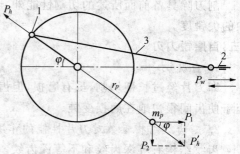

$$P_h = \left(m_x + \frac{1}{2}m_l\right)r\omega^2,\text{是一个常量}$$

往复惯性力:

$$P_w = \left(m_d + \frac{1}{2}m_l\right)r\omega^2\cos\varphi,\text{是一个随曲柄转}$$

图 2-27 惯性力平衡分析
1. 曲柄销;2. 割刀;3. 连杆

角变化的量

(2)可在曲柄销对面处加平衡重,可将回转惯性力完全平衡掉,使

$$p_p = m_p r_p \omega^2 = \left(m_x + \frac{1}{2}m_l\right)r\omega^2$$

$$m_p = \left(m_x + \frac{1}{2}m_l\right)\frac{r}{r_p}$$

式中:m_p——平衡重质量;

r_p——平衡重的回转半径;其他同上。

(3)往复惯性力的平衡分析

往复惯性力 P_w,若使 $P_1 = P_w$

$$P_1 = P_p\cos\varphi = m_p r_p \omega^2\cos\varphi$$

$$P_w = \left(m_d + \frac{1}{2}m_l\right)r\omega^2\cos\varphi$$

这样得 $m_p = \left(m_d + \frac{1}{2}m_l\right)\frac{r}{r_p}$

这样只是把水平方向往复惯性力平衡了,但是同时在垂直方向产生了分力 P_2。

这个力也随曲柄转角而变化,$P_2 = \left(m_d + \frac{1}{2}m_l\right)r\omega^2\sin\varphi$。

其变化规律和最大值与 P_w 相同,也就是说,通过平衡,将往复惯性力转化到垂直方向,以致使切割器产生平行振动变为致使切割器产生垂直振动,其变化的规律、大小没有变化,但是对垂直方向的振动,接地面、切割器重量可以使振动减小。

有的文献称此为往复惯性力完全平衡法,实际上往复惯性力很难平衡掉,而是转移了。

2. 惯性力平衡方法

(1)加平衡重的平衡方法:由上用 P_1 平衡了一个 P_w,却在垂直方向产生了一个与其相等

量的 P_2。一般平衡采取折中的办法，即在曲柄对面加配重，平衡部分往复惯性力，例如平衡一半或更低，称为部分平衡法，方法同上。

例如平衡往复惯性力的 $\frac{1}{2}$，即

$$P_1 = \frac{1}{2}\left(m_d + \frac{2}{2}m_l\right)r\omega^2\cos\varphi$$

这样，连同平衡回转的惯性力包括在内：平衡惯性力，将回转部分的惯性力和水平部分惯性力的 $\frac{1}{2}$，平衡掉。

所以　　　　$mr_p\omega^2 = \left(m_x + \frac{1}{2}m_c\right)\gamma\omega^2 + \frac{1}{2}\left(m_d + \frac{1}{2}m_c\right)\gamma\omega^2\frac{\cos\varphi}{\cos\varphi}$

式中：$\left(m_x + \frac{1}{2}m_c\right)\omega^2$——需要平衡的回转部分的惯性力；

$\frac{1}{2}\left(m_d + \frac{1}{2}m_l\right)\gamma\omega^2\frac{\cos\varphi}{\cos\varphi}$——需要平衡的往复惯性力部分。

则平衡质量 $m_p = \frac{r}{r_p}\left(m_x + \frac{1}{2}m_d + \frac{3}{4}m_l\right)$

式中：m_d——割刀的质量；

m_l——连杆的质量，一般可认为连杆的质量的 1/2 随割刀作往复运动，1/2 与曲柄一起作回转运动；

m_x——曲柄销质量；

r_p——平衡重的回转半径，总配重可达 6 kg 之多。

如果曲柄半径 $r = 38$ mm，连杆重 3.8 kg，曲柄销重 0.1 kg，割刀重 4.83 kg，取 $r_p = 38$ mm，平衡情况如何？

（2）其他平衡方法：除了加平衡重的办法之外，在传动结构上采取措施也取得了很多重要的成果。例如，双曲柄传动的双动割刀切割器（可称为完全平衡），由摆环机构组成的无连杆传动机构等（部分平衡）。

（3）双动割刀惯性力平衡：切割时互为切割支承，其惯性力大小相等，方向相反，达到了完全平衡。从理论上讲，不受惯性力振动的影响，所以可以高速度作业，可采取每小时十几千米的速度，一般每小时约 12 km 以上，我国也研究过，曾达到了每小时 13 km。分析起来，双动割刀切割器，主要问题是保证割刀切割间隙困难，垂直方向的刚度较差，考虑到经济的原因，在国外使用不普遍。但是它的成功，确是往复式切割器发展水平的一个重要表现。实际上这样的割草机，仅有一次惯性力平衡了，其他惯性力和力矩也是没有平衡。

七、往复式割草机的总体设计及其构造

(一)往复式割草机的类型

1. 按切割器与动力的连接型式分

（1）牵引式——在拖拉机牵引下作业的机械。前进动力和工作动力均来自拖拉机；拖拉机在牵引点处维持适当的重量之外，机器的质量均有机器的支承轮支撑。其中又分为拖拉机输出轴驱动工作部件作业和地轮驱动工作部件作业两类牵引型式，如图 2-28 所示。

图 2-28　牵引式割草机

左:地轮驱动式 9GJ-2.1 割草机　右:改进型 9GJ-2.1A 割草机(输出轴驱动)(后带搂草器)

（2）悬挂式——完全挂接在拖拉机上的割草机械。整个机器的全部重量均支持在拖拉机上;工作的动力完全来至拖拉机——工作部件的动力来至拖拉机的输出轴,见图 2-29。

图 2-29　悬挂式割草机

悬挂架(MAIN FRAME),传动皮带(DRIVE BELT),缓冲弹簧(FLOAT SPRING),拉杆(DRAG BAR),
内托板(INNER SHOE),割刀(KNIFE),挡草板(GRASS BOARD),外托板(OUTER SHOE),
护刃其梁(CUTTERBAR),挡草杆(GRASS STICK),拖拉机输出轴(PTO SHAFT)

（3）半悬挂式——主要部分悬挂在拖拉机上进行作业的机械。机械设有支撑轮,工作部件的动力来至拖拉机的输出轴。

（4）自走式——行走、作业来自统一的动力源,其中有自走底盘配上切割器和动力与切割器融为一体的自走式割草机。我国目前还没有此类割草机。

2. 按割刀体的数量有

单刀、多刀割草机

（1）单刀割草机——仅一个切割器刀体,有牵引式、悬挂式、半悬挂式和自走式等。

（2）多刀式——若干割刀体，所谓多刀割草机，即在一个割草机上有两个或两个以上的切割器。其中有悬挂式和牵引式。我国的多刀割草机，源于前苏联。前苏联发展多刀割草机在国际上特点突出。发展过三刀、五刀，甚至七刀割草机；其他国家较少。我国开发过三刀、两刀的割草机。

如9GS-6三刀悬挂割草机和两刀牵引式9GQ-4.0、9GQ-5.6割草机。

①9GS-6三刀悬挂割草机，如图2-30所示。

该机三个2.1 m的切割器悬挂在28马力的拖拉机上。割幅6 m，工作速度8.68 km/h，割刀往复次数1 800次/min，切割需要功率约12马力，机重455 kg。

②两刀牵引式9GQ-4.0割草机，如图2-31所示。

图 2-30　9GS-6.0 三刀割草机　　　　图 2-31　9GQ-4.0 割草机（图片）

该机由两个2.1 m的切割器组成，割幅4 m，与东方红28和铁牛55拖拉机配套，工作速度8～10 km/h，割刀每分钟往复次数1 840，其传动系如图2-32所示。

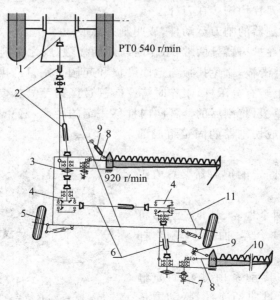

图 2-32　9GQ-4.0 割草机传动系

1. 输出轴（PTO.540 r/min.）；2. 活节传动；3. 链传动；4. 箱齿轮；5. 尾轮
6. 传动轴；7. 链传动轴；8. 连杆；9. 拉杆；10. 切割器；11. 机架

③多个单刀割草机联合作业机组,如图 2-33 所示。

图 2-33 传统的割草机联合作业

(二)往复式割草机总体配置及典型构造

地轮驱动的 9GJ-2.1 割草机是结构最典型的割草机,现以 9GJ-2.1 割草机为例,简要论述其结构和配置。

1. 往复式割草机的典型构造

典型构造:9GJ-2.1 割草机机型虽然陈旧,但是它是结构最完全的割草机;其结构组成均有代表性。掌握了其结构原理,就能充分地了解其他型式的往复式割草机。

①切割器,同图 2-4。

割刀组成:

刀头:与连杆钳口铰链,铆接在刀杆上,是连杆与割刀的铰接件;

刀片、刀杆:所有的刀片均铆接在刀杆上;

上述零部件组成切割器的割刀运动件,或叫割刀总成。

内外托板——固定在护刃器梁两端,工作时与地面接触,成为切割器的接地支撑;在内、外托板下面分别装有内、外滑板,避免托板与地面磨损和起调节割草高度的作用;通过内托板与割草机架连接,内托板上装有分禾杆,工作时将倒向割过区的茎秆扶向切割范围内,避免发生漏割;外托板上装有推草板,将割后的茎秆向内推移一定的距离,避免机器下次通过碾压割后的草——上述零部件组成切割器的固定组成部分,可叫护刃器梁总成。

运动的割刀总成和固定的护刃器梁总成组成了切割器总成。

②地轮传动系:由两个地轮、棘爪(克崩)机构、轮轴、齿轮传动系、离合器、曲柄、木制连杆等,如图 2-34 所示。

9GJ-2.1 割草机的传动系由地轮动力输入,传系输出轴输出,通过曲柄连杆,将动力传传递给割刀。

③操纵、调节装置,如图 2-35 所示。

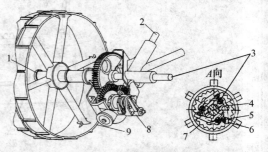

图 2-34 地轮传动系

1. 地轮轴头;2. 传动系输出轴;3. 主传动轴;4. 克崩;
5. 弹簧;6-7. 克崩盘齿;8. 脚蹬;9. 地轮

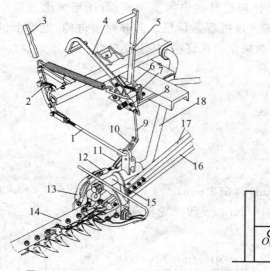
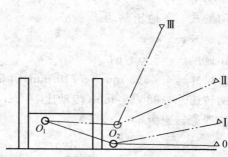

图 2-35　割草机操纵、调节装置

左：调节机构

1. 割刀前后倾斜调节杆；2. 调节杆固定扇形齿板；3. 倾斜操作杆；4. 足踏板；5. 操纵杆；6. 齿板；7. 钩杆；8. 大摇臂；9. 双头钩杆；10. 小摇臂；11. 拉板；12. 可调节杆；13. 弯肘；14. 切割器；15. 挂刀架；16. 前拉杆；17. 连杆；18. 弯轴；9、10、11、12、13 杆件实现切割器外端抬起（Ⅰ位置）和整个切割器通过弯轴 18、拉杆 16 绕机架升起（Ⅱ位置）；驾驶员还可以脚踩踏板 4，帮助切割器提升。

右：切割器起落位置（0 是正常工作位置，Ⅰ是外端遇障，Ⅱ是切割器提升位置，Ⅲ是运输位置）

- 起落机构——操纵切割器的离地高度和切割器的起落；
- 方向盘——操纵割草机方向及与拖拉机的配合；
- 调节机构——切割器的倾斜调节，通过变动拉杆位置等调节切割器的前导。

切割器的其他调节可在切割器中进行。

④安全装置：前端牵引安全牵引钩，当遇到突然阻力，牵引钩脱钩，保护切割器；

传动割刀的木制连杆也有安全作用，当切割阻力过大或堵塞，木制连杆损坏，切断割刀动力，保护割刀；传动系的克崩装置（同棘轮棘爪），保证地轮倒转时，切断动力，即动力不传动割刀。

2. 往复式割草机的总体布置

所谓总体设计一般包括：总体布置和总体参数的确定。总体设计是技术设计的依据。

总体布置图——机械产品的总体布置图是总体设计的基本内容。确定机械基本组成的相对位置关系，并用线条表示出来，可不局于组成部分的形状。必要时，可绘出机动位置图。

总体参数——确定机械产品的总体参数，是总体设计的基本内容。所谓总体参数，一般是机械的总体尺寸；特征参数；生产率；消耗功率、配套动力；机器的重量及分配；工作速度；动力配套关系以及特殊要求等。

（1）地轮驱动的牵引式割草机，靠地轮驱动切割器；可满足一般天然草原的割草作业；一人乘坐式操作。

总体要求：一般割草机的总体要求，主要有机构紧凑，稳定，操作方便；对于地轮驱动的割草机，总体布置要保证足够的驱动力；牵引拖拉机和割草机轮子不得压未割草和尽量减少对已割草的碾压等。

总体参数的确定:首先参数必须满足机器设计提出的基本要求;还要考虑适应草地的条件;动力、机械配套情况;技术、经济基础等。该机器是最早从前苏联引进的,近半个世纪的应用说明该机适应我国的天然草原;对其参数确定的论证略,其主要参数:

①割副——2.1 m;

②选择往复式Ⅰ型切割器;

③所需功率——5 马力;

④驱动型式——地轮驱动;

⑤机重——455 kg;

⑥工作速度——5 km/h;

⑦外形尺寸——4 853 mm×3 710 mm×1 558 mm;

⑧曲柄转速——680 转/min(传动比 $i=22.7$)。设地轮滑移率设为0.9。

地轮的理论转速为:

$$680/22.7 = 30(r/min)$$

地轮每分钟沿地面滚动的距离:$30\pi D = 75(m/min)$

地轮每小时滚动的速度:$75(m/min) \times 60(min) = 4\,500(m/h) = 4.5(km/h)$

与机器前进速度 5 km/h 相适应。

(2)9GJ-2.1 的改进:地轮驱动的最大特点是割草机选用动力非常方便,不论什么样的动力,只要能提供大于 5 马力的牵引功率的拖拉机、手扶拖拉机等都可以带动工作;功率大的动力,还可以牵引多台联机工作。但是地轮驱动,驱动力受到限制,在负荷大时,切割器堵塞严重;机器的重量偏高,机重达 455 kg,是同类割草机单位割幅耗材最大的割草机。随着草原条件的改善,尤其拖拉机的发展,为对该机换代提供了条件,改进的要点是将地轮驱动改为拖拉机的输出轴驱动,相应的采用充气行走轮,简化了机架,减轻了重量等,但是却没有了牵引的安全装置,尤其作业速度较高时,牵引安全装置还是很重要的。

(3)悬挂式割草机构造及其特点(图 2-29)。

往复式悬挂式割草机机构简单,耗材少,工作速度较快,操作零活;目前国内外悬挂式割草机发展快,保有量多。其主要结构包括:

传动系——将拖拉机输出轴的旋转运动通过活节轴、皮带传动,通过曲柄连杆(或其他装置)转化为割刀的往复运动;传动系的安全装置是皮带传动。

悬挂机架——一般是三点悬挂装置,通过三点连接和拉杆将切割器的重量完全转移到拖拉机上。通过悬挂转置,控制切割器的提升或落降。

悬挂式割草机,一般在其机架与切割器的连接拉杆采取脱钩器安全装置,当工作中切割器前方遇到障碍时,前进阻力加大,脱钩器脱开,切割器绕机架相后摆,移绕过障碍,保护切割器部被损坏;障碍过后,后倒拖拉机脱钩恢复,如图 2-36 所示。

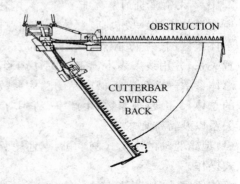

图 2-36 割草机 脱钩拉杆的作用

OBSTRUCTION(障碍),CUTTERBAR SWINGS

BACK(切割器后摆,绕过障碍)

第三节　冲击切割——旋转式割草机械

所谓旋转式切割器,其割刀绕固定轴作旋转运动完成切割。主要特点是靠冲击切割,速度高,运转平稳;对切割对象适应性强;耗能量大,每米割幅的空转功率高达 3 000 W 以上;根据割刀旋转轴的位置,有绕水平轴旋转切割器(例如甩刀式或链枷式切割器)和绕垂直轴旋转的切割器。其中绕垂直轴旋转的切割器在农业生产中应用广泛。

一、甩刀(链枷)式切割器——割刀绕水平轴旋转

甩刀切割器是典型的绕水平轴旋转的切割器。主要组成是沿轴向铰接若干刀片(甩刀)的转子;整个甩刀转子是用防护罩围起来,防护罩前往往设一根推杆,将茎秆先前推斜而形成倾斜束,方便甩刀切割,如图 2-37 所示。

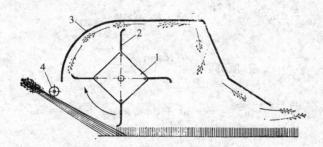

图 2-37　甩刀割草机示意图
1. 刀盘;2. 甩刀;3. 防护罩;4. 茎秆推杆

二、旋转式切割器——割刀绕垂直轴旋转

一般旋转式切割器按切割器的形状分为盘状和辊筒状;有时也按传动型式分为下传动(盘状)和上传动(辊筒状),根据标准采用前者。不论盘状或辊筒状,其割刀是相同的,切割原理和切割型式均相同,如图 2-38 所示。

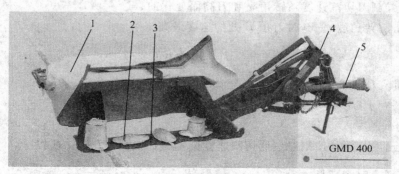

图 2-38　KUHN GMD400 型旋转式(盘状)割草机全貌
1. 安全罩;2. 旋转刀盘(两个刀片);3. 刀梁(齿轮传动系);
4. 悬挂架;5. 传动轴

(一)旋转割刀的运动学分析

旋转切割器的刀片高速旋转进行切割,切割能力很强,不论细秆、粗秆作物、牧草,就连木质灌丛植物,也能顺利完成切割;如果遇到障碍,高速旋转的刀可绕过障碍不被损坏。相邻刀盘是相对旋转的。

切割过程中,刀片还能对割下的物料有抛甩作用,机器过后,被割下的物料,还能在机后形成比较整齐的草趟。

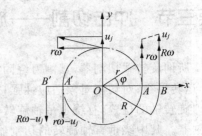

图 2-39　旋转式割刀运动速度
机器前进速度 u_j;刀盘旋转角速度 ω

刀片铰接于刀盘上,刀片是矩形的,切割过程可以简化为一直线,设刀片根部旋转半径 r,刀顶旋转半径 R,机器沿前进的速度 u_j 方向 Y,刀片旋转角速度 ω,如图 2-39 所示。

1. 刀片的运动方程

刀根部:$\begin{matrix} x_A = r\cos\varphi \\ y_A = u_j t + r \cdot \sin\varphi \end{matrix}$,刀顶部:$\begin{matrix} x_B = R\cos\varphi \\ y_B = u_j t + R\sin\varphi \end{matrix}$;

2. 刀刃速度方程式

刀根部:$\begin{matrix} u_{xA} = r\omega \cdot \sin\varphi \\ u_{yA} = u_j + r\omega\cos\varphi \end{matrix}$,刀顶部:$\begin{matrix} u_{xB} = R\omega\sin\varphi \\ u_{yB} = u_j + R\omega\cos\varphi \end{matrix}$

$$u_a = \sqrt{u_x^2 + u_y^2} = \sqrt{r^2\omega^2 + 2r\omega u_j\cos\varphi + u_j^2} = r\omega + u_j$$

当 $\varphi = 0, u = r\omega + u_j$

$\varphi = \pi/2, u = \sqrt{(r\omega)^2 - u_j^2}$

$\varphi = \pi, u = r - u_j$

(二)割刀的切割速度

1. 旋转过程中刀片的速度分布

割刀旋转过程中,刀片随机器的前进速度 u_j 是相同的;刀根、刀顶的旋转速度不同;割刀不同位置旋转的速度不同。显然处在旋转方向与机器前进速度方向一致时(刀片顶部)速度最高;旋转方向与机器前进速度相反位置(刀片根部)速度最低。

所以旋转式割刀切割速度随转角 φ 和刀高而变化的;

(1)显然是旋转角度 $\varphi = 0$ 时刀顶 B 处的速度最高

$$u_{q\max} = u_j + R\omega$$

(2)$\varphi = \pi$ 时,刀根 A' 处的速度最低

所以 $u_{q\min} = r\omega - u_j$ 称为割刀最低速度。

2. 切割速度选择

选择切割速度一般是使割刀最低切割速度位置满足切割的要求。所以

选择的切割速度应满足:$u_{kp} \leqslant r\omega - u_j \rightarrow \omega \geqslant \dfrac{u_{kp} + u_j}{r} \rightarrow n \geqslant \dfrac{30\omega}{\pi} = \dfrac{30(u_{kp} + u_j)}{\pi r}$

式中:u_{kp}——割刀切割需要的最低速度,一般割草的速度(u_{kp})是 $30\sim80$ m/s,可在该范围内选择,对粗茎秆较低;

n——刀片的每分钟转数；

u_j——机器前进的速度，将其代入上式就可求出刀盘的转速 n 和割刀任一位置的速度。

(三)割刀动力学分析

1. 作用在刀片上的力

如图 2-40 所示。

刀片切割时应保持径向位置，如遇障碍能使刀片向后偏转，设切割阻力的合力 P 近似地作用在割刀切割长度的中心点 A，由于刀刃对牧草的摩擦力，所以分力 P' 与刀刃垂直线偏离摩擦角 φ。切割平衡状态，设刀刃处于径向位置，平衡态方程式可用下式表示

$$Tr_0 \geqslant P'\cos\varphi l$$

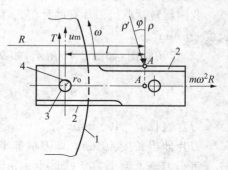

图 2-40 与刀盘铰联刀片的受力
1. 刀盘；2. 刀刃；3. 铰接螺栓(孔)

式中：T——小孔和铰链螺栓表面之间的摩擦力的合力(简化)；

r_0——铰链螺栓的半径；

l——从铰链轴中心线到 P 力作用点之间的距离。

由于 $\quad T = \mu m\omega^2 R$

式中：μ——铰链中的摩擦系数；

m——A 点的折合刀片的质量；

R——折合质量半径。

将上述参数值代入平衡态方程式后，得

$$\mu m\omega^2 Rr_0 \geqslant P'\cos\varphi l$$

即切割过程力的关系。

2. 动力性能

旋转式切割器刀盘旋转均匀，工作平稳，可以高速度作业，一般生产中工作速度可达每小时十几千米。因为冲击切割速度很高，所以消耗功率比往复式切割器大得多。

3. 旋转式切割器割刀仅前半周进行切割

割刀在过程中仅是旋转的前半周产生切割。刀盘一般安装成前倾状态，其目的使刀盘旋转的前半周切割，后半周不再对割茬进行重割。所以仅是前半周的切割功率消耗。

(四)切割图与切割质量分析

切割器切割质量也是用其切割图进行分析的。

所谓旋转切割器割刀的切割图，是其作业过程中，刀刃相对地面掠过(切割)的面积。从切割图中，可分析割草机的切割质量。

1. 切割图绘制与分析

(1)进程，在旋转相邻刀片夹角时间内机器前进的距离，用 h 表示，

$$h = u_j \frac{\alpha}{\omega} = u_j \frac{2\pi}{m\omega}$$

式中：α——刀盘上，相邻刀片间的夹角；

　　　m——刀片的数目；

　　　ω——刀盘的旋转角速度。

目前国内外旋转割草机切割器进程一般 4～5 cm。

我国旋转割草机刀片有两种型式，Ⅰ型长度 88 mm，Ⅱ型长度 94 mm，刃长不小于 30 mm，伸出长度 40 mm。

（2）作切割图，如图 2-41 所示，如 9GZX-1.7 旋转割草机。

$$n = 2\,640 \text{ r/min}\left(\omega = \frac{n\pi}{30} = 276.45\,(1/\text{s})\right)$$

刀盘直径 $d = 400$ mm

刀片伸出长度 40 mm（即刀根部半径 $r = 200$ mm，刀顶半径 $R = 240$ mm）

每个刀盘上两个刀片（即 $\alpha = \pi$，$m = 2$）

机器前进速度 $u_j = 16$ km/h（$= 4.44$ m/s）

进程 $h = u_j \dfrac{\pi}{\omega} = 0.05$ m $= 50$ mm。

据此选择比例尺，可作切割图，将进程 h 等分成若干（4）份，相应将刀盘前半周等分若干（4）份，对应找到 $1'$，$2'$，$3'$，$4'$ 点，将其圆滑连接起来，即得到 A-B（1-1）刀片根部 A 旋转半周的轨迹同样可找到刀片顶端 B 的轨迹。$ABBA$ 环面即 AB 刀的切割图。同理可以作出（下一个）刀片 C-D（2-2）的轨迹，$CDDC$ 环面即 CD 割刀的切割图，如图 2-41 所示。

（3）分析切割图。

割刀通过一次的面积即一次剖面线为一次切割区，重复剖面线的为重割区，显然靠近刀盘两侧的重割严重，而且不止二次重割。

为保证在刀盘前不产生漏割，一般选择第二割刀片（例如 CD）根端 C 和前一个刀片 AB 的顶部 B 在刀盘中心前端中心位置相重合，即 $Y_C = Y_B$。

（五）实例绘制切割图

实际上一般割草机刀片的切割图比上面的单盘切割图要复杂得多，例如 KUHN GMD 系列割草机。

（1）确定切割器配置型式及参数（图 2-42）

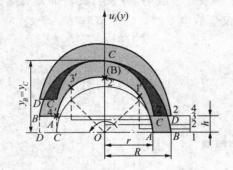

图 2-41　旋转式割刀一般切割图

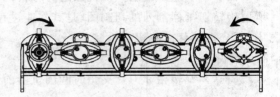

图 2-42　KUHN GMD 刀（盘）片的配置

①椭圆刀盘,每个刀盘铰接两个刀片,相邻刀盘反向转;

②刀盘配置如图 2-42,椭圆刀盘长轴约 380 mm,短轴长约 260 mm,相邻刀盘距中心距约 380 mm;

③刀片伸出刀盘(刀片的高度)50 mm。

(2)作切割图,以 KUHN GMD 44(4 盘)割草机为例

根据样机确定参数,首先要确定刀盘的转数 n 和机器前进速度 u_j。

从样机上可知道从拖拉机输出轴刀刀盘的传动比 $i=5.5$,拖拉机输出轴有两个速度,$n_T=540$ r/min,1 000 r/min,以此计算刀盘的转速为 2 970 r/min 和 5 500 r/min,显然只能是 $n=2$ 970≈3 000 r/min,目前 3 000 r/min 旋转式割草机刀盘的转速也是比较高的,故取 $n=3$ 000 r/min,计算出角速度 $\omega=\dfrac{n\pi}{30}=340(1/s)$。旋转式割草机的割刀一般进程 h 等于或大于刀片的长度,即 $h\geqslant(R-r)$,因为 $h=\dfrac{\alpha}{\omega}u_j$,由此可得出机器前进速度 u_j。

根据转动方向和刀片的位置,整个割幅范围内的切割图是非常复杂的。选择其中的 I、II、III 三个相邻刀盘作切割图,如图 2-43,读者可以作其他位置的切割图。

①作图位置:I 刀盘刀片的开始位置在上端 A-B,II 刀盘的开始位置是其右端 A-B 位置,III 刀盘的起始位置其下端 A-B,分别对其作切割图。起始位置 O-O。作图方法同图 2-42。

作图结果如图 2-43 所示。

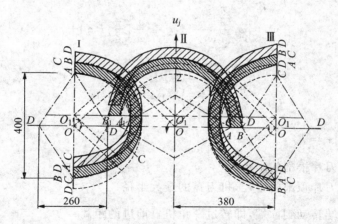

图 2-43　GMD 割草机相邻刀盘切割图

I,II. 刀盘前端相对旋转;II,III. 刀盘前端相反旋转

(2)作切割图及分析:I、II、III 刀盘的切割图绘制原理、方法同上。

例如 I 刀盘的切割图的绘制方法;如图 2-44 所示。

(a)确定初始参数。刀盘的原始位置,刀盘的中心 O,刀片 A-B 在前,C-D 在后,刀盘转半周机器前进距离(进程)h。

(b)绘制切割图。将刀盘半周等分若干(4)份($\pi/4$),相应将进程等分若干(4)份;当刀片 A 点转 $\pi/4$ 时,其随机器前进 $h/4$,对应点为 $1'$;再转 $\pi/4$,其随机器再前进 $h/4$,对应点为 $2'$,

同样找到 $3',4'$ 点,将 A-$1'$-$2'$-$3'$-$4'$ 圆滑连接起来就是刀片 A-B 根部 A 点的轨迹;同样将刀片 B 点轨迹画出来,其 AB-$A'B'$ 就是刀片 A-B 转半周的切割图;可以继续 C-D' 的切割图,如图2-44所示。同样可以作出Ⅲ刀盘的切割图,将Ⅰ、Ⅱ、Ⅲ刀盘的切割图按位置装配起来应该就是图2-43。

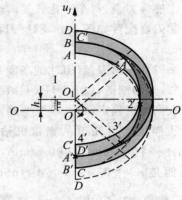

图 2-44　Ⅰ刀盘切割图的画法

工作过程中刀盘圆心连线前面的刀盘扫过的面积都发生切割;Ⅰ刀盘左侧、Ⅲ刀盘右侧的前面的切割图未画出。

相邻刀片对转进行切割,反向对转与对转割刀的切割情况不同;

在其刀盘的两端重割非常严重,不止一次、二次、三次重割。

(六)旋转式切割器的基本参数的计算

1. 刀片的高度(伸出长度) h_d

在确定刀片理论高度时,设刀盘前面不产生漏割为基准,见切割图 2-41 即 $y_B = y_C$。y_B——刀盘上第一个刀片顶部转到刀盘前端的位置,y_C——刀盘上相邻的下一割刀片根部转到刀盘前端的位置相重合。

$$y_B = v_j \frac{\pi}{2\omega} + R$$

$$y_C = v_j \frac{\frac{\pi}{2}+\alpha}{\omega} + r = \frac{v_j}{\omega}\left(\frac{\pi}{2}+\alpha\right)+r$$

$y_B = y_C$,即,

$$\frac{v_j}{\omega}\left(\frac{\pi}{2}+\alpha\right)+r = \frac{v_j\pi}{2\omega}+R$$

所以 $R - r = \left(\dfrac{v_j}{\omega}\right)\alpha = h_d$

式中:r——刀盘上刀片根部的半径;

R——刀盘上刀片顶部的半径,机刀盘的最大半径;

y_B——刀片顶端转动到前端,即转过 $\dfrac{\pi}{2}$ 角机器前进的距离;

y_C——下一个相邻刀片根部转到前端,即转过 $\left(\dfrac{\pi}{2}+\alpha\right)$ 角机器前进的距离;

v_j——机器前进速度;

$y_B = y_C$,意味着,相邻刀片的切割,在其前端不产生漏割。刀高 h_d 与其进程相当,一般采取进程稍大于刀高。

所以理论上讲,刀片伸出高度与进程相等;实际上一般进程稍大于刀高(伸出长度)。

2. 一个刀盘上的刀片数 m

将 $\alpha = \dfrac{2\pi}{m}$ 代入上式

$$h_d = \frac{v_j}{\omega} \frac{2\pi}{m}$$

得

$$m = \frac{2\pi v_j}{h_d \omega}$$

由上可知,根据一台割草机的刀片数 m 和刀片伸出长度 h_d 等,可推算出割草机的前进速度 u_j 和刀盘的转数 n。

(七)旋转式割草机的基本构造

旋转式割草机的构造和往复式割草机比较,除了切割器不同之外,与动力的连接型式、基本机构、使用要求基本相似。

1. 盘状割草机

旋转盘状割草机,由于割刀的传动装置在刀盘以下,属下传动式;机构紧凑,其基本结构有锥齿轮传动的如 9GZX-1.7 旋转式割草机,目前广泛应用的是圆柱齿轮系传动,如 KUHN 的 GMD44,如图 2-45 所示。

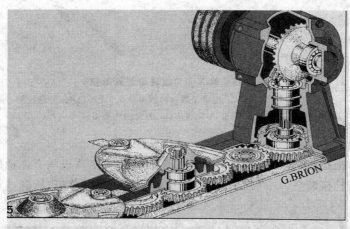

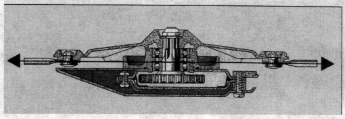

图 2-45　GMD44 旋转式割草机及割刀的传动

上图是其刀盘传动系(在刀梁内),

下图是刀梁的横断面,刀片的转动情况。

2. 滚筒式割草机

滚筒式割草机由于割刀的传动装置在刀盘以上,属上传动式。其传动有锥齿轮轴传动和皮带传动两种形式;其基本结构如图 2-46 所示。

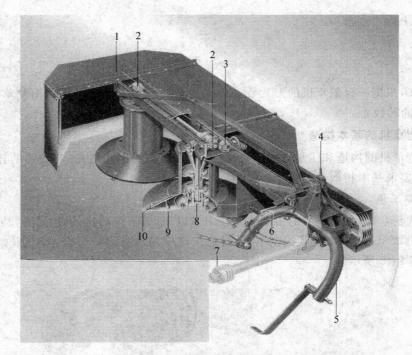

图 2-46　9GX-1.7 旋转滚筒割草机

1. 护罩；2. 锥齿轮传动；3. 皮带轮带动的锥齿轮；4. 提升机构；5. 悬挂架；
6. 脱开拉杆；7. 传动轴；8. 刀盘底座；9. 刀盘底座加强；10. 刀片（3 个）

(八)多台联合机组

旋转割草机和拖拉机的发展,在国外出现了多台旋转式割草机联合作业的形式,基本上是改变一下割草机的挂接装置。一般是一台拖拉机前悬挂一台割草机,后悬挂两台割草机,如图 2-47 所示。

图 2-47　旋转割草机联合机组作业

第四节 往复式、旋转式割草机的对比及特殊资源修剪机

一、往复式、旋转式割草机对比

从历史上看,往复式割草机应用最早,至少有 150 多年的历史了,应用也最广泛,直至 20 世纪 60 年代之前,国际上割草机中,基本上是往复式割草机一统天下;60 年代旋转式割草机首先在西欧推广应用,发展十分迅速,在短短的几年中,旋转式割草机在西欧占据了主导地位,在北美等地区也发展很快。在我国也是如此,初始我国生产和研究的都是往复式割草机,20 世纪 70 年代,受国外发展的影响,也开展了对旋转割草机的研究,当时几乎是同时期,我国研究旋转割草机的有近 10 家,定型的也有近 10 个机型以上,但是基本上只有新疆一家旋转割草机于 1976 年开始进行小批生产。而在以内蒙古为代表的广大天然草原上,依然是往复式割草机的天下。为什么? 读者可从表 2-4 中进行体会。

表 2-4 往复式、旋转式割草机的特点

项目	往复式割草机	旋转式割草机
前进工作速度	小于 10 km/h,一般 7~8 km/h	理论上很高,一般为 12~15 km/h
适应性	产量较低的细秆植物、天然草原	产量高、较粗硬的植物、产量较高的人工草场
动力消耗	消耗动力低,一般每米割幅 1 250 W	消耗动力高,空转功率约每米割幅 3 000 W
切割质量	切割质量高	切割质量较好
工作幅宽	单刀小于 3 m,可多刀,割幅达 6 m	单刀小于 3 m,已有多刀出现
割刀转(往复次)数	割刀每分往复次数小于 1 000,一般为 800~900,割刀速度一般低于 3 m/s	割刀转速高,一般 2 000 r/min,割刀速度一般 30~90 m/s

二、特殊收割(修剪)机

(一)灌丛收获机

灌丛植物是我国的重要草资源。例如,沙柳、柠条(锦鸡儿)、沙棘等。灌丛植物的茎枝主要是用来制造纤维板、饲料或编制等。因为柠条的营养成分丰富,尤其蛋白质含量高,在我国目前主要对其进行饲料资源的开发。在其开发中最主要的环节有收割(平茬)、收集和初加工。其中研究收割(平茬)机的比较普遍。

1. 平茬的要求及收割中的基本矛盾

(1)平茬的技术要求

灌木树种多具有萌蘖的特性,但是寿命较短。如不继续更新,生长会逐年减弱,直到死亡。柠条平茬复壮能力较强,播种 2~3 年内主要生长地下根部,地上枝叶生长缓慢,因此在第三年要进行平茬复壮,促进地上部分生长。平茬一般在春季树叶开始萌动前进行。一般 3 年平茬一次。所谓平茬就是将地面上生长部分整齐地切割下来,促进其萌发和生长,切割下来的植株可以进行

开发利用。平茬要求切割茬面整齐,每次平茬一般贴地面切割。灌丛植物贴地面根部比较粗硬切割困难,每次平茬切割的平面很难一致,可能切割到老茬;所以平茬切割控制困难。

(2)平茬收获的基本难点,一是平茬;二是灌丛收割后的田间收集困难;三是进一步加工,操作比较困难。

2. 柠条收割(平茬)机

(1)柠条收割(平茬)一般多用背负式割灌机,有的用拖拉机悬挂式旋转割草机进行;使用中均存在较多的问题。中国农机院呼和浩特分院研制出自走式灌木平茬机,采用工程机械自走低盘,如图2-48所示。

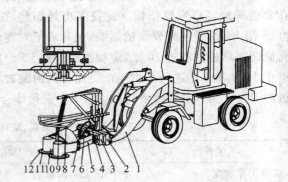

12 11 10 9 8 7 6 5 4 3 2 1

图 2-48 4GZ-1.0自走式灌木平茬收割机示意图

左:样机,下:平茬(收割)情况

右:结构组成:1. 驱动底盘;2. 固定架;3. 横向浮动机构;4. 弹簧悬挂架;5. 纵向浮动机构;6. 电磁制动器;
6-7. 马达;8. 诱导杆;9. 浮动弹簧;10. 齿轮箱;11. 万向滑掌;12. 两个锯盘

基本参数,切割锯盘的线速度为 60 m/s,锯盘切割功率20 kW,最低割茬 50 mm。

(2)铲刀式割灌机,如图2-49所示。

①由楔形铲体、大梁和升降机构组成。通过大梁悬挂在拖拉机的前方,用液压机构机械升降。有平刃铲刀和锯齿铲刀。左右铲刀间夹角为60°~64°安装在铲架上,工作时,铲支撑在 3 个滑板上,前有劈斧,劈开直径较大的灌木,有铲壁将灌木推向两侧。

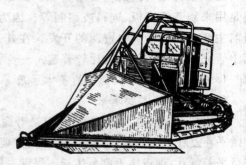

图 2-49 铲刀式割灌机

②切割速度低很难切割直径小的灌木,一般适用切割直径 5~12 cm 的灌木,主要开荒或林地管理割除灌木杂草。

(二)修剪机

园林修剪机中有草坪修剪机和臂架悬挂修剪机

1. 草坪及草坪修剪

草坪是一类特殊的草地。草坪上的草是一种特殊的草资源。草坪的种类繁多,根据利用的目的分,有游息草坪、运动草坪、护坡保土草坪、交通安全草坪、环境保护草坪和观赏草坪等,修剪是草坪管理中最重要的环节。

草坪修剪是维护草坪的基本手段之一。可以说没有修剪就没有草坪。草坪的修剪对于维护草坪的性能和提高草坪的质量有重要作用,如维护其覆盖度、高度、密度、匀度、强度、青绿度以及合理地积累有机质,控制芜枝等都有重要意义。

2. 草坪修剪机

草坪修剪机国内外发展很快,功能应用也较普遍,如图 2-50(外貌)所示。

图 2-50　草坪修剪机
1. 发动机;2. 行走轮;3. 剪切刀盘;
4. 草袋;5. 手扶、操作装置

修剪机上的切割器,有辊刀式,链枷式,旋刀式和往复式,如图 2-51 所示。

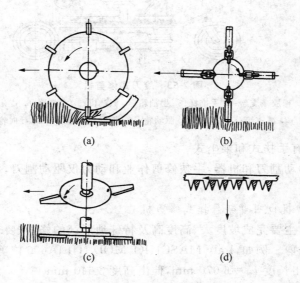

(a)　　　　　　　　(b)

(c)　　　　　　　　(d)

图 2-51　修建机上的切割器型式
(a)滚刀式;(b)链枷式;(c)旋刀式;(d)往复式

草坪修剪机切割器型基本上采用滚刀式和旋刀式。

(1)滚刀式修剪机如图 2-52 所示。

(2)旋刀式修剪机,如图 2-53 所示。

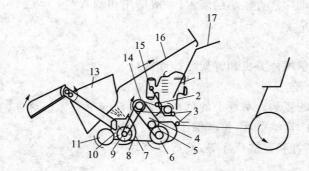

图 2-52　滚筒式修剪机

1. 发动机；2. 张紧轮；3. 离合器操纵杆；4. 变速器；5. 驱动轮传动链；6. 驱动轮；7. 挡草板；

8. 底刀；9. 滚刀；10. 滚刀传动链；11. 前导论；13. 前草斗；14. 三角皮带；

15. 变速手柄；16. 倒草拉杆；17. 扶手柄

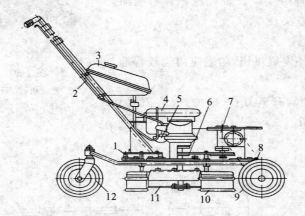

图 2-53　旋刀式修剪机

1. 橡胶减震器；2. 手推杆；3. 燃油箱；4. 汽油机；5. 消声器；6. 皮带轮；

7. 减速箱；8. 传动链；9. 驱动轮；10. 护罩；11. 旋刀；12. 导向轮

(3)草坪修剪机有手扶式和乘坐式。

手扶式有动力驱动割刀和机器，手扶修剪作业和动力仅驱动割刀，手推机器前进进行修剪作业。

3. 长臂万能修剪机也叫臂架悬挂式修剪机

(1)功能及要求，主要完成坡度大、高度高及特殊地形区的修剪；要求结构灵活，操作方便，能深入修剪区进行修剪。例如，Italy MASCHIO，MOD JULIA600 修剪机，如图 2-54 所示，为满足修剪要求，其伸出长度 $L_1 = 6\,070$ mm，伸出高度 $3\,640$ mm。

(2)修剪机结构机工作情况。

①工作情况如图 2-55 所示。

②结构，基本上是液压驱动和操作。伸出、缩回、转动都是液压油缸；修剪器是液压马达驱动。结构简单灵活。

③修剪器有往复式切割器，旋转式切割器。

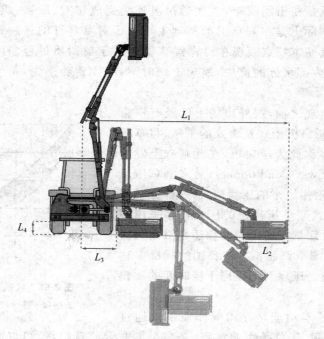

图 2-54　JULIA600 修剪机及伸出距离和高度

图 2-55　修剪机修剪情况

左：高处修剪（树枝）；右：坡地或低洼处修剪

第五节　割草压扁机机械

一、概述

（一）割草压扁机的意义

割草压扁机是 20 世纪 60 年代中期国外创新型的现代化草资源收获机械。目前在国内外已发展成为广泛应用的收获机械。有往复式割草压扁机和旋转式割草压扁机两大类。主要应用在人工苜蓿草地。

所谓割草压扁机是在田间收获，一次通过可连续完成切割、压扁、成条三项作业，常称为"三合一"机械。实际上是在割草机的基础上增加了对草茎秆的压扁调质处理和最后的蓬松集条的功能。其基本特点表现在对青鲜草物料的压扁调质过程。压扁调质是将茎秆压扁、调质可加速其内部水分的流失，缩短干燥时间，减少营养损失，是生产较高质量干草的重要条件。

在割草压扁机出现之前，国外市场上已经有压扁机（Conditioner），其压扁机型式是辊式的挤压，将草茎秆压扁、挤裂，因此多称此为压扁机，在此基础上发展成为割草压扁机（Mower-Conditioner），后来割草压扁机的压扁器，一部分沿用原来的压扁型式，一部分采用另外型式，尤其旋转式割草压扁机的压扁器多采用冲击、梳刷型式，但是对割草压扁机的名称还是沿用习惯传统的叫法，或者叫割草调制机。在我国的标准中建议采用了割草调质机。压扁与不压扁干燥时间的比较如图 2-56 所示。

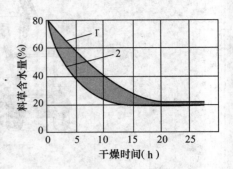

图 2-56   收割草的干燥曲线
1. 未压扁干燥曲线；2. 压扁干燥曲线

割草压扁机的基本功能是在田间作业一次通过可同时完成割草、压扁、集草条作业过程，是典型的联合收获机械，可以减少机器对地面的压实。

（二）割草压扁机基本构造

割草压扁机的基本组成包括切割器、压扁调质器和蓬松集草条装置。其中切割器与割草机相同。

二、割草压扁机分类

割草压扁机按切割器型式可分为往复式切割压扁机和旋转切割压扁机两大类。

1. 往复式切割割草压扁机分类

往复式切割割草压扁机按收割台的型式分为三类，如图 2-57 往复式割草压扁机的分类。

2. 旋转式割草压扁机分类

旋转式割草压扁机一般按压扁调质器型式分类，如图 2-58 所示。

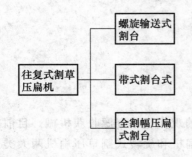

图 2-57   往复式切割割草压扁机分类

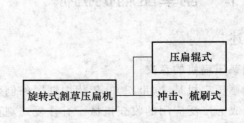

图 2-58   旋转式割草压扁机分类

三、往复式割草压扁机

(一)螺旋输送器式割草压扁机(Auger platformMower-Conditioners)

割台上有螺旋输送器,例如 John Deere 2280 自走式割草压扁机、1380 牵引式割草压扁机等如图 2-59 典型的自走式往复式切割器割草压扁机。

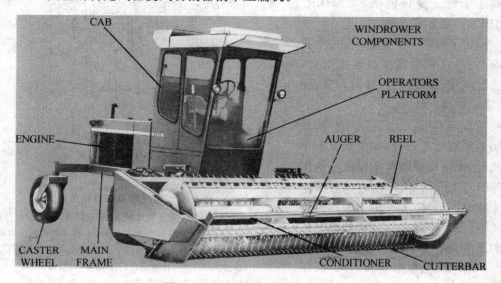

图 2-59 **2280 自走式割草压扁机**

CAB(操作室),2. ENGINE(动力),CASTER WHEEL(尾轮),MAIN FRAME(主机架),
CONDITIONER(压扁器),CUTTERBAR(往复式切割器),REEL(拨草轮),
AUGER(螺旋输送器),OPERATORS PLATFORM(操作台)。

(1)其工艺路线是:拨禾轮将茎秆引向切割器并扶持进行切割,割下的茎秆由螺旋输送器横向收缩,从中间向后输送向至扁辊进行挤压,挤压过的茎秆向后上方抛扔,蓬松板(上)集条板(侧面)将挤压后的茎秆铺放在面上,形成蓬松的草条。

如图 2-60 所示。

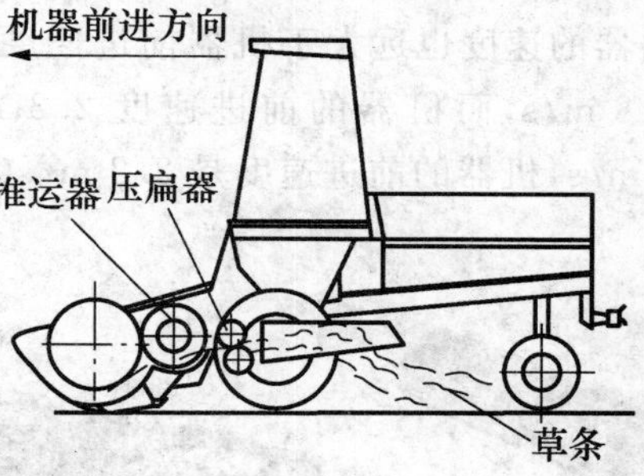

(2)基本组成有:拨禾轮;切割器;螺旋输送器;压扁器;集条装置等。

自走式割草压扁机的传动如图 2-61 所示。

①拨禾轮(REEL):功能、构造原理同农业拨禾轮;一般使用凸轮式拨禾轮,转速可比谷物收获机上的拨禾轮要高,位置较低,尺寸较小。

②螺旋输送器(AUGER):和谷物收获机上的螺旋输送器相同。

③压扁器(CONDITIONER):辊式压扁器:如图 2-62 所示。

压扁辊(CRUSHER)——有光表面和带齿槽的,对茎秆主要进行挤压(也有曲折作用)。适于收获茂密的草类,如苜蓿草等。压扁将茎秆挤裂、压劈,有利于内部水分的流失。

图 2-60 旋输送器式割台压扁机机构示意图(工艺过程)

曲折辊（Crimper）——上、下辊对转，像一对啮合的齿轮（都是主动），抓取草的能力强；挤压强烈，但不均匀；对叶花有一定的破坏，一般适于禾本科；曲折后的茎秆局部挤压，曲折，使草条蓬松利于干燥。复合辊（CRUSHER/CRIMPER），两者特点兼有。

——为了收获不同类草，在一个机器上，有的备几种型式压扁辊拱选择；压扁辊有钢质、橡胶材料；橡胶耐磨、噪声低、成本较高。

在割草压扁机上，割幅小的，其长度与切割器宽度相近，例如全割幅割草压扁机（即无输送器割草压扁机），例如 JOHN DEERE 的 1209，1207；HESSTION 的 PT10，VICON 的 KM240（旋转切割器）都属于此类。宽幅的割草压扁机的压扁辊长度都小于割幅，例如，JOHN DEERE 宽幅割草压扁机，其压扁辊的长度小于 1.5 m 等。

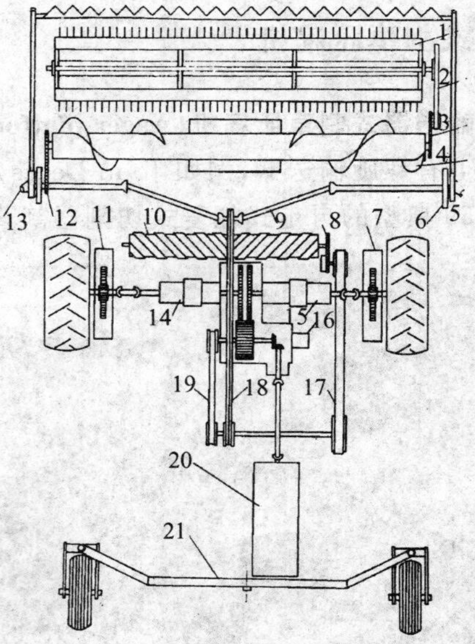

a. 压扁器的速度

图 2-61　走式割草压扁机传动

1. 凸轮式拨禾轮；2-3. 拨禾轮传动；4. 输送搅龙；5. 右摆环传动；
6. 飞轮；7. 右末端传动；8. 压扁器传动；9. 传动割台的输出轴；
10. 压扁器；11. 左末端传动；12. 搅龙传动；13. 左摆环；
14. 左油泵、马达传动副；15. 右油泵、马达传动副；
16. 液压泵；17. 压扁器传动；18. 割台动力传动带；
19. 主传动带；20. 发动机；21. 自位尾轮架

要保证压扁器的对草的抓取能力和能从地面上捡拾草层，其旋转速度一般应大于机器的前进速度，有资料介绍，对于带式（Draper Platform）割草压扁机，压扁辊需要从地面上捡拾草条，其速度约为机器前进速度的 3 倍以上。对于不需要从地面上捡拾草条的割草压扁机的压扁器的速度也远大于机器前进速度，例如 John Deere1214 牵引式割草压扁机压扁器的速度 6.8 m/s，而机器的前进速度 2.2 m/s；John Deere2280 自走式割草压扁机压扁器的速度 9 m/s，机器的前进速度是 2.2 m/s(8 km/h)。

图 2-62　压扁器（压扁、曲折）
左：曲折辊（CRIMPER ROLLS）；右：压扁辊（CRUSHER ROLLS）；中：复合压扁辊
（CRUSHER/CRIMPER ROLLS）是橡胶辊（MOLDED RUBBER）

b. 压扁器的传动

压扁器的传动有三种型式,即皮带传动(只能用于压扁辊);链传动和齿轮传动(曲折辊和复合辊);齿轮传动平稳、调节方便,且两个辊都是主动,所以之间的正时调整非常重要。为调节辊间间隙,其中一个辊的传动轴.必定是活节传动轴。

c. 压扁器的调整

压扁器正时调整——对曲折(啮合)辊来说,正时调整非常重要,工作时曲折辊必须啮合正确,以保证压扁质量和减少冲击和磨损。

压扁器的间隙调整,包括间隙调整和压力调整。

d. 压扁器的配置

• 上下压扁器的相对位置

确定上、下辊的位置主要考虑辊的攫取(捡拾)茎秆的可靠性、方便性以及压扁后抛扔方向对形成草条的影响。不管是割草压扁机还是压扁机,压辊配置有两种型式:

一是上、下辊在同一垂直线上,一般旋转式割草压扁机多是如此,主要借助于割刀旋转的抛扔作用利于压扁器攫取茎秆。

二是在垂直线上,上辊向前偏一个角度,一般偏前 15°～45°,大多数压扁机是如此,尤其往复式割草压扁机上几乎皆如此,倾斜压辊抛送效果好;但是前倾过大,易造成损失。

• 压辊的配置与其前后的工作部件的情况有关

前面与螺旋输送器(螺旋输送割台)、拨禾轮(无专门输送器割台)之间的能力匹配(压扁辊攫取能力要大于前面的输送能力),要保证物料流的均匀、平滑、不堵塞、不丢失;避免石块等硬异物进入损坏压辊等。从地面捡拾草层的压辊的地隙不能太大,尤其对于短小、互相间不纠缠的茎秆,不然,捡拾不干净。

后面,即与蓬松板的相对位置,应有利于形成草条的蓬松和利于茎秆的干燥。抛扔的方向一般不要与蓬松板垂直。为此,蓬松板的倾角是可调节的。蓬松板的功能是将压扁辊抛送来的茎秆在上、下方向进行收集和蓬松一下,以形成蓬松的草条。集草板的功用是将压扁器抛来的茎秆进行横向收缩,使其形成一定尺寸的草条,利于茎秆在草条中阴干。

在往复式割草压扁机上、下压扁辊都是倾斜配置的,即上辊前倾一定的角度。

有下面几种情况:

在无专门输送器的割草压扁机上,压扁辊要能顺利地撮取拨禾轮送来的茎秆,且不得遗落;在螺旋输送器割台上,应能顺利地接受螺旋搅龙送来的茎秆,不得使茎秆从割台上丢失;对于带式输送器割台上,应能顺利地捡拾输送带铺放于地面上的茎秆。

(3)螺旋输送器(Auger Platform)割草压扁机特点。

①割幅比较宽,压扁器的长度都小于割幅,如 John Deere 的此类割草压扁机割幅不同,压扁器的长度多是 1.5 m 左右。

②比带式割草压扁机输送能力强,对草的适应能力强,工作可靠。

(二)全割幅压扁割草压扁机(Full width Conditioer)

或叫无专门输送器式割草压扁机。

(1)压扁器前没有专门的输送装置,其工作部件主要有拨禾轮(REEL),切割器(CUTTERBAR);压扁辊(CONDITIONER),集条板(蓬松板)(WINDROWING SHIELD)等组成,

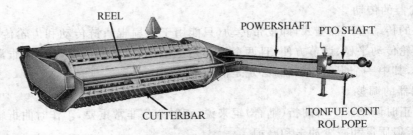

图 2-63   JOHN DEERE 无专门输送器的(Full Width Conditioer)
割草压扁机(我国的 9GY-3.0 割草压扁机与其同型)

如图 2-63 和 2-64 所示。拖拉机输出轴转数 $n_{PTO}=540$ r/min,割刀转数 $n=852$ r/min,拨禾轮的转数 $n=54.5\sim82$ r/min,压扁辊转数 $n=643$ r/min。

（2）割幅和压扁辊长度相近,例如 John Deere1209(9GY-3.0)割幅 9 英尺(2.81 m),压扁辊长 2.77 m 等;所以也有称其为全割幅割草压扁机。

（3）割幅较小,一般不大于 3 m。据介绍,此类机器是美国 John Deere 为潮湿、高产地区设计的割草压扁机。

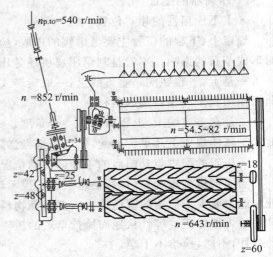

图 2-64   9GY-3.0 割草压扁机传动系

（三）输送带式割草压扁机（Draper platform Mwer-Conditioners）

（1）基本结构:主要有拨禾轮、往复式切割器、输送带、压扁器和蓬松集条板等组成,如图 2-65 所示。

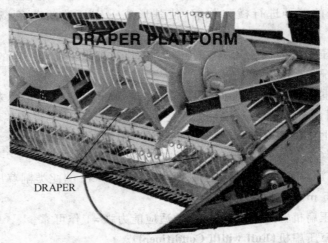

图 2-65   带式割台(DRAPER PLATFORM)割草压扁机

（2）带式压扁机工艺过程,如图 2-66 所示。

①带式输送割台与谷物割晒机相同(见带式输送),实际上带式割草压扁机摘去压扁辊就

可收获小麦；

②输送带输送柔和，去掉压扁辊可以收获谷物，与谷物割晒机相同；

③输送带输送可靠性较螺旋输送器低，输送带受气候的影响，调节比较麻烦；

④带式输送割台上的茎秆在输送带的输送下于窗口处进行铺放。目前带式割草压扁机已经很少用了。

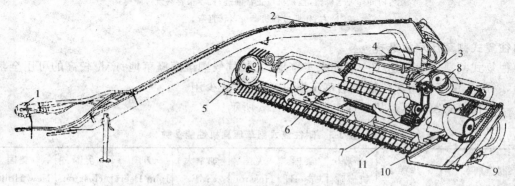

图 2-66　带式割台割草压扁机工艺过程
（切割—铺放—压扁—成条）

(四)高拱梁牵引式割草压扁机

国外生产的一种型式特殊的高拱梁牵引式割草压扁机，例如 John Deere1214,1380,Hesston 1014,1275 等，我国也有引进，属螺旋输送割台式割草压扁机。

(1)结构，如图 2-67 所示。

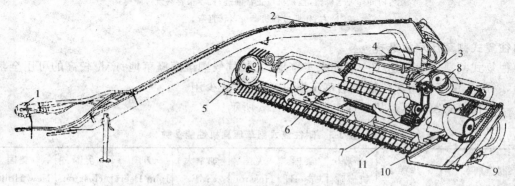

图 2-67　高拱梁牵引式割草压扁机

1.液压泵（与拖拉机输出轴联接）；2.高拱牵引梁；3.液压马达；4.牵引转向油缸；5.拨禾轮；
6.螺旋推进器；7.压扁器；8.割刀传动；9.切割器托板；10.割台悬挂；11.切割器

(2)结构配置情况，如图 2-68 所示。

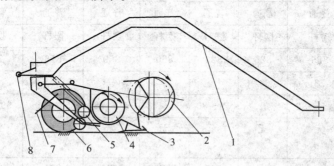

图 2-68　高拱梁是割草压扁机

1.高拱牵引梁；2.拨禾轮；3.切割器；4.螺旋输送器；5.压扁辊；
6.行走轮；7.膨松板；8.转向油缸

(3)结构特点

①作业时靠拖拉机牵引前进；工作部件由液压马达驱动。液压动力来源于由拖拉机输出轴驱动的液压柱塞泵。

②牵引梁的功能有三，即牵引、辅助转向和当作液压油箱。

③田间作业灵活方便，越障方便，转弯灵活，可以直角转弯，如图 2-69 所示。

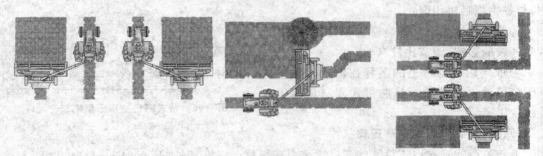

图 2-69　高拱梁割草压扁机田间作业情况

左：拖拉机前进中，可使割草压扁机置于两边进行作业；运输时，可将机器置于其正后方便于道路运输；

中：田间作业遇障碍，拖拉机可正常前进，机器很容易绕过障碍；

右：作业过程机器可以转直弯。

(五)往复式割草压扁机选择

往复式割草压扁机适于一般的人工草地；尤其气候潮湿灌溉草地；产量较高的可用全割幅压扁，一般产量可选用螺旋输送割草压扁机，输送带式少用。

一些往复式割草压扁机性能参数，如表 2-5 所示。

表 2-5　附往复式割草压扁机性能参数

制造商	华德	新疆机械院	美国CaseIH	美国Hesston	加拿大MF	美国John Deere	美国Hesston	美国New Holland
型号	9GY-3.0	M-3000	SMX91	1120	1459	488	1214	1275
牵引方式	侧牵引		侧牵引	侧牵引	侧牵引	中央牵引	中央牵引	中央牵引
割幅(m)	3	3	2.8	2.8	2.8	2.82	4.88	5.56
切割器	普通	普通	普通	普通	普通	普通	普通	双动
割刀驱动	摇杆	摆环	摆环	摆杆	摆杆	摆杆	摆环	双摆环
割刀频率(r/min)	825	825	825	850	850	816	780	910
割刀行程(mm)	76							
拨禾轮转(r/min)	54.5~82		49~80	54~78	54~78	52~68	59~66	65~75
螺旋转速(r/min)	无	无	无	无	无	无	245	上 320下 520
压辊直径(mm)			264	上 239下 197	上 239下 197	264	222	197
压辊转数(r/min)			638	900	900	637	872	910
拖拉机动力(kW)	26	26	26	23	23		56	
机重(kg)	1 500	1 750	1 370	1 588	1 588	1 253		3 130

四、旋转式割草压扁机

旋转式割草压扁机,一般多是盘状切割器,国外大型公式如法国 Kuhn,德国 Claas、Welger,美国 John Deere、Case、New Holland 等都有生产;我国也有生产。

旋转式割草压扁机由旋转式切割器、压扁调质器和集条装置等组成。主要为高产人工草地设计的,前进速度比往复式割草压扁机高,适应性型强;在欧洲应用广泛。主要型式有牵引式、悬挂式;基本上是单刀梁式,也有多刀梁式。单刀梁式的工作幅小于 4 m,3 m 以内的居多。

(一)牵引式

如图 2-70 所示。

图 2-70 KUHN FC 250 牵引式旋转割草压扁机

(二)悬挂式

如图 2-71 所示。

图 2-71 KUHN FC 202 悬挂式旋转割草压扁机

(三)多台联合作业机组

近期国外多台旋转式割草压扁机组多起来。基本上是三台机连接在一台拖拉机上作业,如图 2-72 所示。

图 2-72　三台联合作业

左：前面悬挂，后面牵引两台；右：拖拉机配置三台割草压扁机作业

(四)压扁调质器

旋转式割草压扁机可按调质器型式分类，基本上有齿杆(冲击)式、梳刷式和压扁辊式。

(1)齿杆(冲击)式，靠旋转齿杆冲击击碎、曲折茎秆，使其形成蓬松的草条，其工艺过程，如图 2-73 所示。

图 2-73　指杆(冲击)式调质器

左：齿杆式冲击、梳刷式调质压扁器；右：冲击、梳刷调质压扁器工作示意图

(2)梳刷式，靠旋转的尼龙刷，刷破茎秆表面的角质膜，加速内部水分的散失。

(3)压扁辊式：与往复式割草压扁机压扁辊的型式、功能相同。配置情况如图 2-74 所示。

图 2-74　压扁辊式调质器配置

左：上下压辊在同一个垂直面上，右：上下辊倾斜配置

(五)旋转式割草压扁机的选择与其性能参数

(1)旋转式割草调制机,割刀的旋转速度高,接近 3 000 r/min(同旋转割草机);调质器旋转速度也比较高;作业前进速度高,每小时可达十几千米(与旋转式割草机相近)。因此对地面的适应性强,仿型性要求高;安全性要求高,例如切割器、调质器都设防护装置等。

(2)选择的指导思想与选择旋转式割草机相同。旋转式割草压扁机适应性强,适于高产草地;消耗动力高。因此,在产量很高的草地、地面条件比较复杂的草地、尤其粗硬、豆科茎秆的草地,选择旋转式割草压扁机较适宜;在一般产量的草地、地面比较平坦的草地等选择往复式割草压扁机较适宜。

(3)传统上使用旋转式割草机较多的草地,考虑机器的使用、维修、配件方便性,可考虑选择旋转式割草压扁机。

第三章 农业物料切碎及青饲料收获机械

农业物料切碎是将农业茎秆物料切成碎段,或者将块根状果蔬切成丝状、小块状等以满足生产需要的农业过程。铡草机基本上就是饲料切碎器;切碎器是青饲料收获机的基本组成部分。农业生产中常用的饲料切碎器(包括青饲料收获机的切碎器)基本型式有:

盘状切碎器;辊筒式切碎器;链枷式(也叫甩刀式)切碎器以及其他切碎器。在这里主要论述青饲料生产中应用的前三类切碎器,通称为农业切碎器或饲料切碎器。

第一节 农业切碎器

一、农业切碎器的类型

农业切碎器一般包括切(刀)碎装置、喂入器和碎段抛扔器等基本装置。

(一)盘式切碎器

1. 盘式(盘状)切碎器的特点及组成

盘状切碎器,其切刀绕水平轴高速旋转进行切碎过程,刀刃的旋转是一个垂直的圆平面,沿刀刃长度方向的速度不同;且刀以底刀为支承和在喂入装置的夹持下完成切碎过程;切碎过程中刀刃冲击力较大;抛送能力较强;盘状切碎器的直径比较大,轴向尺寸较小。一般盘状切碎器的结构形态如图 3-1 所示。

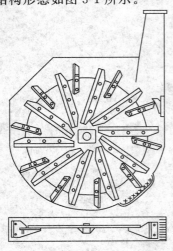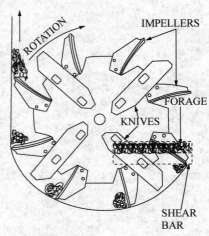

图 3-1 盘状切碎器

左:设有磨碎凹板的盘状切碎器;右:一般盘状切碎器,切刀(KNIVES),抛扔叶片(IMPELLERS),

切割支撑(底刀)(SHEAR BAR);被抛饲料(FORAGE)

2. 盘状切碎器切刀

现在青饲料收获机上一般采用直刃刀片。

在铡草机上还有的采用曲刃刀片,如图 3-2 所示。

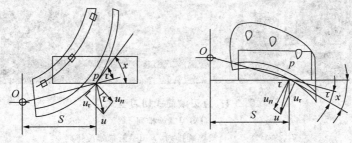

图 3-2　曲线刃刀片

图下面是凸、凹刃刀片的滑切角 τ、推挤角 x 变化趋势

(u_τ—切碎点的切向速度;u_n—切碎点的结向速度)

(二)滚筒式切碎器

1. 滚筒式切碎器特点及组成

滚筒式切碎器,其切刀刃的运动是一个旋转柱面,刀刃沿圆柱面进行切碎;滚筒上刀刃的切碎速度一般是相同的;以底刀为支承和在喂入装置的夹持下完成其切碎过程;切碎过程中切刀一般是连续的切碎;切碎负荷比较均匀;切刀的抛送作用较盘状切碎器弱;滚筒切碎器直径较小,轴向尺寸较大。为了提高切碎质量,有的在滚筒下面加筛板,筛板筛孔根据要求进行选择。滚筒式切碎器有直线刃刀滚筒和曲线刃刀滚筒(图 3-3)。一般青饲料收获机上多采用直刃刀滚筒式切碎器,在铡草机上也有采用曲线刃切切碎装置。

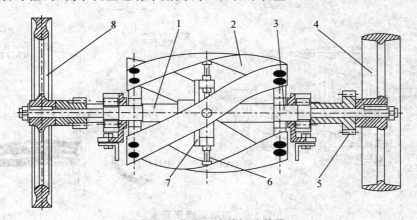

图 3-3　曲线刃滚筒切碎装置

1. 滚筒轴;2. 动刀片;3. 幅盘固定;4. 带轮;5. 传动齿轮;6. 调节螺杆;7. 套筒;8. 飞轮

青饲料收获机上多是直刃刀片,一般排列型式如图 3-4 所示。

2. 滚筒式切碎器配置

(1)切碎元素及其配置

切碎元素包括切刀、切割支撑(底刀)等,如图 3-5 所示。

(1)刀片的隙角 γ:刀片的平面或刃磨面与其切割面所成的角度叫隙角。其作用是避免在切碎过程中刀片与喂入口连续进来的秸秆相摩擦。

图 3-4　直刃滚筒式切刀型式

左：直刃刀螺旋排列

右：多个直刃刀直线螺旋排列，刀刃呈阶梯螺旋排列

中：直刃刀"人"字排列

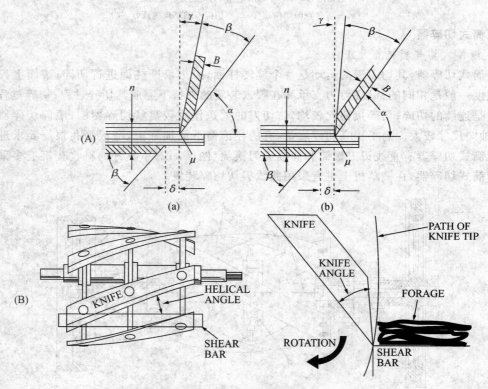

图 3-5　滚筒切碎器元素

（A）切刀切割副关系

（a）内磨刃刀片的安装；（b）外磨刃刀片的安装

γ. 隙角；β. 刀刃角；α. 倾角；δ. 刀片与底刀的间隙；μ. 刀刃锐度；B. 刀片厚度

（B）滚筒切碎器的切割示意图

左：切刀（knife），切割支撑（shear bar），螺旋角（helical angle），也是切碎推挤角

右：动刀刃角（knife angle），动刀刃的旋转轨迹（path of knife tip），切割支承（shear bar），被切碎物料层（forage）

　　（2）刀刃角 β（KNIFE ANGLE）：切刀的刃角对刀片的寿命、消耗的功率有重要影响。刀刃角小，切碎省力，但是不耐磨；一般采用 β＝15°～20°。

（3）μ——刀刃锐度，切割中刀刃易磨钝，所以中间要进行磨刀，保持其锐度。

(三)链枷式切碎器

链枷式切碎器，是将生长在田间生长的植物直接进行切碎。实际上是链枷式收割机，除了田间链枷式收割机之外，几乎没有固定式的链枷式切碎器。

二、对农业切碎器的基本要求

为保证切碎，切碎器应当满足一定的要求，切碎器的基本功能是按要求对农业物料进行切碎。对其的基本要求：

(一)切碎省力、稳定

1. 切碎因素

（1）直刃切刀，切割茎秆如图 3-6 所示。

例如切碎刀 A-B 运动速度 u 进行切割，可将其分解为垂直于刀刃的法向速度 u_n 和平行于刀刃的速度 u_τ，u_τ 称为滑切速度；u 与 u_n 夹角称为滑切角 τ，滑切角越大，滑切越省力。

由图可知，$\mathrm{tg}\tau = \dfrac{u_\tau}{u_n} = \dfrac{u\sin\tau}{u\cos\tau} = \varepsilon$——可称为滑切系数。滑切速度与滑切系数成正比。

——要求刀刃切碎过程中要保持较大的滑切系数（角）省力。

（2）曲刃切刀切割

例如曲线刀刃 A-B，如图 3-7 所示。

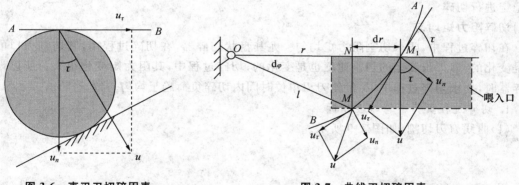

图 3-6 直刃刀切碎因素   图 3-7 曲线刃切碎因素

图中，曲刃刀 A-B，其回转中心 O，回转半径 r（变化的），涂灰矩形为喂入口，设在 M_1 点开始切割，此时刀刃的速度 u，法向速度 u_n，切向速度 u_τ，即滑切速度 u_τ，滑切角为 τ，即 $\mathrm{tg}\tau = \dfrac{MN}{\mathrm{d}r} = \dfrac{r\mathrm{d}\varphi}{\mathrm{d}r} = \dfrac{r}{\dfrac{\mathrm{d}r}{\mathrm{d}\varphi}}$。

①刀刃设在在 M 处切割完毕，此时依然保持较大的滑切角。所以在切碎过程中，都能保证有较大的滑切系数，切碎过程中省力。

②要保证稳定切割，即钳住角不能过大。

滑切角和钳住角，如图 3-8 所示。

图中，曲刃刀绕 O 点旋转运动切碎，旋转中心在喂入口底线上的距离为 h，设在喂入口支撑边点 A' 处切割,切割点距旋转中心的水平距离 l。

刀刃的速度 u,滑切角 τ,刀刃与喂入口的夹角 x,可称为刀刃的钳住角,即刀刃切割时与支撑面的夹持角,要求在切碎过程中,刀刃要夹持住物料,才能保证被切碎,所以切碎过程中钳住角不能太大,切割过程中钳住条件是,滑切角必须小于刀刃与夹持边对物料的摩擦角。

即:$x \leqslant \varphi_1 + \varphi_2$

式中:x——钳住角或叫推挤角;

φ_1——动刀与饲草的摩擦角;

φ_2——定刀与饲草的摩擦角。

由上图 3-8 知:

$$\text{tg}(\tau - x) = \frac{h}{l}, \text{所以 } x = \tau - \text{tg}^{-1} \frac{h}{l}$$

上式是横向切割点 A' 与旋转中心 O 的距离 l。利用正切定律可将上式写成:

$$\text{tg}(\tau - x) = \frac{\text{tg}\tau - \text{tg}x}{1 + \text{tg}\tau\text{tg}x} = \frac{h}{l}$$

整理上式得:

$$\text{tg}x = \frac{l\text{tg}\tau - h}{l + h\text{tg}\tau}$$

所以 x,τ 成正比,即要求较大的滑切角,必然钳住角同步增加,所以滑切角不能无限增大。在设计中,按刀刃与切碎物料的摩擦角确定,例如 $\varphi_1 + \varphi_2 \leqslant 50°$,而钳住角 $x \leqslant 40° \sim 50°$ 就可保证稳定进行切碎。

(二)切碎阻力矩均匀

在切碎过程中,要求切割阻力矩均匀。尤其盘状切碎器,在切碎过程中,其切割刀口的长度是变化的,刀刃长度上的切割速度也是变化的;切碎过程中,其阻力矩变化很大。所以设计切碎器时,要求切碎过程中,尽量使刀刃单位时间内切碎负荷趋于均匀一致。

1. 切碎过程负荷不均匀性分析

(1)曲线刀刃切割,如图 3-9 所示。

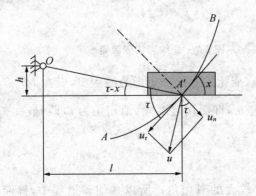
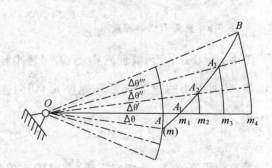

图 3-8　滑切和钳住切割情况　　　　图 3-9　切碎过程负荷分析图

为研究方便,设切刀回转中心 O 位于定刀的延长线上,并以 mm_4 代表被切物料断面(一条线)。将割刀中心角 $\angle AOB$ 分成若干大小相等的角度,$\Delta\theta = \Delta\theta' = \Delta\theta'' = \Delta\theta'''$。由图可知,在开始切割时半径 OA,当转过 $\Delta\theta$ 角时,则以其 AA_1 段刀刃切割 mm_1 段物料,这样直至全部物料层被切断为止。由图明显看出，AA_1，A_2A_3，A_3B 各刀刃长度不等，其切割物料层长度 mm_1，m_1m_2，m_2m_3，m_3m_4 也不等。——所以切碎过程刀刃的负荷不均匀。

(2)考虑切割物料层的厚度的切割。

实际上被切割的物料层一般都有一定的厚度，且圆盘状割刀的回转中心也不在固定刀的延长线上。如图 3-10 所示。

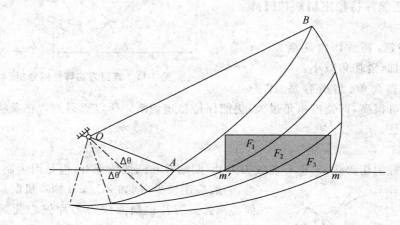

图 3-10 实际情况下的刀刃的负荷

设 AB 为盘状割刀的刀刃，O 为回转中心，$m'm$ 为底刀，实际情况中被切碎的茎秆层有一定的厚度，矩形代表被切物料层断面。显然动刀刃转过 $\Delta\theta$ 角时，切断面积为 F_1，再转过 $\Delta\theta'$ 角，切断面积 F_2，由此可见，在切碎过程中，刀刃所受的负荷是极不均匀的。由开始的零到最大值，再由最大值到零。切刀受负荷大小和物料断面层内刀刃曲线的长度成正比（当 $\Delta\theta$ 取为无限小时）。为了使刀刃负荷均匀，希望这些曲线段的长度接近，即是希望刀刃曲线曲率半径由 A 到 B 逐渐增加。

2. 保证切碎负荷均匀的要点

(1)希望滑切角由根部到尖端逐渐增大；也就是刀刃弧的曲率逐渐减小。

(2)随着切割，刀刃切割的弧长尽量缩短。

(3)精心配置喂口的位置等。

——显然，曲线型刀刃可以较好地实现切割负荷的均匀性，但是制造和维护比较困难。

三、刀刃的形状

刀片是切碎器最基本的因素，刀刃的形状和安装直接影响切碎质量和其动力指标，盘状切碎器的刀盘上，一般安装 2~6 把刀片，刀片形状比较复杂，有曲线刃，直线刃，偏心圆弧刃。对滚筒切碎器，是若干刀片固定在滚筒圆周上，也有直线刃和曲线刃。曲线刀刃的切割情况比较复杂，制造、维护比较困难，一般少用。

(一)直线型刃刀片切碎性能

如图 3-11 所示。

刀刃 A-A，回转中心 O，矩形是喂入口。

刀刃在喂入口内不同位置的切割情况

（1）a_1 点切割

滑切角 τ_1 较大，切割省力；

滑切角大于推挤角 $\tau_1 > x_1$ 切碎稳定。

（2）a_2 点切割

推挤角 x_2 不变，滑切角 τ_2 稍有增大，依然是 $\tau_2 > x_2$，还能保持稳定切割和保持角大的滑切角；

即随刀刃外延，其滑切角逐渐减小；

即随转角 φ 的增加，滑切角减小。

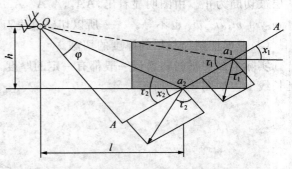

图 3-11　直刃刀切碎性能分析

——直线刀刃简单、制造容易、维护方便、耐用，速度可很高，即使推挤角过大，仍能保持稳定切割。所以直刃刀片在盘状和滚筒式切碎器中应用广泛。

（二）曲线刃刀片

为了获得良好的切碎效果，也有曲线刃刀片，凹曲线和凸曲线都有，但是因为制造、维护困难，一般应用较少，例如 ZC-6.0 铡草机的切刀。其中偏心圆弧刃刀片也属曲线刃刀片偏心圆弧刃刀片如图 3-12 所示。

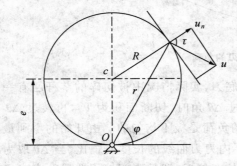

图 3-12　偏心圆弧刃刀片

1. 设圆弧半径 R 及偏心距均等于 e

可以列出方程式：

$$r = 2e\sin\varphi,$$

$$\frac{\mathrm{d}r}{\mathrm{d}\varphi} = 2e\cos\varphi$$

$$\varphi = \tau, \mathrm{tg}\varphi = \mathrm{tg}\tau$$

可见其 φ 角可在 $0 - \dfrac{\pi}{2}$ 内选择；滑切角增大，推挤角也增加大；所以 φ 是不宜过大。

2. 圆弧半径 R 不等于偏心距 e 的偏心圆弧刃刀片

设圆盘刀片的半径为 R，偏心距为 e，此位置刀刃的回转半径 r，刀刃的旋转角 θ。

由图 3-13 可知，

在三角形 $\triangle AOC$ 中，

$$e^2 = R^2 + r^2 - 2Rr\cos\left(\frac{\pi}{2} - \tau\right) \text{（余绕定理）}$$

所以，$e^2 = r^2 + R^2 - 2rR\sin\tau$；

在 $\triangle ACD$ 中，

$$\mathrm{tg}\tau = \mathrm{ctg}\left(\frac{\pi}{2} - \tau\right) = \frac{AD}{CD} = \frac{AO - OD}{CD} = \frac{r - e\cos(\pi - \theta)}{e\sin(\pi - \theta)} = \frac{r + e\cos\theta}{e\sin\theta};$$

由上式知，

（1）当 $\theta = 0$ 或 π 时，滑切角 τ 最大，其值 $\mathrm{tg}\tau_{\max} = \infty$，$\tau_{\max} = \dfrac{\pi}{2}$。

（2）当 $\theta = \dfrac{\pi}{2}$ 时，τ 最小，如图 3-14 所示。

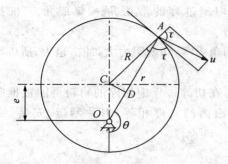

图 3-13　半径不等于偏心距的偏心圆弧切刀

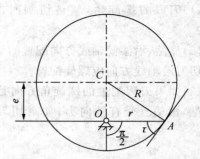

图 3-14　偏心圆盘$\left(当 \theta = \dfrac{\pi}{2} 时的 \tau 角\right)$

$$\operatorname{tg}\tau_{\min} = \frac{r}{e} = \frac{\sqrt{R^2 - e^2}}{e} = \frac{\sqrt{1 - \left(\dfrac{e}{R}\right)^2}}{\dfrac{e}{R}}$$

$$\cos\tau_{\min} = \frac{e}{R}$$

说明，当 θ 角由 $90°$ 减至 $0°$ 时或增至 $180°$ 时滑切角皆由

$$\tau_{\min} = \cos^{-1}\frac{e}{R} \ 增至 \ \tau_{\max} = \frac{\pi}{2}$$

（3）$\dfrac{e}{R}$ 相同的偏心的圆盘割刀的切割滑切角相同。

如图 3-15 所示。

例如三把割刀刃 $A_1—B_1$，$A_2—B_2$，$A_3—B_3$，

其偏心距分别为 e_1, e_2, e_3；

通过回转中心的任一向径 r，与各刀刃交点 m_1, m_2, m_3 三点；

偏心距之比 $\dfrac{e_1}{R_1} = \left(\dfrac{O_1 c_1}{c_1 m_1}\right) = \dfrac{e_2}{R^2}\left(\dfrac{O_1 c_2}{c_2 m_2}\right) =$

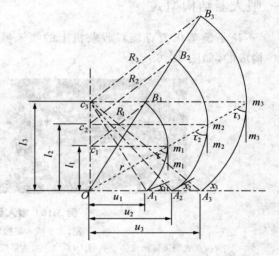

图 3-15　偏心圆割刀的 τ 角与 $\dfrac{e}{R}$ 关系

$\dfrac{e_3}{R_3}\left(\dfrac{O_3 c_3}{c_3 m_3}\right)$；

刀刃的回转半径分别 Om_1, Om_2, Om_3。分别作刀刃的切线 $m_1 m_1$，$m_2 m_2$，$m_3 m_3$，所以 $c_1 m_1$ $\parallel c_2 m_2 \parallel c_3 m_3$。因此，$c_1 m_1 \perp m_1 m_1$，$c_2 m_2 \perp m_2 m_2$，$c_3 m_3 \perp m_3 m_3$。故 $m_1 m_1 \parallel m_2 m_2 \parallel m_3 m_3$，因而 $\angle\tau_1 = \angle\tau_2 = \angle\tau_3$。一般取 $\dfrac{e}{R} = 0.75$，$(\tau_{\min} = 41°31')$。

国产 ZC-60 青饲切碎机采用此种刀刃。

(三)滚筒式切刀

上面论述的一般盘状切碎器的切刀。滚筒式切碎器的刀片安装在圆柱形的辊筒表面上，直刃刀片比较普遍。

（1）刀刃的螺旋角，就是切割时的滑切角，切割过程的滑切角 τ、螺旋角 α、推挤角 x 相等。

（2）显然，沿滚筒轴线方向配置的切刀，其滑切角为零，切割阻力大，冲击也大；所以辊筒切碎器切刀沿轴线方向应螺旋配置。

（3）如果刀刃配置的螺旋角方向是一个方向，在切碎过程中切碎的物料可能被推向滚筒的一端，滚筒且受有轴向力；如果切刀的长度与滚筒的宽度相等，刀片制造、安装、维护较困难。

第二节　喂入器及喂入口

喂入器的功能就是将要切碎的茎秆按要求送给切刀进行切碎。要求喂入均匀连续；不堵塞；可协助切刀进行切碎；与切刀配合，能够调节切碎长度；还具有协助排除切碎器堵塞的功能等。

一、喂入器结构型式

不论是铡草机或青饲料收获机上的喂入器型式基本相同，都是喂入辊及其间间隙（喂入口）构成的，如图 3-16 所示。

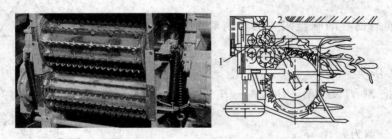

图 3-16　喂入器的一般形式
左：水平喂入辊构成的水平喂入口
右：立式喂入辊构成的立式喂入口：1. 左、右后喂入辊；2. 左、右前喂入辊，左右辊间就是喂入口

不论水平还是立式为喂入器，喂入口一般是一对前喂入辊和一对后喂入辊组成。为增加喂入能力，前喂入辊表面一般设有齿状板；上下辊或左右辊间的间隙构成了喂入器的厚度，为了适应喂入的不均匀性，喂入口厚度的大小在一定范围内应具有弹性。

二、喂入器的工作要求及喂入原理

1. 对喂入器工作的要求

（1）喂入输送物料可靠、连续无滑动。

（2）两喂入辊尽量接近切碎平面，喂入过程要压紧物料，保证在夹紧状态下进行切割（夹持支承）。

（3）对物料的变化具有一定的适应能力；即随喂入物料的多少喂入口间隙在一定范围内可自动变化。

2. 喂入器喂入原理

喂入器的工作过程如图 3-17 所示。

喂入器的喂入作用是转动的喂入辊对物料的摩擦攫取作用，如图 3-18 所示。

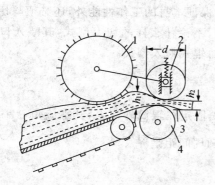

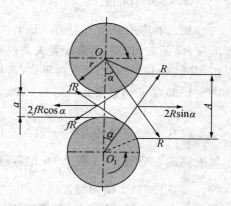

图 3-17　喂入器的工作情况

1. 前上喂入辊；2. 后上喂入辊；3. 切碎支承；4. 后下喂入辊，h_2 喂入原度

前、后两对喂入辊，构成的喂入口厚度是弹性的

图 3-18　喂入器攫取情况分析

设喂入前物料的厚是 A，经喂入辊挤压后的厚度等于辊间间隙 a；设不发生弹性变形，喂入过程中物料没有推力，即仅靠喂入辊的攫取力。

（1）辊面的攫取力分析

图中，O 和 O_1 为上、下对转辊的回转中心。

R——辊对物料的正压力，设作用在接触弧的中心处；与辊轴连线间的夹角为 α，两辊对喂入物料的推力为 $2R\sin\alpha$；辊转动时对物料层的摩擦力为 fR（f 是辊表面对物料的摩擦系数）；

为了能使物料产生喂入移动，必须保证：

$2fR\cos\alpha \geqslant 2R\sin\alpha$，

所以，$f \geqslant \text{tg}\alpha$，因为 $f = \text{tg}\varphi$（φ 是辊面对物料的摩擦角，一般秸秆 $\varphi = 17° \sim 27°$，青饲料 $\varphi = 18° \sim 30°$。）

所以，喂入辊的喂入基本条件是 $\varphi \geqslant \alpha$。

即，满足了基本条件，喂入辊就具备了向后喂入物料的驱动力。

（2）喂入辊喂入条件分析

设，辊的半径为 r，

中心距 $OO_1 = 2r + a = 2r\cos 2\alpha + A$，

所以，

$$r = \frac{A - a}{2(1 - \cos 2\alpha)} = \frac{A - a}{4\sin^2\alpha}$$

将 $\alpha = \varphi$ 代入上式，得

$$r_{\min} = \frac{A - a}{4\sin^2\varphi}$$

式中：$r_{\min}$ 是喂入辊的最小半径。

由于辊面做成梳齿板状,其攫取力很强,实际上的辊径都小于计算值 r_{min}。加装梳齿板还可以防止缠草。

三、喂入器的配置

喂入器应适应切刀的切碎要求,喂入器除了保证本身的工作性能外,还必须与切刀要求相适应,保证与切刀的正确配置关系。在切碎器中,不论什么样的切刀型式,其喂入口的型式基本相同,基本上都是上、下对辊式(多用)或左右对辊式喂入型式。

1. 滚筒式切碎器喂入口的配置

如图 3-19 所示。

(1)L——辊筒长;D——辊筒直径;切刀 1 斜固定在辊筒外周上,其螺旋角 $\beta=\tau=x$;设辊筒上固定 k 个割刀(一般 2~6 排),每个割刀的圆周间距是 $\dfrac{\pi D}{k}$;

(2)喂入口 2 横向配置($a \times b$)

①喂入口的宽度 b,一般两端比切刀的宽度 L 长出约 30 mm;

②喂入口的厚度 a,一般根据生产率确定。太厚,切割初挤压物料变形大,影响切碎质量;太小影响生产率。

③切割过程中的滑切角 τ,在切碎过程中不变;螺旋角 β,切碎过程中钳住角 x 不变,$x=\tau=\beta$。

(3)滚筒切碎器喂入口配置。辊筒式切碎器喂入器与割刀的配置关系非常重要,如图 3-20 所示。

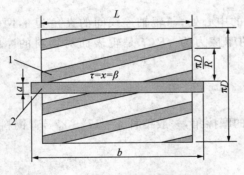

图 3-19　一般滚筒式喂入器的配置

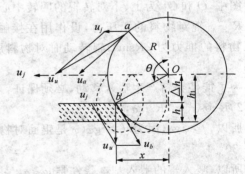

图 3-20　喂入口的轴向配置

图 3-20 表示滚筒切刀切割情况。割刀轴心 O,喂入口厚度以切割时物料层厚度表示;喂入口厚度的底边为底刀的位置,切割过程中底刀作为切割的支承。割刀与喂入口的位置关系是固定的。在切割过程中喂入物料以速度 u_m 将物料送到底刀处进行切割。设切割过程中喂入口物料层不动,割刀在物料喂入方向以 u_j 速度相对物料层运动,来分析切割情况,分析割刀与喂入口的配置关系。

割刀的绝对速度是割刀的圆周速度 u_a 和割刀相对喂入物料的速度 u_m 的合成。如果在 a 点开始切割,割刀的绝对速度水平向前,对物料层产生向前的推挤,使切割阻力增加,影响切割质量;为此割刀与物料层接触处(即喂入口上边线)应在 b 点。在此点切割,割刀与茎秆层在喂入方向相对速度为零,即割刀对茎秆层在喂入方向不产生推、拉。

这时喂入口顶边离割刀轴心垂直距离 $\Delta h = h_1 - h = R\cos\theta$，将 $\cos\theta = \dfrac{-u_m}{u_b}$（负号表示速度矢量位于第二象限）代入上式后得 $h_1 = h + R\dfrac{u_m}{u_b}$，所以喂入口的厚度 $\Delta h = R\dfrac{u_m}{u_b}$。

——滚筒式切碎器喂入口配置中，主要考虑切割过程中割刀不推移物料和保证切割断面整齐。

（4）切碎过程

①刀片在圆周上的配置间距 $\dfrac{\pi D}{k}$，保证了各个割刀的连续性切割和切割负荷的均匀性；

②切碎过程中，在轴向产生很大的分力；切碎过程中存在将切碎物向一个方向推移作用；

③直刃刀斜置安装在圆周上，存在困难；所以切碎器中，一般在一个螺旋线上配置若干短的直刃刀片。短的刀片，制造、维修都比较方便。

切刀在辊筒上一般是螺旋配置，切碎过程中，要求沿辊筒圆周和滚筒轴方向负荷均匀。

2. 盘状刀刃切碎器喂入口的配置

1）喂入口的尺寸：基本问题是喂入口的宽度 b 不能太大，否则割刀回转半径太大，切割开始和终了的阻力距差异太大，影响切碎的均匀性。一般采取 $b = (2\sim7)a$（a 是喂入口的厚度）。

2）喂入口的配置：喂入器直接向切碎器喂料，为保证物料在喂入器的压紧状态进行切碎，因此喂入器和切碎器切刀应尽量接近。切碎器与喂入口状态，如图 3-21 所示。

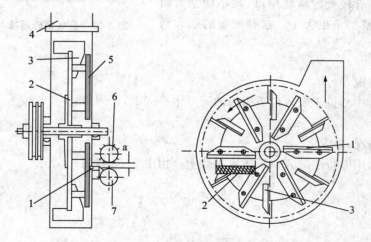

图 3-21 盘状切碎器与喂入口
左：1. 切割支撑；2. 刀盘；3. 抛送叶片；4. 出料管道；5. 切刀；6-7 后喂入辊；a 为喂入口厚度
右：1. 切刀；2. 喂入口；3. 抛送叶片

喂入口的尺寸和位置影响切碎性能。其配置如图 3-22 所示。

喂入口的尺寸和位置存在三种方案，如图 3-23 所示。

喂入口的尺寸 $a\times b$；切刀回转中心 O，喂入口底边与回转中心的偏置距 h；回转中心与喂入口的横向距离 c；切割位置与回状中心的距离 u；割刀刃 A；滑切角 τ；推挤角 x。

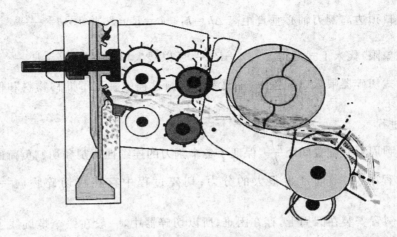

图 3-22 盘刀和喂入口配置情况

①第一种情况,喂入口上置式,即 $h > 0$,

$$\frac{u}{h} = \text{tg}(x - \tau)$$

$$x = \tau + \text{tg}^{-1}\frac{h}{u}$$

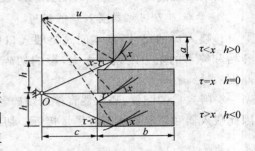

图 3-23 盘状切碎器喂入口配置型式

——切碎过程中,推挤角大于滑切角;在保证较大滑切时,推挤角很大,稳定切割受到影响。例如要求切碎终了有较大的滑切角,以减小切割力阻矩,但是相应的推挤角更大了。这种配置的最大滑切角,$\tau_{max} \leqslant 2\varphi - \text{tg}^{-1}\dfrac{h}{u}$。

②第二种情况,$h = 0$,

即割刀回转中心位于喂入口下边缘的同一水平线上,由图得:

此时 $\tau = x$

③第三种情况,$h < 0$,

即割刀回转中心位于喂入口下缘水平线上。由图 3-23 可得:

$$\frac{h}{u} = \text{tg}(\tau - x)$$

$$x = \tau - \text{tg}^{-1}\frac{h}{u}$$

此时得最大滑切角 $\qquad \tau_{max} \leqslant 2\varphi = \text{tg}^{-1}\dfrac{h}{u}$

可见第三种配置方案,在保证 $x \leqslant 2\varphi$ 的条件下,可以采取较大的滑切角。对切割有利,即使切割终了了,滑切角也能达到较大值。

例如切割终了时刻,

$u = b + c$,此时滑切角 τ_{max},推挤角 $x \leqslant 2\varphi$,代入 $\dfrac{h}{u} = \text{tg}(\tau - x)$ 得

$$\frac{h}{u_{\max}} = \frac{h}{b+c} \geqslant \mathrm{tg}(\tau_{\max} - 2\varphi)。即，$$

$$h > (b+c)\mathrm{tg}(\tau_{\max} - 2\varphi)。$$

3. 盘状切碎器——立式喂入（口）

转子式青饲料收获机有的喂入器是立式的。所谓立式喂入口与水平喂入口不同，其宽度比较小而高度比较大；切割是在喂入辊非压紧方向进行的。其特点：

（1）立式喂入器（辊）喂入口高度大，宽度小，不宜配滚筒式切碎器。

（2）立式喂入器（辊）喂入口高度大，宽度小，配盘状切碎器，切割方向与喂入辊的夹紧方向垂直，因而切割的物料层比较松散，切割层厚，理论上比水平喂入切碎的效果差。

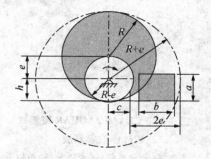

3）类似转子式青饲料收获机，如果选配辊筒式切碎器，必须采用水平喂入器口。

4. 偏心切碎器喂入口的配置

如图 3-24 所示。

图 3-24　偏心切碎器喂入口

偏心切刀喂入口，位于半径为$(R+e)$大圆与半径为$(R-e)$小圆之间，才能保证物料层的被切割。即$b<2e，c>R-e$。

第三节　喂入—切碎—输送—抛扔

切碎器（机）的主要工作部件就是喂入器、切碎装置、碎段的输送、抛扔转置。良好的切碎器（机），除了部件的性能指标之外，最重要的是，部件之间要保持统一的相互关系；物料流应尽量保持直流，一般滚筒式切碎器的物料流，如图 3-25 所示。

KRONE 公司设计的 BiGX 青饲料收获机作业的物料流是直流：两对喂入辊→人字配置螺旋刀片的辊筒式切碎装置→锯齿磨碎辊→碎段抛扔器，因而物料流顺畅、不易堵塞。

CLAAS 的 JAGUAR900 青饲料收获机从喂入到抛送物料流也都是直流的，没有偏移。滚筒切刀的人字（相反螺旋斜）配置，切碎过程中避免物料向中间集中，其物料流是：喂入辊→切碎器→一对锯齿辊（对切碎段获籽粒的破碎）→到抛送器一级级加速，保证物料流顺畅、不易堵塞。

盘状切碎器的物料流，不是直流，物料从喂入辊喂入，盘状切碎器切碎时物料流转向。

例如 CLAAS 的 JAGUAR51 青饲料收获机，Mengele MB220 单行青饲料收获机等都是如此。

一、喂入与切碎

如图 3-26 所示。

在切碎器（机）总体的要求下：

（1）喂入器喂入时要夹紧物料，保证在压实状态下进行切碎，要适应切碎和物料喂入不均匀的要求，喂入辊间隙（喂入口大小）在一定范围内应能随喂入物料不均匀而变化。

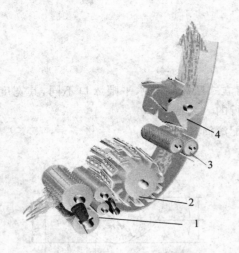

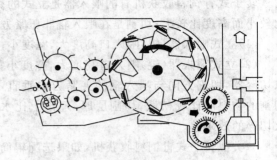

图 3-25　CLAAS JAGUAR 滚筒式
切碎器的物料流

图 3-26　滚筒切刀与喂入和（磨碎）抛扔

1. 喂入辊；2. 切碎器；3. 磨碎辊；4. 抛扔器

（2）喂入能力应保证切碎器的生产能力。

（3）切碎器发生堵塞，喂入器应立即停止向切碎器喂料，最好能帮助排除堵塞（例如反转）。

（4）在动力的分配上，首先满足切碎的需求。

（5）喂入器与切碎器两者位置尽量靠近，保证物料在喂入器的加紧状态下进行切割。

二、切碎与输送或抛扔

有的切碎器是切抛式，即切碎的同时就将碎段抛出；有的切碎后要经过输送器输送后再进行抛送。

不论什么样的切碎结构，都依然是突出切碎的主体功能，即切碎的碎段必须及时顺利的输送、抛扔出去，保证输送、抛扔的能力要适当高于切碎器的能力。

（1）对盘状切碎器，其切线速度高，抛扔能力强，在切碎的同时就能将切碎段抛出去了；对于盘状切碎器一般可不设专门的抛扔器，或在刀盘上固定有专门或兼顾抛扔的装置。

（2）滚筒切刀的抛扔能力较弱，一般都设专门的抛扔装置。

三、切碎器传动系

喂入器、切碎器、输送、抛扔的传动，在动力需求分配和安全上的要求均反应在传动系上。例如 ClaasJaguar 自走式青饲料收获机的动力直接传到切碎器（同时传给抛扔器）；由抛扔器传给锯齿破碎辊等。图 3-27 是 JOHN DEERE 的 5440 自走式青饲料收获机的传动系。发动机首先将动力提供给抛扔器带动切碎器，再由切碎器将动力传给碎段输送器、前台夹持输送器、割刀等。

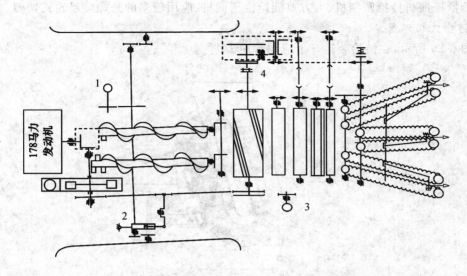

图 3-27 JOHN DEERE 的 5440 自走式青饲料收获机的传动

1. 驱动主机行走的液压马达；2. 控制抛送、切碎器传动皮带的张紧；3. 驱动切碎辊筒磨刀
的液压马达；4. 电磁离合器，磨刀时切断切碎器与其他部件的动力

第四节 新型切碎器简介

近代在捡拾捆草机（圆捆机和方草捆机）、青饲料捡拾运输车等中出现了一些新型切碎器
即在捡拾器之后设置了切碎器，将物料切成一定的长度，有利于饲喂、成捆和输送。

主要有沿轴向螺旋排列的星状切碎器、链齿式切碎器、凸轮式切碎器，一般都与固定刀
配合实行剪切切割，将捡拾的草物料进行切碎，切碎后送入饲料车或再进行压捆、卷捆等
过程。

1. 螺旋星形切碎器

如图 3-28 所示。

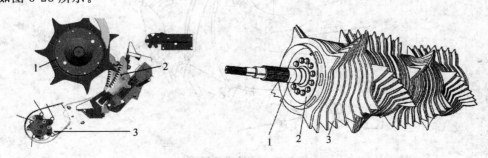

图 3-28 星形螺旋切碎机刀刃

右：螺旋切碎器刀刃：1. 轴；2. 螺旋滚筒；3. 切刀；都设狭缝式固定切刀配合进行切碎

左：1. 一种星形切刀；2. 锯齿形定刀；3. 捡拾器。在捡拾装运车上有运用装置

在捡拾压捆机捡拾圆捆机、大方草捆捡拾压捆机、应用较多的是螺旋星轮式切刀。

2. 链指式切碎器

如图 3-29 所示，在捡拾装运车上应用普遍。

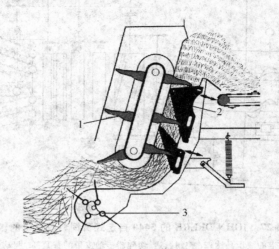

图 3-29　链指式切碎器
1. 链指切刀；2. 锯齿状底刀；3. 捡拾器

在捡拾装运车上应用较早，链条带动的链齿就是割刀，与带齿的固定刀配合进行切碎。

3. 凸轮式切碎器

如图 3-30 所示，其结构原理同凸轮式捡拾器，切刀的运动受旋转滚筒 4 和凸轮 5 的形状控制，与若干锯齿的固定刀片配合进行切碎。

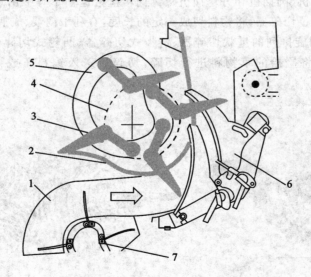

图 3-30　凸轮式切碎器
1. 物料流；2. 罩栅；3. 切刀；4. 辊筒；5. 凸轮；6. 锯齿定刀；7. 捡拾器

——对于新型切碎器的切割原理，滑切、稳定切割的情况，读者可自行分析。

第五节　碎段抛扔器

青饲料收获机上都有碎段抛扔器。对固定式饲料切碎机(铡草机)上将切碎段抛出机外，而在青饲料收获机上一般将碎段抛入机外的饲料车中。饲料碎段的抛扔有两种情况，一是专门用的抛扔器，二是切碎刀兼抛扔作用。其抛扔原理都是相同的。一般抛扔过程包括物料在抛扔叶板上的运动(抛扔装置的下端 x)、碎段在输送管中的运动(抛扔装置的中间部分 z)、饲料碎段在抛送槽中的运动(抛扔装置的上端 s，一般是可以转动的)。如图 3-31 所示。

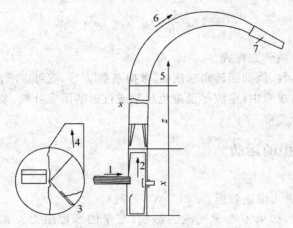

图 3-31　碎段抛扔装置
1. 物料喂入；2. 物料沿叶片运动；3. 物料沿壳体壁运动；4. 物料进入抛入抛送筒；
5. 物料在抛送筒中运动；6. 物料沿斜槽运动；7. 控制活门

一、物料在抛扔叶板上的运动

在盘状切碎器上，抛扔叶板随切刀回转。同时被切碎的饲料碎段被抛扔叶板通过输送管道抛扔出机外。下面研究碎段在抛扔叶板作用下的运动情况。为了便于研究，假定：饲料在输送过程中不受空气的影响，饲料为非弹性体，不考虑饲料本身的质量；但叶板在抓取饲料开始的瞬间饲料的速度为零；叶板表面平直，叶板安装成后倾位置。

当饲料碎段随切刀回转运动时，其上作用下面几个力，如图 3-32 所示。

回转的离心力为——$m\omega^2\rho$，此力沿叶板方向分解为 $m\omega^2\rho\sin\alpha$ 和 $m\omega^2\rho\cos\alpha$。

式中：m——碎段的质量；

　　　ω——叶板回转的角速度；

　　　ρ——回转半径。

$m\omega^2\rho\sin\alpha$ 时碎段沿叶板向外滑动，因此物料产生哥

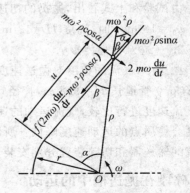

图 3-32　叶板上碎段的受力情况

氏加速度,其值为 $2m\omega\dfrac{\mathrm{d}u}{\mathrm{d}t}$。此外,物料与叶板面有摩擦力,其值为 $f\left(2m\omega\dfrac{\mathrm{d}u}{\mathrm{d}t}-m\omega^2\rho\cos\alpha\right)$。

所以可以列出下列动力微分方程式:

$$m\omega^2\rho\sin\alpha-f\left(2m\omega\frac{\mathrm{d}u}{\mathrm{d}t}-m\omega^2\rho\cos\alpha\right)=m\frac{\mathrm{d}^2u}{\mathrm{d}t^2} \tag{3-1}$$

由图 3-32 和式(3-1)知,

$$\rho\cos\alpha=r,\rho\sin\alpha=u$$

将上列两式代入式(3-1)整理得:

$$\frac{\mathrm{d}^2u}{\mathrm{d}t^2}+2f\omega\frac{\mathrm{d}u}{\mathrm{d}t}-\omega^2u-f\omega^2r=0 \tag{3-2}$$

上式为二阶非齐次线性微分方程式。

如果已知了某些参数,例如回转角速度 ω,摩擦系数 f 等,就可以求出碎段质点的轨迹了。物料将碎段顺利抛入输送管中,应该尽量避免过早或过迟的滑完叶板,要求碎段沿叶板滑完叶板 u 时有适当的 $\rho(\rho=\sqrt{u^2+r^2})$。

二、碎段在输送管筒中的运动

1. 碎段在输送管中的抛送

碎段离开叶板,将进入输送管道,见图 3-33(Z 段)。

设输送管是垂直的,如果不考虑气流的影响,与壁的摩擦阻力及饲料间的摩擦影响,这样,质点在出口处的速度可以按照垂直向上抛体运动方程式来确定:

$$u=\sqrt{u_0^2-2gH}\,(\mathrm{m/s}) \tag{3-3}$$

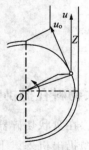

式中:u_0——碎段质点的初速度(m/s);

g——重力加速度(m/s²);

H——碎段质点抛扔的高度(m)(即 Z 段的高度)。

由试验和上式看出,抛扔的初速度 u_0,则抛扔管出口速度 u 降低。

图 3-33 抛扔筒抛扔

$u_0=16$ m/s 时,高度 $H=13$ m,出口速度接近于零。因此抛扔转盘的转速不能太低。

2. 气流对抛送的影响

抛送中,气流的速度对抛送速度会产生影响。根据试验资料,在一般青饲料切碎机上,例如 ZC6.0 管道长 $H=9.8$ m,管径 0.3 m,$u_0=37$ m/s,碎段质点在管道出口的理论速度和理论气流速度进行比较,气流运动的速度要比饲料碎段质点运动速度低。因此,在管道中的气流速度会使质点的运动速度降低。所以在青饲料抛送中,气流的速度超过饲料质点的速度时,则气流的输送器和切碎装置分别安装。

三、碎段在抛送槽中的运动

饲料从管道抛出后,送至抛送斜槽上,经过斜槽将饲料抛扔到饲料车或饲料塔中。斜槽是一面敞开的、弯曲状。如图 3-34 所示。

设质点以初速度 u 沿斜槽内表面运动,其初速度就是
从管道出口的速度。

设碎段质点 m 上质点受离心力及与槽的摩擦力,则质
点的方程式:

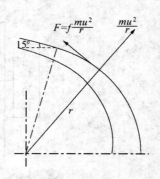

$$f\frac{mu^2}{r} + m\frac{\mathrm{d}u}{\mathrm{d}t} = 0 \qquad (3\text{-}4)$$

式中:f——碎段与槽的摩擦系数;

　　m——碎段的质量;

　　u——碎段的运动速度;

　　r——斜槽的弯曲半径。

图 3-34　碎段质点沿斜槽的运动

通过积分计算出公式。

将初速度 u_0,斜槽的曲率半径 r,摩擦系数 f,质点沿斜槽位移 S(可以采用以半径 r 得 1/4
得圆弧长)代入式(3-4);然后确定质点从斜槽出去的速度 u 和经过的路程 S 上的速度损失值
(u_0-u),就可以确定抛扔斜槽的结构尺寸了。

——关于碎段的抛扔运动的理论研究虽然很多,但是距离生产实际还有距离。对工程实
践来说,能找到一个简单可行的经验公式将更有意义了。

第六节　青饲料收获机

广义上作为青饲料的田间收获机械都可称为青饲料收获机,传统的青饲料收获机专指进
行青贮用的田间青饲料收获机。

青饲料收获机实际上是切碎器与前缀两部分的有机组合,完成青饲料的田间收获过程。
其过程是将生长在田间的青饲料(作物)生产成青绿的碎段草产品(是青贮饲料的过程产品)。

一、青饲料收获机分类综述

不论什么样的草资源作为青饲料的前处理过程,一般都离不开青饲料收获机。

常说的青饲料收获机仅指完成将田间生长的青饲料作物收割或收集—切碎—抛出的
过程。

国内外青饲料收获机的种类繁多型号复杂,目前国内外青饲料收获机的基本分类如
图 3-35 所示。

其中:

高秆青饲料收获机——主要收获玉米、葵花等高秆作物作为青饲料的田间收获机械;

低秆青饲料收获机——主要收割低秆草类物料作为青饲料的田间收获机;

捡拾青饲料收获机——将田间已经形成的草条作为饲料的田间收获机械;

转子青饲料收获机——切割刀盘和扶禾滚筒都是转子式而得名,可收获分行或不分行的
高、低秆青饲料;

全割幅青饲料收获机,即不分行的高秆青饲料收获机;

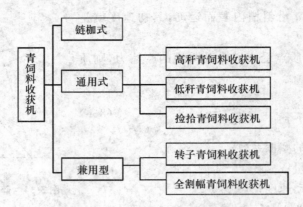

图 3-35 青饲料收获机的分类

链栅式青饲料收获机,包括两种情况,一种是仅主要完成田间收割的链栅式收割机;后来发展为细切青饲料收获机;

所谓通用式,就是相同主机通过更换前缀以适应高秆收割、低秆收割、草条(捡拾)收获等,所以称为通用式青饲料收获机;

所谓兼用型,就是所说的一个机器可完成分行或不分行的青饲料收获,实际上是高秆、低秆的兼用型青饲料收获机。

从结构或功能上来看,在青饲料收获机上,明显的由两大部分组成:

第一部分:收获台,完成田间不同状态青饲料的切割和收集,可称其为前缀。

第二部分:完成将茎秆喂入—切碎—碎草段抛出机外。这一部分实际上就是常说切碎器,在青饲料收获机上可称其为主机。

二、青饲料收获机

(一)链栅式青饲料收获机

链栅式青饲料收获机或叫甩刀式青饲料收获机;

链栅式青饲料收获机的链栅式切割器,其割刀(片)铰接在水平转轴上,转轴高速度旋转的同时,机器沿其轴的垂直方向运动,在运动中切割(碎)田间生长的作物。

(1)链栅式切割器基本特点:如果在田间工作仅是收割作物,应称为链栅式收割机,如链栅式割草机,其结构由旋转切刀架、甩刀、防护壳、茎秆推杆等组成,机器前进,推杆4将生长的茎秆向前推成倾斜状,旋转切刀将其割下,通过抛扬罩壳抛出机外。链栅式割刀在田间收割时,机器前进速度和刀盘的转速的比值 u_j/u_d 非常重要,比值大时,割茬高,收割损时大;比值小,割茬低,割后的割茬被数次切割成较小碎片,易造成损失,除了转速比之外,切碎情况还与转轴上割刀排数有关。如图 3-36 所示。

(2)链栅式切碎器:链栅式切碎器功能包括田间收割和切碎。一般有两种类型:

①在链栅式割草机的基础上增加定刀等装置,在田间收割的同时完成切碎作业。如图 3-37 所示。

此类链栅式切碎机主要用来收割低矮作物,例如甜菜叶,马铃薯蔓藤,除了切碎之外,还进行田间捡拾作业。

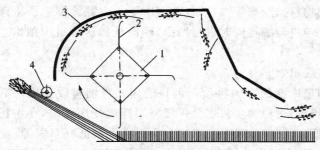

图 3-36 链枷式割草机

1. 链枷割刀转子；2. 链枷割刀；3. 切割器罩；4. 推杆

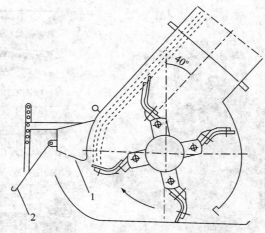

图 3-37 链枷式切碎(机)器田间切碎

1. 定刀；2. 推杆

②链枷收割—细切式。

为满足细切的要求，在链枷式切割之后，增加了细切装置，如图 3-38 所示。

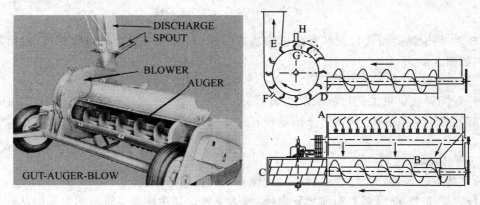

图 3-38 链枷切割—细切式切碎器

左：细切式链枷式青饲料收获机；链枷切割器——搅龙(AUGER)输送器 B——细切抛扔器 F(BLOWER)

右：丹麦 TAARUP 501 细切链枷式青饲料收获机作业过程示意；基本参数为：细切滚筒直径 D735 mm，宽 C＝373 mm，36 片切刀；滚筒转速 1 000 r/min，装一个固定刀时切碎长度 30～60 mm，用两个定刀时切碎长度 20～40 mm。A—镀枷切割器

　　链枷切割将切割物料抛至螺旋推进器（AUGER），由螺旋推进器将碎段喂入滚筒式的切碎-抛扔器（BLOWER）进行细切同时进行抛扔，碎段从抛送管道中抛出。是典型的链枷式青饲料收获机结构。

（二）通用式青饲料收获机

　　目前国内外使用最广泛的青饲料收获机是通用式青饲料收获机。不论什么样的切碎器（包括喂入、切碎、抛扔等）可称为主机部分。按照不同的使用要求，在主机（喂入器）前方安装不同的前缀，其中有低秆割台（DIRECT-CUT）前缀可收割低秆草资源；配上高秆（分行）割台（ROW CROP）直接收获高秆作物；配上捡拾收集台（WINDROW PICKUP）前缀可以捡拾草条收获。如图 3-39 所示。

图 3-39　通用式滚筒青饲料收获机 ROW CROP 基本组成
左：主机；右：低秆、捡拾、高秆三种前缀

　　图 3-39 是滚筒通用式青饲料收获机的基本组成；盘状通用式青饲料收获机（捡拾器收获台）结构如图 3-40 所示。

　　1. 工艺过程

　　高秆青饲料收获机工艺过程如图 3-41 所示。

　　目前的青饲料收获机，切割下来的茎秆直接由夹持输送装置直接进入喂入辊，不设专门的输送器。

　　2. 高秆（前缀）收获机

　　（1）夹持输送装置：为了收割高秆植株，设置了夹持输送装置

　　高秆收获机上，前缀都有割前茎秆夹持、输送装置。其功能就是将田间生长的茎秆夹持引向切割器，并在夹持下进行切割；并将切割下的茎秆送向输送装置或直接喂进喂入器。高秆是在推禾器（杆）辅助下使被切割下来的茎秆的根端首先进入喂入器。

　　夹持器的速度稍大于机器前进速度。夹持茎秆之后，基本保持茎秆的直立并适度向前倾状态；在夹持下茎秆被切割器切割。切割后的茎秆，在夹持器、输送器作用下根部比较整齐地

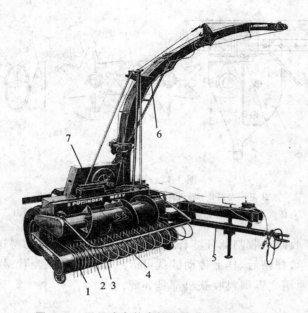

图 3-40   通用式盘状青饲料收获机(捡拾前缀)

1. 捡拾器;2. 压条;3. 螺旋推进器;4. 喂入口;5. 牵引架;6. 抛送筒;7. 切碎器

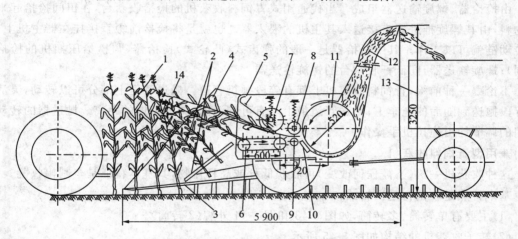

图 3-41   高秆青饲料收获机工作过程

在喂入辊前设置了专门输送装置

1. 玉米秸秆;2. 夹持链;3. 切割器;4. 推禾杆;5. 导茎板;6. 输送装置;7-9 喂入辊;

10. 底刀;11. 切碎装置;12. 碎段抛送管道;13. 碎段拖车;14. 附加推杆

连续地首先进入喂入口。

夹持、输送装置多是链齿式或蛇形皮带式。

(2)切割器:切割原理同割草机切割器。青饲料高秆切割器属于粗秆切割器,有往复式、摆动式、旋转形式和链枷式切割器等,如图 3-42 所示。

3. 低秆收割机

即主机配上低秆收割台的前缀。低秆收割台与割草压扁机割台相同。由拨禾轮,切割器和螺旋输送器组成。相当于往复式割草压扁机摘除压扁器。作为通用式青饲料收获机的前缀

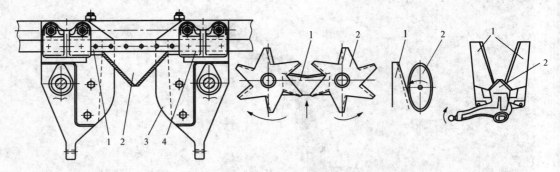

图 3-42　切割器

左：往复式大刀片：1. 刀杆；2. 刀片；3. 固定刀；4. 压刃器

右：依次是：双旋转割刀、单圆盘割刀、摆动割刀（1. 定刀，2. 动刀）

与其主机配套的，低秆收割台收割低秆茎秆通过螺旋推进器直接将物料送入主机的喂入器，前缀与主机挂接十分简单，挂结后，挂上传动链就可以工作。这就是当代最典型的通用式青饲料收获机的特点。目前通用式青饲料收获机都是如此。

4. 捡拾器收获机

将田间收集成的草条，捡拾起来，送入切碎器进行切碎等。

由捡拾器、螺旋输送器组成。当代通用式青饲料收获机的捡拾收获台，在田间捡拾起来的草物料，由其螺旋推进器直接送入其主机的喂入器。也就是将捡拾前缀直接挂在器主机上，挂上传动链就可以工作。其中捡拾器是一般的弹齿式（凸轮式）捡拾器（与捡拾压捆机的捡拾器相同）；螺旋输送器，同低秆收割台的螺旋输送器。

不论哪一种前缀，青饲料收获机上都有碎段抛扔管道。抛送管道上部可以转动，灵活地将碎段抛送到随后的拖车上；抛送管道最上端有可调活门，调节抛送的距离。抛送器的转动和活门的调节均由拖拉机手操作。

（三）兼用型青饲料收获机

这种收获机一机（不需任何改变）可收获低秆或高秆作物，其基本特征是全割幅收割。

基本特点是收割台是回转式。

（1）主要有单转筒、多转筒，如图 3-43 和图 3-44 外貌（2 转筒）。

（2）转子收获机的结构如图 3-45 所示。

分禾器有主动分禾器、滚筒间顺料分禾器和割幅内的分禾器——田间收获时，将未割和要收割的茎秆分开；将滚筒间的茎秆分开利于切割；回转式切割器与扶禾辊筒同轴安装，切割器的转速高于扶禾辊筒的转数。通常采用回转，靠割刀高速冲击或锯切切割茎秆，割刀见图 3-46。

工作时，分禾滚筒在顺料扶禾器的配合下，一方面对正在被切割的茎秆起到扶持作用，另一方面将被切割后的茎秆向喂入口输送，经过一级喂入辊，然后进入喂入器（图 3-47）。

（四）往复式全幅切割高秆青饲料收获机

收获机的前缀割台是由全幅往复式切割器，拨禾轮、输送台、喂入辊、滚筒切碎器、碎段输送器等组成，例如前苏联的，CK-2.6 青饲料收获机，如图 3-48 是拨禾轮割台收获高秆作物，后来的德国的直走式 E280 系列也是拨禾轮割台的青饲料收获机。

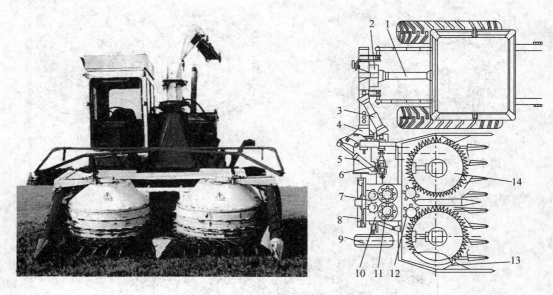

图 3-43 转筒式青饲料收获机(立式喂入口)

左:两个转子青饲料收获机;

右:是半悬挂结构示意图:1. 传动轴;2. 主齿轮箱;3. 二级传动轴;4. 机架;5. 转向油缸;6. 联轴器;

7. 喂入器;8. 切碎室;9. 仿行轮;10-12. 喂入辊;13. 切割刀;14. 扶禾滚筒

图 3-44 转筒式青饲料收获机(水平喂入口)

1. 扶禾器;2. 分禾器;3. 滚筒转子;4. 底架

5. 切刀;6. 扶禾滚筒;7. 抛扔筒;8. 揽禾杆

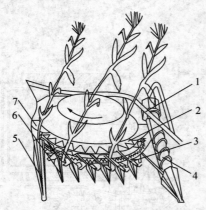

图 3-45 转子式青饲料收割机结构

1. 分禾、扶禾杆；2. 扶禾滚筒；3. 回装切割刀盘；

4. 主动式分禾器；5. 滚筒间顺料分禾叉；

6. 顺料分禾叉；7. 梳齿分离板

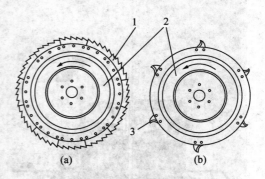

图 3-46 回转割刀

(a)锯齿式；(b)砍刀式

1. 锯齿刀；2. 刀盘；3. 刀片

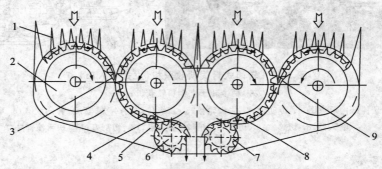

图 3-47 多转子青饲料收获机的输送喂入示意

1. 顺料分禾器；2. 扶禾滚筒；3、4、8、9 梳齿分离版；5. 机架；6、7. 立式喂入辊

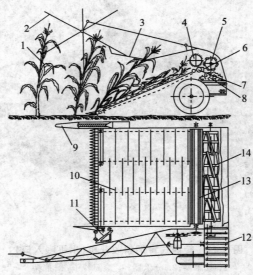

图 3-48 CK-2.6 青饲料收获机

1. 茎秆；2-3. 拨禾轮压扳；4-5. 喂入辊；6. 切碎支撑；8. 碎段；9. 分禾器；

10. 输送器；11. 切刀传动；12. 碎段输送器；13、14. 切碎器德国 E-281 自走式青饲料也属此类型,大拨禾轮。全割幅往复式切割器等。

第七节　青饲料生产的其他设备

进行青贮饲料生产,除了青饲料收获机之外,田间收获还需要碎段运输车将碎段送去青贮或将碎段向青贮塔抛送等。青贮饲料生产有固定切碎式和田间收获式。

一、固定式切碎、青贮

将已经收割下来的茎秆集中进行固定切碎,就地进行青贮,主要设备是青饲料切碎机(铡草机);青贮窖(塔);压实设备、取饲设备;目前农牧区常采用的方法。一般没有专门的压实和取饲设备。一般用拖拉机等压实,人工取饲。

我国农村、牧区广泛应用的生产方法,基本机械就是铡草机,实际上就是青饲料切碎器。目前茎秆的收割、收集设备和方法还没有成型。例如,将扒穗的玉米秸秆的及时进行收割、收集等;研究玉米收获机收后的秸秆的收集方法及设备等问题也没有完全解决。

二、田间联合收获、青贮

田间联合收获,包括田间青饲料收获机,碎段运输车,青贮窖(塔),(窖)压实、(塔)抛送、取饲设备等,是目前国内外青饲料生产的主要形式。

在我国青饲料收获机发展非常快,发展的潜力很大。

(1)目前大型机械化生产中,通用式的青饲料收获机应用比较普遍。

(2)田间收集运输车是机械化生产中必需的运输设备,在我国广泛应用自卸拖车。

(3)国外(我国也有引进)常用饲料车,例如 John Deere 饲料车(Self-Unloading Forage Wagons)如图 3-49,这种机械,与田间青饲料收获机配套,接受青饲料收获机喷出的饲料碎段。装满车运回青贮或饲喂。

图 3-49　自卸饲料车

①基本结构:饲料车是牵引式,车厢中由饲料充满和输送装置;有后门卸料和前侧卸料形式。

青饲料收获机的碎段从饲料车的前部抛送到饲料车厢中。上部设有旋转逐草辊使碎段充满车厢和进行蓬松。车厢底板上有链板式输送器和前部侧面卸料输送器。如图 3-50 所示。

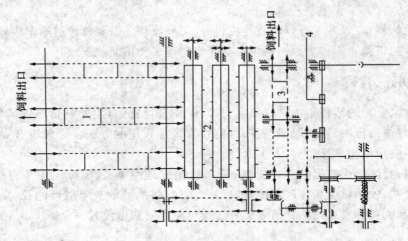

图 3-50　John Deere 饲料车传动系

1. 向后输送链板;2. 卸车搅松装置;3. 侧向卸车输送链板;4. 制动手柄(控制皮带张紧程度)

②工艺过程

田间作业与青饲料收机配合,将青饲料碎段运至青贮或利用地。根据情况可以后门卸料,一般用于窖贮;可以前侧门卸车,例如,配料饲喂,将碎段卸到饲料槽中或塔贮,通过抛扬机将碎段抛至饲料塔中。

(4)我国与青饲料联合收获机配套的是自卸饲料拖车。

三、碎段抛送机

1. 基本功能

基本功能是将切碎的饲料碎段抛送至青饲料塔中进行青贮,如图 3-51 所示。

2. 结构组成及工艺过程

(1)John Deere 碎段抛扬器(Conveyor-And-AugerHopper)将碎段送入输送器,输送器将物料送入螺旋推进器(AUGER),螺旋推进器将碎段喂入高速旋转抛扬器(FAN BLADE)抛送到青贮塔中。输送器,一般是链板是或带式,长 8～12 英尺,一般可以垂直折叠起来。螺旋喂入器约 3 英尺长,抛扬器叶片是垂直或呈 45°角。

(2)抛扬器向青贮塔中抛扬情况,如图 3-52 所示。

四、青饲料捡拾装载车

欧洲,主要是德国瑞士等国家很早就采用青饲料捡拾装载车收获青饲料,主要方式是将田间草条,捡拾(切碎)装车,运回青贮或进行饲喂牲畜。一般容积 20 m³ 或更大。使用于运送距离不长的生产条件(图 3-53 和图 3-54)。

图 3-51　专门碎段抛扔器
螺旋搅龙（AUGER），风扇叶片（FAN BLADE），
震动盘（VIBRATING PAN）

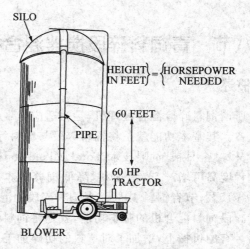

图 3-52　碎段抛扔情况
抛扔机（BLOWER），抛扔管道（PIPE）青贮塔（SILO）

基本结构由弹齿式捡拾器、切碎器、车厢、底板输送器、卸料输送器组成。

（1）弹齿式捡拾器，与捡拾压捆机上的捡拾器相同。

（2）切碎器，捡拾的草条经过链指式切碎器切成 5 cm 左右碎段。现代采用其他型式切碎器的多起来，如 KRONE 的五角星切碎器，凸轮式切碎器等。

（3）有后门卸料和前部侧面卸料装置。

图 3-53　青饲料捡拾装载车

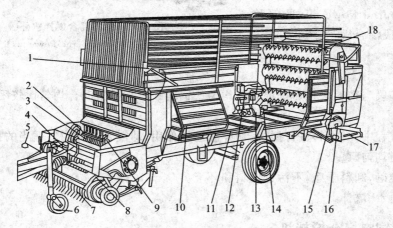

图 3-54　青饲料捡拾装载车

1.盖棚油缸；2.喂入输送；3.切碎装置；4.牵引架调节；5.控制器；6.支撑轮；7.捡拾器；8.捡拾器升降机构；
9.安全机构；10.侧卸料出口；11.车底输送链；12.横向输送液压系统；13.安全装置；14.箱内填
充物料显示板；15.配电；16.液压马达；17.横向输送器；18卸料辊

第八节　青饲料碎段搅拌混合机(TMR 技术)

一、概述

所谓饲料碎段混合处理机,是为适应养牛业等食草畜集约化饲养需要发展起来的一种技术设备。其基本功能就是将饲料碎段与精料等添加进行均匀混合,为集约化饲养提供全价日粮。又称"全日粮"饲喂技术 Total Mixed Ration Died Mixer(TMR)。采用这种饲喂技术,机械化程度高可增产,节约饲料,降低饲养成本。据国外资料介绍采用这种饲喂方式,可增产10%～15%;节省饲料 10%。青饲料碎段的混合处理机是全日粮饲养技术的基本支撑。

碎段饲料混合机的基本功能,就是将饲料碎段和添加精料、添加剂等混合搅拌均匀,连续排出。有的机械上,增加了对草料的切碎加工,例如将草捆进行切碎加工。将混合处理后的饲料可连续地投入牲畜饲喂槽中进行饲喂,目前国外此类设备比较普遍,例如法国 KUHN 的Euromix1;英国 Shelbourne 的 Powermix Ⅱ;意大利的 Agm Mixer feeder;荷兰的 TRIOLIET Gigant500-900 等,我国对此要求也愈加迫切,进行开发、批量生产和普遍推广,混合机容量可根据需要选择,例如 8、10、12、16、20 和 22 m³ 混合机,料净重分别为 2 970、3 040、3 160、6 256、6 516 和 7 000 kg,一次投料,可分别适于喂的乳牛数目为 40～60、50～75、60～90、80～120、100～150、110～165 头。

16 m³

青饲料碎段搅拌混合机有固定式和移动式,移动式可直接将混合料连续投放到饲喂槽中直接进行饲喂;按混合搅拌器的位置型式分有卧式(例如 KUHN *KNIGHT*)和立式,例如荷兰的 TRIOIET *GIGANT*500,瑞恩农牧工程 Shelbourne Powermix Ⅱ 等移动式青饲料碎段混合机,如图 3-55。

图 3-55　立式混合搅拌机外貌
库恩谢尔本(Shelbourne)Powermix Ⅱ

二、技术要求

(1)首先碎段与精料(粉状)等混合要均匀。饲料碎段与粉料混合均匀比较困难,保持其均匀性更困难。

(2)混合过程中,对饲料进行揉搓、切碎和蓬松作用,即混合过程附以适当的揉搓、切碎、蓬松,混合后饲料均匀、蓬松。

(3)配料准确,卸料干净,不污染饲料和环境。

(4)不能出水、流汁。

三、移动式青饲料混合搅拌机

移动式青饲料混合搅拌机,基本功能,除了混合搅拌之外,可以将混合饲料直接投放到饲喂槽中进行饲喂;因此带有行走轮和机架;有的配有快速装载饲料装置,有牵引式和自走式。

基本结构由搅拌混合装置、计量装置、卸料等装置,为了处理干草,一般增加草捆处理、切碎功能的干草架装置。

1. 立式搅拌混合装置

如英国 Shelbourne PowermixⅡ和我国华德公司的产品。

称为火山式混合作用,如图 3-56 所示。

混合器有一个立式搅龙。搅龙旋转将物料提升到箱顶,然后下落和向外飞溅;过程中物料进行垂直上下运动的同时,也有一定的横向运动,有利于碎段和粉状精料等添加物料的混合均匀,循环往复,直到达到混合均匀的要求。混合器结构如图 3-57 是其标准搅龙高 1 000 mm 安装 7 把刀片,切碎草捆时效果更好,可以提供更大的饲料箱空间便于草捆的切碎快速扩散、混合。

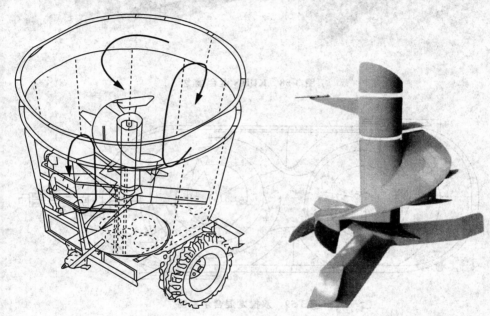

图 3-56　搅拌原理　　　　　　　　　图 3-57　混合器结构(十刀片)

也有在混合箱内装 2 个立式搅龙的搅拌器,例如库恩 KUHN 谢尔本双搅龙系列 16、19 m³ 以上的采取 2 个立式搅龙的搅拌器。

KUHN Euromix170 系列饲料搅拌机的两个混合搅龙,有 16、20 和 22 m³ 的。

搅龙上配备 5 个刀片,可快速切割草捆饲料。混料箱中以对称的方式配置的两个助切刀,加速纤维饲料的切碎;适用所有粗饲料。如图 3-58 所示。

两个搅龙(29 r/min)旋转时增加了物料上下、横向相互位置移动进行混合。如图 3-59 所示。

2. 卧式搅拌混合装置

例如 KUHN 牵引式卧式搅拌机,如图 3-60 所示。

有两个搅龙反向旋转,进行搅拌混合;长草被搅龙叶片上的弯刀切碎。料箱前后壁呈 30° 倾斜,引导饲料向箱底搅拌器流动,该机可两面卸料。

该机具有高精度电子称重系统,编程称重,电子显示配料,可输入 15 种配方,每种配方可含 15 种成分。料箱容积 10、14、18 m³。

图 3-58　KUHN 混合搅龙

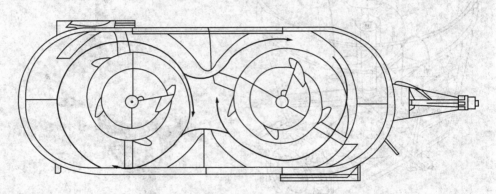

图 3-59　双搅龙混合示意图

图 3-60　KUHN 的 Euromix11

3. 移动式 TMR 饲喂模式

一般使用牵引式设备,适用于按照 TMR 饲喂标准建设的饲养园区,要求畜舍通道宽度大于 2.5 m。TMR 机上装有车载电子秤,可以准确按预订配方计量不同物料。工作时由拖拉机牵引,物料的混合机输送的动力均来至拖拉机的输出轴和液压控制系统。送料时边行走,边进行搅拌混合,送至畜舍饲槽、分配进行饲喂。

四、固定式青饲料混合搅拌机

固定式全混日粮搅拌机,比较适宜于我国大多数养牛场和养牛大户选择使用。目前国内一般容量 10 m³ 以内(10 m³ 一次投料可饲喂 55~80 头乳牛)资料介绍国外固定式搅拌机容量可高达近 30 m³。使用时通常将其放置在各种饲料储存集中、取运方便的位置,搅拌后的饲料采用运输工具将其运至畜舍进行投放饲喂。

固定式全混日粮搅拌机工作型式及原理与粉状配合饲料搅拌机相似。一般为多搅龙结构,基本上是采用剪切、对流混合原理。

Kuhn 的 Knight 如图 3-61(外貌)所示。

图 3-61　固定式搅拌机

采用对称的 4 个搅龙,分置在左右侧,搅龙叶片周围有刀片,上下搅龙周围有助切棱,可以帮助切割奶牛和肉牛配方中的干草成分。如图 3-62 所示。

上搅龙
助切棱
右下提升搅龙
助切棱

图 3-62　固定式搅拌机示意图
左:前视图;中:后视图;右:搅龙、刀片

搅拌机的前端有大直径旋转刮板器和侧面的两个搅龙配合。饲料在四个方向运动,搅拌效率高,卸料快。

为配合切碎秸秆、长草设有干草架,在干草架上,一次可放 90~140 kg 干草,可以帮助预切割方草捆、拆开的圆草捆、受冻的青贮和其他体积较大的物料。

五、可两用式青饲料混合搅拌机

意大利 Storti 公司设计的可移动、固定两用的混合机。固定式 TMR 装轮子,可以作为移动式,卸轮子,可作为固定式用。如图 3-63 所示。

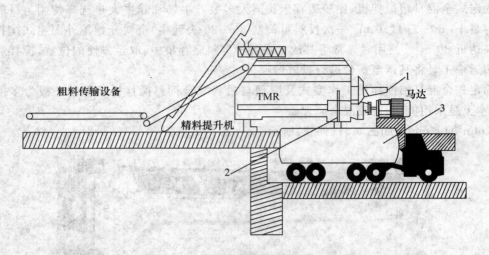

图 3-63　可移动、固定两用的混合机
1. 操纵装置;2. 饲料混合机;3. 饲料运输车

六、全日粮青饲料混合机的性能指标

中国农机院提出的全日粮饲料混合机的标准(草稿):

混合均匀度:≥90%,混合时间(min)≤15,物料自然残留率:≤1%,向牲畜喂料均匀度≥80。机器的主参数为混合机的容量 m^3,尺寸系列:4,6,8,10,12,14,18,22。

第九节　青鲜物料揉碎机

一、揉碎机的功能、意义

秸秆揉碎机是我国 1989 年出现的一种新机型。可将农业秸秆,尤其是粗硬秸秆,例如玉米秸秆、苏丹草、灌丛植物等揉搓成短丝状,提高饲喂的适口性和采食量;提高秸秆的利用率,全株采食率从原来的 50% 可提高至 90% 以上;揉碎秸秆方便压捆、压块为继续加工提供了条件,也为提高草资源的利用率提供了条件。

揉碎短丝状饲料本身就是一种优良的粗饲料,尤其青鲜的秸秆的揉丝,例如青鲜玉米秸秆揉丝含糖量高、消化率高、青绿、多汁、多糖是一种发展潜力很大的优良饲料产品;如图 3-64 左。灌丛植物的揉丝,可以开发成饲料,也为灌丛植物资源的开发提供了条件,如图 3-64 右。所以秸秆揉碎机在我国农村、牧区应用广泛。

图 3-64 秸秆揉丝

左:青鲜玉米结秆揉丝,右:柠条揉丝

二、揉碎原理及过程

揉碎的原理是揉搓,一般的揉搓机过程是运动的锤片冲击秸秆,并将其引至固定的揉搓板进行揉搓。锤片既可以是铰链的也可以是固定的;锤片对秸秆的冲击强度低于粉碎机。其揉搓结构如图 3-65 所示。

图 3-65 揉碎机

揉碎机和丝状产品的基本要求是,在揉碎产品中未揉搓的碎段应尽量少,细碎粉末含量尽量低;这是当前评价揉碎机产品性能的重要指标;也是揉碎机设计中的基本问题。

揉碎机与粉碎机比较,除了生产产品的差别之外;其基本作用原理是揉搓,它可以加工含水分高的秸秆;单位消耗动力比切碎机高,比粉碎机低。

切碎(铡草)机的基本作用原理是剪切。揉丝比切碎段适口性、加工性好;揉碎比切碎单位动力生产率低。

三、国外揉搓机举例(900B)

在国外还没有我国这样的揉碎机。国外所说的揉搓机,基本原理同粉碎机。对牧草、秸秆的冲击力较小,在粉碎锤片下方设有筛板,筛孔很大,实际上是将牧草秸秆揉搓一下,提高适口性。例如美国 FARMHAND 的 900B,如图 3-66 所示。

工作时草捆(圆、方)装入筒内,筒旋转,去掉捆绳,旋转的草捆通过底板喂入粉碎机口进行揉搓,揉搓物料通过筛板,落入输送链板,油输送带将产品送出去。处理草捆其生产率壳达30 t,处理散草可达 20 t 配套动力 50~150 马力。机重 2 815 kg。

F300B筒式干草粉碎机结构示意图

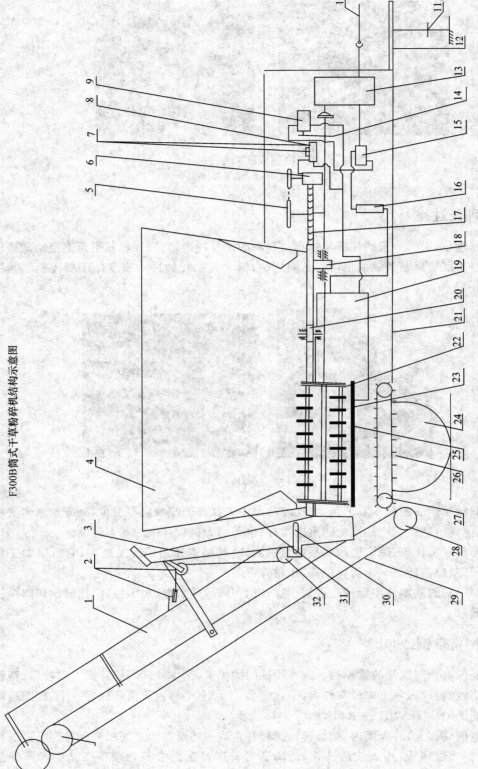

图 3-66　筒式粉碎机

1. 揉搓料输出输送臂,揉搓的物料从此输出;2. 滑轮;3. 支撑架;4. 筒;5. 传动链;6. 筒;7. 调节手柄;8. 分配器;9. 调速器;10. 动力输出轴;
11. 支撑;12. 支引架;13. 变速箱;14. 皮带轮;15. 油泵;16. 滤清器;17. 摩擦轮;18. 摩擦轮;19. 滚轮;20. 油箱;21. 辊轮;22. 外壳;23. 支撑轮;
24. 行走轮;25. 筛板;26. 输送链板;27. 输送链轮;28. 输送轮;29. 输送带;30. 手柄;31. 拨草板;32. 滑轮;33. 滑轮;34. 支撑轮

第四章　农业物料的收(聚)集机械

　　所谓农业物料收(聚)集指的是将分散的物料聚集、相对集中的田间作业过程。农业物料的田间收聚集包括收获过程中对生长的植株的收(聚拢)和割下植株的田间收集。农业物料的收集是农业生产过程中的主要作业环节;在农业生产中过程广泛。

　　农业(草)物料分散(生长分散、产量分散),体积松散,收聚集困难。因而农业(草)物料的收集机械、设备在农业生产中具有重要而特殊意义。

　　本章重点对草物料田间收获过程中应用广泛的收集过程、机械原理和装置进行基本的分析。主要包括拨禾轮、农业捡拾器、侧向搂草、翻草(滚筒、指轮、旋转式)机械等。

第一节　拨禾轮

一、功能、类型

　　1. 拨禾轮的基本工作元素

　　拨禾轮是谷物联合收获机,割草压扁机等收获机械的主要工作装置,其原理的应用则更为广泛。在这里主要对作为收获机中的基本装置的运行基本原理、功能、基本结构等的分析论述。收获机上的最简单的拨禾轮,或叫压板式拨禾轮、标准式拨禾轮。应用最广泛的是偏心拨禾轮;而现代割草压扁机上比较广泛应用的是凸轮(控制)式拨禾论。

　　拨禾轮是由轴、辐板、压板或齿杆等组成的滚筒状装置。工作过程,在齿杆(直线)绕轴旋转的同时,又沿着轴的垂直方向运动中完成作业功能。

　　2. 结构类型

　　在农业工程中拨禾轮基本上有三类:

　　(1)标准式拨禾轮——或叫压板式拨禾轮,其与作物接触的工作部件是滚筒圆周上的压板或板条。是拨禾轮中最基本的型式;如图 4-1 所示。

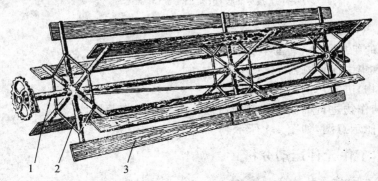

图 4-1　压板式(标准)拨禾轮

1. 拨禾轮轴;2. 辐板;3. 压板

（2）偏心拨禾轮，生产中使用最普遍；如图 4-2 所示。工作过程中根据收获物生长的情况，可对齿的方向角进行调节。

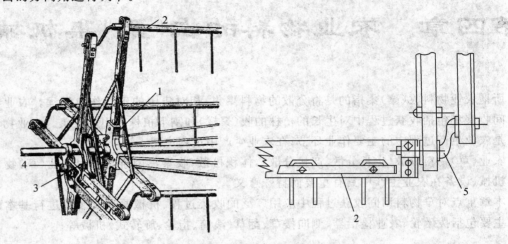

图 4-2　偏心拨禾轮
1. 辐板加强板；2. 齿杆；3、4. 偏心调节；5. 偏心曲柄

（3）凸轮控制式拨禾轮，主要用于割草压扁机、青饲料收获机的低秆收割台上。

凸轮式拨禾轮如图 4-3，有固定的凸轮和旋转的齿杆滚筒组成，其弹齿的运动受旋转滚筒圆周运动和凸轮的形状控制。

图 4-3　凸轮式拨禾轮
1. 拨禾轮齿杆；2. 凸轮盘；3. 推禾杆

3. 拨禾轮的基本功能

作为收获机的组成部分，其基本功能有三：

（1）将作物收集引向切割器。

（2）扶持（作物）进行切割。

（3）将割下的作物进行铺放或将其向后送入下一个工作装置。

拨禾轮的功能示意图，如图 4-4 所示。

二、拨禾轮基本工作元件运动分析

1. 拨禾轮基本元件运动轨迹

齿杆（压板、齿）是拨禾轮的基本工作元件，拨禾轮的功能是通过其基本元件的运动完成的,所以其运动轨迹决定了其工作性能。

拨禾轮齿杆工作过程中,一方面绕固定轴匀速转动,同时随机器前进运动,其轨迹就是这两个运动的决定的。根据拨禾轮的运动系数不同其运动轨迹有三种情况。

令 $\dfrac{R\omega}{u_j}=\lambda$,是齿杆的回转圆周运动速度 $R\omega$ 与机器前进速度 u_j 之比,可称为拨禾轮的运动系数。

式中:R——拨禾轮的半径;

　　　u_j——机器的前进速度;

　　　ω——齿杆的回转角速度。

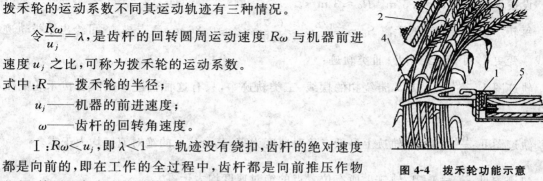

图4-4　拨禾轮功能示意
1. 刀梁;2、3. 拨禾轮压板(或弹齿);
4. 切割器;5. 收割台底板

Ⅰ:$R\omega<u_j$,即 $\lambda<1$——轨迹没有绕扣,齿杆的绝对速度都是向前的,即在工作的全过程中,齿杆都是向前推压作物茎秆,故不具备完成拨禾轮的三项功能的条件;

Ⅱ:$R\omega=u_j$,即 $\lambda=1$——轨迹的绝对速度,除了其谷底一点的速度为零外,其余的皆向前(为正);在工作过程中,齿杆向前推作物茎秆,即不能完成拨禾轮的上述三项基本功能;

Ⅲ:$R\omega>u_j$,即 $\lambda>1$——轨迹带有绕扣,绕扣最大弦以下轨迹的绝对速度均小于零;即齿杆在此范围内的绝对速度是向后的;所以在工作过程中,齿杆具有完成三项功能的条件。是拨禾轮工作过程中的工作轨迹。如图 4-5 所示。

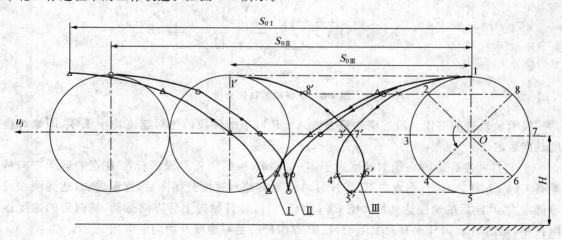

图4-5　不同 λ 值齿杆的运动轨迹

2. 拨禾轮齿杆轨迹的作图及工作区段分析

(1)作拨禾轮齿杆的运动轨迹:小麦联合收获割机上拨禾轮直径一般 $D=900\sim1\,200$ mm 取 $1\,000$ mm;拨禾轮的圆周速度一般小于 3 m/s,取 3 m/s;小麦联合收获机的运动系数一般 $\lambda=1.2\sim2.0$,水稻联合收获机上 $\lambda=1.3\sim2.3$,一般机器前进速度 u_j 高的 λ 取小值;在此取 $\lambda=1.5$;机器的速度 $u_j=7.2$ km/h$=2$ m/s。

所以拨禾轮的转速 $n=\dfrac{30\omega}{\pi}\approx57$ r/min,$\omega=\dfrac{\pi n}{30}=5.97\ \dfrac{1}{s}$;

拨禾轮转一周机器前进的距离：$S_0 = \dfrac{60u_j}{n} = 2.1$ m。

设将拨禾轮圆周等分成 8 份按比例作轨迹图：

设拨禾轮半径 $R = 0.5$ m。$R\omega \approx 3$ m/s。

每转一份机器前进的距离 $S_1 = \dfrac{2\pi/8}{\omega}u_j \approx \dfrac{0.79}{5.97}\times 2 \approx 0.26$ m，逐点描迹，可绘出 I 类轨迹曲线。变更 λ，可分别绘出 II、III 类轨迹：

轨迹图 I：$\dfrac{R\omega}{u_j} = \lambda = 1.5$，带绕扣的摆线；三类轨迹中，只有这种轨迹才能满足拨禾轮的工作要求。

轨迹图 II：$\dfrac{R\omega}{u_j} = \lambda = 1$，轨迹上最低点绝对速度为零，其余位置的绝对速度均大于零。

轨迹图 III：$\dfrac{R\omega}{u_j} = \lambda < 1$，轨迹上所有位置点的绝对速度均大于零。

(2)轨迹分析：主要分析 I 类带绕扣的轨迹曲线，如图 4-6 所示。

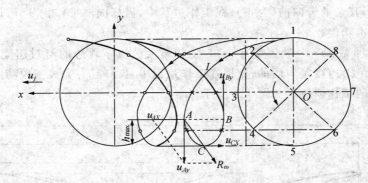

图 4-6　带绕扣的轨迹分析

拨禾轮轨迹的工作区段在绕扣最大弦 $A-B$ 以下的区段的绝对速度均小于零，即绝对速度是向后的。

• A,B 两点在 x 方向绝对速度近于零 $u_{Bx} = u_{Ax} = 0$，也就是说齿杆在 B 点的运动方向是垂直上 (u_{By})，A 点 (u_{Ay}) 垂直向下，齿杆过 A 点后其绝对速度开始向后，逐渐增加，达到绕扣的最低点 C，其向后的速度达到最大值 u_{Cx}；过 C 点，齿杆开始向上后方向运动，其向后的速度逐渐将小，到达 B 点齿杆垂直向上运动，过 B 点齿杆的绝对速度开始向前方向。

• 显然绕扣最低点 C(向后)的绝对速度为最大：

$$u_{Cx} = R\omega - u_j = 3 - 2 \approx 1 \text{ m/s}。$$

• 绕扣最大弦的高度 h_{max}。

• 齿杆应在 A 点开始接触茎秆，在运动过程中向后引导茎秆到达 C 点，其引导速度达到最大，是引导切割的最好位置。从 A 到 C 可称为齿杆的引导过程，引导过程中齿杆还有扶起作物的作用；设在 C 点扶持切割，过 C 点齿杆相对割下的茎秆有向后铺放的作用，一直到齿杆离开割后的茎秆，一个齿杆完成一次引导→扶持切割→铺放过程。接下来是相邻的下一个齿杆重复着相同的过程。在机器作业过程中，拨禾轮上的每个齿杆周而复始的进行着上面的循环过程。

三、拨禾轮工作过程

每个齿杆从开始接触未割作物茎秆,直到将已割作物茎秆向后推送并与之脱离接触,这是齿杆的一个完整的工作过程,拨禾轮就是在连续地进行着这样的工作过程。要使拨禾轮具有良好的工作质量,除了具备上述的条件之外,还与其所处的相对位置有密切关系。例如齿杆与生长的茎秆的位置关系,齿杆、割刀位置关系及拨禾轮轴的相对位置关系等。

(一)拨禾轮的相对位置

设拨禾轮轴在割刀的正上方,生长茎秆的高度为 L,拨禾轮半径 R,轴高度为 H,割刀 C_0 离地高度为 h,如图 4-7 所示。

齿杆运动方程式

齿杆从 A_0 起始,机器前进速度 u_j,

$$x = u_j t + R\cos\omega t_1$$
$$y = H - R\sin\omega t_1 + h$$

(4-1)

1. 齿杆插入(开始接触)生长茎秆丛的位置

齿杆接触生长的茎秆时,要求不要推压茎秆,对茎秆(尤其果穗)冲击要小;齿杆在轨迹的最大弦处的 A 点接触茎秆可满足上述要求。

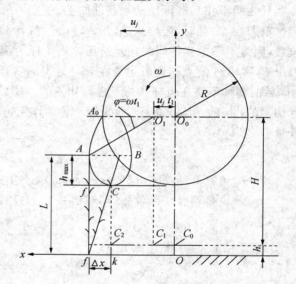

图 4-7 拨禾轮相对位置及工作过程

齿杆接触茎秆的水平分速度应为零,即 $R\omega\sin\omega t_1 - u_j = 0$,且相对茎秆的速度是垂直向下的,对作物(果穗)冲击很小。

以齿杆半径水平位置为起始位置。

设齿在其轨迹最大弦位置插入,此位置齿杆相对茎秆的水平速度为零。即 $R\omega\sin\omega t_1 - u_j = 0$,拨禾轮此时插入茎秆丛的转角 $\varphi_1(\omega t_1)$ 等于:

$$\sin\omega t_1 = \frac{u_j}{R\omega} = \frac{1}{\lambda}, \therefore \varphi_1 = \sin^{-1}\frac{u_j}{R\omega} = \sin^{-1}\frac{1}{\lambda}$$

所以拨禾轮轴高度:

$$H = L - h + R\sin\varphi_1 = L - h + \frac{R}{\lambda}\cdots$$

(4-2)

按照上式确定拨禾轮轴高度,就可保证齿杆能较好的插入茎秆丛。

2. 齿杆扶持切割时的位置

为保持齿杆能稳定地扶持茎秆切割,齿杆在最低位置扶持切割时,齿杆应作用在被切下茎秆的中心(偏上)处。一般小麦被切割下部分的重心在穗头向下 1/3 处,为此拨禾轮轴的高度应为:

$$H = R + \frac{2}{3}(L - h) \tag{4-3}$$

(二)拨禾轮工作过程因素

1. 拨禾轮的作用范围

所谓拨禾轮的作用范围,就是一个齿杆一次扶持切割的茎秆量(用前进方向的距离表示),也可以说是一个齿杆一次向切割器引导的茎秆量。

设茎秆为一数学直线,齿杆引导、扶持切割过程中,茎秆不把齿杆的作用传递给相邻茎秆,即茎秆之间不相互挤压。其他条件同上。

割刀在 C_0 处时,齿杆从 A_0 开始转动。在 A 位置插入茎秆丛,此时割刀随机器移动到 C_1 位置,因为不考虑茎秆间的相互挤压。当齿杆 A 运动到 C 时,逐渐将茎秆引向切割器,同时割刀由 C_1 移动到 C_2 点。此时生长在 k-f 范围的茎秆将集成一束在齿杆扶持下被切割。生长在 k 以后的茎秆不是在齿杆扶持下进行切割的。所以生长在 k 以后的茎秆不是在齿杆扶持下进行切割的,将 kf 用 Δx 表示,即为拨禾轮的作用范围。显然 Δx 愈大,在齿杆扶持下切割的茎秆量愈多。

$$\Delta x = x_1 - x_2$$

x_1——齿杆开始插入茎秆丛($\varphi_1 = \omega t_1$)对应在前进方向的 f 点的坐标;

x_2——齿杆转至切割位置(即转角 $\varphi_1 = \omega t_2$)对应在前进方向 k 点坐标。

$$\sin \omega t_1 = \frac{1}{\lambda} \sin \varphi_1 = \frac{1}{\lambda}$$

$$\cos \varphi_1 = \cos \omega t_1 = \sqrt{1 - \sin^2 \omega t_1} = \frac{\sqrt{\lambda^2 - 1}}{\lambda}$$

$$\varphi_2 = \omega t_2 = \frac{\pi}{2} \quad t_2 = \frac{\pi}{2\omega}$$

将以上关系代入式(4-1),得

$$x_1 = u_j \frac{\omega t_1}{\omega} + \frac{R}{\lambda} \sqrt{\lambda^2 - 1} = \frac{R}{\lambda}(\omega t_1 + \sqrt{\lambda^2 - 1})$$

$$x_2 = u_j \frac{\pi}{2\omega} = \frac{\pi R}{2\lambda}$$

所以

$$\Delta x = \frac{R}{\lambda} \left(\sin^{-1} \frac{1}{\lambda} + \sqrt{\lambda^2 - 1} - \frac{\pi}{2} \right) \tag{4-4}$$

由上式可悉,作用范围 Δx 的大小取决于拨禾轮的半径 R 和运动系数 λ。

在图 4-7 的位置条件,拨禾轮的作用范围实际上是齿杆绕扣最大弦之半。

2. 绕扣的最大弦长

(1)作图与计算,如图 4-8 所示。

轨迹绕扣的最大弦 A-B 之下齿杆的绝对速度皆小于零(即是向后的)也就是最大弦下的轨迹是其工作的区段。A-B 愈大其 Δx 就愈大。

前已述及,A、B 点是轨迹的临界点,其前进(x)方向的速度均为零,由此,两点的位置由下

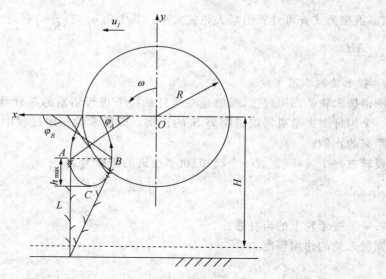

图 4-8 齿端轨迹的最大弦

面条件确定:

因为 A 点的运动方程式 $x = R\cos\varphi + u_j\,t = R\left(\cos\varphi + \dfrac{u_j}{u}\varphi\right)$,此位置在 x 方向速度为零,

所以 $u_{Ax} = \dfrac{\mathrm{d}x}{\mathrm{d}t} = R\left(\dfrac{u_j}{u} - \sin\varphi_A\right)\dfrac{\mathrm{d}\varphi}{\mathrm{d}t} = R\omega\left(\dfrac{u_j}{u} - \sin\varphi_A\right) = 0$,

因为式中 R,ω 不得为零,故有下面的等式:

$$\frac{u_j}{u} - \sin\varphi_A = 0$$

所以

$$\sin\varphi_A = \frac{u_j}{u}\left(= \frac{1}{\lambda}\right)$$

当齿杆在 A,B 点时,齿杆的回转角分别等于

$$\varphi_A = \sin^{-1}\frac{u_j}{u};$$

$$\varphi_B = \pi - \varphi_A = \pi - \sin^{-1}\frac{u_j}{u}$$

上面点相对于 y 轴的位置由下式确定

$$x_A = R\left(\cos\varphi_A + \frac{u_j}{u}\varphi_A\right);$$

$$x_B = R\left(\cos\varphi_B + \frac{u_j}{u}\varphi_B\right) = R\left[\frac{u_j}{u}(\pi - \varphi_M) - \cos\varphi_A\right]_\circ$$

确定 A,B 点之后,就能求出最大弦:

$$\bigstar\, AB = x_A - x_B = 2R\left[\cos\varphi_A - \frac{u_j}{u}\left(\frac{\pi}{2} - \varphi_A\right)\right]_\circ$$

(2)根据公式★可计算出最大弦的大小。其中角 φ_A 与 $\left(\dfrac{u_j}{R\omega}\right)$ 有关。因此,拨禾轮的作用范围 $\Delta x = \dfrac{AB}{2}$。

3. 拨禾轮的作用程度

所谓拨禾轮的作用程度,指的是在齿杆扶持下进行切割的茎秆量(用距离 Δx 表示)与其转过一个齿杆间夹角机器前进距离 S_0 的比例。即拨禾轮作用过程中扶持进行切割所占机器前进距离的比例。

设转过一个齿杆(完成一个绕扣)机器前进的距离为 S_0。

$$S_0 = u_j \frac{2\pi}{z\omega} = \frac{2\pi R}{z\lambda}$$

式中:z——拨禾轮上的齿杆数。

则拨禾轮的作用程度:

$$\eta = \frac{\Delta x}{S_0} = \frac{z}{2\pi}\left(\sin^{-1}\frac{1}{\lambda} + \sqrt{\lambda^2 - 1} - \frac{\pi}{2}\right) \tag{4-5}$$

即机器前进过程中在齿杆扶持下切割量的比例。

由此可知,一般拨禾轮的作用程度是比较低的,谷物联合收获机上拨禾轮的作用程度则更低,一般的计算值为 $0.25 \sim 0.5$。由式 4-5 知,要增加作用程度必须加大齿杆数 z 和运动系数 λ,这样,必然会增加了齿杆对作物的冲击速度和冲击次数。实际上齿杆作用程度 $\eta = 0.3$ 就可以得到满意的工作效果。

4. 绕扣的深度 h

$$h = R - R \cdot \sin\varphi_A = R(1 - \sin\varphi_A)$$

可根据此式计算出绕扣的深度。

(三)拨禾轮的主要参数

1. 拨禾轮的旋转速度

拨禾轮齿杆的旋转的切线速度 $u = R\omega$。

(1)$R\omega$ 与机器的前进速度有关,即必须 $\lambda = \dfrac{R\omega}{u_j} > 1$。

(2)对作物冲击不能太大,实践证明对小麦 $R\omega \leqslant 3$ m/s,对水稻 $R\omega \leqslant 1.5$ m/s。在割草压扁机上 $R\omega$ 可达 4 m/s,速度太高,也容易造成割台丢失。

2. 拨禾轮的直径 $D = 2R$

拨禾轮的直径与齿杆的切线速度、齿杆插入茎秆丛、铺放情况、茎秆的高度等有关,拨禾轮直径 $D(=2R)$ 可根据式(4-2)、式(4-3)计算确定,可以由其中一个公式进行计算,将计算值再代入另一个公式进行符合来确定拨禾轮的直径。在小麦收割机上,拨禾轮的直径一般 $D = 900 \sim 1\,200$ mm,水稻联合收获机上 $D \approx 900$ mm;在割草压扁机上采用凸轮控制式拨禾轮,其齿杆滚筒的直径比较小。

(四)拨禾轮的位置调节

1. 水平调整(前后调节)

(1)拨禾轮轴相对割刀前移一个距离 b(图 4-9),可增加拨禾轮的作用范围和增强对茎秆的扶起功能。

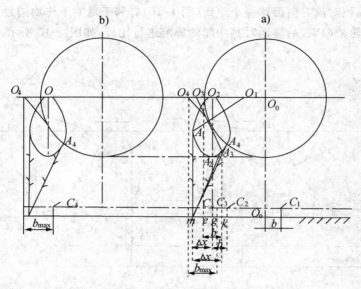

图 4-9 拨禾轮轴前移时的工作情况

设拨禾轮轴相对割刀前调距离 b，相应其轴心在 O_0 点，割刀位置 C_1 点，齿杆移动到 A_1（轴心到 O_1）与生长在 m 点茎秆相遇，即开始插入茎秆丛，$A_2(O_2)$ 点是齿杆轨迹绕扣的最低点位置。设在 A_1 齿杆开始引导茎秆丛，引导到最低点 A_2，此时割刀还在 C_2 位置，所以引导的茎秆丛还不能进行切割；继续引导至 A_3 点，割刀至 C_3 与生长在 k 点的茎秆相遇，开始扶持切割（k 以右的茎秆不是在扶持下切割的）。那么从开始引导到扶持切割的范围是 $mk=\Delta x'$，而不是 $mg=\Delta x$。这时齿杆半径 $O_3 A_3$，拨禾轮轴心位置 $O_3(e)$，显然 $ek=b$，与轴不前移相比，齿杆多转了 $\Delta\varphi$ 角才开始切割。

齿杆的作用范围 $\Delta x'=mk=\Delta x+gk$。

而 $gk=b-b_{eg}=b-O_3 O_2=b-u_j\dfrac{\Delta\varphi}{\omega}=b-\dfrac{R}{\lambda}\Delta\varphi$

因为 $\sin\Delta\varphi=\dfrac{b}{R}$，

上式的 b 相对于 R 较小，所以 $\Delta\varphi$ 角很小，故可近似取

$$\Delta\varphi\approx\sin\Delta\varphi=\frac{b}{R},$$

则 $gk=b-\dfrac{b}{\lambda}=\dfrac{b(\lambda-1)}{\lambda}$，

所以 $\Delta x'=\Delta x+\dfrac{b(\lambda-1)}{\lambda}$。

显然拨禾轮轴相对于割刀前移，可以增加拨禾轮的作用范围，有利于拨禾轮的工作；所以，图上生长在 $m-k$ 范围内的茎秆是在拨禾轮的扶持下切割的。由图 4-10 可知，拨禾轮轴前移 b 不能太大，如果在 A_4 点还不切割（割刀 C_4 还不到位），茎秆就可能反弹了，使其不能在扶持下进行切割了，所以拨禾轮轴相对于割刀的最大前移量 $b<b_{max}$；拨禾轮轴前移还可增强齿杆对

茎秆的扶起作用,尤其对前倾的茎秆扶起效果显著。

(2)拨禾轮轴相对割刀向后移一个距离(图 4-10)有利于对割下作物铺放。

下面对拨禾轮轴向前、后移动对其功能的影响进行比较,如图 4-10 所示。

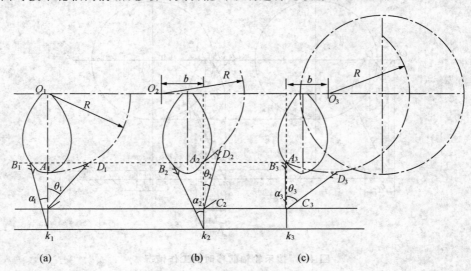

图 4-10　拨禾轮轴在不同水平位置的工作情况

(a) 拨禾轮轴在割刀的正上方;(b) 拨禾轮轴前移距离 b;(c) 拨禾轮轴后移距离 b

①设拨禾轮轴在割刀正上方

O_1——拨禾轮轴位置,R——拨禾轮半径,C_1——割刀位置,生长在 k_1 位置向前倾斜的茎秆在 B_1 点于齿杆接触,即齿杆的扶起角为 α_1,齿杆转至在 A_1 点扶持切割茎秆,齿杆将切下的茎秆向后倾斜铺放,在 D_1 点齿杆于切下的茎秆脱离,茎秆向后铺放或送入下一个工作部件,此时茎秆的向后倾角 θ_1 为其铺放角。

②设拨禾轮轴向前移距离 b

O_2——拨禾轮轴位置;R——拨禾轮半径;C_2——割刀位置;生长在 k_2 位置向前倾斜的茎秆在 B_2 点于齿杆接触,即齿杆的扶起角为 α_2,齿杆转至在 A_2 点扶持切割茎秆,齿杆将切下的茎秆向后倾斜铺放,在 D_2 点齿杆于切下的茎秆脱离,茎秆向后铺放或送入下一个工作部件,此时茎秆的向后倾角 θ_2 为其铺放角。

③设拨禾轮轴后移距离 b

O_3——拨禾轮轴位置;R——拨禾轮半径;C_3——割刀位置;生长在 k_3 位置向前倾斜的茎秆在 B_3 点于齿杆接触,即齿杆的扶起角为 α_3,齿杆转至在 A_3 点扶持切割茎秆,齿杆将切下的茎秆向后倾斜铺放,在 D_3 点齿杆于切下的茎秆脱离,茎秆向后铺放或送入下一个工作部件,此时茎秆的向后倾角 θ_3 为其铺放角。

对上述三种情况分析可得出结论:

扶起角 $\alpha_2 > \alpha_1 > \alpha_3$;

铺放角 $\theta_3 > \theta_1 > \theta_2$。

2. 拨禾轮轴高度的确定

(1)根据拨禾轮轴高度公式 $H = L - h + \dfrac{R}{\lambda}$ 确定。

（2）拨禾轮轴高度的调节。

拨禾轮轴的高度与收获作物的高度有关。

例如：小麦生长高度一般最高 $L_{max}=1.2$ m，最低 $L_{min}=0.6$ m，割茬高度（割刀离地面距离）$h=0.1$ m。

拨禾轮半径 $R=0.5$ m，$\lambda=1.5$。

可根据作物生长高度差别近似计算出拨禾轮轴高度调节量。

$$\Delta H = H_{max} - H_{min} = \left(L_{max} - h + \frac{R}{\lambda}\right) - \left(L_{min} - h + \frac{R}{\lambda}\right)$$

将有关数值代入得

调节范围：$\Delta H \approx 0.6$ m

最高 $H_{max}=1.43$ m，最低 $H_{min}=0.83$ m。

四、偏心拨禾轮

普通拨禾轮齿杆是径向位置，工作时难以插入倒伏角大的作物丛中并将其扶起，甚至存在将作物有压倒的趋势，并且对作物的穗头的打击比较大。为改善其工作情况，广泛采用了偏心拨禾轮。

1. 偏心拨禾轮的结构原理

其机构见图 4-2，其搂齿机构如图 4-11 所示。

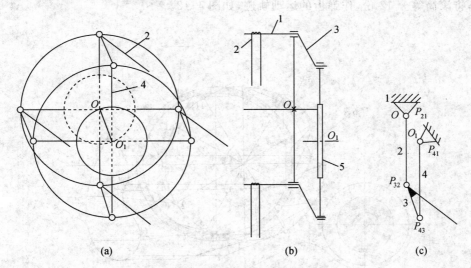

图 4-11　偏心拨禾轮结构原理图

（a）.（b）结构原理图

1.齿杆；2.齿；3.齿杆曲柄；4.轮辐条；5.偏心盘

（c）搂齿机构图（平行四杆机构）

拨禾轮管轴 O 固定着辐板（杆）在其圆周上空套着若干绕有弹性齿 2 的齿杆 1，齿杆端联有曲柄 3 的一头，曲柄的另一头套入偏心圆盘的圆周的孔中。与偏心圆盘 5 连接。圆盘中心 O_1 与拨禾轮轴 O 形成偏心的偏心是可以调节的，调节偏心，就是调节齿杆上弹性齿 2 的倾角。拨禾轮转动过程中弹性齿的倾角不变，方向不变。

2. 偏心拨禾轮机构分析

偏心拨禾轮机构。拨禾轮轴心 O 为1杆,其辐条(杆)为2杆,曲柄(带齿)是3杆,另一个圆盘的辐板(杆)为4杆。拨禾轮辐条回转中心 $O(P_{21})$,偏心圆盘的辐板的回转中心 $O_1(P_{41})$ 不相交,所以偏心拨禾轮是一个平衡四杆机构。因此齿是作平行运动,齿上各点的运动特性相同,偏心位置可调节。向前调节扶起作用增强,尤其对收获向前倒伏作物更有利;一般向前调节 $15°\sim30°$。向后调节增强铺放效果,一般齿长 $60\sim200$ mm,工作过程中不带草。

五、凸轮式拨禾轮

所谓凸轮控制式拨禾轮,或称凸轮式拨禾轮,其工作原理与凸轮控制式捡拾器的结构原理相同(将在捡拾器中对其进行机构分析)。一个绕固定轴旋转的齿杆滚筒,齿杆沿轴向固定在滚筒圆柱面上,其齿杆一端与滚筒上齿杆铰接,另一端与曲柄连接,曲柄的另一头通过滚轮可沿凸轮转动。工作过程中其齿的运动同时受拨禾轮旋转运动和曲柄滚轮沿凸轮运动的影响和控制。凸轮式拨禾轮目前主要应用在割草压扁机,青饲料收获机上。

1. 凸轮式拨禾轮结构

拨禾轮齿杆滚筒半径 $OA=R$,圆心 O,凸轮弧心 O_1,齿杆 A,滚轮 B,曲柄 AB,弹齿 C,构成了 $OABO_1$ 四杆结构,齿杆 AC 与曲柄 AB 是一个杆件,工作时滚筒转动,滚轮在凸轮槽中滚动,齿杆 AC 的端点 C 的轨迹如图4-12右侧曲线。

设滚筒半径 $R=350$ mm,机器前进速度 $u_j=1.7$ m/s,滚筒每转一周机器前进距离为 1.57 m,将滚筒等分12份,作弹齿的运动轨迹,如图4-12。

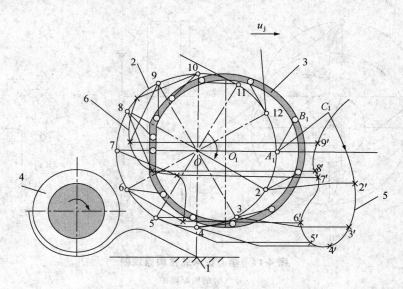

图 4-12　凸轮式拨禾轮及弹齿的轨迹
1. 切割器;2. 拨禾轮滚筒;3. 拨禾轮凸轮;4. 螺旋输送器;5. 拨禾轮弹齿端的
绝对运动轨迹;6. 弹齿端运动轨迹可接近螺旋输送器

2. 凸轮式拨禾轮特点

从其绝对轨迹看出,有利于拨禾轮的引导、扶持切割和铺放;位置比较低有利于收割低矮的植株;从其相对运动轨迹1、2、3、4、5、6、7、8、9、10、11、12。尤其是6、7、8、9位置,其齿端是向前倾斜的,有利于螺旋输送器靠近拨禾轮和切割器,使割台结构紧凑,减少拨禾轮、螺旋输送器、切割器间的死角,使切割下来的物料立即被螺旋输送器送走,避免对机物料和造成割台损失。

由图 4-12 可知:

(1)割台紧凑,拨禾轮齿基本上可以绕螺旋推进器外形仿形,缩短收割台前后间距。

(2)直径较小,位置低,适于收割较低矮的物料,如果收割较高的秸秆,在拨禾轮前设置横置的推禾杆。

六、拨禾轮原理的其他应用

拨禾轮齿杆的运动轨迹是一条摆线,类似原理在农业机械应用非常广泛。例如:

(1)旋耕犁刀轨迹。

(2)切碎器刀片轨迹。

(3)船的拨水轮轨迹。

(4)轮车车轮的滚动轨迹等。

第二节 滚筒式搂草机

一、搂草机分类及特点

搂草机的基本功能是将收割下来散放在田间的草物料搂集成草条,充分进行晾干,方便后续作业环节的进行。有的搂草机还兼有移动草条、合并草条、摊翻草条(层)等其他作业功能。

搂草机的类型、特点

按搂草机与其搂集草条的位置方向分为横向搂草机和侧向搂草机。分类图如图 4-13(分类图)所示。

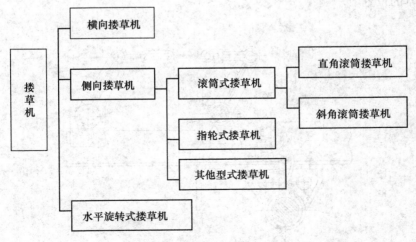

图 4-13 搂草机分类

（一）横向搂草机简介

（1）搂集放置草条方向垂直于机器前进方向；集成的草条方向是横置的。故此得名。如图4-14所示。

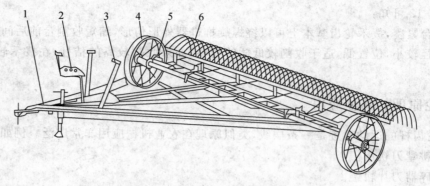

图 4-14　9L-6A 横向搂草机
1. 机架；2. 座位；3. 操纵手柄；4. 行走轮；5. 离合结构；6. 搂草耙

工作时，拖拉机牵引，一人操作，搂草耙齿贴地面搂草，当搂草耙搂满草之后，人工操作，通过离合机构，行走轮的转动与轮轴结合，带动轮轴转动，搂草耙与轮轴一同向上转动，搂耙脱离搂集的草。所以机器过后，地面上留下一个横置的草条。

（2）横向搂草机的工作过程，工作时搂草耙触地随机器前进进行搂草，搂耙下面搂满草之后，操纵手柄3通过中间轴8（转动）拉动杠5使控制轴4转动（图4-15上）。控制杠杠11的滚轮12离开双口盘，此时棘爪13在小弹簧拉动下与棘轮爪16啮合。行走轮的转动通过棘轮机构、双口盘传给行走轮轴15，行走轮轴15转动（图4-15右），通过曲柄拉杆6拉动搂耙向上转动，搂齿端离开地面（图4-15左），随机器的前进，搂耙下面搂集的草放在地面上形成一个横置的草条。行走轮转过210°时行走轮轴上的拨杆1拨动拨爪2时闸杆3毁缩，杠杠5失去支撑（上图），在大弹簧9的作用下（右图），控制杠杠12变与双口盘接触，搂耙在两杆的作用下回落到原来的搂草的位置。

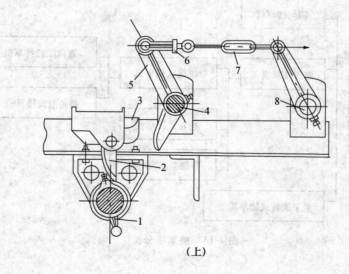

（上）

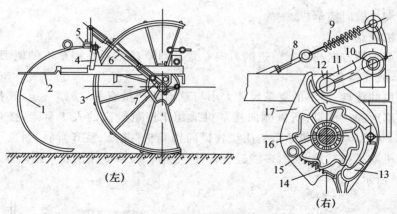

图 4-15　搂耙放草条结构

(上)搂耙升降操作结构

1. 拨杆;2. 拨爪;3. 闸杆;4. 控制轴;5. 杠杆;6. 接叉;7. 操纵拉杆;8. 中间轴

(右)棘轮棘爪离合结构,(左)搂耙升降结构

1. 搂齿;2. 除草杆;3. 行走轮;4. 支架;5. 搂齿托架;6. 连杆;7. 曲柄;8. 拉钩;9. 大拉簧;10. 控制轴;
11. 控制杠杠;12. 滚轮;13. 棘爪;14. 小拉簧;15. 行走轮轴;16. 棘轮;17. 双口盘

搂草过程中搂耙齿的运动轨迹图如图 4-16 所示。

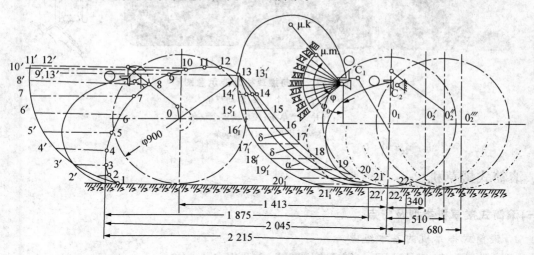

图 4-16　搂齿轨迹(横向搂草机)

由图 4-16 可知,搂耙的升起是机械强制的齿端上升轨迹 1,2,3…13,搂耙的下落、复位是自由摆动齿端下落轨迹 14,15,16…21。所以其搂草的前进速度,影响草条的质量,所以横向搂草机的搂草速度受到限制。

(3)横向搂草机特点,搂集草条尺寸大小与草地产量无关,在产量低的草原上搂草,形成草条的时间长一些;在产量高的草地上搂草,形成草条的时间短一些。也就是,在搂集过程中,什么时候达到要求的草条尺寸大小,什么时候释放草条。所以横向搂草机适宜于产量低的天然草原搂草;由于其结构原理的限制,搂草机的作业速度较低,一般 5 km/h;搂集的草条的质量也较差,加上搂草过程搂齿搂触地面,可能对一些类型的草原产生不利影响,因此草原上要淘汰的呼声几十年不断,但是至今天然草原上横向搂草机还没有被完全取代。在产量很低的天然草原上很难淘汰横向搂草机。

(二)侧向搂草机特点

侧向搂集草条的方向与机器前进的方向一致。即草条配置在搂草机的侧面,或在机器的侧面形成草条,故此得名。

侧向搂草机的特点,搂集的草条尺寸大小与草地的产量有关,搂幅一定,其搂集草条的尺寸大小取决于草地的产量量;所以侧向搂草机适用于产量较高的人工草地;搂草作业速度较高,目前一般 7~8 km/h;搂集草条的质量较横向搂草机(蓬松、整齐)高。目前国内外使用普遍。侧向搂草机除了搂草条之外,多能进行合并、移动、翻、摊草等作业。侧向搂草机作业功能简图如图 4-17 所示。

图 4-17 侧向搂草机功能示意图

上:合并两个草条;移动草条
下:合并三个草条;搂集成多个草条
右:合并草条和摊翻草条

二、滚筒式搂草机

(一)滚筒式搂草机类型及特点

1. 滚筒式搂草机的基本组成

滚筒式搂草机,基本上是一个旋转的滚筒,由此得名。

其结构原理基本同偏心拨禾轮。滚筒的齿杆(直线)绕固定(滚筒)轴回转,机器(轴)的运动方向又与回转平面偏一个角度。基本元素也是一个绕固定轴旋转直线,如图 4-18 所示。

滚筒式搂草机工作过程中,被拨动的草从机器侧面排出机外形成与机器前进方向一致的草条,所以滚筒式搂草机属于侧向搂草机。

2. 滚筒式搂草机的类型

根据滚筒角分为直角滚筒搂草机和斜角滚筒搂草机,其分类原理如图 4-19 所示。

滚筒角 δ 是直角的称为直角滚筒搂草机,滚筒角 δ 小于直角称为斜角滚筒搂草机,机前进方向与滚筒回转平面间的夹角 α 称为前进角。近代斜角滚筒搂草机应用广泛,在国外也称斜角滚筒搂草机为平行杆式搂草机。

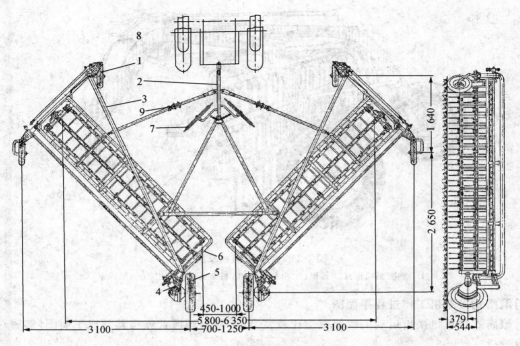

图 4-18　(直角)滚筒式搂草机 (苏联 ГБУ-6)

1. 支撑轮；2. 牵引架；3. 机架；4. 传动箱；5. 地轮；6. 滚筒；
7. 搂草器指轮；8. 拖拉机；9. 拉杆

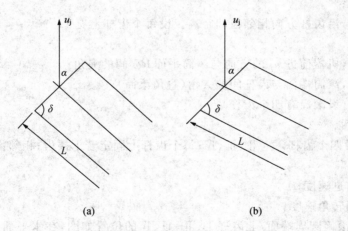

图 4-19　滚筒搂草机分类原理图

(a)直角滚筒；(b)斜角滚筒

直角滚筒搂草机，$\delta=90°$，一般前进角 $\alpha=45°$；

斜角滚筒搂草机的滚筒角 $\delta=90°$

斜角滚筒搂草机 $\delta<90°$，一般前进角 $\alpha>45°$。如图 4-20 所示。

该机分地轮驱动滚筒和液压马达驱动滚筒两种型式，液压驱动，可实现根据搂草负荷，调节滚筒的转速与前进速度的关系。地轮驱动，可保持前进速度与滚筒的旋转速度一定的关系。

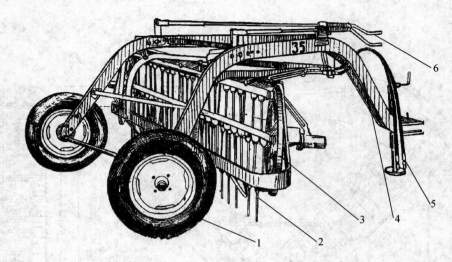

图 4-20　斜角滚筒搂草机

1. 地轮(驱动轮);2. 搂齿;3. 斜角滚筒;4. 机架;5. 液压油管;6. 操纵索

(二)滚筒式搂草机工作过程平面图

滚筒式搂草机搂齿运动的空间概念比较复杂,为便于理解首先将其制成平面图,然后对其进行分析。

1. 已知参数

R——滚筒式搂草机的滚筒半径;

L——齿杆长;

m——齿间距,沿齿杆方向相邻齿间距离。设每个齿杆上有 11 个齿;

B——搂幅;

α——前进角,机器前进 u_j 的方向与滚筒平面 $R\omega$ 间的夹角;

$\delta=90°$——滚筒角,滚筒端面与齿杆间的夹角(直角滚筒);

$\beta=90°$——齿间角(设滚筒有四个齿杆)。

2. 绘制平面图

为绘图方便设四个齿杆,Ⅰ、Ⅱ、Ⅲ、Ⅳ;每个齿杆上固定若干搂齿;相邻齿间的距离称为齿间距 m;

u_j——机器前进速度;

ω——滚筒回转角速度。

垂直面(图上滚筒圆周端面)上齿杆Ⅰ、Ⅱ、Ⅲ、Ⅳ的位置如图,在水平面上的投影是Ⅱ₁—Ⅰ₁—Ⅳ₁。

搂草过程:设滚筒的第一个端面开始搂草,其位置Ⅰ齿杆上的第一个齿 $Ⅰ_1$ 在最低位置开始搂草(实际在最低位置前就开始搂草了);接着是第二个齿杆上的第二个齿 $Ⅱ_2$ 搂草,此时其搂草端面在水平面上齿的投影是 $Ⅲ_2$—$Ⅱ_2$—$Ⅰ_2$;再接着是第Ⅲ个齿杆上的第三个齿 $Ⅲ_3$ 搂草,相应搂草端面齿在水平面的投影 $Ⅳ_3$—$Ⅲ_3$—$Ⅱ_3$;类推,$Ⅰ_4$—$Ⅳ_4$—$Ⅲ_4$;$Ⅱ_5$—$Ⅰ_5$—$Ⅳ_5$;$Ⅲ_6$—$Ⅱ_6$—$Ⅰ_6$;$Ⅳ_7$—$Ⅲ_7$—$Ⅱ_7$······$Ⅳ_{11}$—$Ⅲ_{11}$—$Ⅱ_{11}$,一直到滚筒端部。

搂一次,滚筒转一个齿间角(β),机器前进的距离 $S_0=\dfrac{\beta}{\omega}u_j$。如图 4-21 所示。

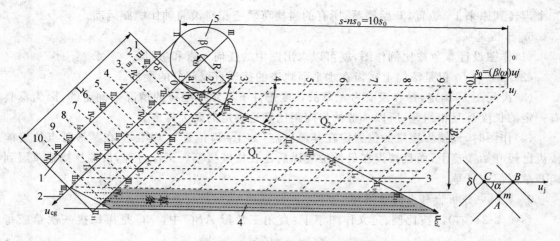

图 4-21　滚筒式搂草机的平面图

1. 滚筒齿杆；2. 搂集的草沿滚筒轴移动方向(U_{cg})；3. 搂集的草相对地面移动的方向(U_{cg})距离；4. 机器过后形成的草条；

5. 滚筒投影圆；Q_1——三角形的草都移动到侧面的草条中；Q_2——三角形的草始终在搂草机前面堆积。

右图是用作图法求搂齿间距 m

3. 分析平面图

(1)根据 u_j 和 $R\omega$ 可找出草物料移动的方向及距离 L_ξ，(图中 U_{cd} 为草的移动方向)移动角为 ξ，即移动方向与机器前进方向夹角。移动距离 L_q(与 U_{cd} 同向)。

齿端沿移动的切线方向拨动草 $o-b$(圆端面切向方向)，齿端随机器移动 $o-a$，即齿端搂集的草移动 $o-c$，$o-c$ 就是 L_ξ 移动的方向。

(2)第一个齿I_1 搂过之后，第二个齿II_2(第二个齿杆上的第二个齿)接力搂(沿 L_ξ 方向)，为不产生漏搂，I_1 齿的搂出点应与II_2 齿的搂入点重合；接续II_2 的出点与齿III_3 的入点重合，持续下去，划出一条斜直线，直到草搂出机外，在机器侧面形成一个与机器前进方向一致的草条 4；这条(搂集的)斜直线就是 L_ξ。由此可知，草物料移动的最大距离是每个搂齿搂集距离的叠加。

草沿 L_ξ 移动的同时，搂集的草也相对齿杆轴(U_{cg})方向同步向其端部移动，直到搂出机外。

4. 搂集草的移动情况

(1) L_ξ 是搂集过程中草相对地面移动的距离。L_ξ 上 $I_1-II_2-III_3-IV_4-I_5-II_6-III_7-IV_8-I_9-II_{10}-III_{11}$ 与滚筒上相对应的齿(沿滚筒轴向)是 $I_1-II_2-III_3-IV_4-I_5-II_6-III_7-IV_8-I_9-II_{10}-III_{11}$。

(2)L_ξ 是上述齿搂集草移动距离的和。

(3)被搂集的草相对滚筒沿轴向移动，从始端(Ⅰ)沿 $II_2-III_3-IV_4-I_5-II_6-III_7-IV_8-I_9-II_{10}-III_{11}$ 直至末端被抛出机外。

(4) L_ξ 前面的 Q_2 始终在搂草集前面堆积着，称为搂草机前草堆积量，显然堆积的越多，搂集过程中损失的可能性越大，丢失的可能越多；

(5)在搂集 L_ξ 中，前 Q_2 主要是滚筒前端的搂齿的搂集草的堆积，其中第一个端面齿搂集的距离最长 $S=10S_0$；后 Q_1 主要是靠滚筒后(断面)端的搂齿的搂集，其中滚筒最后一个断面齿搂集的距离最长 $S=10S_0$。S_0 为每转一个齿杆角机器前进的距离。

(6)搂齿 I_1 搂一次即转到原始(圆端面)齿杆Ⅳ杆位置(水平投影位置)，同时Ⅱ齿杆的第

二个齿转到原来 I_1 位置,开始搂草;所有的齿搂草轨迹相对滚筒轴作螺旋运动。

5. 作图说明

(1)作图设计参数按比例作图,就可以求出图中的任何元素和参量。

(2)图上的 L_{ξ} 仅是滚筒上搂齿在水平面轨迹的接近直线部分的叠加。

(3)齿间距 m 确定,是在没有考虑草的长度条件下不发生漏搂的情况下确定的,因为草具有一定的长度且互相纠缠,所以一般的齿间距比理论确定的要大得多。

(4)作图时,设搂齿搂集的位置定在其最低点(如 I_1 齿位置)。实际上在其最低点位置前搂齿已经开始搂草了,而且搂齿在最低位置以后还在接续搂草。工作过程,齿端从接触草层到离开草层都在搂草。

6. 从图中分析齿杆上的齿间距

参照 4-21(右)。按比例、定义作图于下:直角三角形 ABC 中, BC 是齿每拨一次草或每转一个齿杆角 β,机器前进的距离 $S_0 = \dfrac{\beta}{\omega} u_j$。 u_j 是机器前进的速度。

$$\angle ACB = \alpha$$
$$BC\sin\alpha = AB = m$$

即可从中计算出理论齿间距 m。

(三)滚筒搂草机搂齿工作过程中各因素的关系

滚筒式搂草机工作过程因素关系十分复杂,弄清楚过程中各因素的关系,是设计、研究滚筒式搂草机的基础。

1. 搂齿运动方程式

搂草机的基本元件是搂齿,其搂集过程实际上是搂齿相对草的运动关系和结果;搂齿相对草的运动关系均反应在其搂齿的运动轨迹上。

齿杆、搂齿运动过程,如图 4-22 所示。

图中符号:R——滚筒半径(齿杆的回转半径)(m);

u_j——机器前进速度 m/s;

ω——滚筒的角速度 1/s;

α——前进角,即机器前进速度与回转平面间的夹角;

φ——搂齿端开始插入草层与草层底面交点到齿端离开草层底平面的交点之间的夹角。搂草要求齿端要插入到草层底面以下才能搂集干净;

δ——滚筒角,即齿杆与回转平面夹角;

β——齿杆角,即相邻齿杆间的夹角。

在垂直面 XOZ 坐标中:设滚筒轴心 $O_1'(O_1)$,搂齿杆序号为 A,B,C,D,其在垂直面上的投影为 A_1',B_1',C_1',D_1',在水平面上的投影为 a_1',b_1',c_1',d_1'。图中开始位置是 A 齿杆的第一个齿为 $A_1'(a_1')$,其他符号同前。

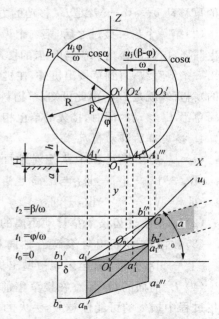

图 4-22　直角滚筒搂草机工作过程中搂齿运动过程

设 O 为坐标原点(垂直面 O_1,水平面 O_1'),开始工作后,搂齿以 ω 角速度旋转的同时随机器速度 u_j 前进,所以搂齿 $A_1'(a_1')$(A 齿杆上第一个齿)的运动方程式在坐标轴上的投影将为:

$$X_A = u_j t \cos\alpha + R\sin\left(\omega t - \frac{\varphi}{2}\right)$$

$$Y_A = u_j t \sin\alpha$$

$$Z_A = R\left[1 - \cos\left(\omega t - \frac{\varphi}{2}\right)\right]$$

从方程式可悉,搂齿的运动轨迹是螺旋线。

把上式微分后可得 A_1 的绝对速度 u_A 在坐标轴上的投影:

$$u_{ax} = u_j \cos\alpha + R\omega\cos\left(\omega t - \frac{\varphi}{2}\right)$$

$$u_{ay} = u_j \sin\alpha$$

$$u_{az} = R\omega\sin\left(\omega t - \frac{\varphi}{2}\right)$$

则搂齿的绝对速度

$$u_A = \sqrt{u_j{}^2 + (R\omega)^2 + 2u_j R\omega\cos\alpha}$$

垂直面上 $O_1' - O_2' = u_j \dfrac{\varphi}{\omega}\cos\alpha$,$O_2' - O_3' = u_j \dfrac{(\beta - \varphi)}{\omega}\cos\alpha$(按计算取值),对应的

水平面上,O_1' 时间 $t=0$,$O_1' - O_2' = \dfrac{\varphi}{\omega}u_j$,$O_2' - O_3' = \dfrac{(\beta - \varphi)}{\omega}u_j$。

2. 搂草运动过程分析

在时间 $t=0$ 时:

搂齿 A_1 在 $A_1'(a_1')$ 上;

搂齿 B_1 在 $B_1'(b_1')$ 上;

回转中心在 $O_1(O_1')$ 上。

当机器运转时,由于前进速度的影响,搂齿 A_1 不是沿 $A_1'A_1''(a_1'a_1'')$ 运动而是沿着曲线 $A_1'A_1'''(a_1'a_1''')$ 运动。由此可以认为 A_1 搂集的牧草将沿 $A_1'A_1'''(a_1'a_1''')$ 移动,在过 $A_1'''(a_1''')$ 点以后,草还将继续随搂齿移动,一直到牧草从齿杆的末端上滑出来为止。为保持不漏搂此时 B 齿杆的第二个齿 b_n 与 A 齿的 a_1''' 重合。

上述只是一个搂齿 A_1 的运动轨迹,搂草机工作时,每个齿杆上的搂齿在空间都画出一个曲面,如 $a_1'a_n'$ 为齿杆 A 上各搂齿端部的联线,在搂草时它画出一个曲面 $a_1'a_n'a_n'''a_1'''$;与 A 齿杆相隔 β 角的 B 齿杆,它的齿端联线也画出一个曲面 $b_1'b_n'b_n'''b_1'''$,A、B 二齿杆搂齿端所画的曲面交于直线 $b_1'b_n'a_n'''$ 上(水平投影)。但是由于 B 齿杆在到达齿交线以前,A 齿杆的搂齿已经将草拨到齿交线以外,一直拨到从 A 齿杆上滑出为止。所以交线并不是 B 齿杆开始搂草的点;为了搂集干净,要求齿交线离地面的高度应低于草层下层面的离地高度,即 $h + a < H$。

式中:H——草层下面的离地高度;

h——交线高度,即搂齿从开始插入草层底面到其最低位置的距离,也就是搂齿插入草层低平面的高度;

a——搂齿插入的最低点的离地面的间隙,说明搂草机工作时,搂齿不接触地面。

前已述,当 A 齿杆转过一个齿杆角,即时间 $t_2=\dfrac{\beta}{\omega}$ 时,B 齿杆接替 A 齿杆搂草时,A、B 二齿杆搂齿端所画的曲面交于直线 $b_1''b_1'a_1'''$ 的连线。在 t_2 时间内滚筒转过了一个齿杆角 β。

(四)搂齿轨迹作图与分析

在工作过程搂齿相对草的水平轨迹和垂直面的轨迹对搂草迹的性能均有直接关系,下面研究分析直角滚筒搂草机的搂齿的轨迹。

1. 轨迹作图(为作图简单起见,以直角滚筒搂草机为例)

(1)设机器前进角 $\alpha=45°$

机器的前进速度 $u_j=6.69$ km/h≈1.8 m/s

滚筒的半径 $R=283$ mm

滚筒的转数 $n=80$ r/min,角速度 $\omega=\dfrac{\pi n}{30}\approx94.2$ (s^{-1})

齿杆数 $Z=4$,齿间角 $\beta=\dfrac{\pi}{4}=45°$,将滚筒圆等分成 8 份,每转动一份(次)机器前进的距离

$$s=\frac{\beta}{2\omega}u_j。$$

按比例作图,如图 4-23 所示。

为了作图清楚,适当选取比例。

滚筒半径 R 的比例:

机器前进速度 u_j,滚筒每转一周的时间为 $\dfrac{60}{80}=0.75$(s),每转一个位置(8 等分)需要 $\dfrac{0.75}{8}\approx$ 0.009(s),在此时间内机器前进的距离 $s=0.009\times180$ cm≈1.6 cm,即滚筒每转八分之一周,机器前进 1.6 cm,选比例 $M1:2$。

(2)作图:设将滚筒圆等分成 8 份;滚筒在垂直面上为半径为 R 的圆,滚筒端面在水平面的投影为一直线;8 等份的水平面位置是 $3_。$、$4_。$($2_。$)、$1_。$($5_。$)、$6_。$($8_。$)、$7_。$。机器前进的方向为(x)u_j,垂直坐标为 y。齿绕轴回转的同时,也随机器前进。

设垂直面上 1 齿从 1 点开始转动,转到 2 位置时,在水平面上,2 点沿机器前进 x 方向移动到 $2'$,$2_。-2'=\dfrac{(2\pi/8)}{\omega}u_j$。

转到 3 位置,随机器沿 x 方向移动到 $3'$,$3_。-3'=\dfrac{\pi/2}{\omega}u_j$,转到 4 位置时移动到 $4'$,$4_。-4'=\dfrac{\pi/4}{\omega}u_j$,接续 $5_。-5'=\dfrac{5\pi/4}{\omega}u_j$,$6_。-6'=\dfrac{6\pi/4}{\omega}u_j$,$7_0-7'=\dfrac{7\pi/4}{\omega}u_j$,$8_。-8'=\dfrac{8\pi/4}{\omega}u_j$,$1_。-1'=\dfrac{2\pi}{\omega}u_j$。将 $1'-2'-3'-4'-5'-6'-7'-8'-1'$,连接起来的 S 形曲线就是滚筒 $I_。—I_1$ 端面上 1 齿杆的第一个齿在水平面上的移动轨迹。所有齿的水平面轨迹的形状相同。

相应作垂直面的轨迹,滚筒沿 u_j(x)方向移动,则这条直线就是搂齿端最低点位置在地面上画过的轨迹。从水平面轨迹的各点位置作 u_j(x)方向垂直线,$1''$ 的高度($1''-0_。$)就是滚筒上 1 点位置的高度(($1-1_。$)等于滚筒的直径 $2R$;(滚筒上齿在水平面的投影线用 $0—0$ 表示)$2''$ 是滚筒 2 位置的高度($2-2_。$),依次是 $3''$($=3-3_。$)、$4''$($=4-4_。$)、$5''$($=5-5_。$)、$6''$($=6-6_。$)、$7''$($=7-7_。$)、$8''$($=8-8_。$)。将 $1''-2''-3''-4''-5''-6''-7''-8''-1''$ 连接起来就是垂直面的轨迹。垂直面

上的轨迹,是垂直面上一个螺旋线。垂直面上的轨迹与水平面轨迹相互对应。滚筒搂齿的轨迹如图 4-23 所示。

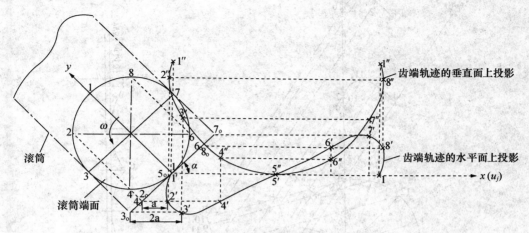

图 4-23　工作过程中搂齿的轨迹

2. 轨迹分析

(1)水平轨迹中的信息

①水平轨迹是一个 S 形曲线:$1'-2'-3'-4'-5'-6'-7'-8'-1'$。其在滚筒上相应的较高离地位置的搂齿是 $1—2—3—4$ 和 $6—7—8—1$ 点的轨迹。贴近草层搂齿位置点的水平轨迹 $4'-5'-6'$ 基本上是斜直线,接近搂草机搂齿的搂草过程位置。$4'-5'-6'$ 方向与 L_ξ 方向相同。

②滚筒,上搂齿 $1—2—3$ 位置是搂齿向下转动,并未接触草层,基本上是 4 点附近位置开始插入草层 $4—5—6$ 进行楼草,$6—7—8—1$ 位置是搂齿离开草层向上转动。基本上是齿在 $1—2—3—4,6—7—8—1$ 位置不进行搂草。而基本工作位置在 $4—5—6(4'-5'-6')$ 范围以内。

(2)齿端在垂直面上的轨迹:齿端在垂直面上的轨迹 $1''-2''-3''-4''-5''-6''-7''-8''-1''$ 是一条垂直螺旋线。开始齿端向下插入草层,之后是向上挑动草层。其最低点 $5(5'')$ 搂草时不触地面。

草层底面是 $4''-5''-6''$ 即滚筒上 $4—5—6$ 位置(实际上齿端插入草层底面到离开底平面过程的投影,与水平轨迹 $4'-5'-6'$ 轨迹对应。)

3. 关于 L_ξ 及齿间距 m

(1)由上分析,工作过程中,滚筒上每个搂齿相对地面画过一个倒 S 轨迹。而 L_ξ 是滚筒上每个齿沿地面搂草距离连接而成的。理论上按不漏搂原理,是第一个齿插入草层底面、离开草层底面是其搂草过程,第一个齿离开草层底面,第二个齿在第一个齿离开的同时插入草层底平面。即第一个齿转过 φ 角,第二齿再插入草层底平面。设在此范围内,搂齿的水平面轨迹投影是一直线(实际上也是接近一条直线),称为搂齿搂草沿地面移动的距离 $\Delta L_\xi \approx 4'-5'-6$ 长度,那么 $L_\xi = n\Delta L_\xi$。

(2)从水平轨迹分析 L_ξ 和确定齿杆上的齿间距 m_1

再作水平轨迹图,如图 4-24 所示。

符号定义同上。

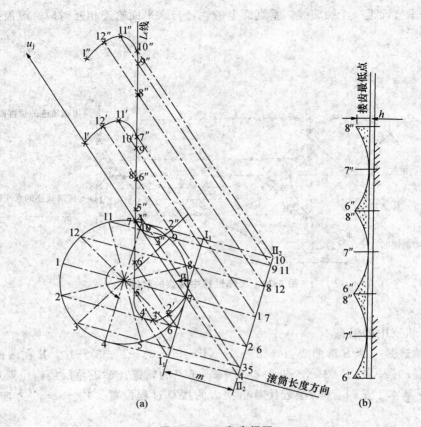

图 4-24 L_ξ 和齿间距

(a)相邻齿的水平轨迹及齿间距;(b)水平轨迹搂草位置在垂直面上的情况

设草层铺在地面上,交线高度 $h=5$ cm,插入和离开位置为 6、8(确定 φ 角)作轨迹图,方法同上。将滚筒圆等分 12 份。

作出齿端水平轨迹 $1'-2'-3'-4'-5'-6'-7'-8'-9'-10'-11'-12'-1'$。理论上设其中接近直线的 $6'-7'-8'$ 线段就是齿端从插入到离开时间内在地面上的轨迹,即 ΔL_ξ。

按照第一个齿离开,第二齿插入的要求,第二个齿的水平轨迹 ΔL_ξ 与第一个齿的 ΔL_ξ 应该相衔接,即第二个齿的 $6''$ 点(插入点)与第一个齿的 $8'$ 点(离开点)衔接。作 $6'-7'-8'$ 的连线,在第二个 S 形曲线上取 $6''-7''-8''=6'-7'-8'$。过 $7''$ 点最低点作 u_j 的平行线与滚筒轴线相交于(滚筒端面中垂线)7,过交点作滚筒端面的平行线,则 $\mathrm{II}_2-\mathrm{II}_2$ 就是第二个齿的滚筒端面,比照第一个齿的轨迹 $1'-2'-3'-4'-5'-6'-7'-8'-9'-10'-11'-12'-1'$,可作出第二个齿的轨迹 $1''-2''-3''-4''-5''-6''-7''-8''-9''-10''-11''-12''-1''_s$(即第二个倒 S 曲线),$\mathrm{I}_1-\mathrm{I}_1$ 至 $\mathrm{II}_2-\mathrm{II}_2$ 即为齿间距离 m。设滚筒 $\mathrm{I}_1-\mathrm{I}_1$ 端面上某个齿在最低位置搂草,$\mathrm{II}_2-\mathrm{II}_2$ 滚筒端面就是其相邻此的搂草位置。在此过程,齿杆上搂草的齿一定移动一个齿间距。

(3)综上从水平轨迹图上可以显示

①可以确定搂集草的移动角 ξ 和草移动情况及移动的最大距离 L_ξ;

②可以作出每一个齿搂集草的移动距离 ΔL_ξ,显示草移动的真实情况,齿端在垂直面的轨迹 ΔL_ξ 是向上凹的,在水平面上接近直线的一条接近直线的曲线;

③还可显示相邻齿搂草的接续关系,可以确定相邻齿间距 m;

④据此图可作出速度三角形见图 4-25。

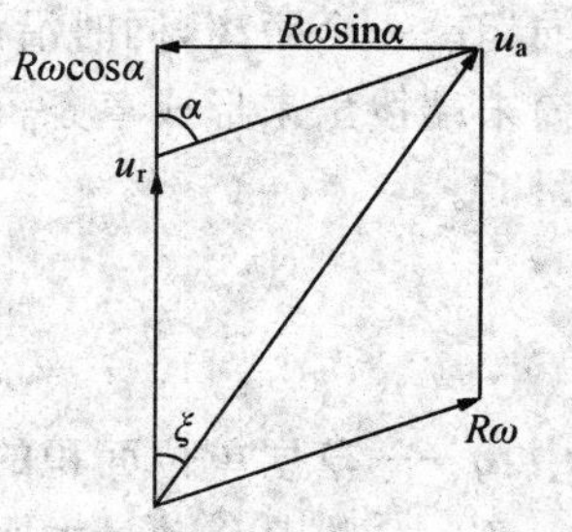

前进速度 u_j,齿端的切线速度 $R\omega$(齿端离地面最低点位置),α——前进角,从中可得出 ξ 角(搂集的草沿地面移动方向与机器前进方向的夹角,求出齿端的绝对速度 u_a。搂草过程齿端绝对速度 u_a 太高,容易产生搂集丢失,一般斜角滚筒搂草机 $u_a \leqslant 4$ m/s。

图 4-25 齿端移动速度三角形

(五)滚筒搂草机的技术性能参数

1. 搂集过程中牧草的最大移动距离 L_ξ

搂草机工作过程中牧草移动的距离是搂草机的主要参数之一,移动距离长,草被拨动的次数增加,搂集中的损失大。

(1)搂集过程中牧草移动,见图 4-21 图中 B 为搂幅其它符号同前。

$$L_\xi = \frac{B}{\sin\xi} = \frac{L\sin(\alpha+\delta)}{\sin\xi}$$

式中:ξ 为搂集过程牧草运动的方向与机器前进方向间的夹角,称为牧草移动角。可从速度(机器前进速度 u_j,牧草运动的绝对速度 u_a,搂齿端的线速度 $R\omega$)三角形求得

$$\text{tg}\xi = \frac{\sin\alpha}{\left(\dfrac{u_j}{R\omega}\right) + \cos\alpha},(见图 4-25)$$

将有关参数代入上式,即可求出牧草运动的最大距离 L_ξ。

(2)在其平面图上也通过作图法作出。

显然 L_ξ 与滚筒角 δ、前进角 α 等因素有关。

2. 打击次数 k

所谓对牧草的打击次数指的搂齿从开始搂集到搂集的牧草脱离齿杆,搂齿对牧草打击的次数。显然打击齿数多,搂集过程中牧草损失趋势增加,尤其对干燥、多花的牧草更为重要,所以打击次数 k,也是搂草机的一个重要指标。

设滚筒齿杆长度 L

则打击齿数 $k = \dfrac{L}{m}$,m 为齿杆上相邻间距。

$$B = L\sin(\alpha+\delta) = L\cos\alpha, \therefore L = B_1\cos\alpha, 因此 k = \frac{B \cdot \cos\alpha}{m}$$

显然工作幅 B、齿间距 m 增大,打击次数增加。

齿杆转动角速度 ω 增加,打击次数增加。

3. 滚筒前牧草堆积量 Q。

搂草机工作过程中,在搂草机前面(平行四边形中,靠近搂草机的三角形面积 Q_1 的草进入草条,而前面的三角形面积 Q_2 的草始终堆积在搂草机前面,成为滚筒前牧草对积量 Q。Q 与草产量和搂草机结构有关。搂草过程中堆积量多,移动中易受损失,所以滚筒前牧草堆积量 Q 成为搂草机的另一个重要指标。

(1)计算搂草机前草堆积量,如上图可知,对搂集的牧草来说,搂齿拨动一次,沿机器前进方向运动一个距离,同时沿齿杆移动一个齿杆距离 m,当拨动了 k 次,后 Q 三角形内得牧草由滚筒末端拨出来形成草条;而前 Q 面积内的牧草始终堆积在滚筒前面,被称为滚筒前牧草堆积量 Q。

$$Q = \frac{BSq}{2}$$

式中:q——草层单位面积的牧草量;

$\quad\quad S$——牧草移动最大距离时机器前进的距离;

$\quad\quad B$——搂草机的幅宽,$B = L\sin(\alpha + \delta)$;

所以 $S = ku_j\dfrac{\beta}{\omega} = \dfrac{L}{m}\dfrac{u_j\beta}{\omega}$

将 B,S 代入 Q 式,整理得

$$Q = \frac{\beta L^2 \sin(\alpha + \delta)\sin\delta}{2(\beta - \varphi)\sin\alpha}q$$

设每米长草条重量为 q_0,则

$$q_0 = Bq = L\sin(\alpha + \delta)q$$

$L = \dfrac{q_0}{\sin(\alpha + \delta)q}$,将此式代入 Q 式得

$$Q = \frac{q_0^2\beta\sin\delta}{2q(\beta - \varphi)\sin(\alpha + \delta)\sin\alpha}$$

对直角滚筒搂草机 $\delta = 90°$ 得

$$Q = \frac{q_0^2\beta}{q(\beta - \varphi)\sin2\alpha}$$

L_ξ、Q 与搂草机的其他参数例如机器的前进角 α,滚筒角 δ 等有关,根据 L_ξ、Q 计算公式前苏联文献得出了 α,δ,L_ξ,Q 之间的曲线,可供分析参考,如图 4-26 所示。显然 δ 小(斜角滚筒)L_ξ 小,Q 也小。但是,若 δ 很小其齿端绝对速度 u_a 提高了。

(2)Q 也可通过作图和草的产量求得。

(六)滚筒搂草机翻草原理

滚筒式搂草机一般都有翻(摊)草的功能。一般可通过改变滚筒旋转方向来实现。滚筒的回转都是由拖拉机的输出轴通过传动箱驱动滚筒轴正、反转动。设搂草作业为正转,翻(摊)草为反转。

可以从搂齿的反转运动轨迹分析滚筒式搂草机的翻(摊)草作业情况。

一些滚筒式搂草机性能参数(表 4-1)。

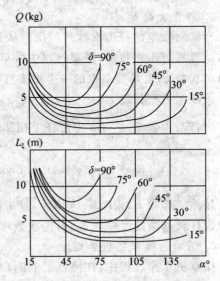

图 4-26 滚筒式搂草机 α,δ,L_ξ,Q 之间的关系

上:前进角 α,滚筒角 δ 对 Q 的影响;

下:前进角 α,滚筒角 δ 对 L_ξ 的影响

表 4-1 滚筒式搂草机性能参数

制造商	乌兰浩特牧机厂	美国 New Holland	美国 New Holland	美国 John Deere	美国 New Holland	前苏联
机型	9LG－2.8	Rolabar256	Rolabar258	650	660	ГБУ-6.0
型式	牵引斜角	牵引斜角	牵引斜角	悬挂斜角	牵引斜角	牵引直角
工作幅宽(m)	2.80	2.60	2.90	2.74	2.60	2.83
齿杆数(个)	4	5	5	5	5	4
搂齿数(个)	108	90	100	72	90	80
工作速度(km/h)	8.5	3.2～11.2	3.2～11.2			6.69
驱动方式	地轮	地轮	地轮或液力	输出轴		
机器重量(kg)	440	359	386	305	352	

第三节　指轮式搂草机

一、指轮式搂草机原理及特点

指轮式搂草机的工作的基本元素是绕轴转动的指轮（盘）；似直角滚筒搂草机滚筒上垂直轴剖切下来的一个带齿的盘状轮，所以也称指轮（盘）式搂草机。指轮搂草机是结构最简单的搂草机。如图 4-27 所示。

1. 指轮搂草机工作原理

指轮式搂草机由若干指轮空套在机架上，工作时指轮边缘触地（且对地面有一定的压力），如图 4-28 所示，机器前进时靠地面的摩擦力带动其旋转作业。

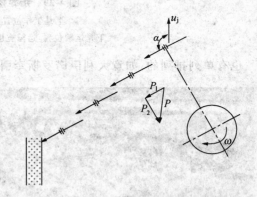

图 4-27 9LZ-5 指轮式搂草机的全貌（运输位置）　　　图 4-28 指轮式搂草机的工作原理

图中：u_j——机前进的速度；

　　　ω——指轮的回转角速度；

　　　α——前进角，即回转盘面与机器前进速度间的夹角，$\alpha > 90°$。机器前进时，地面对指轮缘的摩擦力 p_1 和 p_2。p_1 驱动指轮绕轴旋转，拨动草层；p_2 由机架承受。

（1）如图 4-28 所示的配置，从指轮后视，指轮顺时针转动搂草，指轮旋转向一个方向拨动草，这样配置各指轮接续搂拨动的草从指轮搂草机侧面形成一个与机器前进方向一致的草条。所以指轮式搂草机属侧向搂草机。

（2）理论上弹齿是向旋转方向的侧面拨动草，而不是向后方向拨动草。

（3）指轮的转动方向变化或相邻指轮轴间距加大，各指轮拨动的草就形不成草条，而进行摊（翻）草。

（4）指轮式搂草机理论上改变各指轮的配置也可进行翻摊草（条）。

2. 指轮配置型式如图 4-29

指轮式搂草机，幅宽的一般是并联配置，一般是双列"V"字排列，例如意大利伊诺罗斯牵引式 V 型 EASY RAKE，如图 4-29EASY RAKE14，工作幅宽 8.3 m，机重 1 680 kg。

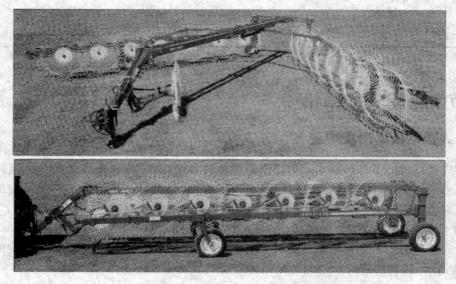

图 4-29 指轮搂草机并列（V）配置

上是工作位置，工作幅宽 8.3 m，

下是运输位置，运输宽度 2.44 m 运输长度 10.3 m

也有单列排列的，如意大利伊诺罗斯牵引式 RT-13，工作幅宽 7.6 m，如图 4-30 所示。

图 4-30 指轮搂草机单列配置

左是工作位置，工作幅宽 7.6 m，机重 1 250 kg

右是运输位置，运输宽度 2.44 m 运输长度 11.90 m

二、指轮式搂草机的基本构造

1. 指轮式搂草机基本构造

（1）指轮式搂草机是最简单的搂草机，仅由若干空套在机架上的指轮，没有传动结构；和滚筒搂草机一样，由单排系列和双排系列，有牵引式和悬挂式如图 4-31 所示。

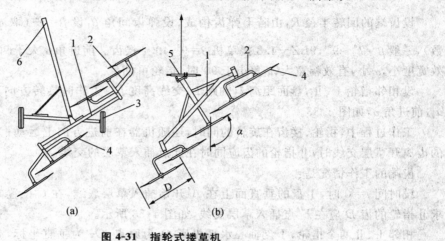

图 4-31 指轮式搂草机

（a）牵引式；（b）悬挂式

1. 机架；2. 指轮支架；3. 地轮；4. 指轮；5. 悬挂架；6. 牵引架

（2）指轮是由弹齿和轮圈组成（图 4-29），有的由弹齿和齿盘组成（图 4-30）。

2. 指轮式搂草机功能

指轮式搂草机，与一般侧向搂草机一样，除了搂草之外还能进行翻(摊)、合并草条、移动草条等工作。

3. 指轮式搂草机的特点

（1）是目前结构最简单的搂草机，没有任何传动零部件，仅有空套在机架上的指轮；作业时，在行进中靠地面摩擦力驱动工作，拖拉机(悬挂、牵引)前进就可进行作业。

（2）是目前速度最高的搂草机，作业速度每小时可达十几千米，例如 9-4.8 搂草机最高可达 17 km/h。

（3）风大对工作质量有一定影响。

（4）工作过程中，齿端触地，触地压力大小直接影响其工作性能。

三、指轮式搂草机的工作过程及基本参数

(一)工作过程解析

1. 工作过程

指轮式搂草机，机器前进，设第一个指轮在地面的摩擦力的驱动下旋转拨动草层；第一个指轮将草拨向第二个指轮、第三个指轮……被拨动草从最后一个指轮处拨出，机器过后在其一侧形成一个与机器前进方向一致的草条。为使相邻指轮间不漏搂，要求第一个指轮的出草点就是第二指轮的入草点(同滚筒搂草机)。

从上分析，指轮式搂草机的过程可以这样叙述，机器前进时，各指轮面向前推移地面上的

草层,在推移过程中弹齿向侧面(而不能向后)拨动草,即将地面上的草层拨向轮面的一侧;另外其组成的轮盘的布置,必须满足各轮盘拨草的连续性(接力),使拨动的草在轮面前形成流动的草流。搂草过程中,各轮面前推动的草连接成连续的草流流向机器的一侧,形成与机器前进方向一致的草条。如图 4-32 所示。

2. 指轮的结构及相邻指轮配置关系

设齿端的回转半径 R,由若干弹齿构成,设弹齿间角 β,设 $\beta=\dfrac{\varphi}{2}$(取 $\varphi=m\beta$,m 为任意偶数),一般 $\beta=7°\sim9°$,$9LZ-4.8$ 搂草机 $\beta=9°$,40 个搂齿。前进角 α 大于 $90°$。前进角 α 大,有效宽度小,α 小,有效幅宽大;α 角小于 $90°$ 时,指轮可翻草。

设相邻指轮 Ⅰ、Ⅱ,盘面距离 l,轴距 L,交线高度 h。工作时旋转方向 ω,前进速度(方向)u_j,前进角 α,如图 4-33。

工作过程中,指轮、搂齿在旋转的同时,还随机器在前进方向上运动;为了不漏搂,指轮 Ⅰ 的齿离开草层交线时,Ⅱ 指轮的齿应同时在此点插入草层的交线。

齿端的工作情况是:

设时间 $t=0$ 时,Ⅰ 盘的垂直面上在 A' 开始插入草层底线,在 C 位置离开草层交线,按要求 Ⅱ 指轮的齿 D 应在 E' 点插入草层交线,如图 4-33 所示。

相邻 Ⅰ、Ⅱ 两个指轮,Ⅰ 盘轴心水平投影 O_1 为原点,Oz 为垂直坐标,u_j 是前进速度,两盘的轴距为 L,盘面距 l。

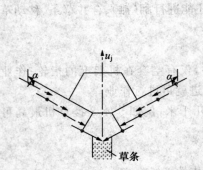

图 4-32 指轮式搂草机的工作示意图

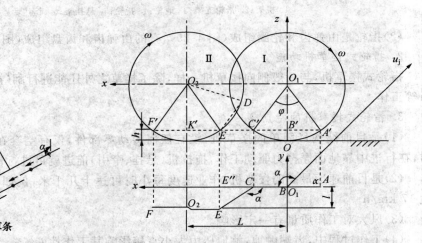

图 4-33 指轮式搂草机工作过程分析

(二)基本参数

1. 齿端 A 的方程式

$$x = R\sin\omega t - u_j t\cos(\pi-\alpha)$$
$$y = u_j t\sin\alpha$$
$$z = R(1-\cos\omega t)$$

2. 齿端的速度及相邻指轮的配置

$$u_x = R\omega\cos\omega t + u_j\cos\alpha$$

$$u_y = u_j \sin\alpha$$

$$u_z = R\omega \sin\omega t$$

所以

$$u_a = \sqrt{(R\omega)^2 + 2R\omega u_j \cos t\cos\alpha + u_j^2}$$

指轮盘面距 $l = EC'\sin(\pi - \alpha) = u_j \dfrac{\varphi}{2\omega}\sin(\pi - \alpha)$

指轮轴间距 $L = B'C' + C'E' + E'K'$

因为，$K'E' = B''C = R\sin\dfrac{\varphi}{2}$

所以 $L = 2R\sin\dfrac{\varphi}{2} + R\dfrac{\varphi}{2}$

3. 关于齿交线高度

交线高度指的是搂草过程中,齿端插入草层底平面的交点离齿端最低点的距离,因为齿端是触地面的,所以交线高度是齿插入草层底平面时交点离地面的高度。理论上等于割茬高度 h。因为作用齿端能插到草层的底面时,才能保证将草层都搂起来,因此交线高度是搂集干净的一个参数。

$$h = R\left(1 - \cos\dfrac{\varphi}{2}\right)$$

由于齿端与地面接触且有一定的压力,例如 9 LZ-2.6 指轮是搂草机触地压力为 5 kg(齿端入地深约 27 mm),因此交线高度一般可认为等于割茬高度。

4. 指轮搂草机的直径 $2R$

指轮搂草机的直径一般 1 200~1 400 mm,9LZ-2.6 指轮是搂草机 $2R = 1$ 400 mm,9LZ-4.8 指轮搂草机的直径 $2R = 1$ 450 mm(表4-2)。

5. 指轮式搂草机指轮接地压力

(1)指轮对地面的压力,与滚筒搂草机不同,指轮搂草机靠地面的摩擦力驱动指轮转动进行工作,所以指轮搂齿端的接地压力对搂草机的能力有决定意义。接地压力小,驱动力不足,影响工作;接地压力过大,搂齿易损坏,还会将泥块拨入草条中,影响搂草质量。因此接地压力应根据工作负荷、地面(割茬)情况确定;为提高机器的适应性,指轮的接地压力应设计成可调节,9LZ-4.8 指轮搂草机指轮的节地压力取 5 kg(搂齿的接地测试为 4 个)表(4-2)。

(2)工作过程中,搂草机各指轮的工作负荷不同,一般其中最后一个指轮的负荷最重,在工作过程重最后一个指轮易出问题,在设计、配置时应注意。

表 4-2　一些指轮式搂草机的性能参数

制造商	新疆	内蒙古	John Deere	John Deere	Hesston	Hesston	意大利 Abbriata
型号	9 LZ-4.8	9 LZ-2.6	WR1008	WR1116	RAKES 1 508	1 510	AM12
指轮数(个)	8	6	8	16	8	12	12
单轮弹齿数(个)	40	40	40	40	40	40	40

续表 4-2

制造商	新疆	内蒙古	John Deere	John Deere	Hesston	Hesston	意大利 Abbriata
型号	9 LZ-4.8	9 LZ-2.6	WR1008	WR1116	RAKES 1 508	1 510	AM12
弹齿直径(mm)	6.5		7	7	7	7	7
指轮直径(mm)	1 450	1 400	1 400	1 400	1 400	1 400	1 400
搂草幅宽(m)	4.8		4～5.2	6.5～9.6	4.88～6.1	5.5～6.7	＜6.70
运输宽度(m)	4.3		2.95	3	2.90	2.90	
地轮数(个)			4	4			
机重(kg)	370	340	758	1 390	510	578	650
动力(kW)	拖 28	12 马力			19	19	40
作业速度(km/h)	10～15						

第四节　水平旋转搂草机

　　旋转式搂草机,也称水平旋转搂草机,属于侧向搂草机。此类搂草机在西欧使用较多。旋转式搂草机一般可分为搂耙式和转子式。有的旋转搂草机也可以翻(摊)草。作业速度一般 8～9 km/h,田间条件好,可达 15 km/h。我国对旋转式搂草的研究始于 1970 年代末期,当时有新疆的 9 L-5 和内蒙古的 9 LZ-6 两种机型。

一、旋转搂草机的类型及工作过程

(一)类型

　　工作部件水平旋转进行搂草的机械都可称为旋转式搂草机。旋转式搂草机基本形式常见的有两类:

　　一类旋转弹齿式——弹齿固定在旋转体上,如图 4-34 所示,旋转速度高时,弹齿张开进行搂草,有单转子和多转子式。

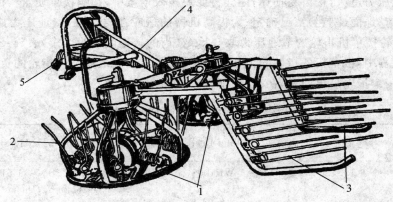

图 4-34　旋转弹齿式搂草机
1. 转子;2. 弹齿;3. 挡栅;4. 机架;5. 传动轴

机器前进作业时,两个转子高速旋转,弹齿张开搂草,将草搂向两个挡栅间,机器过后,在两个挡栅间形成于机器前进方向一致的草条。去掉挡栅或调整挡栅位置,可以进行摊、翻草。

二是应用较多的是搂耙旋转式搂草机,有单转子,两个转子和多转子式,基本组成是若干搂耙绕固定轴旋转进行搂草作业,固定轴上设固定凸轮装置,搂耙绕轴转动同时搂齿可上、下摆动,在凸轮的控制下搂耙杆可以自身转动,在绕轴转动过程中搂耙的自身摆动,使搂耙完成搂草、放草等动作,如图 4-35。

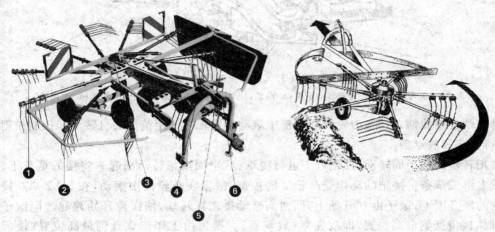

图 4-35 搂耙式旋转搂草机
左结构图:1. 搂耙搂齿;2. 支撑胶轮;3. 凸轮箱;4. 搂耙臂;5. 挡屏;6. 悬挂架
右:搂草示意图(机器左侧放草条)

(二)搂耙旋转式搂草机的工作过程

一般每个转子有若干搂耙杆,例如 6 个,搂耙杆外端装有搂齿(耙),搂齿间配成一定的距离,进行搂草;一端通过曲柄滚轮在立式固定凸轮槽中滚动,绕垂直轴旋转运动。搂耙作用过程是,搂草时搂齿深入草层搂草,但齿端不触地(例如留 20 mm 间隙),约转动半周,搂耙开始摆动搂齿离开草层,放草条。机器过后,在机器的一侧形成一个与机器前进方向一致的草条。其作业情况如图 4-36。

图 4-36 搂耙旋转式搂草机工作示意图
左:单转子 右:双转子

(三)搂耙控制机构

搂耙式旋转搂草机作业过程由凸轮控制搂耙,如图 4-37 所示。

动力来源于拖拉机的输出轴,通过锥齿轮传动搂耙转动,竖轴与凸轮为一体是固定的,搂

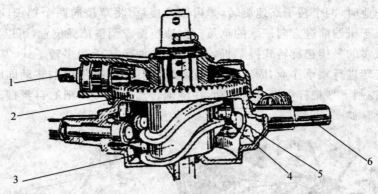

图 4-37 搂耙控制凸轮

1. 动力输入齿轮轴；2. 搂耙转动齿轮；3. 凸轮；4. 在凸轮槽中滚动的滚轮；5. 曲柄；6. 搂耙臂

搂耙臂一端连接曲柄、滚轮；滚轮在凸轮槽中滚动使搂耙有一定范围的自转动和控制搂耙的摆动，进行搂草和放草条。

搂耙转盘的前半周转动，搂耙放下进行搂草；后半周搂耙转动翘起来将搂的草放下、躲过在地面上形成草条。搂耙的动作受凸轮 3 的控制，滚轮在凸轮槽中滚动，在 9 LZ-6.0 搂草机上凸轮的展开图上，滚子由 0°开始上升，曲柄带动搂耙杆转动，使搂齿开始翘起。但滚子上升到 45°时，搂齿摆到最高位置，即放完草（放草条）。搂齿由工作位置升到最高位置（搂齿掠过草条），一直到 104°搂齿都处于升起位置（空行程）。从 104°滚轮开始下降，搂齿开始放下，滚子转到 194°时，搂齿开始搂草，一直到 360°（0°）完成一个搂草、放草工作行程。在过程中，物料获得高质量的草条，搂齿必须急剧升起（0°～45°）；搂齿放下搂草（104°～194°）。旋转搂草机，由单盘、双盘和多盘式，每个转盘上都有一个凸轮装置。凸轮的展开如图 4-38 所示。

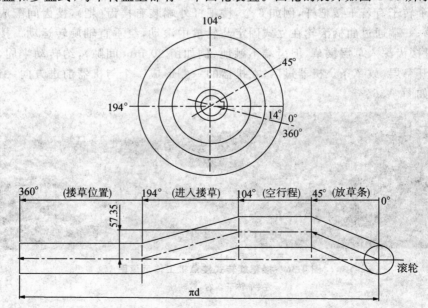

图 4-38 凸轮滚道展开

上：凸轮轴向图；下：凸轮的展开图

二、旋转搂草机参数分析

1. 搂齿的运动轨迹分析

设机器前进的速度 $u_j = 9$ km/h $= 2.5$ m/s,搂耙的转速 $n = 60$ r/min. 回转角速度 $\omega = \dfrac{n\pi}{30} = 6.28 \dfrac{1}{s}$,搂耙的半径 $R = 1.45$ m,其上搂齿宽度 $B = 0.35$ m,搂耙数 $Z = 7$,坐标 xOy,原始位置的搂耙的中心 O,前进方向为 Y。旋转搂草机搂耙在随机器 u_j 前进的同时作回转运动(角速度 ω),因此搂耙在地面上的轨迹为螺旋线面。搂耙转半周机器前进的距离为 $h = \dfrac{\pi}{\omega} u_j = \dfrac{\pi}{6.28} \times 2.5 = 1.25$ m,每转一个齿机器前进的距离 $h_1 = \dfrac{2\pi/7}{\omega} u_j \approx 0.36$ m,搂耙转动前半周搂草,搂耙转半周第一个搂耙 $a-b$ 搂过的面积为 $abb'a'$,第二个搂耙 $c-d$ 连续搂过的面积为 $cdd'c'$,为避免漏搂或减少重搂,应该在前进方向使第一搂耙 a 点与第二个搂耙 d 点重合。

即
$$y_{a\max} = y_{d\max}$$

(1)搂耙的结构尺寸及数据,如图 4-39 所示。

搂耙转臂半径 R,搂耙宽度 B,搂耙配置如下:

一个搂耙转半周机器前进的距离 $h = \dfrac{\pi}{\omega} u_j$;

搂耙数 $z = 7$,搂耙间角 $\dfrac{2\pi}{z}$,每转一个搂耙间角机器前进的距离 $h' = \dfrac{2\pi}{z\omega}$。将具体数值代入,求出 h,h',按比例作图。

(2)作图过程与旋转割草机切割图相同。(见图 4-39)

先作搂耙 $a-b$ 的两个同心半圆,将半圆等分 6 等份,相应将转半周前进的距离 h 也等分成 6 等份;分别求出 a,b 点转 1 份角、2 份角、3 份角……6 份角,并找到转 1 份角的前进距离、2 份角前进的距离、3 份角前进的距离……6 份角前进的距离确定 a_1,a_2,a_3……a_6,连接起来就是搂耙 a 点转半周的运动轨迹。同样将 b_1,b_2,b_3,……,b_6 点连接起来就是搂耙 b 点转半周的运动轨迹。同样作出接续的第二个搂耙 $c-d$ 的轨迹如图 4-39 所示。

2. 搂耙上 a,d 的运动分析

a(第一个搂耙顶端点)点的运动方程式

$$x_a = R\cos\omega t$$
$$y_a = R\sin\omega t + u_j t$$

d(第二个搂耙内齿端点)点的运动方程式

$$x_d = (R - B)\cos\left(\omega t - \frac{2\pi}{Z}\right)$$

$$y_d = (R - B)\sin\left(\omega t - \frac{2\pi}{Z}\right) + u_j t$$

为使 $y_a = y_d$ 实际上是 $y_{a\max} = y_{d\max}$(即不漏搂)

由上面可得导数式 $\dfrac{\mathrm{d}y_a}{\mathrm{d}x_a}$ 和 $\dfrac{\mathrm{d}y_d}{\mathrm{d}x_d}$,并使其为 0

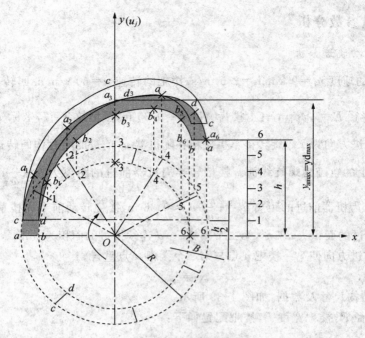

图 4-39 搂耙搂草轨迹

由此得出：$\dfrac{\mathrm{d}y_a}{\mathrm{d}x_a} = -\dfrac{u_j + R\omega\cos\omega t}{R\omega\sin\omega t} = 0$

由此得出：$t = \dfrac{1}{\omega}\cos^{-1}\left(\dfrac{u_j}{\omega R}\right)$；

而 $\dfrac{\mathrm{d}y_d}{\mathrm{d}x_d} = \dfrac{(R-B)\omega\left(\omega t - \dfrac{2\pi}{Z}\right) + u_j}{(R-B)\omega\sin\left(\omega - \dfrac{2\pi}{Z}\right)} = 0$

由此得，$t = \dfrac{2\pi}{\omega Z} + \dfrac{1}{\omega}\cos^{-1}\left[-\dfrac{u_j}{\omega(R-B)}\right]$

将 t 代入 y_a，y_d 就可得出：

$$y_{a\max} = R\sin\left[\cos^{-1}\left(\dfrac{-u_j}{\omega R}\right) + \dfrac{u_j}{\omega}\cos^{-1}\left(\dfrac{-u_j}{\omega R}\right)\right.$$

$$y_{d\max} = (R-B)\sin\left[\cos^{-1}\left(\dfrac{-u_j}{\omega R}\right)\right]$$

因为 $y_{a\max} = y_{d\max}$

所以，$R\sin\left[\cos^{-1}\left(\dfrac{-u_j}{\omega R}\right) + \dfrac{u_j}{\omega}\cos^{-1}\left(\dfrac{-u_j}{\omega R}\right)\right] = (R-B)\sin\left[\cos^{-1}\left(\dfrac{-u_j}{\omega R}\right)\right]$

设 $\dfrac{u_j}{R\omega} = \upsilon$，$\dfrac{R-B}{R} = \kappa$

将上式变化和转化为搂草机搂草过程运动学参数方程式：

$$\dfrac{2\pi\upsilon}{Z} = \sqrt{1-\upsilon^2} - \sqrt{\kappa^2-\upsilon^2} - \upsilon \cdot \cos^{-1}\left[\dfrac{1}{\kappa}(\upsilon^2 + \sqrt{1+\upsilon^2} \cdot \sqrt{\kappa^2-\upsilon^2})\right]$$

该方程式的定义域是 $\upsilon\left(=\dfrac{u_j}{R\omega}\right)<1$（即搂耙的切线速度大于机器前进速度）

和 $\kappa\left(=\dfrac{R-B}{R}\right)>\upsilon$ 才有意义。

在相同时间 t 代入 x_a，x_d 式即得纵座标具有最大值的点的座标：

$$x_a = R\cos\omega t = R\cos\omega\frac{1}{\omega}\cos^{-1}\left(\frac{u_j}{\omega R}\right) = \frac{-u_j}{\omega},$$

$$x_d = (R-B)\cos\left(\omega t - \frac{2\pi}{Z}\right) = (R-B)\cos\left\{\omega\left[\frac{2\pi}{\omega Z} + \frac{1}{\omega}\cos^{-1}\left[\frac{-u_j}{R\omega}(R-B)\right] - \frac{2\pi}{Z}\right\}\right. = \frac{-u_j}{\omega}$$

如果 $u_j = 9$ km/h $= 2.5$ m/s，$\omega = 60$ r/min $= 2\pi$/s $= 6.28$ 弧度/s

所以 $x_a = x_d = \dfrac{-2.5}{6.28} = 0.398$ m。由此可知，a 点和 d 点的轨迹的横座标完全相等。

一部分旋转搂草机基本性能参数如表 4-3 所示。

表 4-3　搂草机性能参数

机器型号	9 LZ-6	9 LX-5	Kuhn GA280SP	Kuhn GA300SP
搂幅（m）	6（2 转子）	5（2 转子）	2.8（1 转子）	3.0（1 转子）
前进速度（km/h）	8～9	8～12	14	14
搂耙转速 n（r/min）	60	90	——	——
搂耙直径（m）	2.9	2.4	2.8	3.0
齿宽	0.35	0.35～0.49		
搂耙数		7		
重量	400	405	256	257

第五节　其他搂草装置

（1）在国外市场上，尤其高产草地上较多的使用摊翻机，有若干旋转的弹齿，工作过程中，将田间的草层或草条进行摊翻，使草层、草条蓬松以加速干燥，如图 4-40 所示。

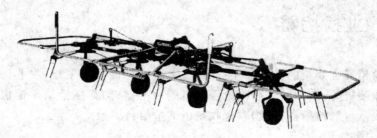

图 4-40　牧草摊翻机

（2）其他型式的搂草机，国外市场上出现了一些新型式的搂草机，例如用螺旋搅龙进行搂集；有弹齿式捡拾器组成的搂草机，在捡拾器后面设置倾斜的挡草滑板，这类搂草机，搂集的草条蓬松,对地面适应性强,如图 4-41 所示。

图 4-41 意大利 ROC 系列 RT950 弹齿捡拾搂草机

(3)横向螺旋(输送)搂草机,如图 4-42 所示。

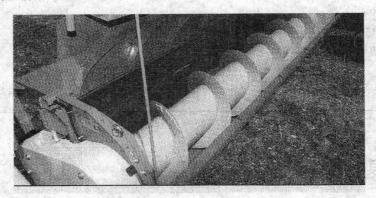

图 4-42 KRONE 横向螺旋搂草机

第六节 农业捡拾器

所谓农业捡拾器主要指的是田间作业时,将散放在地面上的草层、农业秸秆等捡拾起来、送到下一个工作装置等;例如方草捆捡拾压捆机的捡拾器;圆草捆捡拾压捆机捡拾器;青饲料收获机草捡拾收获台的捡拾器;谷物联合收获机的捡拾台的捡拾器等。

一、捡拾器分类及特点

目前对松散物料的捡拾器分类如图 4-43 所示。

——农业工程中,田间应用最广泛的是凸轮式捡拾器,简称弹齿式捡拾器。

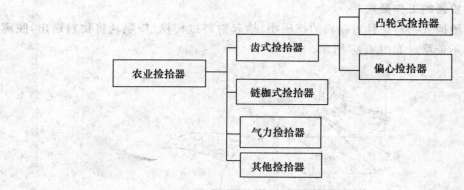

图 4-43　捡拾器分类

齿式捡拾器的工作元素是齿,有弹性齿和刚性齿。

弹性齿捡拾器,其弹齿的运动受凸轮的控制。

链枷式捡拾器——若干叶片铰接于旋转体上,高速旋转,捡拾物料。

气力捡拾器——利用负压捡拾物料,例如吸尘器等。

另外还有螺旋搅龙捡拾器等。

在此重点对应用广泛的弹性齿捡拾器进行论述

二、弹齿式捡拾器

弹齿式捡拾器,也叫凸轮控制捡拾器,如图 4-44 所示。

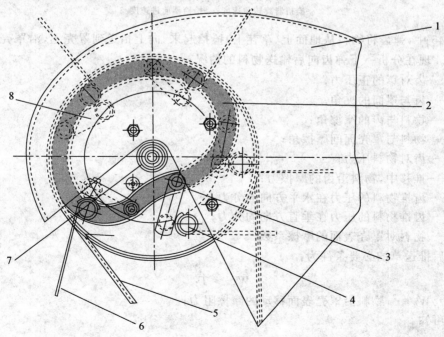

图 4-44　弹齿式捡拾器

1. 捡拾器侧壁;2. 固定凸轮(槽);3. 滚轮;4. 滚筒齿杆;5. 罩壳;6. 弹齿;7. 辊筒轴;8. 曲柄

（一）对弹齿式捡拾器的工作要求

弹齿应顺利地插入物料层且对物料的挤压小；拾起物料过程稳定；顺利将物料送出，脱离时利索、不夹草、不带草。如图 4-45 所示。

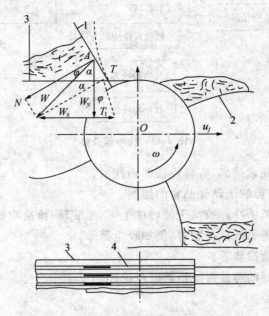

图 4-45　捡拾器工作基本条件分析

O-捡拾器转轴；1、2. 捡拾齿；3. 罩壳；4. 罩壳的窄缝（齿的运动缝隙），
ω-捡拾器旋转角速度；u_j-捡拾器前进速度

图 4-45 中，弹齿将物料从地面上（草茬上）捡拾起来，向上抬送到罩壳上，沿罩壳继续向后输送出去。现在分析一下弹齿向后输送物料的情况；

式中：N——齿对草的正压力；

　　α——齿与罩面的夹角；

　　φ——物料与齿的摩擦角；

　　φ_1——物料与罩壳面间摩擦角；

　　W——齿对物料压力；

　　T——推移中，物料沿齿的摩擦力；

　　W_x——齿推物料的压力在水平方向的分力；

　　W_y——齿推物料的压力在垂直方向的分力；

　　μ——物料对罩壳表面的摩擦系数。

齿向后推送草的必要条件为：

$$W_x > T_1$$

此处 $T_1 = \mu W_y$——物料沿罩壳表面移动的摩擦阻力；

由图可知

$$W_x = W_y \mathrm{tg}(\alpha - \varphi)$$
$$T_1 = W_y \mathrm{tg}\varphi_1$$

将其代入上式可得

$$W_y \mathrm{tg}(\alpha - \varphi) > W_y \mathrm{tg}\varphi_1$$

$$\mathrm{tg}(\alpha - \varphi) > \mathrm{tg}\varphi_1$$

$$\alpha > \varphi_1 + \varphi$$

若 $\varphi \approx \varphi_1$

则 $\alpha > 2\varphi$

由于 α 角随齿的进一步旋转而逐渐减小，为了使齿能顺利脱出（不夹草）α 必须加大。为了使齿能顺利脱出（不夹草），可采取齿向后弯曲，改善推送物料的条件；但是弯曲齿，影响捡拾效果。由此设想，如果弹齿推送物料中，在齿夹角 α 保持较大的情况下能迅速将齿抽回，就不会发生齿、罩间夹草现象。在齿抽回的附近齿与罩壳表面的夹角保持较大（不变），使齿在完成捡拾、输送后顺利抽回，这可能就是凸轮式捡拾器出现的启示。

（二）弹齿式检拾器机构分析

1. 弹齿式捡拾器的基本构组成

凸轮式捡拾器基本组成有：若干齿杆组成的滚筒，滚筒齿杆上固定着捡拾弹齿；滚筒绕其轴旋转带动弹齿作旋转运动；凸轮盘固定在机器的侧壁上，凸轮盘上有凸轮凹槽，滚筒齿杆的一端连接着曲柄，曲柄的一端的滚轮在凸轮凹槽中滚动；工作过程中滚筒做旋转运动，通过齿杆、曲柄带动滚轮在凸轮凹槽中运动。所以弹齿的运动同时受滚筒齿杆的圆周旋转运动和滚轮沿凸轮凹槽运动的控制来满足捡拾物料的要求。

2. 弹齿式捡拾器机构分析

（1）弹齿式捡拾器机构

弹齿式捡拾器机构如图 4-46 所示。

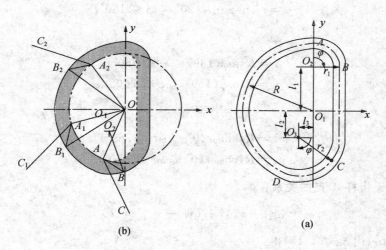

图 4-46　弹齿捡拾机构图

（a）凸轮；（b）捡拾器齿机构

凸轮：其凸轮曲线由 $\overset{\frown}{AB}$、$\overset{\frown}{CD}$、$\overset{\frown}{DA}$ 弧和直线 BC 组成，三段弧的瞬心分别是 O_2，O_3，C_1，其曲率半径分别是 R，r_1，r_2，R 和直线 BC；

齿杆滚筒:转轴中心 O 与凸轮中心 O_1 重合,齿杆 A,回转半径 R_A,弹齿 AC,一端套在齿杆上,一端与滚轮 B 相连,滚轮 B 可沿凸轮檀滚动;

如图 b)位置:O_1ABO_2 构成一个平行四杆机构。齿杆 A 的回转瞬心 $O(O_1)$,工作时齿杆绕其中心 O 回转;此位置滚轮 B 的瞬心 O_2,在齿杆 A 作圆周回转运动时,带动滚轮 B 沿凸轮曲线滚动,齿杆 A 和滚轮 B 的运动控制了弹齿端 C 的运动规律。在对其进行机构分析中,O (O_1),O_2 为机架,齿杆半径 OA 为 2 杆,弹齿 ABC 为 3 杆,此位置凸轮的回转半径 BO_2 为 4 杆。图中 O-A-B-O_2 即为捡拾弹齿的机构。

对凸轮式捡拾器的运动分析,实际上就是对弹齿的四杆机构进行分析。可用分析法和图解法进行原理分析。

(1)用分析法进行分析

因为凸轮的旋转比较复杂,分析也比较复杂,一般设计中少用,仅作分析参考。

以中心 O 为原点。

首先凸轮曲线 AB 弧:(O_2)

$$x = r_1\sin\varphi(0° \leqslant \varphi \leqslant 90°) \tag{4-6}$$

$$y = r_1\cos\varphi + l_1(0° \leqslant \varphi \leqslant 90°) \tag{4-7}$$

l_1——AB 弧中心离中心的垂直方向距离。

BC 弧(直线):

$$x = r_1 \tag{4-8}$$

CD 弧:(O_3)

$$x = r_2\sin\varphi - l_3(90° \leqslant \varphi \leqslant 180°) \tag{4-9}$$

$$y = r_2\cos\varphi - l_2(90° \leqslant \varphi \leqslant 180°) \tag{4-10}$$

DA 弧:(O_1)

$$x = R\sin\varphi(189° \leqslant \varphi \leqslant 360°) \tag{4-11}$$

$$y = R\cos\varphi(189° \leqslant \varphi \leqslant 360°) \tag{4-12}$$

齿杆 A 点:

$$x_A = R_A\sin\omega t(0° \leqslant \omega t \leqslant 360°) \tag{4-13}$$

$$y_A = R_A\cos\omega t(0° \leqslant \omega t \leqslant 360°) \tag{4-14}$$

齿端点 C 相对于齿杆 A 点的关系:

$$(x_C - x_A)^2 + (y_C - y_A)^2 = l_{AC}^2 \tag{4-15}$$

式(4-13)、(4-14)代入式(4-15)得:

$$(x_C - R_A\sin\omega t)^2 + (y_C - R_A\cos\omega t)^2 = l_{AC}^2 \tag{4-16}$$

在△ABC 中

$$l_{BC}^2 = l_{AC}^2 + l_{AB}^2 - 2l_{BC}l_{AB}\cos\beta$$

$$(x_C - x_B)^2 + (y_C - y_B)^2 = l_{BC}^2 \tag{4-17}$$

将式(4-6)—(4-12)分别代入式(4-17)就可得到不同位置齿端 C 点的位置参数(x_C,y_C)

求齿端 C 的速度：

$$(x_C - R_A\sin\omega t)^2 + (y_C - R_A\cos\omega t)^2 = l_{AC}^2$$

$$(x_C - x_B)^2 + (y_C - y_B)^2 = l_{BC}^2$$

上两式分别对时间求导

$$\frac{d\left[(x_C - R_A\sin\omega t) + (y_C - R_A\cos\omega t) - l_{AC}^2\right]}{dt}$$

$$= 2(x_C - R_A\sin\omega t)\left(\frac{dx_C}{dt} - R_A\omega\cos\omega t\right) + 2(y_C - R_A\cos\omega t)$$

$$\left(\frac{dy_C}{dt} + R_A\omega\sin\omega t\right) \tag{A}$$

$$\frac{d\left[(x_C - x_B)^2 + (y_C - y_B)^2 - l_{BC}^2\right]}{dt}$$

$$= 2(x_C - x_B)\left(\frac{dx_C}{dt} \cdot \frac{dx_B}{dt}\right) = 2(y_C - y_B)\left(\frac{dy_C}{dt} \cdot \frac{dy_B}{dt}\right) \tag{B}$$

从(A)、(B)式可得

$$2(x_C - R_A\sin\omega t)\frac{dx_C}{dt} - R_A\omega\cos\omega t) + 2(y_C - R_A\cos\omega t)\frac{dy_C}{dt} + R_A\omega\sin\omega t) = 0 \tag{4-18}$$

$$2(x_C - x_B)\left(\frac{dx_C}{dt} \frac{dx_B}{dt}\right) + 2(y_C - y_B)\left(\frac{dy_C}{dt} \frac{dy_C}{dt}\right) = 0 \tag{4-19}$$

从(4-18)、(4-19)可得弹齿端 C 点的速度 $\left(\frac{dx_C}{dt}\right)$，$\left(\frac{dy_C}{dt}\right)$

对速度求导可以求出弹齿端 C 点的加速度

$$\frac{d\left[2(x_C - R_A\sin\omega t)\frac{dx_C}{dt} - R_A\omega\cos\omega t) + 2(y_C - R_A\cos\omega t)\left(\frac{dy_C}{dt} + R_A\omega\sin\omega t\right)\right]}{dt}$$

$$= 2\left(\frac{dx_C}{dt} - R_A\omega\cos t\right)\frac{dx_C^2}{dt^2} + R_A\omega^2\sin\omega t + 2\left(\frac{dy_C}{dt} + R_A\omega\sin\omega t\right)\left(\frac{d^2 y_C}{dt^2}\right) + R_A\omega^2\cos t)$$

$$= 0 \tag{4-20}$$

$$\frac{d\left[2(x_C - x_B)\left(\frac{dx_C}{dt} - \frac{dx_B}{dt}\right) + 2(y_C - y_B)\left(\frac{dy_C}{dt} - \frac{dy_B}{dt}\right)\right]}{dt}$$

$$= 2\left(\frac{dx_C}{dt} - \frac{dx_B}{dt}\right)\left(\frac{d^2 x_C}{dt^2} - \frac{dx_B^2}{dt^2}\right) + 2\left(\frac{dy_C}{dt} - \frac{dy_B}{dt}\right)\left(\frac{dy_C^2}{dt^2} - \frac{dy_B^2}{dt^2}\right) = 0 \tag{4-21}$$

从式(4-20)、(4-21)可得 $\frac{dx_C^2}{dt^2}$，$\frac{dy_C^2}{dt^2}$(齿端 C 的加速度)，在设计中一般不用分析法，一般多用图解法。

(2)图解法分析——四杆机构 $O—A—B—O_2$ 分析

取任意位置，进行机构分析。

①取图 4-47 中任一位置 A(a)的位置，$O—A—B—O_2$ 为一捡拾器弹齿的平面四杆机构

（a）。齿杆 OA（为 2 杆），齿杆 A 的回转瞬心 O（瞬心 p_{21}），回转角速度 ω_{21}，速度 u_A；齿 ABC（为 3 杆），滚轮 B 的回转半径 BO_2（为 4 杆），其回转中心 O_2（瞬心 p_{41}），速度 u_B；齿 ABC 与 BO_2 的相对瞬心在 B（瞬心 p_{34}，A（瞬心 p_{32}）；齿端 C 的回转中心 D（瞬心 p_{31}）其回转半径为 CD，角速度 ω_{31}，速度 u_C。

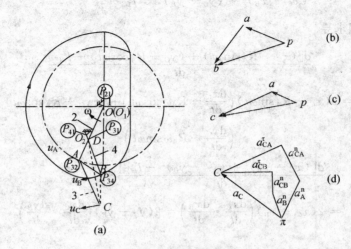

图 4-47　捡拾齿机构及其速度分析图

②齿端 C、滚轮 B 速度。

计算齿端速度 u_C：

$$u_C = \omega_{31}C \cdot p_{31}$$

因为

$$u_A = \omega_{21} \cdot p_{21} \cdot p_{32}$$

$$u_A = \omega_{31} \cdot p_{31} \cdot p_{32}$$

所以 $\omega_{31} = \dfrac{\omega_{21}{'}p_{21} \cdot p_{32}}{p_{31} \cdot p_{32}}$

故 $u_C = p_{31}C \cdot \omega_{31}$

也可通过作速度三角形求出 u_B，u_C

作速度图求滚轮 B 的速度 u_B（如图（b））

由速度三角形

$$u_B = u_A + u_{BA}$$

$u_A = AO \cdot \omega_{21}$ 为已知，u_{BA} 方向已知，垂直于 BA，u_B 方向已知，垂直于 BO_2。

③求齿端 C 的速度 u_C（图 4-47(c)）。

可通过作速度三角形求得

$u_C = u_A + u_{CA}$（u_A 大小、方向已知，u_{CA} 方向已知垂直于 CA，u_C 方向已知，垂直于 CD）。

上述 u_C、u_B 就是此位置齿端 C 和滚轮 B 的速度。

④用作加速度图法求齿端 C 的加速度 a_C 和滚轮的加速度 a_B

还是以上图为基础用作图法求 C，B 的加速度，图 4-47(d)。

$$a_C = a_A + a_{CA}{}^n + a_{CA}{}^\tau \qquad\qquad a_C = a_B + a_{CB}^n + a_{CB}^\tau$$

所以

$$a_A + a_{CA}{}^n + a_{CA}{}^\tau = a_B + a_{CB}^n + a_{CB}^\tau$$

其中

$$a_A = a_A^n + a_A^\tau (=0) = AO \cdot \omega_{21}^2 (大小,方向已知)$$

$a_{CA}^n = \dfrac{u_{CA}^2}{AC}$ 与 AC 平行,u_{CA} 已经求出,所以 a_{CA}^2 大小、方向均已知;

a_{CA}^τ 与 AC 垂直;在一定的凸轮圆弧内滚轮的切线加速度为零(是匀速度滚动,当然在不同瞬心弧线的交点处存在切向加速度)

$$a_B = a_B^n + a_B^\tau$$

其中

$a_B{}^n = BO_2\omega_{41}^2$,因为 $u_B = BO_2\omega_{41}$,从中可求 ω_{41},所以 a_B^n 大小方向均已知;

a_B^τ——除相邻不同曲率半径圆弧的几个交点处产生较大的加速度之外,其余部分的切线加速度为零。不同圆弧的 a_B^τ 求出之后,交点处的加速度自然就会求得。

$a_{CB}^n = \dfrac{u_{CB}^2}{CB}$ 与 BC 平行,a_{CB}^n 大小、方向均已知;

a_{CB}^τ 垂直与 CB,为零。

于是就可作加速度多边形,从中求出此位置齿端的角加速度 a_C 和滚轮的加速度 a_B。

齿端的加速度 a_C、a_B 影响捡拾器的工作;滚轮的加速度 a_B 还与滚轮的磨损有关。

由上式 $a_C = a_A^n + a_{CA}^n + a_{CA}^\tau = a_B^n + a_{CB}^n + a_{CB}^\tau$,作加速度图,见图 4-47(d)。由 $\pi - a_A{}^n - a_{CA}{}^n - a_{CA}^\tau(c) - \pi$ 多边形,是由 a_A 求得的齿端 C 的加速度 $a_C = \pi - C$(线段)。

$\pi - a_B^n - a_{CB}^n - a_{CB}^\tau(c) - \pi$ 多边形是由 a_B 求得的齿端 C 的加速度 $a_C = \pi - C$(线段)。

要想了解整个过程的 a_C、a_B,a_C 可将捡拾器齿杆转一周求出各个位置的 a_C、a_B、a_C 并进行分析就可掌握全过程的运动情况。

通过作图法可将工作过程中齿端 C 和相应的滚轮 B 各位置的速度、加速度求出来。对其工作过程中的速度、加速度大小方向情况就一目了然。

(三)捡拾器齿端的运动轨迹作图与分析

捡拾器的工作,实际上是其齿端运动完成的。对其齿端工作过程中的轨迹分析应是捡拾器设计和分析的基础。其中有齿端的绝对工作轨迹和齿端相对机器(其他结构)的轨迹。

1. 作齿端的运动轨迹

(1)确定作图条件。

按比例作出凸轮、滚筒、捡拾弹齿、曲柄的尺寸、关系及工作位置图,齿杆数(设 4 个)将滚筒圆等分若干(8)份;前进速度 $u_j = 5$ km/h($u_j \approx 1.4$ m/s);滚筒转速 $n = 100$ r/min $\left(\omega = \dfrac{\pi n}{30} \approx 10.5 \text{ 1/s}\right)$,每转一周将滚筒圆等分 8 份;滚筒每转一周机器前进的距离 $S = \dfrac{\beta}{\omega}u_j = 0.104\,6$ m。

(2)作轨迹图(可按比例作图),如图 4-48 所示。

将滚筒圆周 8 等份,确定起始位置。在起始位置按比例绘出弹齿机构。根据滚筒每转一

周机器前进的距离 $S = \dfrac{\beta}{\omega} u_j = 0.104\,6$ m，计算出每转一份机器前进的距离。从起始位置，运动到 1 份、2 份、3 份……至少滚筒转动一周以上，对齿端逐点描迹，就是弹齿端的绝对运动轨迹。作出相邻两个弹齿端点轨迹图，如图 4-48(b) 所示。如果仅滚筒转动，机器不动，绘出的齿端运动轨迹就是弹齿的相对运动轨迹，如图 4-48(a) 所示。

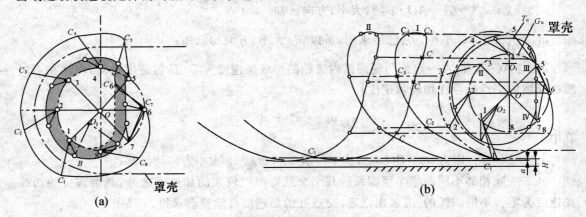

图 4-48 弹齿的轨迹图
(a)相邻齿端的相对运动轨迹；(b)工作过程中弹齿端的绝对运动轨迹

H-草条底平面理论离地高度（理论上可作为割茬）。

a-交线高度，齿端插入或离开草条底平面离其最低点的距离。

2. 对轨迹进行分析

(1)两类轨迹。

①齿端相对机器的轨迹：$c_1 - c_2 - c_3 - c_4 - c_5 - c_6 - c_7 - c_8 - c_1$，如图 4-48(a) 所示，此轨迹反应运动的齿与机器上相关机构的关系。

工作过程中，弹齿伸出罩壳，在罩壳外的弹齿进行捡拾工作。

②绝对运动轨迹，如图 4-48(b) 所示。

轨迹 Ⅰ、Ⅱ 是相邻两齿端的绝对轨迹，作图过程如图 4-48 所示。如齿 Ⅰ 在 1 位置，齿端是 c_1，转到 2 位置，齿端是 c_2，依次是 $c_1, c_2, c_3, c_4, c_5, c_6, c_7, c_8, c_1$ 形成捡拾齿旋转一周齿端的轨迹。相邻的 Ⅱ 齿的轨迹，继续下去。

工作过程中，捡拾齿端不触地，理论上草条铺在草茬上。

轨迹基本上是一条摆线，向上的一边是捡拾过程，如曲线 $c_1 - c_2 - c_3 - c_4$，齿的运动速度比较均匀；向下的一边基本上是齿退出过程，齿开始基本上缩入罩壳中，$c_4 - c_5 - c_6 - c_7 - c_8 - c_1$ 最后从罩壳底部插入草条。显然过程中其运动的速度变化很大。

从轨迹上分析弹齿捡拾（相对草条的情况），捡拾时齿是向前下方插入；离开时，弹齿将草抬起，使齿上的草离开草条，齿上的草与草条中的草互相纠缠产生拉力附加在齿上。而且这部分草对前面草条中的草可能产生推压力。

(2)运动参数的确定

从轨迹图可悉，弹齿捡拾草条似勺舀物料，捡拾过程在捡拾干净的条件下，尽量不要推草，能将捡拾的草顺利的运送到罩壳上。

一般，齿杆滚筒转数 $n(\omega)$ 高，齿杆数 z 多，捡拾的干净，可能重捡严重，加速度大、耗能大，故障多。机器前进速度 u_j 高，生产率高，可能捡拾不干净。科学合理的设计捡拾器结构尺寸，合理的确定捡拾器的转速、齿杆数与前进速度的关系，是优化捡拾工作效果的必要条件。进行优化设计，绘制其轨迹图是必需的。

三、偏心捡拾器机构及功能

在谷物联合收获机和青饲料送获机中的螺旋输送器是最典型偏心捡拾器机构，偏心捡拾器的齿是刚性齿。

1. 偏心捡拾器结构及功能

偏心捡拾器，也可从地面上捡拾物料。

偏心捡拾器机构如图 4-49 所示。

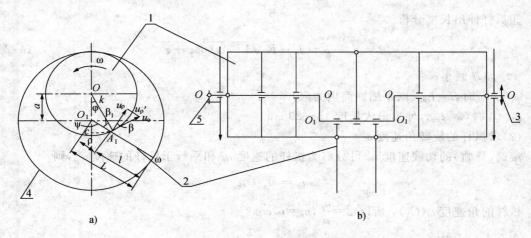

图 4-49　偏心捡拾器机构图
1. 旋转滚筒；2. 扒杆；3. 驱动装置；4. 螺旋叶片旋转外径；5. 偏心调节固定杆

主动（曲）轴 $O-O$ 转动角速度 ω_0，带动扒齿 2 转动，转到前下方时，扒齿伸出滚筒，向后上方捡拾（扒动）草物料，当扒齿转到后上方位置时扒齿端缩回滚筒内，不会带回草物料，完成了捡拾物料过程。$O——O$ 滚筒回转中心；$O_1——O_1$ 扒杆转心；L——扒杆（捡拾齿）；l——扒杆伸出滚筒长度；φ——滚筒转角；ω_0——滚筒旋转角速度；R——滚筒的半径；a——偏心距；$\varepsilon=\dfrac{a}{R}$——偏心率；ψ——扒杆的转角；$\rho=L-l$。

滚筒旋转带动扒杆绕 O_1 转动，在转动过程中扒杆伸出中心筒的长度在变化，伸出部分进行捡拾工作，至下端伸出长度最长，至上端缩回中心筒，伸出长度最短。

2. 扒杆的运动分析

（1）扒杆伸出长度 l 的计算

扒杆捡拾物料高伸出长度，所以伸出长度的变化对其工作功能至关重要。

①中心筒的转角 φ 为已知，扒杆的转角 ψ 与 φ 有关，

在 $\triangle A_1CO$ 中：

$$A_1C = R\sin\varphi = \rho\sin\psi$$

所以

$$\sin\psi = \frac{R}{\rho}\sin\varphi \tag{4-22}$$

②确定 ρ，在 $\triangle A_1CO_1$ 中，

$$\rho^2 = CO_1^2 + (R\sin\varphi)^2 = (R\cos\varphi - a)^2 + (R\sin\varphi)^2$$
$$= R^2\cos^2\varphi - 2Ra\cos\varphi + a^2 + R^2\sin^2\varphi$$
$$= R^2(\cos^2\varphi + \sin^2\varphi) - 2\frac{a}{R}\cos\varphi + \left(\frac{a}{R}\right)^2 = R^2(1 - 2\varepsilon\cos\varphi + \varepsilon^2)$$

所以

$$\rho = R\sqrt{1 - 2\varepsilon\cos\varphi + \varepsilon^2} \tag{4-23}$$

③扒杆伸出长度分析

$$l = L - \rho = L - R\sqrt{1 - 2\varepsilon\cos\varphi + \varepsilon^2} \tag{4-24}$$

φ 增加，l 减小；

$\varphi = 180°$ 时，$l = l_{min}$（以不缩回筒内为限）

$\varphi = 0°$ 时，$l = l_{max}$，伸出最大长度 15～20 cm

（2）求扒杆的旋转角速度 ω

滚筒（导轨）的切线速度 u_0 可分解为扒杆的速度 u_ρ 和平行于扒杆的速度 u_ρ'，则，

$$u_0 = u_\rho + u_\rho'$$

扒杆的角速度 $\omega(O_1)$，所以 $\omega = \dfrac{u_\rho}{\rho}$，$u_\rho = u_0\cos\beta$

在 $\triangle A_1 O_1 B$ 中，

$$A_1 B = R - OB = \rho\cos\beta = R - a\cos\varphi$$

所以　$\cos\beta = \dfrac{R - a\cos\varphi}{\rho}$，

将 ρ 值代入得，$\cos\beta = \dfrac{R - a\cos\varphi}{R\sqrt{1 + \varepsilon^2 - 2\varepsilon\cos\varphi}} = \dfrac{1 - \dfrac{a}{R}\cos\varphi}{\sqrt{1 + \varepsilon^2 - 2\varepsilon\cos\varphi}} = \dfrac{1 - \varepsilon\cos\varphi}{\sqrt{1 + \varepsilon^2 - 2\varepsilon\cos\varphi}}$

所以 $u_\rho = \dfrac{u_0(1 - \varepsilon\cos\varphi)}{\sqrt{1 + \varepsilon^2 - 2\varepsilon\cos\varphi}}$

由于 $u_\rho = \rho\omega$，所以 $\omega = \dfrac{u_\rho}{\rho} = \dfrac{u_0(1 - \varepsilon\cos\varphi)}{\rho\sqrt{1 + \varepsilon^2 - 2\varepsilon\cos\varphi}}$

因为，$u_0 = \omega_0 R$ 及 $\rho = R\sqrt{1 + \varepsilon^2 - 2\varepsilon\cos\varphi}$

所以 $\omega = \dfrac{\omega_0(1 - \varepsilon\cos\varphi)}{(1 + \varepsilon^2 - 2\varepsilon\cos\varphi)} = \omega_0\dfrac{1 - \varepsilon\cos\varphi}{1 + \varepsilon^2 - 2\varepsilon\cos\varphi}$

（3）扒杆的齿端速度 u_b

$$u_b = \omega L = \omega_0 L\frac{1 - \varepsilon\cos\varphi}{1 + \varepsilon^2 - 2\varepsilon\cos\varphi} = \frac{\pi n}{30}L\frac{1 - \varepsilon\cos\varphi}{1 + \varepsilon^2 - 2\varepsilon\cos\varphi}$$

3. 特点及适应性

工作时，一般 $\lambda=\dfrac{u_p}{u_j}=1.2\sim1.5$（在地面上捡拾作业）

机器前进的速度 $u_j=4\sim8$ km/h，一般扒杆数为 $4\sim5$ 根，伸出长度 $15\sim20$ cm，离地面距离为 $3\sim4$ cm。

4. 实例

谷物联合收获机、割草压扁机的割台上的螺旋推进器的输送扒齿与偏心捡拾器的机构原理运动规律相同。如图 4-50 所示，它与捡拾器不同之处，它不是从地面上捡拾物料，而是在割台上捡拾螺旋输送器送来的物料。扒齿运动是由前向下在割台底板上扒物料向后输送；它的速度与机器前进速度无关，仅与螺旋输送器送来的物料量、状态有关。

而捡拾器的扒齿是从地面（或台面）上由下向前、向上方转动捡拾物料、在捡拾器上部向后输送。即扒齿转到下方伸出捡拾物料并向外输送，转到后上方缩回，避免向回带物料。

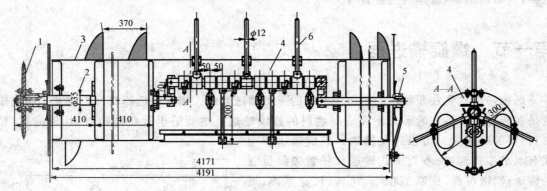

图 4-50　割台螺旋和扒齿喂入器
1. 螺旋驱动链轮；2. 螺旋器轴；3. 螺旋滚筒；4. 扒齿装置；5. 曲轴端偏心调节装置；6. 扒齿

一般滚筒直径 $d=300$ mm，螺旋叶片外径 $D=500$ mm，转至正前方，扒杆伸出最长，一般 $40\sim50$ mm，转至后方，扒齿缩回，留有约 10 mm。

扒杆齿长 $L=\dfrac{d}{2}+a+10$（缩回）$=\dfrac{D}{2}+(40-50)-a$（伸出）

计算得偏心距 $a=65\sim70$ mm。齿长 $L=225\sim230$ mm。

四、其他捡拾器

(1) 叶片式捡拾器——参看链枷式切割器、集垛机的捡拾器。

(2) 压捆机捡拾器——参看压缩工程。

(3) 气吸式捡拾器——参看气力输送。

(4) 螺旋式捡拾器等。

第五章 农业物料的输送装置

所谓输送装置是在生产过程中的输送物料的装置。输送不同于运输,输送指的是在较小的范围(距离)内通过装置按生产要求,将物料从一个位置传送到另一个位置的过程。农业物料的输送装置,主要用于生产厂(场)内输送、室内输送,甚至一台机器上物料的传送等。例如,饲料加工厂、饲养场、农业物料加工、作业机器上物料的输送装置等。

在农业物料输送中常用的主要有螺旋推进器(搅龙),带式输送器,斗式升运器,刮板式输送器,气力输送器,流体输送装置等。

第一节 螺旋输送器

螺旋输送器是农业物料的输送中常见的一种输送型式。螺旋输送器简称为搅龙。螺旋输送是在装置位置不变的形式下完成对物料的连续输送。主要适于散粒体物料、切碎的草(秸秆)物料等的输送。可以计量输送。螺旋输送器型式有水平型式输送、垂直型式输送和任意倾斜位置的输送;输送可靠,横断面积小、结构、尺寸紧凑,可以封闭作业,在长度范围以内,可实现多处卸料;其动力消耗较大,对物料有磨碎作用,黏性物料易黏附在表面上,容易堵塞。螺旋输送器的基本组成是螺旋叶片、内筒或轴、外壳组成的螺旋搅龙,如图 5-1 所示。

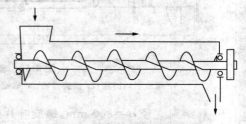

图 5-1 螺旋输送器的示意图

一、螺旋搅龙的结构原理

螺旋输送器组成的三要素——螺旋叶片、轴和外壳。

(一)螺旋叶片的形成及其方程式

螺旋叶片是螺旋输送器中的基本元素,特征元素;是其唯一的运动部件。

它是一根垂直于轴的直线(母线)绕轴匀速旋转的同时沿轴等速移动过程中形成的一个空间螺旋面,如图 5-2 所示。

以 Z 表示螺旋轴,在 XOY 坐标系中,叶片上任一点的坐标为:

$$x = \rho\cos\theta$$
$$y = \rho\sin\theta$$
$$z = c\theta$$

式中:ρ——该点离轴的距离;

θ——母线的转角;

c——母线每转一个弧度沿轴移动的距离，$c=\dfrac{s}{2\pi}$。

其中：$s(=2\pi c)$ 为母线绕轴转一圈沿轴移动的距离，称为螺旋叶片的螺距。

由图可知，螺旋线上任一点法线与 (Z) 轴的夹角称为叶片的螺旋角，如图 5-3 所示。

$$\mathrm{tg}\,\alpha = \frac{c}{\rho}$$

式中：α——叶片上 A 点的螺旋角。

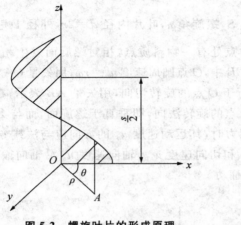

图 5-2　螺旋叶片的形成原理

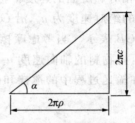

图 5-3　ρ、c 的关系

叶片上任一点的法线 (N) 与 (Z) 轴的夹角均等于该点的螺旋角随叶片上点离轴的距离 ρ 而变化，ρ 增大螺旋角 α 就随着减小。

(二)螺旋输送器结构原理

1. 螺旋输进器原理作图

(1)根据螺旋叶片形成原理作图

①螺旋叶片是一根垂直于轴的直线(母线)绕轴匀速旋转的同时沿轴匀速运动形成的空间曲面。

②确定已知条件，确定叶片外径 $D(=2R)$，内筒径 $d(=2r)$，螺旋转数 n，计算出每转一周叶片沿轴运动的距离(螺距 S)，将叶片内外圆周等分若干(设 8)份，计算出每转一份($1/8$ 周)沿轴向运动的距离 S_1(即 $S/8$)，然后根据螺旋方向作母线的轨迹图，根据轨迹投影关系，就可绘出螺旋叶片图。确定旋向的方法，对着螺旋的端面，左旋的即为左旋向(如图示)，右旋的为右旋螺旋，作图结果如图 5-4 所示。

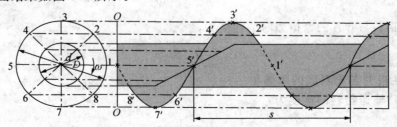

图 5-4　螺旋输送器(搅龙)结构原理

2. 螺旋输送器的输送原理

螺旋装在一定的壳体内,叶片随轴旋转,旋转的叶片作用于物料,靠其与物料的摩擦力沿轴向进行输送物料。

二、水平螺旋输送器

(一)水平螺旋输送器的轴向输送速度

如图 5-5 所示。

1. 叶片输送过程分析

螺旋转速 $n=r/min$,$\omega=\dfrac{\pi n}{30}$,螺距 S,螺旋角 α,叶片内径 $d=2r$,外径 $D=2R$。当螺旋绕 z-z 轴以角速度 ω 旋转时,在内径处 O 点处有一物料质点,相对螺旋面发生相对滑动,同时沿轴向移动。在其运动速度三角形 $\triangle AOB$ 中,O 点圆周速度 $u_0=r\omega$,用矢量 OA 表示,沿 O 点的旋转切向;物料相对螺旋面的速度平行于 O 点的旋转切向,用矢量 AB 表示;在不考虑摩擦力的情况下,物料的绝对速度为 u_n,沿 O 点的旋转法向,即垂直于螺旋面,而与 Z 轴的夹角为螺旋角 α,用矢量 OB 表示。当考虑摩擦力时,其运动速度 u_f 的方向应与法线方向成摩擦角 φ;若将 u_f 分解,可得物料的轴向速度 u_z 和切向速度 u_t。轴向速度 u_z 沿轴向输送物料,切向速度则造成物料在输送过程中的搅拌和翻动。

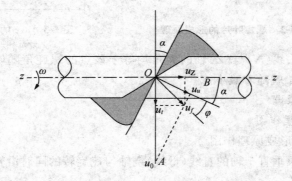

图 5-5 螺旋输送器输送物料的速度

(1)叶片与物料间没有摩擦时,叶片作用于物料上的力是沿法向的,且该力与轴 Z 的夹角等于搅龙叶片的螺旋角 α。不考虑物料与叶片间的摩擦力时,法向的速度为:

$$u_n = u_0\cos\alpha = \frac{sn}{60}\cos\alpha$$

(2)考虑物料与叶片的摩擦力时的速度为,

$$u_f = u_n/\cos\varphi$$

其中,φ 为叶片与物料间的摩擦角。

所以,叶片输送物料的速度为:

$$u_f = \frac{sn}{60}\frac{\cos\alpha}{\cos\varphi}$$

2. 叶片沿轴向的输送物料的速度

（1）轴向输送的基本条件

$$u_z = u_f \cos(\alpha + \varphi) = \frac{sn}{60} \frac{\cos\alpha}{\cos\varphi} \cos(\alpha + \varphi)$$

$$= \frac{sn}{60}(\cos^2\alpha - f\cos\alpha \cdot \sin\alpha)$$

$$= \frac{sn}{60}\cos^2\alpha(1 - f\operatorname{tg}\alpha) \tag{5-1}$$

式中：叶片与物料间的摩擦系数为 $f = \operatorname{tg}\varphi$，$\varphi$ 为物料与叶片间的摩擦角。

若式中，$1 - f\operatorname{tg}\alpha \leqslant 0$

则 $u_z \leqslant 0$，即沿轴向不能进行输送物料。

所以 $1 - f\operatorname{tg}\alpha$，即 $\operatorname{tg}\alpha = \dfrac{1}{\operatorname{tg}\varphi} = \operatorname{tg}(90° - \varphi)$，

所以 $\alpha = 90° - \varphi$。

就是说 $\alpha = 90° - \varphi$ 时搅龙的轴向输送速度为零。

螺旋输送器沿轴向的输送速度必须大于零。所以螺旋输送器轴向输送的必要条件是：

$$\alpha \leqslant 90° - \varphi \tag{5-2}$$

螺旋角随螺旋半径而变化，如图 5-6 所示。

图 5-6 中，$\alpha_\text{内}$ 为叶片内径处的螺旋角；$\alpha_\text{外}$ 为叶片外径处的螺旋角，说明叶片内径处的螺旋角最大，且随半径的增加，螺旋角变小。

因此，螺旋输送器轴向输送物料的必要条件应是：

$$\alpha_\text{内} \leqslant 90° - \varphi$$

由式 5-1 知，轴向速度是螺旋角的函数，设输送物料与叶片摩擦角 φ 为 20° 和 30° 时，u_z 随螺旋角的变化趋势如图 5-7 所示。

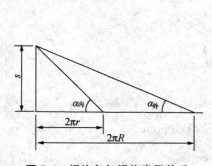

图 5-6　螺旋角与螺旋半径关系

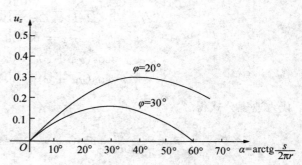

图 5-7　螺旋角与输送速度的关系

显然在螺旋搅龙的断面上的轴向输送速度是不同的。

（2）轴向输送最大速度

生产中追求最大输送速度。轴向速度方程式对螺旋角求导，就可推导出最大速度的方程式。

$$u_z = \frac{u_0 \sin\alpha}{\cos\varphi} \cos(\alpha + \varphi) = \frac{r\omega \sin\alpha}{\cos\varphi} \cos(\alpha + \varphi)$$

将螺距 $s = 2\pi\rho \cdot \mathrm{tg}\alpha$ 代入上式得：

$$u_z = u_f \cos(\alpha + \varphi) = \frac{sn}{60} \frac{\cos\alpha}{\cos\varphi} \cos(\alpha + \varphi)$$

$$= \frac{\pi\rho n\, \mathrm{tg}\alpha}{30\cos\varphi} \sin\alpha \cos(\alpha + \varphi)$$

欲求轴向速度最大值时的螺旋角，可对 u_z 求导，并令 $\dfrac{\mathrm{d}u_z}{\mathrm{d}\alpha} = 0$

$$\frac{\mathrm{d}u_z}{\mathrm{d}\alpha} = \frac{\pi\rho n}{30\cos\varphi}[\cos\alpha\cos(\alpha + \varphi) + \sin\alpha(-\sin(\alpha + \varphi))] = \frac{\pi\rho n}{30\cos\varphi} \cos(2\alpha + \varphi) = 0$$

即 $\cos(2\alpha + \varphi) = 0$

所以
$$\alpha_{内} = 45° - \frac{\varphi}{2} \tag{5-3}$$

设计螺旋叶片时，除了选择内螺旋角 $\alpha_{内}$ 之外，还应考虑相应外螺旋角对输送速度的影响，达到整个螺旋端面积的最大速度输送和均匀性输送。

3. 示例分析

如代号 SH9-002，$D = 100$ mm，$S = 100$ mm，$d = 30$ mm，输送小麦粒，设 $\varphi = 16°35'$。设转速 $n = 200$ r/min。求轴向输送速度。

内周输送速度
$$u_{z内} = \frac{sn}{60\cos\varphi} \cos(\alpha_{内} + \varphi)$$

外周输送速度
$$u_{z外} = \frac{sn}{60\cos\varphi} \cos(\alpha_{外} + \varphi)$$

$$\alpha_{内} = \mathrm{tg}^{-1} \frac{S}{2\pi d} = \frac{100}{2\pi \times 30} = \alpha_{内} = 27.95°$$

$$\alpha_{外} = \mathrm{tg}^{-1} \frac{S}{2\pi D} = \frac{100}{2\pi \times 100} = \alpha_{外} = 9°$$

$$\cos\varphi = 0.9588$$

$$\cos(\alpha_{内} + \varphi) = 0.7139$$

$$\cos(\alpha_{外} + \varphi) = 0.9026$$

代入速度公式得

$$u_{z内} = \frac{sn}{60\cos\varphi} \cos(\alpha_{内} + \varphi) = 0.2493 \, (\text{m/min})$$

$$u_{z外} = \frac{sn}{60\cos\varphi} \cos(\alpha_{外} + \varphi) = 0.3152 \, (\text{m/min})$$

(二)水平螺旋输送器主要参数分析

1. 水平螺旋输送器生产率

螺旋输送器的生产率等于输送的轴向速度与其横断面积之积。但是同一个断面上螺旋角不同，速度不同，生产率可用积分方法计算。

$$Q = \gamma k \psi \int_{r}^{R} 2\pi\rho \mathrm{d}\rho u_z \tag{5-4}$$

式中：Q——生产率（kg/s）；

　　　k——倾斜安装系数；

　　　γ——物料的容重（kg/m³）；

　　　ψ——充满系数（谷粒积脱出物一般 0.3～0.4）；

　　　R——螺旋叶片的外半径；

　　　r——螺旋叶片的内半径；

　　　ρ——叶片上点离轴线的距离。

2. 水平螺旋输送器的主要参数

一般用于谷粒、杂余的螺旋推进器，内直径 $d=(0.02\sim0.03)L$（L 为推进器的长度）。保证有足够的刚度，L 较长时，d 取最大值。外径 D 可根据要求的生产率确定，一般脱粒机和联合收获机上，$D=125\sim200$ mm，高效率的卸粮螺旋，D 可选择大值。叶片与底壳的间隙为 8～10 mm，转速 $n=100\sim300$ r/min。

水平螺旋输送器的主要参数如表 5-1 所示。

表 5-1　水平螺旋输送器的主要参数（倾角 $\beta\langle20°\rangle$（参考））

输送物料	螺旋外径 D (mm)	转速 n(r/min)	螺距 s (mm)	螺旋内径 d (mm)	径向间隙 δ (mm)	充满系数 ψ
谷物、脱出物混合饲料	60～250	60～400	$(0.8\sim1)D$	20～80	6～10	0.3～0.4
干、湿秸秆（长度小于 150 mm）	200～400	80～200	$(0.8\sim1)D$	100～150	5～6	0.4
马铃薯	200～400	20～60	$(0.6\sim0.8)D$	80～100	5～6	0.4
块根（甜菜）	500～600	3～20	$(0.8\sim1.2)D$	70～250	10～15	0.4
农业秸秆、草	400～630	200～400	$(0.8\sim1)D$	200～300	10～15	0.3
青饲料、干草粉	200～400	80～200	$(0.8\sim1)D$	100～150	8～10	0.4

3. 水平螺旋输送器的特点及叶片的型式

螺旋输送的全部是滑动过程，所以输送效率低，不宜长距离输送。输送粉料的一般距离在 30 m 以下，如距离过长，可把几根轴串联起来使用，输送量与轴的转数成比例，而填充最佳值一般在 50% 以下。螺旋叶片的种类随输送物料及使用的目的而异，常见的几种，如图 5-8 所示。

4. 水平螺旋输送器的讨论

根据轴向输送速度公式原理

$$u_z = \frac{u_0 \sin\alpha}{\cos\varphi}\cos(\alpha + \varphi)$$

设物料与叶片的摩擦角 $\varphi=17°$，保证轴向输送，必须 $\alpha \leqslant 90°-17°=73°$，

设螺旋内径 $d=2r=300$ mm，外径 $D=2R=500$ mm，螺距 $S=500$ mm

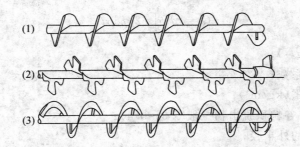

图 5-8　螺旋叶片的型式

(1)一般叶片;(2)缺口叶片;(3)环带叶片

(1)以内径处螺旋角为准计算轴向速度

$u_z > 0$ 的条件 $\alpha \leqslant 90° - \varphi$,即在 $0 < \alpha < 73°$,螺旋轴向输送速度均大于零。

①$\sin\alpha$、$\cos(\alpha + \varphi)$($\varphi = 17°$)、u_z(内)。

以内螺旋角为准螺旋输送器参数值对应表 5-2 中。

u_z 随螺旋角 α 的变化趋势,其最大输送速度在 $\alpha_内 = 36.5°$ 时,$u_{z内} = 0.374\ 3u_0$。其中 $u_0 = r_内 \omega$。

将表 5-1 中的数据代入速度方程式绘出图 5-9。

②若以外径处的螺旋角计算轴向速度。

$\varphi = 17°$;内、外径值比 $d/D = 300/500 = 0.6$;$D/d = 1.67$,螺距 $S = 500$。

因为 $\mathrm{tg}\alpha_内 = \dfrac{S}{\pi d}$,$\mathrm{tg}\alpha_外 = \dfrac{S}{\pi D}$,所以 $\alpha_内 = 1.67\alpha_外$,或 $\alpha_外 = 0.6\alpha_内$。内外筒处参数值对应值列入表 5-3 中。

$\alpha_外$ 与 $\alpha_内$ 对应关系、$\sin\alpha$、$\cos(\alpha + \varphi)$($\varphi = 17°$)和 u_z(外)的对应值列出在表 5-3。

因为 $r/R = 0.6$ 或 $R/r = 1.6$,如果 u_z(外)与 u_z(内)比较,u_z(外)再乘上 1.67,绘出图 5-10。

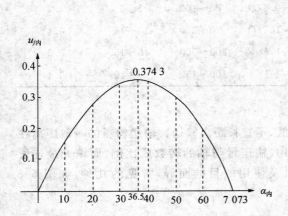

图 5-9　螺旋内径处 u_z 的变化趋势

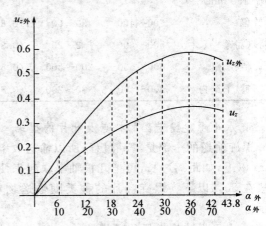

图 5-10　螺旋外径处的轴向速度 u_z 的变化趋势

图上的 u_z(外)的值即 u_0 换上 $R\omega$ 就是其外径处的轴向速度值。

u_z(外)的最大速度在 $\left(\dfrac{\pi}{4} - \dfrac{\varphi}{2} = 36.5°\right)$,$u_{z\max}$(外)$= 0.369\ 9R\omega$

因为 $\alpha = \dfrac{\pi}{4} - \dfrac{\varphi}{2} = 36.5°$ 时,其轴向输送速度 u_z 最大。

表 5-2　$\sin\alpha$、$\cos(\alpha+\varphi)$、$u_z(内)$对应值

项目					α				
	0	10	20	30	40	50	60	70	73
$\sin\alpha$	0	0.173 6	0.342 0	0.50	0.642 3	0.766 0	0.866 0	0.939 6	0.956 3
$\alpha+\varphi$	17	27	37	47	57	67	77	87	90
$\cos(\alpha+\varphi)$	0.956 3	0.891 0	0.798 6	0.681 9	0.544 6	0.390 7	0.224 9	0.052 3	0
φ	17								
$\cos\varphi$	0.956 3								
$u_z(内筒)$	0	0.156 9u_0	0.285 6u_0	0.356 5u_0	0.365 7u_0	0.312 9u_0	0.203 6u_0	0.051 3u_0	0

表 5-3　$\alpha_外$ 与 $\alpha_内$ 对应关系、$\sin\alpha$、$\cos(\alpha_外+\varphi)$($\varphi=17°$)和 $u_z(外)$ 的对应值内外筒处参数值对应表

项目					$\alpha_内$				
	0	10	20	30	40	50	60	70	73
$\alpha_外$	0	6	12	18	24	30	36	42	43.8
$\sin\alpha_外$		0.104 5	0.207 9	0.309 0	0.406 7	0.5	0.587 7	0.669 1	0.692 1
$(\alpha_外+\varphi)$		23	29	35	41	47	53	59	60.8
$\cos(\alpha_外+\varphi)$		0.920 5	0.874 6	0.819 1	0.754 7	0.681 9	0.601 8	0.515 0	0.487 8
$u_z(内)$		0.100 5	0.190 1	0.264 6	0.320 9	0.356 5	0.369 8	0.360 3	0.353 0
$u_z(外)$		0.160 8	0.304 1	0.423 3	0.513 4	0.570 4	0.591 6	0.576 4	0.564 8

三、立式螺旋输送器

水平螺旋属于低速螺旋,靠叶片与物料的摩擦进行输送,只能在其水平及较小倾角方向内进行输送。而立式螺旋属高速螺旋,完全靠物料的离心力和对外壳摩擦力进行输送,可在其倾角 0°～90°任何倾角下输送物料。

(一)立式螺旋输送原理

1. 立式螺旋搅龙(输送器)

设螺旋半径为 r,螺距 S,叶片外缘的螺旋角 α,螺旋旋转角速度 ω,顺时针旋转,叶片外缘 A 点处有一质量为 m 的颗粒,叶片带动颗粒运动,如图 5-11 所示。

2. 颗粒的运动情况

颗粒的运动情况如图 5-12 所示。

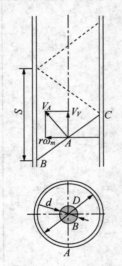

图 5-11 立式螺旋输送器

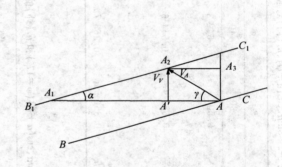

图 5-12 叶片上颗粒的运动情况

(1)设在 Δt 时间后,叶片从 BC 移至 B_1C_1。如果物料颗粒 A 和叶片同步移动,则从 A 点移动到 A_1 点,$AA_1 = \omega r \Delta t$。

(2)实际上由于受外壳壁摩擦力的影响物料只能以 ω_m 的角速度移动($\omega_m < \omega$),因此物料只能沿水平方向移动到 A' 点,移动距离 $AA' = \omega_m r \Delta t$。

(3)这样,物料在叶片作用下沿叶片运动 AA_2 距离。也即物料移动到 A_2 上。所以物料的绝对运动为 $AA_2 = V_A \Delta t$,而 $A'A_2 = V_v \Delta t$,其中,V_A 为物料的绝对运动速度,V_v 为物料的沿轴向运动速度,即上升运动速度。

设 AA_2 代表了物料的绝对运动方向,与水平面夹角 γ。

如果 $\omega_m = \omega$,则物料的轴向速度 $V_v = 0$(不能升运);

如果 $\omega_m = 0$,则物料的轴向速度 V_v 为最大。

ω_m 的大小决定于螺旋外壳与物料间的摩擦力,而摩擦力则决定于离心力引起的物料对壳壁的正压力。

由图 5-12 可知

$$(AA_2)^2 = (A'A_2)^2 + (AA')^2 = (A'A_2)^2 + \left(AA_1 - \frac{A'A_2}{\text{tg}\alpha}\right)^2$$

即

$$V_A{}^2 = V_V{}^2 + \left(\bar{\omega}r - \frac{V_V}{\text{tg}\alpha}\right)^2 \tag{5-5}$$

同时，

$$\text{tg}\gamma = \frac{A'A_2}{AA'} = \frac{V_V}{\omega r - \dfrac{V_V}{\text{tg}\alpha}} \tag{5-6}$$

3. 输送中颗粒的受力情况

输送过程中颗粒的受力情况如图 5-13 所示。

颗粒作用与叶片上的支反力 R；重力 mg；叶片对颗粒的摩擦力 F_s；外壳对颗粒的摩擦力 F_t。

$$F_s = \mu_s R \tag{5-7}$$

式中：μ_s——颗粒对叶片的摩擦系数。

$$F_t = \mu_t m \frac{V_A{}^2}{\rho} \tag{5-8}$$

式中：μ_t——颗粒对外壳的摩擦系数；

ρ——外壳上 A 点沿 V_A 方向的圆弧半径，等于外壳 V_A 方向椭圆截面短径处的曲率半径，如图 5-14 所示。设椭圆长径为 $2a$，短径为 $2b$，$a = \dfrac{r}{\cos\gamma}$，$b = r$。

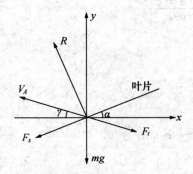

图 5-13　颗粒受力情况

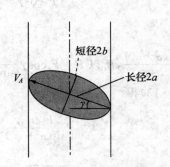

图 5-14　输送速度方向

沿 V_A 方向的椭圆与搅龙外壳水平截面间的夹角为 γ，短轴半径等于外壳的半径，A 点椭圆截面短径处的曲率半径

$$\rho = \frac{r}{\cos^2\gamma} = \frac{a^2}{b}$$

因为

$$\cos\gamma = \frac{1}{\sqrt{1 + \text{tg}^2\gamma}}$$

所以，

$$\rho = \frac{r}{\cos^2\gamma} = r(1 + \text{tg}^2\gamma)$$

将式(5-6)代入上式，得

$$\rho = r(1 + \text{tg}^2\gamma) = r\left[1 + \left(\frac{V_V}{\omega r - \dfrac{V_V}{\text{tg}\alpha}}\right)^2\right] \tag{5-9}$$

将式(5-9)和式(5-5)代入式(5-8),得

$$F_t = \mu_t m \frac{V_A^2}{\rho} = \mu_t m \frac{\left[V_V^2 + \left(\omega r - \frac{V_V}{\mathrm{tg}\alpha} \right)^2 \right]}{r \left[1 + \left(\frac{V_V}{\omega r - \frac{V_V}{\mathrm{tg}\alpha}} \right) \right]} = \frac{\mu_t m}{r} \left(\omega r - \frac{V_V}{\mathrm{tg}\alpha} \right)^2 \tag{5-10}$$

由图上各力就可列出力的平衡方程式:

$$\sum Y = R\cos\alpha - mg - F_t\sin\gamma - F_s\sin\alpha = 0 \tag{5-11}$$

$$\sum X = F_t\cos\gamma - R\sin\alpha - F_s\cos\alpha = 0 \tag{5-12}$$

因为

$$R\cos\alpha - F_s\sin\alpha = R(\cos\alpha - \mu_s\sin\alpha) = R(\cos\alpha - \mathrm{tg}\varphi_s\sin\alpha)$$

$$= R\left(\frac{\cos\alpha \cdot \cos\varphi_s - \sin\varphi_s\sin\alpha}{\cos\varphi_s} \right) = \frac{R\sin(\alpha + \varphi_s)}{\cos\varphi_s}$$

式中:φ_s——颗粒对螺旋叶片摩擦角。

将上式代入式(5-11)、式(5-12)两式中,得

$$R \frac{\cos(\alpha + \varphi_s)}{\cos\varphi_s} - mg - F_t\sin\gamma = 0 \tag{5-13}$$

$$F_t\cos\gamma - R \frac{\sin(\alpha + \varphi_s)}{\cos\varphi_s} = 0 \tag{5-14}$$

由式(5-14)得

$F_t\cos\gamma = R \dfrac{\sin(\alpha + \varphi_s)}{\cos\varphi_s}$,所以 $R = F_t\cos\gamma \dfrac{\cos\varphi_s}{\sin(\alpha + \varphi_s)}$

将 R 代入式(5-13)得

$$\frac{F_t\cos\gamma}{\mathrm{tg}(\alpha + \varphi_s)} - mg - F_t\sin\gamma = 0$$

即 $F_t\left[\dfrac{\cos\gamma}{\mathrm{tg}(\alpha + \varphi_s)} - \sin\gamma \right] = mg$,整理得

$$F_t\left[\frac{1}{\mathrm{tg}(\alpha + \varphi_s)} - \mathrm{tg}\gamma \right] = \frac{mg}{\cos\gamma} \tag{5-15}$$

因为

$$\frac{1}{\cos\gamma} = \sqrt{1 + \mathrm{tg}^2\gamma} = \sqrt{1 + \frac{V_V^2}{\left(\omega r - \frac{V_V}{\mathrm{tg}\alpha} \right)^2}}$$

将此式、式(5-5)、式(5-10)代入式(5-15)得

$$\mu_t\left(\omega - \frac{2\pi V_V}{S} \right)^2 \left[\frac{1}{\mathrm{tg}(\alpha + \varphi_s)} - \frac{V_V}{\omega r - \frac{V_V}{\mathrm{tg}\alpha}} \right] = g\sqrt{1 + \frac{V_V^2}{(\omega r - \mathrm{tg}\alpha)^2}} \tag{5-16}$$

(二)立式螺旋输送的临界速度

1. 临界转速 n_t

设垂直速度 $V_V = 0$ 时,螺旋的角速度 $\omega = \omega_k$ 称为其临界角速度。

将 $V_V = 0$ 代入式(5-16)得

$$\frac{\mu_t \omega_k}{\text{tg}(\alpha + \varphi_s)} = \frac{g}{r}$$

$$\omega_k^2 = \frac{g\text{tg}(\alpha + \varphi_s)}{\mu_t r} = \frac{2g\text{tg}(\alpha + \varphi_s)}{\mu_t D}$$

所以,

$$n_k = \frac{30}{\pi}\omega_k = \frac{30}{\pi}\sqrt{\frac{2g\text{tg}(\alpha + \varphi_s)}{D\mu_t}} = 42.8\sqrt{\frac{\text{tg}(\alpha + \varphi_s)}{D\mu_t}} \qquad (5-17)$$

式中:n_k——垂直螺旋输送的临界转速(r/min);

D——对应的螺旋叶片的直径(m)。

例:设垂直螺旋 $S = D = 0.3$ m,即 $\text{tg}\alpha = \frac{1}{\pi}$,螺旋角 $\alpha = 17°40'$,颗粒与外壳的摩擦系数 $\mu_t = 0.4$,颗粒与叶片的摩擦系数 $\mu_s = 0.4$,($\varphi_s = 21°50'$)

其临界转速 $n_k = 42.28\sqrt{\frac{\text{tg}39°30'}{0.3 \times 0.4}} = 42.8\sqrt{\frac{0.824}{0.12}} = 110$ r/min。

2. 全筒输送的转速 n_H

也就是说,螺旋的转速 n 必须大于 n_k,才能将半径为 $D/2$ 处的颗粒向上输送。半径 $D/2$ 以内的颗粒可能就不能垂直输送。如图 5-15 内筒(轴)B 处叶片的螺旋角 α_0 要比外径处的螺旋角大的多。$\text{tg}\alpha_0 = \frac{S}{\pi d}$($d$ 为搅龙轴的直径),如果转速不够高,此处的物料可能沿螺旋面下滑。

为了不使其下滑,设不使此处颗粒下滑的转速为 n_H 为了保证全螺旋断面内的物料都能进行垂直输送,即在 B 点的物料不下滑就能保证稳定输送。B 点的物料下滑时受到两个摩擦阻力,如图 5-16 所示。

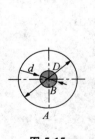

图 5-15

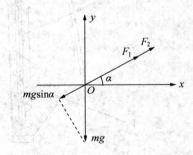

图 5-16

一个是沿螺旋叶片向上的摩擦力 $F_1 = \mu_s mg\cos\alpha_0$

另一个是 B 点外围的物料对其的摩擦力 $F_2 = \mu_f m\frac{d}{2}\omega^2$

式中:μ_f——物料间的摩擦系数。

当 $mg\sin\alpha = F_1 + F_2$ 即围极限情况,因此有

$$\omega_H = \sqrt{\frac{2g(\sin\alpha_0 - \mu_s\cos\alpha_0)}{d\mu_f}}$$

将 $\mu_s = tg\varphi_s$ 代入上式,得

$$\omega_H = \sqrt{\frac{2g\sin(\alpha_0 - \varphi_s)}{d\mu_f\cos\varphi_s}}$$

所以

$$n_H = \frac{30}{\pi}\sqrt{\frac{2g\sin(\alpha_0 - \varphi_s D)}{d\mu_f\cos\varphi_s}} = 42.28\sqrt{\frac{\sin(\alpha_0 - \varphi_s)}{d\mu_f\cos\varphi_s}} \tag{5-18}$$

同上例,设 $\mu_f = \mu_s = 0.4, d = 0.06$ m,

则 $n_H = \sqrt{\dfrac{0.588}{0.06 \times 0.4 \div 0.97}} = 217$(r/min)。

上式说明垂直螺旋输送的转速要大于 n_H。

(三)立式螺旋输送举例

1. 例如立式饲料混合机的螺旋,如图 5-17 所示。

需要混合的物料从装料口装料,立式螺旋将网络向上输送,送到顶部向四周抛洒,落下的物料再被螺旋输送,周而复始,对物料进行混合。

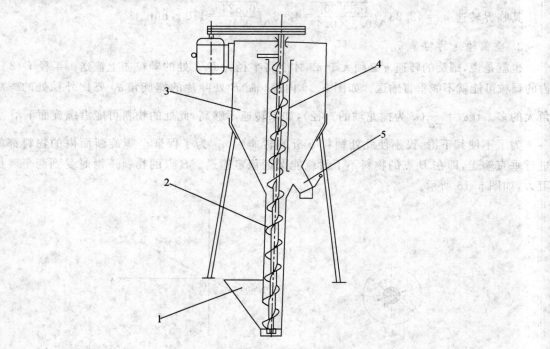

图 5-17 立式螺旋输送实例

1. 装料口;2. 立式搅龙;3. 混合箱;4. 搅龙外壳;5. 排料口

2. 立式螺旋输送器,如图 5-18 所示。

其中螺旋弹簧输送器,结构简单、体积小、重量轻、灵活性大、耗能低。有三种结构型式,垂直硬管式,水平硬管式和弯曲软管式。其内管径一般 40～100 mm,生产率一般 1～16 t/h。

在立式高速输送中,螺旋的内壳没有实质的作用,螺旋弹簧输送器,仅是一根弹簧和一个

固定外壳,其输送原理就是靠螺旋弹簧的高速旋转和外壳的摩擦力进行输送。

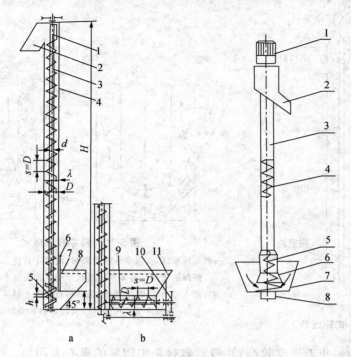

图 5-18　立式螺旋输送器

左:a、b 两个立式螺旋输送器　1. 出料叶板;2. 导管(出料);3. 螺旋;4. 输送管;
5. 抓取凸边;6. 活门;7、8. 装料斗;9. 喂料器单头螺旋;10. 传动装置;11. 料斗。

D. 螺旋直径;S. 螺距;H. 输送高度;λ. 螺旋叶片与料筒壁径向间隙

右:螺旋弹簧输送器　1. 电机;2. 出料口;3. 输送管;4. 螺旋弹簧;
5. 螺旋叶片;6. 喂料嘴;7. 料斗;8. 轴承座

第二节　斗式升运器

　　斗式升运器的基本工作方式是通过料斗装料、料斗升运料、料斗自动卸料、循环作业。主要用于散碎粒体物料的提升。其结构如图 5-19 所示。

　　主要结构包括斗、外壳、牵引装置(升运链)、入料口和料出口。即输送的物料从入口进入,升运斗将料提升,至出口处将料卸出,完成物料的输送过程。

一、物料的装入和卸料

(一)装料方式

　　装料方式有料斗舀取和撒入料斗两种型式,如图 5-20 所示。

(二)斗式提升器的类型

　　斗式提升器主要是按料斗卸料的型式分类;有离心式卸料、重力式卸料和混合(离心、重力)式卸料三种方式,即三种类型。

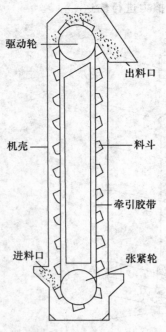

图 5-19 斗式升运器

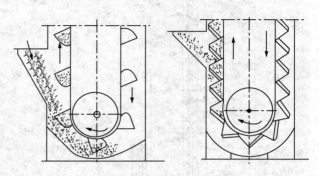

图 5-20   料斗装料形式

左:料斗舀取式,将料喂入输送器后,由料斗直接舀取。入口较低,
潮湿的物料容易堵塞。适宜于干燥粉料或小粒状物料

右:撒入方法,入料口较高,进料可直接撒入料斗。阻力较小,
不易堵塞。可提升较大块物料和潮湿物料

(1)离心式卸料,斗的速度较高,卸料时靠料斗中物料的离心力卸料。斗速较高(通常取 1~2 m/s),生产率高,潮湿或流动性不好的物料影响卸料,大块沉重物料易引起料斗的破坏,对较脆的物料容易引起破碎。斗距较大,常为带式带动。

(2)重力式卸料,主要靠料斗中物料的重力脱离斗的卸料。其速度较低(0.4~0.8 m/s),适于升运沉重或脆性物料。

(3)混合(完全)斜料,兼有离心、重力卸料。

二、料斗的升运速度及卸料类型

料斗的升运速度特征主要表现在旋转卸料区,料斗升运速度 v,上升到鼓轮旋转卸料区,如图 5-21 所示。

(一)极点、极距

设料斗的升运速度 v,鼓轮转动角速度 ω,料斗重心圆半径 r,料斗中料重 mg。

(1)料斗提升过程中的速度是匀速运动,斗中的物料仅受重力。当料斗提升接近上鼓轮回转区后,在鼓轮回转区料斗中物料除了受重力 mg 之外,还受离心力 $\frac{mv^2}{r}$。设在鼓轮回转区任一点 A,物料的受力平行四边形 $ABCD$,合力即为 AC,其延长线与鼓轮的中垂线交于 M 点。从图可知,$\triangle ABC \backsim AOM$,所以,$\dfrac{AB}{BC} = \dfrac{AO}{OM}$,

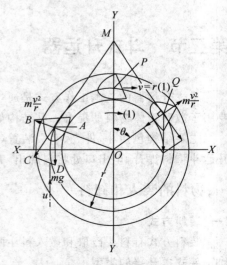

图 5-21   料斗内物料的受力

由此得：$OM = g\left(\dfrac{r}{u^2}\right) = \dfrac{g}{\omega^2}$，如果转速一定，$OM$ 为定数，即 M 点为极点，OM 称为极距。

（2）料斗卸料情况分析

这样从 M 点向料斗重心圆引切线，切点为 Q。料斗转动到 Q 点，重力在半径方向的分力等于离心力，物料对料斗底的压力为零，物料在重力分力作用下沿切线方向飞出。因此，当 M 点在重心圆外时（$OM > r$），物料的排出点在 $\angle YOX$ 区间，排料的条件是重力对料斗的压力变为零时刻开始，即 $mg\cos\theta = \dfrac{mu^2}{r}$ 所以排出角 θ 可由下式确定 $\cos\theta = \dfrac{u^2}{gr}$。如果 M 在重心圆上（$OM = r$），这时重力和离心力大小相等、方向相反，物料会在图上 P 点靠惯性力作用沿水平方向飞出；再如 M 点处于重心圆内侧（$OM < r$）时，则离心力大于重力，高出料斗外缘的物料将被离心力抛出料斗。因为（$OM < r$），离心力大，只要离心力大于重力，在 P 点之前，物料也有可能被排出。

（二）料斗卸料型式

由上可知，料斗卸料的方法如图 5-22 所示。

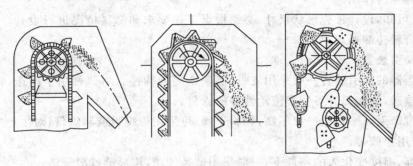

图 5-22　斗式升运器料斗排料形式

左：离心式卸料，主要靠转动的离心力抛料，是卸料的最普通的方法

中：重力（诱导式）卸料，转动速度较低，主要靠物料的重力卸料。卸料时，物料的排出并
不是沿着同一轨迹运动，而且沿前面料斗的脊面排出，所以料斗要连续安装

右：混合卸料，可称为完全式卸料，主要对附着性的物料所采取的卸料型式，由图可以看出
料斗朝下排料，可把物料全部倒出来

三、料斗和外壳

（一）料斗

在畜牧场内采用的斗式升运器中的料斗常用 $1\sim2$ mm 厚的镀锌薄钢板铆、焊而成。在我国已经标准化了，其形状如图 5-23 所示。

其基本尺寸是料斗的宽度 A，跨度 B，后壁高 H，前壁高度 E。每个料斗用两个螺栓紧固在牵引装置上。

（二）升运器顶部外壳

（1）影响顶壳性质尺寸的因素：顶部外壳的性质尺寸与料斗的卸料情况密切相关。根据具体的工作要求，例如，卸料时物料与顶部外壳接触或不接触；有的要求卸料后物料均匀分布，脱离料斗的物料能自由运动，不受顶壳的干扰；外壳应位于物料自由运动轨迹之外。也有的是升运的物料是充入容器或送入管道；不希望抛料抛得过远，所以外壳应设在料流轨迹之内，外壳

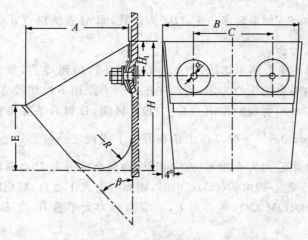

图 5-23 升运器料斗

将起物料流的导向作用。

(2)据上可知,设计顶壳形状尺寸,必须根据工作要求和卸料情况进行设计。也就是顶壳的设计应符合料斗卸料规律。

(三)料斗的牵引装置

斗式升运器的牵引装置一般采用皮带、链条或绳索构件。后两种用于高速、轻量输送,最适合于高速输送,诸如提升谷物类流动性好的物料。

对于皮带牵引——在生产率不高,物料干燥,可采用棉织带或麻织带;对生产率要求高、环境潮湿,可采用橡胶带。

对于潮湿、温度变化大的条件下,一般采用链条传动,钩形链或滚子链。

第三节 带式输送器

所谓带式输送,是由挠性带作为物料的承载件和牵引件连续进行输送的装置。带式输送器在农业中应用广泛。主要用来输送散状物料、小体积的物品,例如应用于粮库、码头、装运站,粮食、饲料加工厂等;可以进行水平输送或倾斜升运。在一些装备中,也可作为工作部件型式用来输送、收集作物、牧草和秸秆等,如农业收获机上的带式输送装置等。

一、带式输送器

带式输送器靠带对物料的摩擦力进行水平输送或倾斜输送。可以输送散物料,也可输送整装物料等。

(1)输送带结构原理:带式输送器的基本构造如图 5-24 所示。

(2)主要组成,主要由两个滚筒(传动滚筒和换向滚筒)和无端皮带组成,传动滚筒给予皮带以输送动力,承载段的皮带张紧,回程(空载)段皮带松弛。工作时皮带的张力变化如图 5-24 右所示。从始发点到终点的张力逐渐变大,在传动滚筒趋入点张力最大,这个力除取决于输送量之外,还受皮带与托辊的摩擦系数和升运高度的影响。皮带必须是具有能承受张力

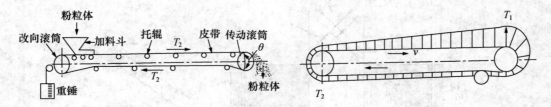

图 5-24 带式输送器的示意图

左:带式输送器结构示意图;右:输送带上张力情况

T_1 的结构。但此力要小于传动滚筒与皮带之间的摩擦力 T_1',皮带的固有强度为 T_0,则皮带输送器的基本条件为 $T_0 > T_1' > T_1$。

皮带的速度因其宽度不同而异,皮带越宽其速度越大,一般是 $1 \sim 3$ m/s;宽 2 m 的大型皮带的速度已达 6 m/s。输送量取决于装载横截面积和皮带的速度,装载横截面积如图 5-25 所示。应用皮带的槽角不同,截面面积可相差几倍。

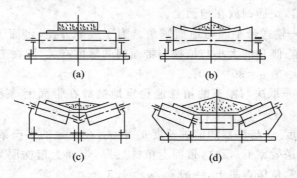

图 5-25 上下支承

(a)平面单辊;(b)凹面单辊;(c)双支双辊;(d)三辊

(3)农业上常用的移动式倾斜角带式输送机如图 5-26 所示。

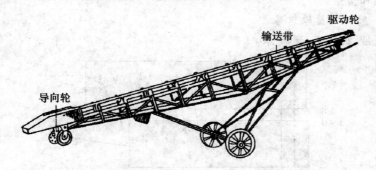

图 5-26 倾斜输送带式输送器(选图)

二、农业收获机上的输送带

在谷物割晒机、联合收获机、割草压扁机上都有带式输送器(割台)。

1. 联合收获机、割草压扁机的带式输送器(割台)

是在中间窗口或偏置窗口进行铺放,如图 5-27 所示。

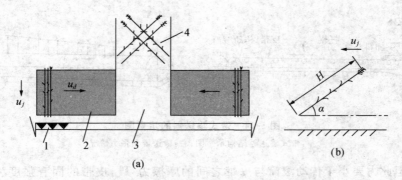

图 5-27　收获机、割草压扁机带式输送器
(a)俯视图：1. 割刀；2. 输送带；3. 放草窗口；4. 放草情况
(b)垂直侧视图；H. 输送带割台宽度；α. 割台与地面的倾角

中间设有窗口，两边的带面运动方向朝向窗口。割下的植株铺于带面上，两边的带面将铺于上面的植株输向窗口，交插铺放在地面上。

(1)台面倾角 α——输送带平面与地面倾角。为了放铺方便，台面下要留一定的空间，所以带面要有一定的倾角；倾角的大小与植株与带间的摩擦有关，即在工作过程中保证铺在带面上的植株不致下滑；一般 $\alpha=30°\sim40°$。

(2)带面宽度 H——取决与割下的植株能稳定地铺放在带面上，一般稍小于割下植株的高度 l。

(3)带面的输送速度 u_d 与机器的前进速度 u_j 有关，在一定的生产条件下，u_j 一定，u_d 高，带面上的植株层薄，输送效率低；反之，带面上植株层厚，带面上植株层太厚，作物层又容易下滑，输送稳定性差。在割草压扁机上，一般 $u_d/u_j>1.5$。

(4)放铺窗口——两边的输送带间植株向窗口输送、通过窗口将植株铺放在地面上，因为输送带有倾角，铺放的植株呈顶部交叉状，带面的倾角大，交叉程度就大。放铺植株交叉，有利于植株条的干燥和捡拾。

2. 割晒机一般是双排输送带

割晒机输送带，如图 5-28 所示。

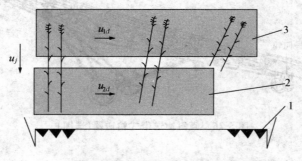

图 5-28　割晒机上的输送带
1. 割刀；2. 前带；3. 后带；u_j 机器前进速度；u_d 输送带速度

(1)前排是短带，后排是长带。割下的植株由两根带同时向一个方向输送，一般后带速度稍大于前带。输送植株过程中，先是前、后带同时输送，输送中，植株已经处于倾斜状态，离开前带时，后带继续进行输送、然后放铺；所以机器过后，在地面上形成一个与机器前进方向倾斜的植株条，在理想的情况下，在地面上可以形成横置的植株条铺，以利于机器捡拾和人工收集处理。为使物料铺放效果更好，往往后带较前带向上设一个倾角，一般为 $7°\sim10°$。

（2）因为是侧面放铺，输送带的台面与地面的倾角 α 可较割草压扁机、谷物联合收获机（中间放铺）的倾角小。

3. 立式割台输送带

立式割台用于小麦、稻谷收割，也能用于草和高秆作物的收割。

所谓立式割台，是切割下的植株呈竖立状态靠（上、下）输送带输送到机器的侧面放铺成基本上横置的条铺。在输送过程中立式输送带作为割下植株竖立的支撑，靠带上的拨齿和摩擦带动茎秆横向运动；立式输送带上下分几层；其高度取决于收割植株的高度，如图 5-29 所示。

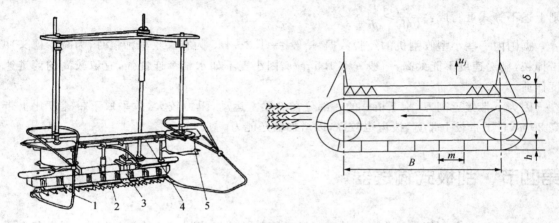

图 5-29 立式割台输送带示意

左：结构示意 1. 分禾器；2. 切割器；3. 下输送带；4. 上输送带；5. 拨禾星轮

右：俯视图 B—割幅；δ—割刀前伸量；u_j—机器前进的速度；m—拨齿间距；h—皮带拨齿高度

立式割台动刀顶部与下输送带拨齿顶部置间的距离层为"割刀前伸量"δ，它是一个重要参数，如果选择不当，可能导致"先送后割"未割就被拨齿拨倒造成堵塞；必须保证先割下再输送，即割下即送；为此"割刀前伸量"δ 应大于割刀往复一次机器前进的距离（进距、进程），即

$$\delta \geqslant u_j \frac{30}{n}$$

式中：u_j——机器前进的速度（m/s）；

　　n——切割器的频率（r/min）要使割台输送均匀、连续输送，必须及时将割下的茎秆全部带走，其主要结构参数之间的关系：

　　ρ_1——茎秆田间生长的密度（株/m²）；

　　ρ_2——输送带上压缩的密度（株/m²）；

　　B——割幅（m）；

　　h——拨齿高（m）；

　　u_d——输送带的线速度（m/s）；

　　m——拨齿间距（m）。

输送带的拨齿从一端运动到另一端的时间为 $\dfrac{B}{u_d}$；

在此期间拨送的植株量为：$\rho_2 h u_d \left(\dfrac{B}{u_d} \right) = \rho_1 h B$；

在同一时间内割台收割的植株量为：$\rho_1 B u_j \left(\dfrac{B}{u_d} \right) = \rho_1 B^2 \dfrac{u_j}{u_d}$。

按照连续、均匀输送的要求，应该满足下面条件：

$$\rho_2 B h \geqslant \rho_1 B^2 \dfrac{u_j}{u_d}$$

令 $\xi = \dfrac{u_d}{u_j}$ 为输送速度比，$q = \dfrac{\rho_2}{\rho_1}$ 为植株压缩系数，

则上述不等式可写成：$\xi = \dfrac{u_d}{u_j} \geqslant \dfrac{B}{qh}$。

据国内一些小型收割机的经验数据，一般 $\xi = 1.2 \sim 1.5$ 为宜。收割籼稻时，为减少穗头冲击掉粒，输送速度不能太高，一般 $u_d \leqslant 1.5 \text{ m/s}$，因小麦不如水稻牵连性强，宜取较高的前进速度作业。

因为下带接近割刀，割下植株的一部分在刀梁上运动，阻力较大，故采取下带速度比上带高 20%，且下带较上带宽，拨齿也较高，以增加输送能力。

第四节　刮板式输送器

刮板输送器是利用在槽内运行的刮板推送物料的装置（机械）。输送过程中，刮板和牵引件埋在物料中。农业生产中应用很多，主要用来输送谷粒、粉状饲料、青饲料、块根、粪便等物料。刮板输送器有一般刮板输送器和埋刮板输送器两类型式。

一、一般刮板输送器

刮板输送器，一般是敞开式，多用于水平输送，如图 5-30 所示。

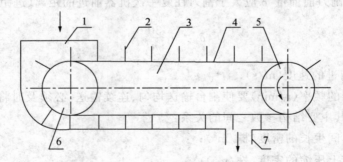

图 5-30　刮板输送器

1. 喂料斗；2. 链刮板；3. 支撑托架；4. 牵引装置；5. 驱动轮；6. 被动轮；7. 料出口

1. 刮板式输送器的结构

刮板式输送器主要由刮板、牵引装置、进料口、出料口、机槽（壳）等组成。刮板由钢板、工

程塑料或尼龙制成,机槽断面形状根据刮板形状而定。可以用下链条沿外壳底部和上部来输送物料。带式牵引的刮板输送器的长度一般30 m以内,链板式的长度可达50 m以上,倾斜输送角不超过15°。

牵引装置一般应用链条、钢丝绳或皮带;刮板多为长方形,可用木板、钢板或胶带板。也可以不加刮板,仅靠链条的链节输送物料。刮板的宽度一般小于400 mm时常用一根链条牵引;单牵引式,链条置于刮板的中部上方;双列牵引的链条固定在刮板的两侧;对于大型沉重的刮板,在刮板上还装有滚轮,如图5-31所示。

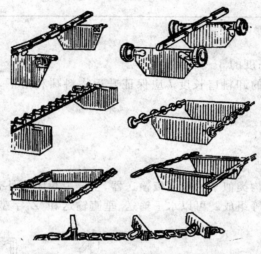

图5-31　链子式刮板输送器的刮板

2. 刮板式输送器的参数及特点

结构简单,装卸方便、输送距离较大、输送可靠;对物料的作用较强烈,不适应于易碎物料的输送。

(1)刮板式输送器的速度

刮板的输送速度:

块状——0.3～0.5 m/s;谷粒——1～2 m/s;

粉料——0.5～1.0 m/s;果穗——0.4～1.3 m/s。

(2)生产率Q

可用下式计算

$$Q = 3.6Bhu\gamma\eta(\text{t/h})$$

式中:B——刮板的宽度(m);

h——刮板的高度(m);

u——刮板的速度,一般0.4～0.8(m/s);

γ——物料的容重(kg/m³);

η——输送效率,对刮板是水平输送一般$\eta=0.5\sim0.8$;对埋刮板式一般$\eta=0.75\sim0.85$。

(3)农业常用刮板尺寸

如表5-3所示。

表 5-3　农业常用刮板尺寸

输送谷粒及糠合物、粮合物		输送玉米穗		输送青饲料	
B	h	B	h	B	h
120	30、40、50、60	200	70、80、100、140	300	75、120、150
130	40、50、60、70	300	75、120、150	340	100、120、150、175
140	40、50、60、70、80			400	100、120、150、180、200
150	50、60、70、80				

（4）刮板间距

刮板间距 a 一般是高度的 3～6 倍。

（5）刮板倾斜输送器的卸料口长度 l 应保证升运物料顺利落下，尤其对倾斜输送的刮板装置。

二、埋刮板输送器

1. 埋刮板输送器的结构型式

（1）埋刮板输送器结构类似于一般刮板输送器，主要由封闭式外壳、刮板、链条、驱动链轮、张紧轮、进料口和卸料口等组成。可以水平输送、垂直输送和"Z"字型输送，如图 5-32 所示。

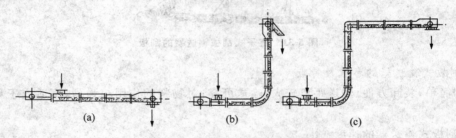

图 5-32　埋刮板输送器的输送型式
(a)水平；(b)垂直；(c)Z-型

（2）刮板的型式，如图 5-33 所示。

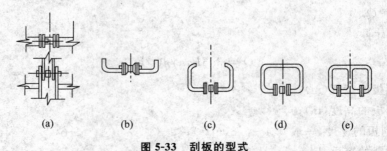

图 5-33　刮板的型式
(a)T 型；(b)、(c)U 型；(d)、(e)O 型

（3）Z-型埋刮板输送器的结构，如图 5-34 所示。

在加料段加料，在机头处卸料口卸料。

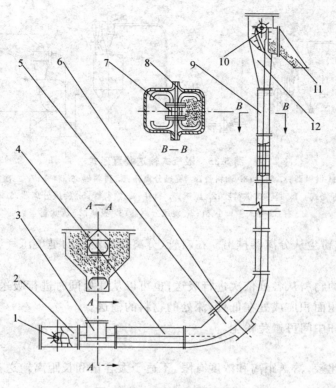

图 5-34 Z-型输送器的结构
1. 张紧轮；2. 机尾；3. 加料段；4. 水平段；5. 弯曲段；6. 盖板；7. 刮板链条；
8. 机壳；9. 垂直段；10. 驱动(头)轮；11. 卸料口；12. 机头

2. 埋刮板是输送器的特点

埋刮板输送器具有一般刮板输送器的特点，靠刮板与物料的推力和摩擦力进行输送，具有良好的密封性，可防止灰尘外扬，功率消耗较大。

第五节 气力输送器

气流输送是以流动的空气为介质带动物料流动进行物料的输送。主要用来输送散粒(粉)体等物料。输送装置结构简单、紧凑，工艺布置灵活，可多点输送，占地面积小，装、卸料方便，且有一定的除尘、除杂作用；但是噪声、耗功率较大，对物料的冲擦作用大。气流输送装置在农附产品加工业、饲料工业、化学工业、建材工业等应用广泛。

一、气力输送的类型及特点

根据气流介质的状态可分为吸气式输送、压气式输送和混合式输送；根据输送两相流的情况分为稀相输送和密相输送。主要是稀相输送，如图 5-35 所示。

(一)吸气式输送装置型式

吸料嘴将空气吸入输料管，并将物料混入其中进行输送，在输料管末端，经旋风分离器(闭

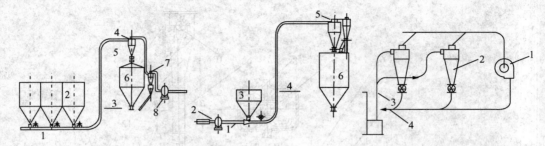

图 5-35　吸气式输送装置形式

左：吸气式　1. 回转式供料器；2. 料斗；3. 输料管；4. 旋风分离器；5. 排料器；6. 料仓；7. 二次旋风分离器；8. 风机。

中：压气式　1. 回转式供料器；2. 风机；3. 料斗；4. 输料管；5. 旋风分离器；6. 料仓。

右：混合式　1. 风机；2. 旋风分离器；3. 吸料；4. 压吹料

风器)卸料，空气或粉尘从分离器排出。在料管、分离器内流动的是负压气流，吸气式输送的主要特点：

(1)可从分散的物料从各处依次进行吸送；也可以从几处同时进行吸送。

(2)方便于堆积面积广或处在低处、深处的物料的输送。

(3)输送始端和中间可避免粉尘。

(4)进料容易。

(5)与压气式比较，输送距离和浓度有限，不适于大容量和长距离输送；分离器及除尘器的构造比较复杂。

(6)适于一般厂内小容量输送和用于一般除尘装置；气流为低真空式，工作负压在 $-1\,000$ mm 水柱以内，一般为 -0.6 大气压。

(二)压气式输送装置

靠压气机排出的高压气流通过管道，再将物料混入进行输送，输料管中都是高压气流，压气式输送装置主要特点：

(1)适宜于从一处向几处进行分散输送。若将输料管分叉，并安装上切换伐，则可以很方便地改变输送路线。若分叉处的气流和物料分配恰当，也就可以同时向几个地方输送。

(2)适宜于大容量、长距离输送，高浓度输送，系统压力稳定。

(3)能够向正压容器供料。

(4)供料器较复杂。

(三)混合式输送装置

在输送系统中，既有吸进物料又有压送物料，可兼顾吸气式、压气式的优点。在农业工程中应用广泛。

二、气力输送装置的基本组成

气力输送系统的主要装置包括接料器、卸料器、管道、风机等。

(一)接料器

供给或排出物料的装置，一般称为供料器。供料器的功能是定量、连续向系统供料。供料器的种类非常多。在这里主要介绍最常用的吸嘴、旋转式供料器等。

1. 吸嘴

(1)因为物料是随空气通过吸嘴吸进输料管的,所以它是作为吸引式输送装置的供料装置。吸嘴是通过进气实现供料的。即吸引的顺序是首先是进气,才能进料。

吸嘴作为吸气式输送的进料装置,结构简单,能连续、定量吸引;能将容器内角落的物料吸引干净;调节方便;压损小。对流动性好的物料,例如小麦、大豆、玉米、豆科草籽等应用比较普遍。

(2)吸嘴的种类及特点

吸嘴的主要型式,如图 5-36 所示。

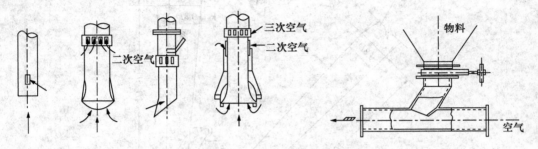

图 5-36　吸嘴的主要型式

自左:单管型,单筒型,倾斜型,喇叭型双筒吸嘴,固定型吸嘴

①单管型——最简单的吸嘴,靠近直管端部设有二次进风口,当端部埋入物料中,吸物料时,二次进风口补进空气,才能使料、气进入系统。物料根据情况调节输送量,则必须上、下移动吸嘴。改变端部埋入的深度。

②单筒型——端部作成渐扩型,装有套筒型二次进风口。根据情况调节进风口的开度,可以保持良好的吸引状态。

③倾斜型——吸嘴的端面是倾斜的,吸嘴可以左右旋转,适宜于吸引残留在容器角落的物料,操作方便。

④喇叭型双筒吸嘴——喇叭型吸嘴可以减小一次空气和物料进入的阻力。二次空气从吸嘴端部随物料一起被吸引,使喂入达到有效加速,提高输送能力。根据不同情况,还可以调节三次空气量,以保证最好的输送状态。

⑤固定型吸嘴

用于直接从料斗或容器下落供料的场合。

2. 接料器

接料器的型式很多。

(1)例如诱导式接料器,如图 5-37 所示。

诱导式接料器广泛用于低压吸送系统中。从图上可见,物料从自流管 1 流入,经过圆弧淌板对物料进行诱导,在气流的推动下,向上输送。先通过风速较高截面较小的风道截面,然后进入输料管。为了便于观察物料的运动装态,在变形管上装有玻璃观察窗 3,同时在进料管下端装有推板活门 4,以便接料器堵塞时清除堆积物。这种接料器具有料、气混合好,克服逆向喂料且阻力小,是一种较好的接料形式。但是其形式较复杂,操作也较麻烦。但对粉料和颗粒料较适用,所以在低压吸送中应用较广泛。

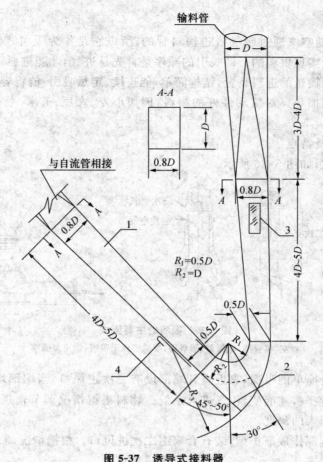

图 5-37　诱导式接料器

1. 自流管；2. 进风口；3. 观察口；4. 插板活门

（2）旋转式供料器

①旋转式供料器供料过程及特点：旋转式供料器的结构如图 5-38 所示。

它带有若干叶片在壳内旋转，物料从其上部料斗或容器
下落到叶片间，随叶片转动至下方将料卸出，向系统进行供
料。由于进料和落料是隔断的，所以可以用于吸送和压送气
力输送系统。旋转式供料器的功能广泛，可以作供料、卸料、
回转之用。

主要特点——结构简单，基本上可以定量供料（靠调节
转速），具有一定的气密性。

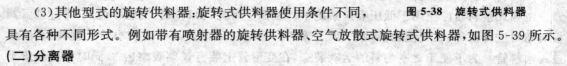

图 5-38　旋转式供料器

（3）其他型式的旋转供料器：旋转式供料器使用条件不同，
具有各种不同形式。例如带有喷射器的旋转供料器、空气放散式旋转式供料器，如图 5-39 所示。

（二）分离器

1. 分离器功能、原理

（1）功能——气力输送系统中的分离器的基本功能就是从两相流中将固体物料分离出来。
具体功能主要有两项，分离接料和除尘。

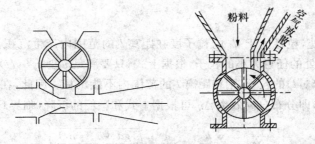

图 5-39　其他形式的旋转式供料器

左:带有喷射器的旋转供料器,下部有喷射器,靠高速喷出的空气,使下部的静压降低,
造成必要的负压,以减少或消除上冒的空气

右:空气放散式旋转式供料器,在外壳上装有空气分叉管,将通过旋转供料上冒的空气放散

(2)原理——离心力分离。

①物料的沉降:将固体颗粒置于静止的空气的管中,受有三个力,重力 mg,沉降阻力 F,浮力 F_f。固体颗粒放置在流体之中时,固体颗粒加速下降,逐渐达到匀速下降,即此时固体颗粒达到受力的平衡状态,此时固体颗粒的下降速度就是颗粒的沉降速度。如果在管下部施向上均匀的气流,下降的固体处于浮动状态,即不上也不下,在一个固定位置浮动,称此时的气流速度为颗粒的悬浮速度;固体颗粒的沉降速度和悬浮速度相等,可称为固体颗粒的临界速度。设固体颗粒的重度 γ_s,粒径 d_s,体积 $V=\dfrac{\pi d_s^3}{6}$,迎风的投影面积 $A=\dfrac{\pi d_s^2}{4}$,空气的密度 γ_f,阻力系数 C_s。则颗粒受力的平衡方程式为

$$mg = \frac{1}{2}CA\gamma_f u^2 + \frac{m}{\gamma_s}\gamma_f$$

将上述参数代入得

$u_t = \sqrt{\dfrac{4gd_s(\gamma_s-\gamma_f)}{3C_s\gamma_f}}$,即为固体颗粒的沉降速度;

其中阻力系数 C_s,与雷诺数有关,计算出不同流动状态的颗粒的阻力系数 C_s 代入上式,就可求出颗粒的沉降速度。

②颗粒在静止空气中的水平运动:一是在不考虑重力的情况下,单颗粒在静止的空气中向水平方向迅速抛出时,可近似地认为颗粒抛出过程中只受空气的阻力;二是当颗粒在静止空气中以初速度为零,在重力作用下的下落运动,所以颗粒在静止空气中的水平运动可以看成是抛出运动和自由下落和成运动。

③物料在水平气流中的沉降:仅靠理论分析、计算非常复杂,所以通常用下面的近似计算推导出实用的计算公式,如图 5-40 所示。

流速为 u_a 的均匀的气流,设其颗粒 d_s 与气流的速度相同。设在起点 $x=0$,高度为 h,颗粒粒径为 d_s,在随气流一起流动的同时,还以一定的沉降速度 u_t 向下沉降。设沉降的距离为 l,则一般存在以下关系: $\dfrac{u_t}{u_a}=$

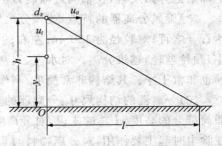

图 5-40　颗粒在水平气流中的沉降

$$\frac{h}{l} = \mathrm{tg}\theta。$$

因此,在高度 h 处,粒径大于 d_s 的粒子度在距离 l 的范围内产生沉积。

对在任意高度 y 处的任意大小的粒子,根据上式,只要满足 $u_t \geqslant u_a(y/l)$ 的条件,则都在距离 l 内沉积;对于 $u_t < u_a(y/l)$ 的粒子,则在距离 l 的范围内不能沉积。因此,在这种情况下,不同大小的粒子的分离效率,即分布分离效率 $\Delta\eta$,可根据上式和颗粒的沉降(临界)速度公式表示为:

$$\Delta\eta = \frac{y}{h}\frac{u_t}{u_a} = \frac{1}{hu_a}\sqrt{\frac{4gd_s(\rho_s - \rho_f)}{3C_s\rho_f}}$$

再根据不同雷诺数的阻力系数,可分别求出细粉状颗粒、中等颗粒、粗颗粒的分离效率。但是,分离效率实际上还受气流速度分布不均、颗粒的速度和气流速度不一致以及惯性的影响。

④惯性沉降:由于运动气流中,颗粒与气体具有不同的惯性力,含颗粒的气体在急转弯时或与某障碍物冲撞时,颗粒运动轨迹将偏移气体的流线。利用这种惯性作用,将颗粒从气体中分离出来,如图 5-41 所示。

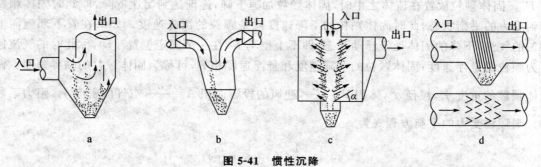

图 5-41 惯性沉降

⑤靠离心力沉降:离心力分离力比重力沉降要大得多,为提高分离效率,一般采用离心力分离。

2. 旋风分离器

旋风分离器是离心力分离最典型、最普遍的例子。

(1)旋风分离器的分离过程,如图 5-42 所示。

从进口流入的含有固体物料的气流,沿壁面一面作旋转运动,同时下降。由于到达圆锥部分后,旋转半径减小,根据能量守恒定律,旋转速度逐渐增加,使气流中的颗粒受到更大的离心力。

由于颗粒的离心力的作用,使其从气流中分离出来,沿着壁面下落而分离。气流达到圆锥下部附近开始反转,在轴向逐渐旋转上升,最后从出口排出。达到固体颗粒和气体的分离。

(2)旋风分离器的特点:旋风分离器分离效率高,例如小麦、大豆等颗粒状物料分离效率可达百分之百;对粒径为 $100\ \mu m$ 左右的聚氯乙烯粉末、纯碱等分离率也接近百分之百;粒径越小,颗粒越轻,越难分离。对水泥、飞灰等粉料,分离率一般在 $97\% \sim 99\%$。对粉状物料分离的也非常干净。其结构非常简单,制作方便,应用广泛。

(3)分离器的结构尺寸:分离器的直径 D 越小,入口速度越高,分离颗粒的临界粒径越小。圆筒部分的高度 H 总的来说,对分离效果影响不大,一般取 $H = (0.8 \sim 1.0)D$ 为宜;圆锥部分在除尘时起主要作用,对分离物料时影响较小。锥角为 $8°$ 与 $20°$ 时分离效果差不多。一般旋风分离器的尺寸比例(参考)如图 5-43 所示。

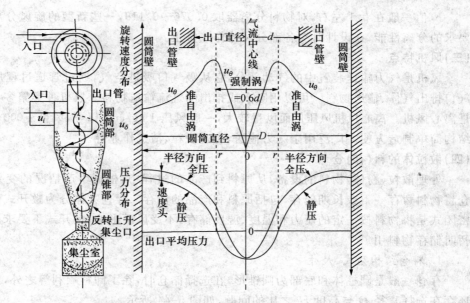

图 5-42　旋风分离器的分离过程

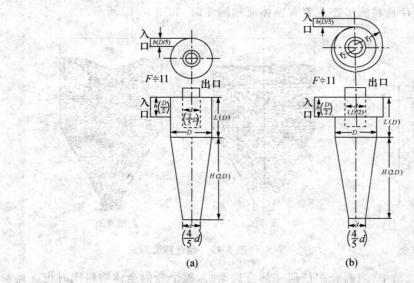

（a）　　　　　　　　　　　（b）

图 5-43　旋风分离器的尺寸比例

（a）切线形入口；（b）全圆周蜗壳形入口

图 5-43 是通常采用的旋风分离器的各部分尺寸的比例。出口管直径为 d，其它如图所示。它分为切向进口和蜗壳形进口两种。蜗壳形又分为全圆周和半圆周两种。蜗壳形进口制造上稍麻烦一些，但是对细粉的分离性能好，压力损失也小。

旋风分离器通常用类型系数 K 表示其特性。所谓类型系数，即入口面积与圆筒直径的平方之比，即

$$K = \frac{A}{D^2} = \frac{bh}{D^2}$$

K 值一般在 0.1 左右,对物料分离器取 0.076~0.119,一些新型的旋风分离器,可根据所要求的分离性能,在设计时对各部分尺寸作些修正。

(三)风机特点

风机是气力输送装置中的气动部分,它从吸气口吸进空气,通过管道过程加压,然后从排气口排出气体、输送物料。可以用吸入或排出的气流输送物料。风机种类繁多,农业中常用的是离心风机。离心风机风压低而风量较大,一般风压 1 kg/cm² 以下,风量 1 000~20 000 m³/h,结构简单制造方便。广泛用于气力输送,农业脱粒、清选作业等。

(四)散粒体的料(存)仓

处理散粒(粉体)物料的设备,从原料到产品的过程中,根据生产情况的变化,通常需要存仓将物料暂存一下或长期储存,包括原料和产品的储存。存仓大体分为敞开式和密闭式两类。密闭式是将物料按一定的压力和温度、湿度储存,不受风雨影响;敞开式不要求严格密封,只作暂时储存物料用。

1. 料仓结构型式、尺寸

存仓一般是圆柱体和底部为圆锥形,在选择储仓时,除了卸料顺利等之外,对于所需容积,还存在选择直径 D 与高度 H 之比的问题,如图 5-44 所示。

2. 物料的流动与结拱问题

(1)料流形态:一般存仓料流形态主要有整体流和漏斗流,如图 5-45 所示。

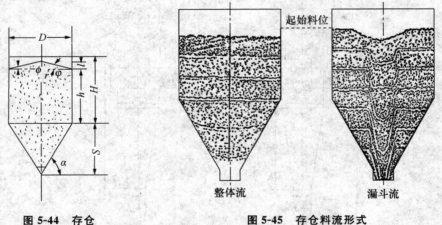

图 5-44　存仓　　　　　　图 5-45　存仓料流形式

①整体流动:整体流动中,当料仓中任何一部分流动时,整个仓内全体物料同时也在运动。虽然在收缩区的颗粒要比其他颗粒流动的快些,但是它们终久也在流动中,在物料与仓壁间也存在相对运动。

②漏斗流动:漏斗流动表示了方式在料仓中心的流动形态。只有料斗中心的物料在运动着。

(2)流动中的问题

①不流动(结拱):当物料的强度和黏性增加到足以能够在卸料上方架桥时,就会不流动(堵塞)。能够破坏料拱的自然力只有物料本身的重量。如果物料的重量比拱跨的支撑强度还要大,料拱就会坍塌。通过对物料强度的测量,就可以算出该物料能够起拱的最小跨度(即卸料口)。只要实际上卸料口尺寸大于这个最小值,就不会发生起拱现象。

②分离:漏斗流还会产生粒度分离的问题。

当散装粉料从中心位置上装料时,比较粗的颗粒趋向于仓壁聚集,而细粒则靠近中心,如图 5-45 所示。卸料时,中心的细料先行流出(图 5-46(a)),而粗料则随后流出(图 5-46(b))。当装料、卸料速率相当时,料位保持不变,则就会形成没有分离的漏斗流。最后使料仓的作用相当于一个通道而已(图 5-46(c))。

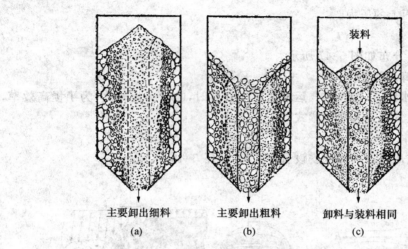

图 5-46　料仓内的物料分离

③影响流动的因素:影响流动的因素非常复杂。除了物料的性质之外,物料的性质变化时问题更为复杂。温度、含水分的变化是最大的问题。细粉的充气倾向性是影响料流的另一种性质。

3. 物料对料仓壁压力分布

(1)物料在敞开仓中的压力分布

$$\sigma_1 = \frac{\gamma R_s}{f K}(1 - e^{-\frac{K f h}{R_s}}) \tag{5-19}$$

所以

$$\sigma_3 = \frac{\gamma R_s}{f}(1 - e^{-\frac{K f h}{R_s}}) \tag{5-20}$$

式中:σ_1——垂直压力;

　σ_3——对仓壁的侧压力;

　R_s——仓的水力半径;

　f——物料与仓壁的摩擦系数;

　K——压力比;

　γ——物料的重度;

　h——料仓的深度;

此式称为 Janssen(詹森公式)。

（2）密封仓

$$\sigma_1 = \frac{\gamma R_s}{fk}(1 - e^{\frac{kfh}{R_{ss}}}) + \sigma_0 e^{\frac{kfh}{R_s}}$$

$$\sigma_3 = k\sigma_1 = \frac{\gamma R_s}{f}(1 - e^{\frac{kfh}{R_{ss}}}) + k\sigma_0 e^{\frac{kfh}{R_s}}$$

式中：σ_0——仓中料面上的压力。

其他同上。

沿料仓深度压力分布如图 5-47 所示。

（五）大型储仓的送、卸料举例

在铁路、公路和水路，以散装方式运输散粒体物料时，吨位都比较高，为了提高效率，多采用气力卸料。例如空气槽式和充气罐式。

1. 充气槽式卸料

充气槽卸料是在出料罐的底部安设有多孔板，如图 5-48 所示。

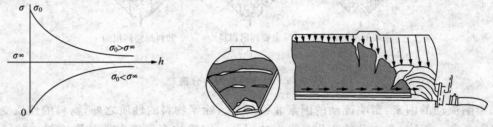

图 5-47　仓中的压力分布　　　　　图 5-48　空气槽卸料的水泥罐车

卸料时将罐体向出口方向成水平呈 4°～8° 的倾角，在多孔板下通入 0.8～1.5 kg/cm² 的压缩空气，使罐内的物料流态化，即物料从出口连续流出。只能向下卸料。

汽车或火车上压送式散装水泥储罐相当于充气罐式供料器，压缩空气从气室通过多孔板流向储料，使其流化；同时从出灰管连续排出。如图 5-49 所示。

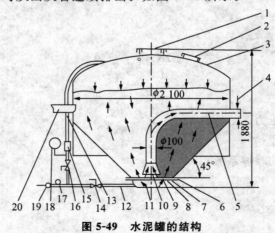

图 5-49　水泥罐的结构

1. 装料口；2. 出气口；3. 罐体；4. 出灰口盖；5. 出灰管；6. 橡胶垫；7. 多孔板；

8. 毛毡；9. 钢丝网；10. 喇叭口；11. 气室；12. 底风管；13. 顶风管；14. 球心阀；

15. 单通阀；17. 安全阀；18. 压力表；19. 快速接头；20. 罐体连接管

2. 散装水泥船

大型散装水泥船，考虑船壳的结构不能承受过大的压力，通常采取气力输送与机械输送相结合的方式，其工作原理如图 5-50 所示，通过船底空气槽，将水泥卸入中央通道中的螺旋输送器内，然后由螺旋输送器将水泥集中到压送松罐上部的料斗中，再将水泥压送到岸上的水泥库中。

三、气力输送装置设计

稀相气力输送设计，首先确定输送物料及其输送量，输送量的确定方法是将设计的平均物料量再乘上适宜的系数。

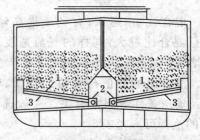

图 5-50　带有空气槽散装水泥船的断面图
1. 空气斜槽；2. 螺旋输送器；3. 底板

(一)输送气流速度

1. 气流的速度要大于输送颗粒的沉降速度

气流输送中，为保证物料输送，不堵塞，要求气流速度高一些；但是气流速度高消耗的功率高，磨损严重，分离器、除尘气尺寸相应加大。所以设计中，首先要根据物料的特性、生产率等要求，确定合适的气流速度。

气力输送过程中，一般要求气流的速度要大于颗粒的沉降速度。鉴于沉降速度是颗粒在垂直管中悬浮输送的速度；输送中存在群体、管壁间的碰撞、摩擦；水平管中的输送，只能说气流速度大于颗粒沉降速度是可以吹动物料，并非能悬浮输送。因此，输送颗粒物料所需要的气流速度要大于气沉降速度的数倍。对于粉状物料气流速度为其沉降速度的数十倍。

2. 速度的选择

从消耗功率来考虑，气流的速度愈小愈好，但是过小，可能产生堵塞，不能正常输送；速度过大不但消耗功率加大，而且输送管的磨损加剧，分离器和除尘器的尺寸也相应加大。所以选择气流速度是气力输送装置设计的关键。确定气流速度的方法首先根据输送粒子的沉降速度，根据管路布置及混合比的大小，选取经验系数，并参考已有的实例，确定合适的气流速度。气流速度的经验系数如表 5-4 所示。

表 5-4　气流速度的经验系数

输送物料的情况	气流的速度 u_a	输送物料的情况	气流的速度 u_a
松散物料在垂直管中	$u_a \geqslant (1.3 \sim 1.7) u_t$	有两个弯头的垂直或倾斜管	$u_a \geqslant (2.4 \sim 4.0) u_t$
松散物料在垂直管中	$u_a \geqslant (1.5 \sim 1.9) u_t$	管路布置较复杂	$u_a \geqslant (2.6 \sim 5.0) u_t$
松散物料在垂直管中	$u_a \geqslant (1.8 \sim 2.0) u_t$	大比重、成团的黏性物料	$u_a \geqslant (5.0 \sim 10.0) u_t$
有一个弯头的上升管	$u_a \geqslant 2.2 u_t$	细粉状物料	$u_a \geqslant (50 \sim 100) u_t$

(二)输送空气量及输料管内径的确定

设单位时间输送物料的重量 w_s(kg/min)，所需空气重量 w_a(kg/min)。两者的混合比

$$\mu_s = \frac{w_s}{w_a}.$$

设空气的重度 γ_a(kg/m³)，需要的空气量 Q(m³/min)，则为

$$Q_a = \frac{w_a}{\gamma_a} = \frac{w_s}{\mu_s \gamma_a}$$

因此，若输送气流的速度为 u_a(m/s)，则输料管的内径

$$D = \sqrt{\frac{4Q_a}{60\pi u_a}} = \sqrt{\frac{4w_a}{60\pi\mu_s\gamma_a u_a}}$$

混合比 μ_s 越大，有利于提高输送能力。但是混合比过大，同样的气流速度下可能产生堵塞，输送压力增高，对系统产生不良影响。混合比的数值与物料的性质、输送方式以及输送条件等因素有关。一般选取混合比 μ_s 的范围可参考表 5-5。

表 5-5　混合比 μ_s 的数值

输送方式		混合比 μ_s
吸引式	低真空	1～8
	高真空	8～20
压气式	低压	1～10
	高压	10～40
	液态化压送	40～80

(三)空气的压力 P

对任何一种输送方式，选择压气(风)机的最大排气压力(对于吸气输送式为最大真空度)，都必须大于系统的压力损失。所以空气压力取决于系统的压力损失。所以要计算系统的压力损失。

(四)压气机的功率

根据确定的空气流 Q_a 和压力 P，就可以从产品目录中选择压气机。理论上压气机需要的功率 N(kW)为

$$N = \frac{Q_a p}{(60 \times 102 \times \eta)}$$

式中：η——压气机的效率，一般 $\eta = 0.5\sim0.7$。

(五)通风机的选择

1. 离心风机的表示的说明

例如离心式通风机的型号：

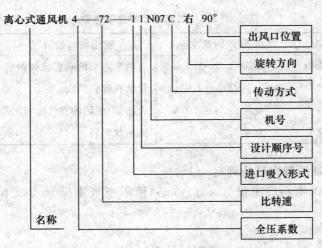

全压系数:在通风机中,全压系数是衡量风机空气动力学性能好坏的一项重要指标。即风机的全压系数乘上 10 后化整取一位数。

比转数:比转数是离心通风机的相似准则,比转数对所有相似风机都是一个常数,比转数越大说明流量越大,压力越小;对于相同流量与压力而言,比转数越大转数也就越大。

进口吸入形式:0——双侧吸入,1——单侧吸入,2——二级串联吸入。

机号:用离心通风机叶轮尺寸的分米数表示。

传动方式:有 A,B,C,D,E,F 6 种,A 为电动机直接传动;C 是悬臂支撑皮带传动。

旋转方向:指叶轮的旋转方向,从电动机或皮带轮一端正视风机有右旋或左旋。

出风口的位置:用角度表示,按叶轮旋转方向有 $0°,45°,90°,135°,180°……$。

2. 离心风机选用原则

(1)根据气力输送风网所需要的风量和阻力损失,在样本的性能曲线或性能选择表中选择;

(2)除了风量、风压之外,尽量选择效率高、运转平稳、噪声低、调节性能好的风机;

(3)考虑工艺流量的不均匀,应以系统工艺流量的最大值为依据,计算风机的风压、风量等参数;

(4)考虑管道、设备安装的不够严密,有漏风现象,对系统计算的总风量要有 $10\% \sim 25\%$ 的附加;

(5)考虑压损的计算不完全,风机通过的压力应高于计算压力 10%。

气力输送装置常用的通风机,一般中、低压系统常用 4-72-11,6-46-11,4-73-11,9-27-11,6-23-1 型等,其风机的效率在 $60\% \sim 90\%$。在较高压力的风网中,一般要求压力大些,而风量小些。常用 8-18-1,8-23-11,9-27-11,6-23-1,6-30-1,9-20-1,9-19-1 等。前三种效率可达 60%,后四种效率可达 80%。目前粮食工业常采用 6-30-1 和 6-23-1 风机作气源。在效率相同、压力系数相近的情况下,6-30-1 比 6-23-1 的风量大 45% 左右,所以对采用较高浓度、较小风量的气力输送,宜选 6-23-1 风机。

四、气力输送装置举例

1. 压气输送式小型混合饲料加工机组

时产 $1\,000\,kg$ 的饲料加工机组,如图 5-51 所示。

该机工作时,从喂料口喂入(粒料或草料),粉碎的料压送至旋风集料器,从装料斗进入混合机,副料也从装料斗加入,混合后从出料口排出。从旋风分离器上部排出的粉尘两相流进入布袋,气体透过布袋排到空气中,粉尘由布袋收集起来,可以从喂料口再进入粉碎机。该机粉碎草物料时,可从粉碎机的喂料口喂入。

该机主要参数:生产率——$1\,000\,kg/h$,装机容量:粉碎机 $13 \sim 17\,kW$,混合机 $1.5 \sim 2.2\,kW$,电耗——小于 $7 \sim 8\,kW \cdot h/t$,机重 $900\,kg$。

2. 综合气力输送式小型混合饲料加工机组

$9SJD$-700 饲料加工机组,如图 5-52 所示。

该机粉碎机从地坑中吸料,粉碎后由粉碎机中风扇(机)压送到旋风集料器,落入卧式混合机,副料可直接加入混合机,混合后从出口排出。如果加工草料,可从喂料口喂入进行粉碎。

该机的主要参数:生产能力——$700\,kg/h$,装机容量——$9\,kW$,机重 $850\,kg$。

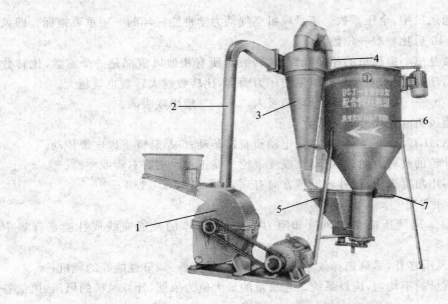

图 5-51　9SJ-1000 饲料加工机组(压气式)
1.FQ50 型粉碎机；2.压送料管；3.旋风集料器；4.除尘袋；5.装料斗；6.混合机；7.卸料口

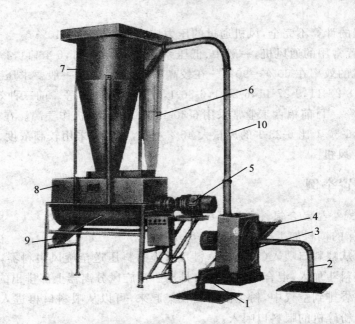

图 5-52　9SJD-700 饲料加工机组(综合气力输送式)
1.副料吸管(下端有吸嘴)；2.原料吸管(下端有吸嘴)；3.粉碎机；4.草料喂入口；
5.混合机电机；6.除尘布袋；7.旋风集料器；8.混合机；9.排料口；10.送料管

第六章　农业物料压缩工程

第一节　概论

一、压缩的基本概念

（1）所谓"压"（Compressing）——即为两个物体接触，其中一个物体对其另一个物体施力的过程。

（2）"压缩"——压过程中受力物体产生较大变形的过程，一般称为"压缩"。例如对草物料、棉、毛等松散物料的压过程。

（3）"挤压"——两个或两个以上物体同时对另一个物体的施"压"的过程，可叫"挤压"，一般挤压过程的变形较小；例如颗粒压制机和压草块机中环模、压辊之间对物料的"压"过程、割草压扁机上压扁辊对草秸秆的挤压、螺旋轧油的过程等都是挤压压缩。

纤维物料的缠绕的压过程，因为缠绕过程中存在滚动，可叫"滚压"或"卷压"，例如干草缠绕压饼、圆草捆的滚卷过程等，不论是辊式缠绕室，还是皮带缠绕室，对缠绕的草物料都可叫滚（卷）压。压缩量较小，也是挤压。

（4）物料的贮存、存放等过程也有"压"过程。

（5）其他的农业过程中，有时也包含了"压"过程。例如割刀切割茎秆；对物体施力的弯曲变形过程；物料的粉碎、揉碎、输送等过程中都存在"压"过程等。

所以"压"过程普遍存在，"压"过程随处可见；所以对压过程的研究具有重要意义。在草业工程中对松散物料的压缩具有特殊意义。

二、闭压缩和开式压缩概论

对松散物料的压缩过程中存在闭式压缩和开式压缩两个基本压缩类型。

（一）闭式压缩（Close Compressing）

所谓闭式压缩，是在有堵头的容器中对松散物料进行的压缩过程（图 6-1）。压缩过程中存在堵头（硬支撑）是闭式压缩的基本特征。

（1）向容器中装入松散物料后，活塞移动施压于物料，并推动物料移动，使其体积减小，密度增加；活塞到达其行程终点时，物料的密度达到过程的最大值 γ_{max}；相应活塞对物料的压力也达到最大值 P_{max}。

（2）压缩的全过程中，随物料密度增加活塞上压力相应的增加，一直到活塞行程的终点，过程中活塞一直对物料进

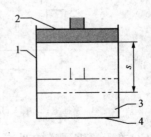

图 6-1　闭式压缩试验模型

1. 压缩室；2. 压缩活塞；3. 压缩的物料（产品）；4. 压缩堵头；s—压缩行程

行压缩。所以说闭式压缩的全过程仅是活塞对物料进行直接压缩的过程。

(3)活塞压缩力与物料压缩密度关系一直是闭式压缩研究的主体内容。最早的研究和最权威的研究成果就是研究压缩力和压缩密度的关系 $p=f(\gamma)$。以后的研究,也基本上是沿着这条主线进行展开的。

(4)活塞上的压缩力 p 主要取决于:

- 物料内部相互移动之间的摩擦力;
- 物料移动与容器壁的摩擦力;
- 物料变形(压碎)阻力;
- 主要是容器堵头的刚性支承力,所以其压缩力的上限可无穷大。

(5)基本上是装入一次物料,可压缩一个产品;活塞每次的压缩之间没有直接关系。

(6)活塞行程一定,压缩的密度与每次装入物料(叫喂入量或初始密度)的多少成比例。喂入量多,压缩密度 γ_{max} 就大,活塞的压力 p_{max} 就大;反之密度就小,压缩力也就越小。

(7)如果容器密封,在压缩过程中,可能会引出水分、气体和物料的密封三相压缩的问题。

(8)如果不加特殊的卸料装置,闭式压缩的工作过程是间断的,即喂入一次压缩一次,卸料一次,生产一个产品。产品的大小只与每次喂入量的多少有关。

(9)压缩过程中,一般喂入的草或压缩成的草片,只受一次(直接)压缩。

(10)过程、设备简单,易于实现。

(11)至今闭式压缩试验研究的容器都是比较小(如直径 $\Phi 53.3$ mm,直径 $\Phi 90$ mm,等),尤其对长散草,压缩物料的受力状态受边界条件的影响大等。对松散物料,尤其草物料的大变形的压缩试验研究,采用小模型试验至少存在的基本问题有:

- 试验的结论用于不同尺寸容器压缩,理论上还存在问题。
- 从中得出物料的变形力学特性结论,不能完全代表物料的力学特性。
- 与开式压缩试验结果存在差异性。

(二)开式压缩(Open Compressing)概论

1. 开式压缩定义及装置

(1)开式压缩是在没有硬堵头的通道(压缩室或草捆室)中进行的压缩过程。没有硬堵头支撑是开式压缩的基本特征,如图 6-2 所示。

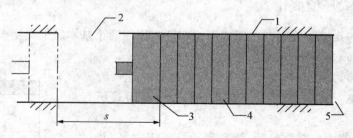

图 6-2　开式压缩

1. 草捆室;2. 喂入口;3. 压缩活塞;4. 每一次压缩成的草片;5. 草片出口;s—压缩行程

(2)关于压缩通道的叫法,有的叫草捆室,有的叫压缩室,还有的将其分为两部分:活塞将松散物料直接压缩成草片的通道部分叫压缩室;其余草片移动的通道部分叫草捆室。

作者认为闭式压缩的容器,可称为压缩室(因为它就一个压缩过程)。开式压缩中,因为直接压缩阶段和草片移动阶段是连续一体的,之间没有标志性的界限,所以在工程上叫做"草捆室"比较适宜。如果一定要进行区分,在捡拾压捆机上,止推卡爪前面的通道部分可叫压缩室,其后可叫草捆室。

（3）开式压缩在进行生产或试验之前,必须向压缩室内填充物料进行预压缩,直至物料充满整个草捆室,建立起正常的阻力条件,以保证压缩的密度,才能正常进行生产和试验等。

2. 开式压缩是一个连续生产过程

开式压缩的全过程是一个连续的生产过程。连续喂入物料,连续压缩,产品连续排出。装入物料后,活塞移动施力于物料,推动物料移动;物料的体积（空间）逐渐减小,其密度逐渐增加;相应活塞上的压力逐渐增加;当压缩力达到一定（最大）值 P_{max} 时,压缩草片密度也达到最大值 γ_{max},此时被压缩成的草片开始随活塞一同移动,直至活塞行程终点。在草片移动过程中,根据需要,将草捆室中若干草片捆束起来,就是一个草捆;形成的草捆从草捆室尾端陆续排出。是一个连续的生产过程。

全过程基本上分为"活塞直接压缩过程"和"草片移动过程"两个基本过程。

1）活塞直接压缩过程

活塞直接压缩过程,是将一次喂入的松散物料直接压缩成一定密度草片并直接将其推至活塞行程之外的过程。过程的长度是活塞一个行程的距离。

喂入一次,活塞压缩一次,活塞直接将松散的物料压缩形成一个草片,并将草片推移一个距离。推移草片移动的距离等于一个草片的厚度 δ。

$$\delta = \frac{G}{(a \times b)\gamma_{max}}$$

式中：G——一次压缩（喂入）量,称为喂入量（kg）；

　　$a \times b$——草捆室的断面积；

　　γ_{max}——草片的（最大压缩）密度。

显然,压缩密度一定时,喂入量 G 大,草片的厚度 δ 就大,其压缩行程内草片移动的距离也长。压缩密度与喂入量没有直接关系；

对于喂入量,有的也叫初始密度,用 γ_0 表示,所谓初始密度,就是压缩前压缩室内喂入的物料量与压缩室内体积之比,即

$$\gamma_0 = \frac{G}{(a \times b) \times s}$$

喂入量一定,在相同试验条件下,草片的压缩密度 γ_{max} 一般也应是相同的。

"活塞直接压缩过程",理论上,也可分细为三个阶段叙述：

（1）活塞直接压缩过程中的"充满阶段"（可简称充满阶段）。即将草物料喂入后,活塞施力于物料并使其移动,设在一定的移动距离内,活塞移动只消除物料间的间隙,物料并不产生变形;理论上称此阶段为充满阶段,即松散物料充满草捆室的阶段。此阶段物料的密度,称其为"理论初始密度",在以后试验、生产中,将填充至喂入室的重量与一个行程草捆室体积之比,也称谓初始密度,两者定义不同,为叙述方便,在此的初始密度可叫理论初始密度,用 γ_{t0} 表示,以示与以后的初始密度 γ_0 不同。

$$\gamma_{t0} = \frac{G}{a \times b(s - x_1)}, (初始密度 \; \gamma_0 = \frac{G}{(a \times b)s})$$

式中：s——活塞的行程；

x_1——充满阶段，活塞移动的距离；

其他参数同上。

(2)直接活塞压缩阶段，可称为直接压缩过程中的"松散物料压缩阶段"。接续充满阶段，活塞继续移动，使物料在发生相对位移的情况下产生变形，密度增加；相应的活塞上的压缩力也增加，直到压缩力达到最大 p_{max}，物料的密度也达到最大 γ_{max}。

此时
$$\gamma_{max} = \frac{G}{(a \times b)(s - x_2)} = \frac{G}{(a \times b)\delta}$$

式中：x_2——活塞从起始点至草片达到最大密度值位置移动的距离；

δ——草片的厚度；

其他参量同上。

(3)压缩成的草片随活塞移动的距离，即活塞直接推草片移动的阶段，即活塞直接推移下草片移动的距离。在压缩阶段，草片的密度达到了最大 γ_{max}，压缩力也达到最大 p_{max}，活塞继续移动，被压缩成的草片(厚度为 δ)，随活塞开始一起移动，直到将其推至活塞行程终点之外，其移动的距离为 $\delta \left(= \frac{G}{ab\gamma_{max}} \right)$ 就是一个草片的厚度。可认为推移阶段草片的密度 γ_{max} 不变。

为了简化起见，活塞直接压缩过程中，一般将上面的充满、压缩阶段通称为压缩过程第一阶段，其推移草片移动的阶段称为压缩过程的第二阶段，如图 6-3 所示。

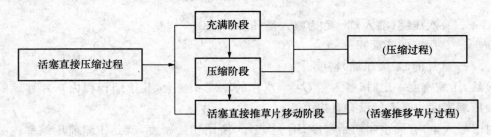

图 6-3 开式压缩直接压缩过程

开式压缩的直接压缩过程，就是喂入一次，活塞压缩一次，连续完成压缩、推移(草片)两个阶段。这两个阶段，是活塞直接作用下进行的，所以可称为"直接压缩过程"。

"草片的移动过程"即开式压缩的第二个过程，这是开式压缩特有的过程。

2)草片非直接压缩的移动过程：就是草片的移动不是在活塞直接推动下的进行过程。是在压的草片和之前已经被压缩成的草片的推动下进行的；它们的移动，不是活塞直接作用下进行的，而是活塞通过直接压缩的草片(即"在压草片")将力传递到其他草片上实现的。例如第 n 次压缩(草片)时，活塞是通过第 n 个草片，将力传递到以前压缩过的草片上，依此类推。它们在移动中的受力、变形是非常复杂的。一个压缩成的草片在草捆室中移动中(非直接)被压缩若干次，压缩一次移动一个 δ 距离。所以压缩成的草片在其移动过程中的变形、受力是非常复杂的。

3. 关于松散物料压缩,作者最近又推出"松散物料压缩变形体"原理。将专门进行论述。

三、压捆机械的类型

(1)压(方草捆)压捆机械,包括捡拾压捆机,大方草捆捡拾压捆机,固定式压(方草)捆机——属开式压缩系统。

(2)棉花压包机,还有二次压缩草捆机,捡拾集垛机等属闭式压缩系统。

(3)圆草捆机,包括各类捡拾圆草捆机,缠绕压草饼机等属滚(卷)压系统。

(4)模式压草快机,颗粒饲料压制机等属于挤压系统等。

第二节 (方草捆)压捆机

一、概况

(一)方草捆捡拾压捆机的发展

方草捆产品的应用已有一个多世纪的历史,捡拾压捆机应用也有 70 多年了。方草捆产品能很好地解决松散草物料的储存、处理、流通的基本矛盾;方草捆可以较好地保持草物料的质量,减少过程损失和对环境的污染。所以 1936 年捡拾压捆机出现后,迅速在全世界范围内推广应用。由于方草捆首先出现应用,在国外草捆(Bale)就是指的方草捆,相应地,Baler 就是方草捆机或捆草机或传统捆草机。至于其他型式的捆草机,前面加定语,例如圆草捆机(Round Baler)、大方草捆机(Big baler)等。在我国如果没有特殊说明,压捆机一般指的也应该是方草捆压捆机。

(二)压捆机的一般情况

目前国内外(方)捆草机主要是捡拾压捆机,在国内也有少量的固定式压捆机。分类情况如图 6-4 所示。

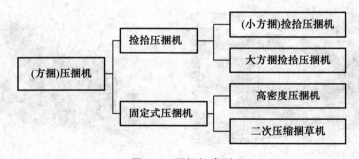

图 6-4 压捆机类型

1. 捡拾压捆机

(1)捡拾压捆机是田间生产机具。在田间捡拾草条,连续生产草捆,生产的草捆置于田间。目前应用最广泛的主要是小方草捆捡拾压捆机即捡拾压捆机(Picup-Baler)。

①草捆的形状尺寸,在国内外已经规范化,其断面积主要是 360 mm×460 mm(14″×18″),310 mm×410 mm(12″×16″),410 mm×460 mm(16″×18″)等;我国通用的是 360 mm×460 mm。草捆的长度一般是 600~800 mm,长度的确定是可调的,以保证草捆形态的稳定性

和生产、处理、应用的方便性。

②草捆的密度，目前捡拾压捆机生产的草捆的密度，一般是 130～180 kg/m³，国内外捡拾压捆机生产的草捆密度一般都小于 200 kg/m³。

③捆绳，已经标准化，一般的捆绳有剑麻(Sisal)绳和塑料(Plastic)绳，直径 2～3 mm，表面均匀光滑，拉力强度不低于 980N(SPPK-320 型)和 890N(SPPK-360 型)；铁丝捆束，捆束铁丝(Wire)，其强度 345～483(MPa)(退火处理)(目前基本不用铁丝打捆)。

(2)大方捆捡拾压捆机在 20 世纪 60 年代，国外就出现了。进入 21 世纪应用得多起来了，我国已经有引进，主要用在秸秆燃烧发电提供大方草捆。因为草捆大而重，生产、处理需要全盘机械化。所以我国目前在饲料生产中基本上没有应用。

①草捆的尺寸，有 0.80 m×0.90 m，1.20 m×0.70 m，1.20 m×0.9 m，最大的达1.20 m×1.30 m(例如 KRONE)。草捆长度一般 90～250 cm，重量最大已超过 1 000 kg。

②密度一般在 200 kg/m³ 以上，有的达 250～370 kg/m³。

③一般有 4～6 道捆绳。

④压缩次数，一般 40～60 次/min

⑤机器重量大，其最大功率超过 100 kW。

2. 固定式压捆机

20 世纪 80 年代，我国在草原上，适应生产出口草的需要，引进了固定式高密度压捆机。为了运输方便、减少污染，要求草捆高的密度，一般达 300～400 kg/m³。为了克服其生产中存在的问题，国内开发了液压高密度捆草机，如图 6-5 所示，由液压站驱动压缩活塞压缩，从上面喂入口填充物料，插草器进行喂入，由电器控制压缩运动。固定作业，移动方便。

3. 二次压缩捆草机

为了满足出口草捆的要求，国内开发了二次压缩捆草机，即将捡拾压捆机生产的方草捆，两捆压缩成一个高密度的草捆。如图 6-6 所示，从上口装入低密度草捆，由油缸将上盖关闭、压紧，由压缩油缸推动活塞进行压缩。

图 6-5　9KG-350 型压捆机

图 6-6　二次压缩捆草机

二、(小方捆)压捆机

(一)捡拾压捆机类型

捡拾压捆机(Pickup Baler)在没有特殊说明的情况下，就是指的小方捆捡拾压捆机。

就目前国内外生产的捡拾压捆机有两类型式，一是工作过程物料是直流的(也称正面牵引式)，二是工作过程物料是非直流的(一般是偏置牵引式)。

1. 直流式捡拾压捆机

捡拾压捆机在田间工作时,捡拾器捡拾草条——通过两个半悬臂搅龙的收缩输送——再由喂入器将草从下部向草捆室后上方向(正时)喂入——活塞对喂入的物料进行压缩。捡拾器连续捡拾,喂入器喂入一次,活塞压缩一次,形成一个草片;待草捆室内草片达到一定(草片数)长度(由草捆计量器计量)时,离合器控制机构,接通打捆器主轴转动,驱动打捆器开始工作。完成捆束之后打捆器停止转动。捆束成的草捆从草捆室尾端连续推出放在田间。工作过程物料流基本上是直流的,如图6-7所示。

图 6-7　9YFQ-1.9 捡拾压捆机的生产工艺过程

A. 拖拉机动力输出轴;B. 牵引销;C. 传动轴;D. 牵引杆;E. 安全剪切螺栓;F. 牧草导向器;G. 捡拾器;

H. 喂入拨叉安全剪切螺栓;I. 传动箱;J. 喂入拨叉;K. 压缩活塞;L. 打捆针安全机构拉杆;

M. 打捆机构总成;N. 打结器安全剪切螺栓;O. 草捆长度计量轮;P. 打捆针;

Q. 压捆室;R. 草捆密度控制手柄;S. 放捆板

我国的9YFQ-1.9捡拾压捆机,国外 HESS-TON 生产的 4690S/4590 型的捡拾压捆机等属此类型。

2. 非直流式捡拾压捆机

如图6-8是非直流式捡拾压捆机,捡拾器(PICKUP)捡拾田间的草条(WINDROW);

由螺旋输送器(AUGER)横向输送,再由喂入器(FEEDER TEETH)从侧面喂入草捆室;再由压缩活塞(PLUGER)将其压缩成草片,由打捆装置将若干草片用绳(TWINE)捆成草捆(BALE);草捆连续从草捆室出口被排出机外。该机型从对物料的捡拾、喂入到草捆的排出,其

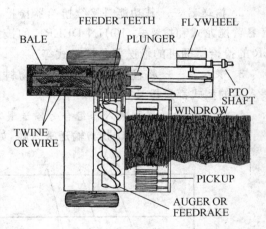

图 6-8　非直流捡拾压捆机工艺过程

物料流中间转向,属非直流式的。国内外的捡拾压捆机多属非直流型。

(二)捡拾压捆机构造

捡拾压捆机一般构造如图6-9所示。

国内外的捡拾压捆机虽然存在一定的差异,但其原理相同,构造基本相同。

1. 弹齿式捡拾器

捡拾压捆机上的捡拾器基本上都是凸轮式弹齿捡拾器。其宽度要与捡拾的草条相适应。

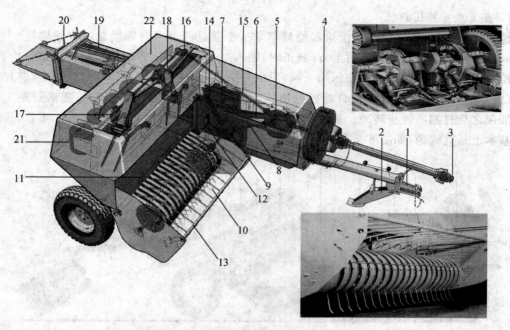

图 6-9　捡拾压捆机构造（Welger AP 52/AP53）

1. 牵引钩；2. 放置支撑；3. 活节轴；4. 大飞轮；5. 齿轮箱；6. 压缩连杆；7. 压缩活塞；8. 捡拾器传动轴；

9. 捡拾器传动；10. 捡拾器；11、13. 捡拾器压条；12. 调节杆；14、15. 输送、喂入器传动轴；

16. 锥齿轮；17. 锥齿轮；18. 喂入器；19. 草捆室尾部；20. 密度调节柄；

21. 绳箱；22. 机盖。右上是打捆装置，右下是捡拾器

2. 输送器——其功能是接续捡拾器捡拾的草物料，将其送向草捆室喂入口，输送器型式有悬臂搅龙式和拨叉式，JOHN DEERE 的捡拾压捆机的输送器是悬臂搅龙式，德国 WELGER 的捡拾压捆机的输送器是拨叉式等。

3. 喂入器——将输送到喂入口处的物料正时地向草捆室内喂草，喂一次活塞压缩一次，喂入器的型式都是拨叉式。

4. 有的将输送器和喂入器组合为输送喂入器，组合有两种型式

（1）搅龙——拨叉式（同向）输送喂入器，如图 6-10 所示，一般用于非直流捡拾压捆机上。

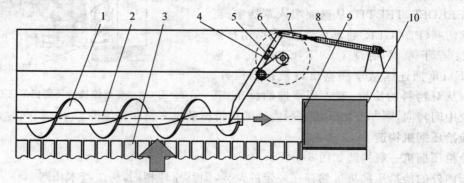

图 6-10　非直流式搅龙——拨叉式输送喂入器

1. 输送搅龙叶片；2. 搅龙轴；3. 捡拾器罩板；4. 安全螺栓；5. 曲柄；

6. 喂入叉；7. 摇杆；8. 缓冲弹簧；9. 切草刀；10. 草捆室

(2)搅龙——拨叉式输送喂入器,输送、喂入方向不同,如图 6-11 所示,用于直流捡拾压捆机上。

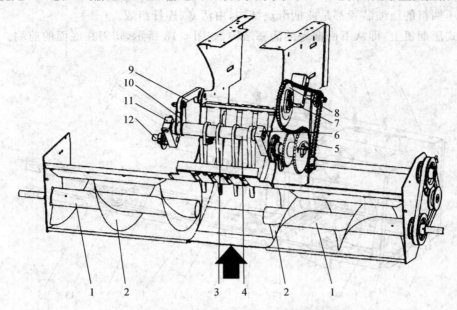

图 6-11 直流式搅龙——拨叉式输送喂入器
1、2 两个半螺旋搅龙;3、4 拨草叉;5. 驱动链轮;6. 左曲柄;7. 传动板;8. 主曲动链轮;
9. 摇杆;10. 连接臂;11. 右曲柄;12. 右曲柄轴

(3)双拨叉式输送喂入器

输送器与喂入器为一体的输送-喂入器,如图 6-12 所示,用于非直流捡拾压捆机上。
德国 WelgerAP 系列等的捡拾压捆机多是此类种型式。

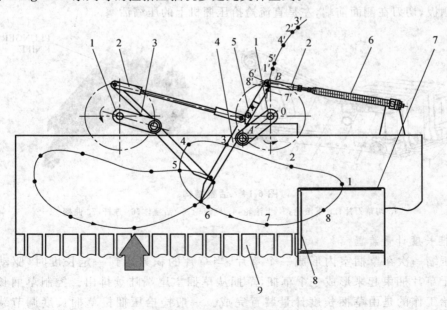

图 6-12 双拨叉式输送喂入器
1. 轴;2. 摇杆;3. 输送叉;4. 喂入叉;5. 安全螺栓;6. 缓冲弹簧;7. 草捆室;8. 切草刀片;9. 捡拾器罩板

5. 压缩机构

捡拾压捆机的压缩装置都是曲柄滑块结构,由活塞、连杆组成。

直流式压捆机上,即从下面喂入的活塞结构,如图 6-13 所示,切刀在底面的前端。

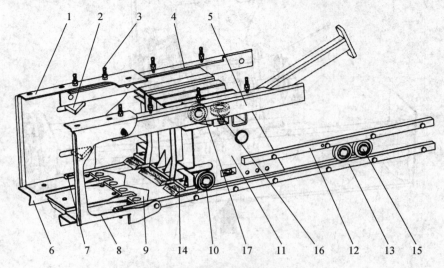

图 6-13　压缩活塞与草捆室装配(直流式)

1. 草捆室右侧;2. 草捆室壁上的限草卡爪;3. 调整螺钉;4. 右上导轨;5. 左上导轨;6. 草捆室底板;

7. 右下导轨;8. 草捆室左壁;9. 固定在草捆室喂入口处(下)定刀片;10. 活塞上的后下滚轮;

11. 活塞;12. 活塞下滚轮的上导轨;13. 左下导轨;14. 装在活塞上的动刀片;

15. 活塞上的后下滚轮;16. 活塞上的侧滚轮;17. 活塞上的上滚轮

非直流式压捆机上,即从草捆室侧面喂入的活塞结构如图 6-14 右所示,侧面喂入,活塞一侧必须有侧板,切刀在侧面前端,左是直流捡拾压捆机上的压缩活塞。

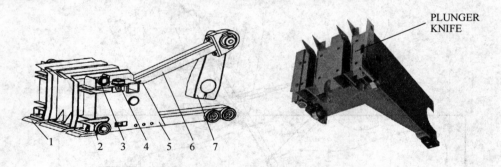

图 6-14　活塞结构

1. 切草刀片;2. 下滚轮;3. 上滚轮;4. 侧滚轮;5. 活塞体;6. 连杆;7. 曲柄

6. 草捆长度计量装置

活塞压缩一次在草捆室内形成一个草片,当草片的积累达到一定长度时,驱动打捆器机构将若干草片捆束起来形成一个草捆,草捆从草捆室尾端陆续排出。控制草捆长度和打捆机构开始工作的是由草捆长度计量装置完成。一般捡拾压捆机草捆长度调节装置如图 6-15 所示。

工作过程中,计量轮 11 的齿端嵌入草捆室内草片上面,当草片运动时带动计量轮转动。

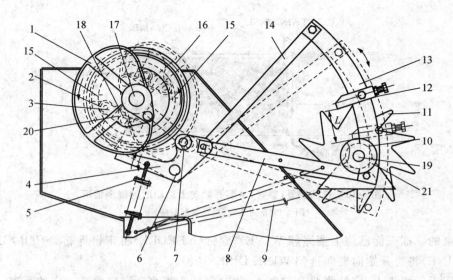

图 6-15　一般捡拾压捆机草捆长度调节装置

1. 复位凸轮；2. 分离卡爪滚轮；3. 分离卡爪；4. 复位杠杆；5. 弹簧（Ⅰ）；6. 复位杠杆轴；
7. 复位杠杆滚轮；8. 连接杆；9. 弹簧（Ⅱ）；10. 滚花轴套；11. 计量轮；12. 挡块；
13. 计量杆；14. 连接杆（Ⅱ）；15. 挡铁；16. 驱动链轮；17. 打捆机构主轴；
18. 分离卡爪轴；19. 计量轮轴；20. 扭转弹簧；21. 挡环

在计量轮轴 19 上装有表面滚花的滚花轴套 10，计量轮 11 转动带动计量杆 13 上升，当其上升至滚花轴套 10 进入计量杆下端的缺口中（如图 6-15 位置）时，复位杠杆 4 在弹簧（Ⅰ）的拉动下，复位杠杆轴 6 逆时（向上）转动，直至复位杠杆 4 的左端面与分离卡爪 3 不再相互抵触（图中实线）。分离卡爪 3 脱开后，在扭转弹簧 20 的作用下，分离卡爪轴 18 逆时转动。因为驱动链轮 16 始终是转动的，当挡铁 15 的斜面与链轮表面接触，复位凸轮 1 与驱动链轮连成一体，驱动链轮固定在打捆机轴 17 上，驱动链轮通过复位凸轮驱动打捆器主轴转动，于是打捆器（包括穿针和传动打结器的扇形齿盘转动）开始工作。

7. 打捆装置及其工作过程

打捆装置是捡拾压捆机最重要的装置之一。其功能就是在草捆室中用绳将若干草片正时、可靠的进行捆束、打结形成符合生产要求的草捆产品。

（1）打捆装置及初始位置

打捆装置及初始位置对保证打捆时序、动作过程的正确性非常重要。其中，包括打结器组成和穿针结构的初始位置的正确性。

①绕绳准备：打捆装置开始前，捆绳从绳箱引出穿过绳箱侧板穿孔，从压绳板下方通过导绳套孔，穿过穿针孔最后把绳头系在草捆室横梁上。提升离合器杆使打结器结合，打结器工作，直到穿针把捆绳引向打结器，待夹绳器夹住捆绳后，转动飞轮使穿针返回原始位置，然后解开系在草捆室横梁上的捆绳，打结器就可以进行工作了。

②打捆装置开始工作时草捆室绕绳情况：压缩的草片推动从夹绳器引下来的捆绳，使草捆三面被捆绳包围，设此时打捆装置离合器结合开始工作（图 6-17）穿针将要上升送绳。对应的（图 6-16）即为打捆装置将要开始工作的位置。

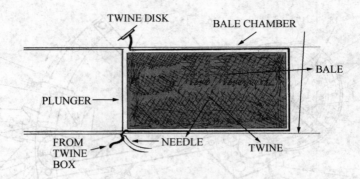

图 6-16　打捆装置(穿针)将要开始向上运动时的绕绳情况

(图 6-17 左的送绳、夹绳情况对应)

待捆束的草捆三面已绕上捆绳(TWINE),穿针(NEEDLE)将来自绳箱(FROM BOX)的捆绳(TWINE)将要开始向夹绳盘(TWINE DISK)送绳。

活塞接近行程终点,穿针将要升起送绳,此时穿针头离草捆室底保持一定的距离。开始工作时,穿针从活塞头的缝隙中向上穿过,将绳送至夹绳器被夹住,穿针达到最高点(图 6-18 右)此时活塞继续向其行程终点运动,此时草捆四面已经绕上捆绳,相应活塞已经达到其行程终点。穿针返回,打捆装置完成一个草捆的捆束结。活塞回行程,打捆装置离合器离开停止运动。穿针又回到原来的位置。等待继续循环进行新的工作过程。

③打捆装置由两部分装置协调工作,一是驱动穿针的曲柄连杆机构,一是打结器机构,打结器空套在打捆机构主轴上,穿针的曲柄连杆机构固定打捆机构主轴上。

④保持穿针传动装置和打结器结构的初始位置及相互位置关系是保证打捆器正常工作的重要条件。穿针曲柄连杆机构开始位置如图 6-17 左);打结器机构的伞形齿盘的开始位置,夹绳器锥齿轮轴线与扇形齿盘中心连线与扇形齿盘外齿中心线夹角α应保持一定如图 6-17 右)。

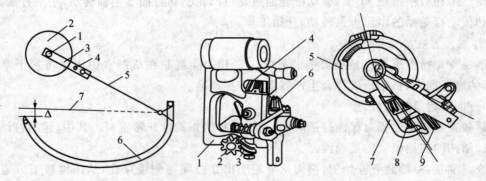

图 6-17　打捆装置开始工作位置示意图

(左)穿针传动装置:1. 打捆装置主轴;2. 驱动链轮;3. 曲柄;4. 剪切销;5. 连杆;6. 穿针;

7. 草捆室底板,△ 为打结器开始时穿针尖与草捆室的距离

(右)打结器(D 型)结构:1. 打结器架体;2. 驱动夹绳器的蜗轮;3. 蜗杆;4. 蜗杆轴销锥齿轮;

5. 扇形齿盘;6. 打结钳轴小锥齿轮;7. 脱绳杆;8. 打结钳嘴;9. 夹绳器

扇形齿盘空套在打捆器主轴上,打捆装置体固定在打结器轴上。打捆装置主轴开始转动

带动打结器开始工作。打结器开始工作时的初始位置如图 6-18 所示，其中的 $\triangle$，α 应该保证准确和相互对应。

（2）打捆工作过程，图 6-18 以 D 型打结器为例。

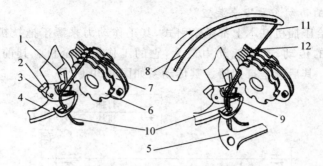

图 6-18　D 型打结器构造

1. 割绳刀；2. 上卡爪滚轮；3. 打结钳嘴；4. 脱绳杆；5. 拨绳板；6. 夹绳盘；7. 清绳片；
8. 穿针；9. 钳嘴上卡爪；10. 初级捆绳；11. 夹绳片

左图是打捆前（将要开始），右图是穿针送绳、拨绳板拨绳、夹绳器夹绳

D 型打结器打结过程如图 6-19 所示。

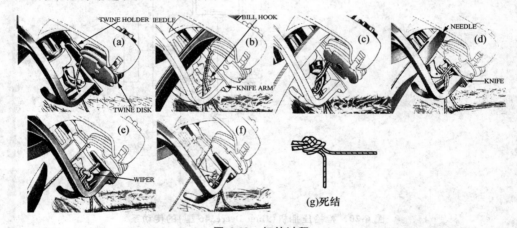

图 6-19　打结过程

（a）开始打结前——打结器工作前的原始位置，初级捆绳已经被夹在夹绳器中了。

（b）送绳、拨绳、夹绳——打结器离合器结合后开始工作，打结器主轴转动，带动穿针将次级绳向上引向打结器。当穿针上升到打结器的上方时，拨绳板将引上来的捆绳拨向打结器钳嘴（a）；使两股捆绳贴紧钳嘴表面上（b）。穿针继续上升到夹绳器上方时，扇形齿盘的齿与夹绳器小嘴齿轮啮合，夹绳器转动将引上来的捆绳夹持住。

（c）绕绳——夹绳器夹住捆绳后，穿针已上升到顶点，扇形齿盘上的另一段齿与打结钳锥齿开始啮合使打结钳开始转动，钳嘴在转动过程中将靠紧的两股绳开始绕绳打结。

（d）钳嘴的上卡爪张开、闭合——钳嘴旋转，上卡爪滚轮与打结器架体上的外凸轮接触，使闭合着的钳口张开，随着钳嘴、夹绳器的继续转动，两股捆绳引入钳嘴的卡爪之间，继而上卡爪滚轮与上卡爪压紧凸轮接触使钳嘴闭合咬住捆绳，见图（e），至此夹绳盘和打结钳停止转动。

（e）割绳、脱扣——随着脱绳杆继续摆动，首先固定在脱绳杆上的割刀切断夹绳器下方的

两股捆绳,见图(e)。在脱绳过程中由于捆绳被割断的那一头仍被夹持在上卡爪与钳嘴下颚之间。因此,只有缠绕在钳嘴上的捆绳完全脱下来之后,夹持着的绳头才能被拉出来,至此绳结完全形成(死结 g)。

8. 捡拾压捆机的传动系及安全装置

(1)传动系:捡拾压捆机基本上都是牵引式,其工作动力来源于拖拉机的输出轴。传动系的核心是压缩装置的传动,其消耗动力最大,它的工作影响全机。其前序工作部件是捡拾器——输送喂入器。其后续是打捆器。其传动系如图 6-20 所示。

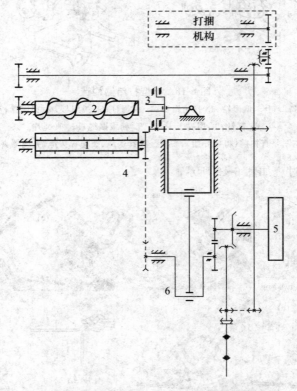

图 6-20　捡拾压捆机(Jhon Deere346 型)的传动系
1. 捡拾器;2. 输送器;3. 喂入器;4. 压缩活塞;5. 大飞轮;6. 曲柄滑块机构

(2)捡拾压捆机消耗的动力较大,负荷不均匀,为了保证机器正常工作和其机构的不被损坏,所以传动系的安全是机器的重要组成部分,其主要安全装置有:

①主传动轴的超越离合器:拖拉机输出轴驱动的机械,其传动轴上都有此安全器,只能单向传递动力;超负荷时,切断动力。

②主传动的安全离合器:有的主传动安全器设置在大飞轮中(大飞轮起动力平衡作用,曲柄滑块传动的压捆机都有一个较大的飞轮)。其结构如图 6-21 所示。

主传动轴通过花键轴 8,通过摩擦式安全离合器与大飞轮 1 连接,大飞轮空套在齿轮箱的输入轴 3 上,连接板 2 用轴端螺钉 4 固定在飞轮的端面上,并通过花键连接齿轮箱输入轴 3。设置两个安全螺栓 5 装入连接板和和飞轮的孔中,通过安全螺栓将连接板和飞轮连接起来。当超负荷或与障碍时齿轮箱输入轴负荷过大,通过连接板将安全螺栓剪断,切断了主传动轴来的动力,保护了传动系。

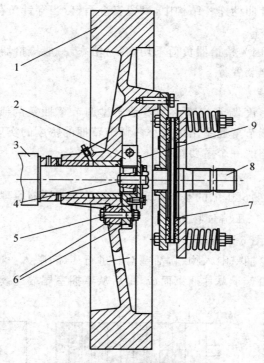

图 6-21 主传动剪切安全螺钉

1. 飞轮；2. 主传动板；3. 齿轮箱输入轴；4. 轴端螺钉；5. 主传动安全螺栓；
6. 剪切套；7. 摩擦式安全离合器；8. 花键轴；9. 垫圈

③输送喂入器的安全装置：输送喂入草物料，容易堵塞，为保证安全，在拨叉结构中设置安全装置，一般设安全弹簧或采用木质件，载荷超过一定限度时，使拨叉滑脱或者折断。

④穿针保护装置：打捆过程中穿针需要通过草捆室，虽然在设计时活塞的运动和穿针的运动是正时的。为杜绝发生活塞撞击穿针的严重事故，一般捡拾压捆机上都设置穿针保护装置，如图 6-22 所示。

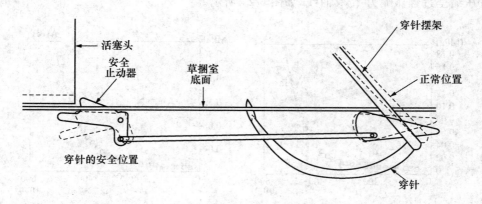

图 6-22 穿针保护装置

虚线是穿针正常位置，当穿针通过草捆室时，安全止动器进入草捆室，如实线位置，穿针安全止推器可阻止活塞（PLUNGER）撞坏穿针。

机器上还单独在穿针曲柄连杆结构中,设置安全销钉,当穿针负荷过大或被阻挡时安全销被截断,保护穿针不被损坏。

⑤捡拾器安全装置:因为捡拾器负荷不均,容易堵塞,一般捡拾器传动中也设置安全装置,例如带轮传动或其他安全装置等。

9. 草捆密度调节装置

压捆机上都有压缩密度调节装置。大多是通过调节草捆室的倾斜来实现。多是上下调节,也有上下、左右两维调节草捆室出口大小。调节草捆的密度的实质是调节草捆室对压缩的摩擦阻力。这是开式压缩的一个重要特点。

(三)压缩基本原理

捡拾压捆机,固定压捆机压缩的基本原理相同都是开式压缩原理。

1. 压缩过程中压缩力、压缩位移的规律

开式压缩全过程,如图 6-23 所示。

喂入器从喂入口向草捆室喂入物料,活塞对其进行压缩;喂入一次压缩一个草片。草片在草捆室中移动。草捆是由若干草片捆束而成,最后从草捆室尾端连续排出机外。

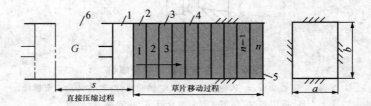

图 6-23 开式压缩过程(固定式压捆机,草捆室比较长)

喂入量 G,活塞压缩行程 S

1. 压缩活塞;2. 在压草片;3. 草捆室中运动的草片(捆);
4. 草捆室;5. 草捆室出口;6. 喂入口

(1)压缩过程压缩力-位移

①压缩全过程压缩力-位移曲线,如图 6-24 所示。

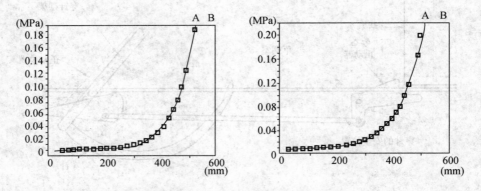

图 6-24 压缩力与压缩量(位移)的关系

(干羊草,左:喂入量 2 kg;右:喂入量 3 kg)

纵坐标是压力(MPa),横坐标是活塞位移(mm)

②P-x 曲线方程式

对压缩力-压缩位移曲线进行回归得出方程式：

$$P = Ae^{Bx}$$

式中：P——活塞的压缩力；

$\quad x$——压缩量（活塞位移）；

B,A——试验回归系数。

③对 P-x 曲线的初步分析

• 开始压缩时，松散物料移动阻力很小，所以随活塞的位移压缩力变化很小；随着活塞位移，被压缩物料的体积减小，密度增加，而较密实的物料随着活塞的位移，变形阻力增加很快；一直压缩到最大密度的 A 点；从 A 点开始，草片随活塞一起移动至活塞行程终点 B。

• 活塞至点 A 压缩力达到最大值 $P_{\max}$，对应的是草片的压缩最大密度为 $\gamma_{\max}$。$P_{\max}$ 也是草捆室的最大支撑力（即草捆室壁对室内物料的静摩擦力）。过 A 点后草片移动的（压缩）支撑力是草捆室壁对室内物料的动摩擦力，所以过 A 点后的压缩力小于 $P_{\max}$；这个变化的实质是其压缩的支撑力由草捆室壁的静摩擦力变成动摩擦力。为了简化处理，可认为在 A、B 点的压缩力（草捆室壁的支撑力）接近。

• 压缩过程中，压缩达到最大压缩力 $P_{\max}$，"在压"草片（与其后部的所有草片一起）开始移动。因为草捆室中的状况基本相同，压缩相同物料时，其支撑力（最大摩擦力）可视为基本相同；因此对同一种物料其最大压缩力 $P_{\max}$ 对应的最大压缩密度 $\gamma_{\max}$ 可认为是基本相同的（试验曲线稍有差异）。

• 喂入量不同，A 点的位置不同，喂入量大的 A 点的位置靠前；喂入量小的 A 点靠近活塞行程的终点。所以，不同喂入量的 P-x 曲线，虽然基本趋势相同；但是随活塞的位移，压缩力增加的变化率不同；喂入量大的变化率大；喂入量小的压缩力曲线的变化率小。

• AB 就是一个草片的厚度，显然喂入量大的，草片的厚度大；草片的厚度为：

$$AB = \delta = \frac{G}{ab\gamma_{\max}}$$

从中可以计算出相应草片的密度 $\gamma_{\max} = \dfrac{G}{ab\delta}$（式中参数同前）。

2. 压缩力-压缩密度

①压缩力 p、压缩密度 γ 曲线，如图 6-25 所示。

②P-γ 方程式

P-γ 关系是从 P-x 关系中计算出来的。

在此基础上通过计算，将喂入量 G、密度 γ、压缩行程 s 引入，

压缩密度 $\gamma = \dfrac{G}{a \cdot b(s-x)}$，喂入量用初始密度

表示 $\gamma_0 = \dfrac{G}{a \cdot b(s-x)}$，

所以 $\gamma = \gamma_0 \dfrac{s}{s-x}$，因此 $x = s\left(1 - \dfrac{\gamma_0}{\gamma}\right)$，

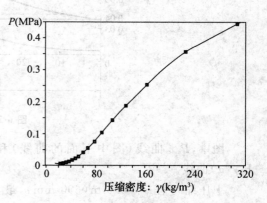

图 6-25 P-γ 曲线

将其代入 $P = Ae^{Bx}$ 得到

$P = Ae^{B\left(1 - \frac{\gamma_0}{\gamma}\right)}$ ——变成了压缩力与压缩密度的关系式 $P = f(\gamma)$；

于是 $P = Ae^{Bx}$ 转换为 $P = Ae^{B\left(1 - \frac{\gamma_0}{\gamma}\right)}$，

即 $P\text{-}x$ 曲线转换为 $P\text{-}\gamma$ 曲线。

③对 $P\text{-}\gamma(x)$ 曲线分析

• $P\text{-}\gamma$ 曲线的基本趋势是随压缩密度的增加，压缩力增加；

• $P\text{-}\gamma$ 曲线大致分为三个阶段：但是不同的物料，其三个阶段的情况存在差异；

曲线初始，随密度增加，压缩力增加很慢，主要是物料体积松散，变形阻力很小；

中间，随密度的增加，压缩力增加很快，其原因是密度变得密实，随密度增加，变形阻力变化大；

最后阶段，变化比较复杂，有的随密度的增加，压缩力增加速率稍有降低；有的随密度的增加压缩力增加依然很快。

3. $P\text{-}x$ 曲线和 $P\text{-}\gamma$ 曲线换算的讨论

对压缩力、压缩位移、压缩密度关系论述之后，可讨论如下问题。

$P\text{-}x$ 曲线是试验过程中试验曲线，$P\text{-}\gamma$ 曲线是由 $P\text{-}x$ 曲线，通过计算得到的曲线。

所以 $P\text{-}x$ 是压缩的最基本的关系曲线。

为加深认识，下面在同一个坐标图中，根据 $P\text{-}x$ 曲线绘制 $P\text{-}\gamma$ 曲线。

(1)例如，喂入量为 3 kg 的干羊草压缩试验的 $P\text{-}x$ 曲线，如图 6-26 所示。

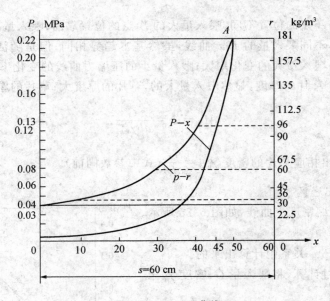

图 6-26 $P\text{-}x(\gamma)$ 曲线

图中，$P\text{-}x$ 曲线（图中下面的曲线）和由其计算出来的 $P\text{-}\gamma$ 曲线（上面的曲线），即为 $P\text{-}\gamma(x)$ 曲线。

• 压缩行程 $s = 0.6$ m（600 mm），最大压缩力 $p_{max} = 0.22$ MPa，最大压力对应位置是 A 点。

• P-x 曲线比较光滑。开始阶段随位移量增加,压缩力增加很慢;后一阶段随位移增加,压缩力增加很快。

(2)在图上作出相应的 P-γ 的关系

在行程 x 坐标上,找出对应的应力 P 对应的密度 γ。

• 最大压缩密度 $\gamma_{max} = \dfrac{G}{(a \times b)\delta} = \dfrac{3 \text{ kg}}{0.36 \text{ m} \times 0.46 \text{ m} \times 0.01 \text{ m}} = 181 \text{ kg/m}^3$,

即活塞压缩到 $x = s - \delta = 0.6 - 0.1 = 0.5$ m 处的密度。

• 初始密度,即压缩前的密度 $\gamma_0 = \dfrac{G}{(a \times b)s} = \dfrac{3}{0.36 \text{ m} \times 0.46 \text{ m} \times 0.6 \text{ m}} = 30 \text{ kg/m}^3$,

即活塞压缩原点 $x = 0$ 时的密度。

• 计算 $x = 0$ 到 $s - \delta = 0.6 \text{ m} - 0.1 \text{ m} = 0.5 \text{ m}$ 之间的密度变化

$x = 0.1 \text{ m}$,$\gamma_1 = \dfrac{G}{(a \times b)(s - 0.1)} = \dfrac{3}{0.165\ 6 \times 0.5} = 36 \text{(kg/m}^3)$,相应压力 $P \approx 0.045$ MPa;

$x = 0.2 \text{ m}$,$\gamma_2 = \dfrac{3}{0.165\ 6 \times 0.4} \approx 45 \text{ (kg/m}^3)$,相应压力 $P \approx 0.06$ MPa;

$x = 0.3 \text{ m}$,$\gamma_3 = 60 \text{ kg/m}^3$,相应压力 $P \approx 0.07$ MPa;

$x = 0.4 \text{ m}$,$\gamma_4 = 96 \text{ kg/m}^3$,相应压力 $P \approx 0.13$ MPa;

$x = 0.5 \text{ m}$,$\gamma_5 = \gamma_{max} = 181 \text{ kg/m}^3$,相应压力 $P \approx 0.22$ MPa。

P,x 相对应 γ 值,逐点描迹最后绘出 P-$\gamma(x)$ 关系曲线图。

(四)压缩工程动力学分析

目前在压缩工程上,不论是一般捡拾压捆机,还是大方捆捡拾压捆机,其压缩传动型式基本上是曲柄滑块机构,即其将传动轴的回转运动转变为活塞的往复压缩运动,其历史悠久,结构发展完善。在我国 1988 年,作者主持研制的固定式高密度捆草机,首先在压捆机上采用液压驱动活塞进行压缩,后来二次压缩压捆机等,也采用了液压驱动。所以至目前在压捆上主要有两类传动型式。即捡拾压捆上的曲柄滑块型式和固定压捆机上的液压驱动系。

1. 曲柄滑块传动机构及运动学分析

一般压捆机的传动型式基本上都是式曲柄滑块机构,包括曲柄、连杆和活塞。

(1)结构因素,如图 6-27 所示。

例如 9KJ-142 捡拾压捆机。

草捆室断面积:$360 \text{ mm} \times 460 \text{ mm}$;

压缩行程:$S = 2r = 710 \text{ mm}$;

曲轴半径:$r = 355 \text{ mm}$;

压缩频率:$n = 80$ 次/分;

连杆长度 $L = 760 \text{ mm}$;

(2)活塞运动方程式

动力带动曲轴转动,通过曲柄、连杆驱动活塞作往复移动。活塞的压缩移动规律(原理)如图 6-28 所示。

曲柄销 B 绕曲轴中心 O 旋转,由 B_0(活塞行程的起点),经 B_1,B_2,B_3,到活塞行程的终点 B_4 作匀速回转。曲柄回转半圈(转角 $\varphi = \pi$),活塞沿 O—X 方向移动一个行程($S = 2r$);

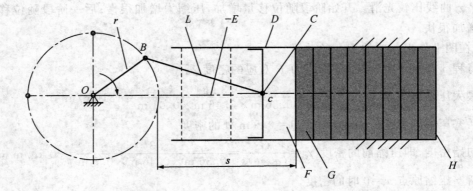

图 6-27　曲柄滑块传动系

O-曲柄回转中心,OB=r 曲轴半径,BC=L-连杆,c-压缩活塞,
s=2r 活塞的压缩行程,D-草捆室(360 mm×460 mm),E-喂入口(侧面),
F-将要压成的草片,G-已经压成的草片,H-草片出口

从 B_0 到 B_4 作循环直线往复移动。显然活塞的移动基本上是简谐运动。

位置方程式：$x=r(1-\cos\varphi)=r(1-\cos\omega t)$。

$$x = r(1 - \cos\varphi)$$

式中：x——活塞的位移，φ——曲柄的转角，r——曲柄半径。

$$u_{(x)} = r\omega\sin\varphi$$
$$a_{(x)} = r\omega^2\cos\varphi$$

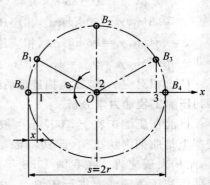

图 6-28　活塞简谐运动原理

式中：u_x——活塞移动的速度；

ω——曲柄的回转角速度；

$$\omega = \frac{\pi n}{30} = \frac{80\pi}{30} = 8.4(1/s)$$

a——活塞的加速度($1/s^2$)。

代入已知值,可计算出压缩过程中活塞的移动速度。

(3)活塞的压缩速度

例如,曲柄转角：

$\varphi^\circ=0^\circ$,$\varphi_1=45^\circ$,$\varphi_2=90$,$\varphi_3=135^\circ$,$\varphi_4=180^\circ$

相应活塞的位置：C_0—C_1—C_2—C_3—C_4

$u_0=u_4=0$。

$u=r\omega\sin\varphi$

设 $\varphi_1=45^\circ$

$u_1=r\omega\sin45^\circ=0.355\times8.4\times0.707=2.1$ (m/s)

设 $\varphi_2=90^\circ$

$u_2=0.355\times8.4\times1=3$ (m/s)$=v_{max}$

设 $\varphi_3 = 135°$

$u_3 = 0.355 \times 8.4 \times 0.707 = 2.1$ （m/s）

$u_4 = 0$

行程中活塞的移动速度变化，如图 6-29 所示。

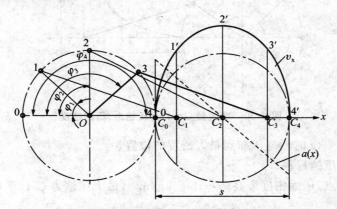

图 6-29　压缩过程中活塞压缩速度曲线

图中半椭圆 0-1′-2′-3′-4′ 为活塞压缩行程中，活塞移动（C_0—C_1—C_2—C_3—C_4）位置的速度变化曲线。

2. 压缩活塞压缩动力学分析

(1)活塞压缩的加速度（图 6-29 右 $a_{(x)}$）

由上可知活塞压缩速度是变化的，加速度（线）也是变化的。

图中：$a_{(x)}$——活塞移动的加速度，

代入活塞移动过程中的最大加速度，

$$a_1 = a_4 = 0.355 \times 8.4^2 = 25 \ (\text{m/s}^2)$$

(2)压缩力与压缩速度

设压捆机的最大压缩密度 $\gamma_{max} = 150 \ \text{kg/m}^3$，

例如喂入量 $G = 2 \ \text{kg}$，

其最大压缩密度处的活塞的压缩速度变化如图 6-29 所示。

$$s - s_4 = \delta$$

$$\delta = \frac{G}{a \times b \times \gamma_{max}} = \frac{2}{0.36 \times 0.46 \times 180}$$

$$= 0.067 \ (\text{m}) = 6.7 \ (\text{cm})$$

计算出活塞压缩至 C 点的速度 $v_2 = r\omega \sin\varphi = 1.74 \ \text{m/s}$

曲柄转角 $\varphi_2 = 144.1°$

例如，喂入量 $G = 4 \ \text{kg}$；$s - s_4 = \delta = 13.3 \ \text{cm}$。

计算出活塞压缩至点 C 的速度 $v_4 = 2.33$（m/s），喂入量 $G = 4 \ \text{kg}$ 压缩力与压缩速度，如图 6-30 所示。

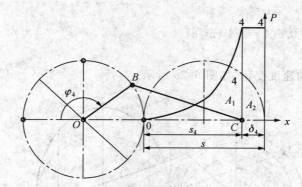

图 6-30 喂入量 $G = 4\,\text{kg}$ 压缩力、压缩速度

图上是喂入量 4 kg 时活塞压缩到最大密度的位置，

图中：s 为活塞压缩行程。

活塞压缩至 C 点，压缩密度最高，$\gamma \approx 150\,(\text{kg/m}^3)$，最大压缩力 C-4，草片的厚度为 δ_4。

$$\delta_4 = s - x_4 = \frac{G}{a \times b \times \gamma_{\max}} = \frac{4}{(0.36 \times 0.46) \times 150} = 0.16\,(\text{m})$$

$$\varphi_4 = 128.5°$$

压缩到最大密度时（C 点）活塞的速度：

$$u_4 = \gamma w \sin\varphi = 0.355 \times 8.4 \sin 128.5 = 2.34\,(\text{m/s})$$

喂入量不同，压缩到最大密度时的速度不同，喂入量大的，其压缩最大密度时的速度高，所以功率消耗也高。

（3）压缩动力分析

①压缩活塞的惯性力

$$P_{g\max} = Ma = Mr\omega^2 = M0.355 \times 8.4^2 = 25M\,(\text{cm/s}^2)$$

式中：M——活塞的质量加上连杆转移到活塞上的质量。

②压缩功率分析

前已述及，活塞压缩做功情况参见图 6-30。

压缩做功包括压缩成草片的做功：

$$A_1 = \int_0^{s-\delta} p\,\mathrm{d}s$$

式中：A_1——活塞直接压缩做功；

P——活塞压缩力；

s——活塞的位移。

推移草片到其行程之外的移动做功：

$$A_2 \approx P_{\max}\delta$$

所以 $A = A_1 + A_2$

式中：$P_{\max}$——活塞的最大压缩力；

A_2——压缩行程内活塞直接推动草片的压缩功；

δ——压缩草片的厚度，即压缩行程内活塞直接推动草片移动的距离。

喂入量不同，压缩做功不同，一般是喂入量大的压缩做功多；压缩行程中的压缩力变化率大。

活塞压缩作功率 $N=\dfrac{An}{102\times60\eta}$(kW)

式中：n——曲轴转速 r/min；

$\quad\quad\eta$——传动效率。

压缩行程活塞受力情况如图 6-31 所示。

从图 6-31 可以看出：压缩行程的前多半部，基本上是活塞的惯性力；后半部，由于惯性力的存在，活塞的受力有所改善。在捡拾压捆机机上，由于活塞压缩频率较高，其惯性力的影响也较大。

③曲柄滑块传动轴的扭矩分析

求压缩行程中某位置的扭矩。

用转向速度图法比较简便，如图 6-32 所示。

图 6-32 中：(A)活塞压缩到 C 点的位置示意，(B)压缩到 C 点，活塞的速度转向多边形 s——活塞压缩行程，曲柄销 B 处受力 P_b，速度 $pb(h_1)$；

活塞 C 点是压缩到最大压缩密度时的位置：

受力 P_c，速度 $pc(h_2)$。

相应的曲柄销 B 处：

速度：$u_b=r\omega$，曲柄销受力：p_b

活塞 C 处

速度：u_c，活塞受力 P_c

作转向速度图(右图)。

$h_1=u_b\quad h_2=u_c$

功率平衡条件是：$P_b h_1(u_b)=P_c h_2(u_c)$

所以 $P_b=\dfrac{P_c h_2}{h_1}$

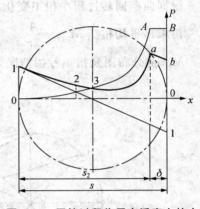

图 6-31　压缩过程作用在活塞上的力

1—1(直线)是活塞惯性力；

0—A—B 是活塞行程中压缩力曲线；

1—2—3—a—b 是压缩力与惯性力的合成

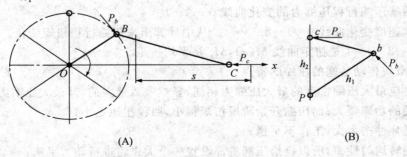

(A)　　　　　　　　　　　(B)

图 6-32　压缩某一位置曲轴扭矩情况

(A)压缩机构受力情况；(B)压缩机构转向速度三角形

式中：P_c——活塞压缩过程中某一位置的压缩力，可由压缩力曲线求得。

$\quad\quad P_b$——曲柄销处的切向力，与压缩过程中某一位置活塞压缩力对应，由压缩力 P_c 通过计算求得。

$\quad\quad h_1$——曲柄销处的切向速度，可以通过转速 n 和曲柄半径求得；也可从速度多边形中量得。

$\quad\quad h_2$——活塞的压缩速度；可从速度多边形中量得；也可以通过计算求得。

于是通过计算，可以求出曲轴的扭矩。

$$M_k = h_1 P_b$$

根据曲柄回转过程中扭矩变化，可作出压缩行程扭矩图（回程扭矩忽略）。

再求出平均扭矩 $M_{ping} = \dfrac{A}{2\pi}$。

$M_k(\varphi)$ 分布图及扭矩亏损情况如图 6-33 所示。

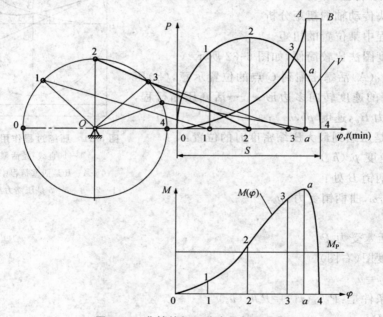

图 6-33　曲轴的扭矩分布及扭矩亏损

上图是活塞压缩行程压缩力的变化曲线 0—A—B—4；

相应活塞速度变化曲线 0—1—2—3—4。从中计算出来压缩行程扭矩变化。

0—1—2—3—a—4 是扭矩曲线 $M(\varphi)$，M_p 是平均扭矩。

（4）曲柄滑块传动活塞的压缩的特点

①如果对应最大压缩密度的最大压缩力相同，显然喂入量大的，其最大压缩力处的压缩速度就高。消耗的功率要大；而压缩开始阶段扭矩很小，回程扭矩更小；

②工作循环冲击力大；工作不平稳；

③曲轴旋转均匀性差，所以捡拾压捆机都设置一个大飞轮进行动力平衡；

④曲柄滑块传动系的频率高，目前捡拾压捆机上最高已达每分钟 110 次，比液压驱动系要高得多。

三、固定式压捆机

(一)概述

固定式捆草机——高密度捆草机

目前我国的固定式压捆机指的是高密度压捆机,有两种类型,一种是国外引进的高密度压捆机,其压缩装置是曲柄滑块机构,与捡拾压捆机的压缩结构相似,只是结构庞大得多。一种是我国自行设计的液压高密度压捆机。

(二)液压驱动高密度压捆机

1988年作者在开发高密度压捆机时,首先采用液压驱动装置。

1. 设计指导思想

在设计新型高密度压捆机时,要求压缩密度非常高,高达 350 kg/m³ 以上,初步计算压缩力非常高,360 mm×460 mm 草捆室断面积上的最大压力约达 16 t 以上。这样大的压缩力,对传动系要求非常高。参照相似的高密度压捆机的机械传动情况,其传动系非常庞大,而且还经常损坏,致使机械重量高达约 5 t。为此新开发了液压高密度压捆机(图 6-34),设计时采用了液压驱动,液压驱动压缩平稳,压缩质量高,结构简单,机重可大幅度减轻(小于 3 t),压缩过程可实现自动变速度等。但是液压驱动的频率很低,其生产率受到制约。

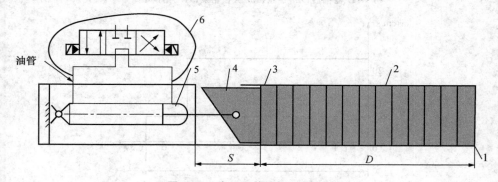

图 6-34　液压驱动压捆机传动系

1. 草捆室出口;2. 草捆室;3. 喂入口;4. 压缩活塞;5. 压缩油缸;6. 液压站;S—压缩行程

2. 液压驱动型式,9KG-350 高密度压捆机

液压流动油路图,如图 6-35 所示。

简要说明:

开始压缩时,齿轮泵 10、13 同时供油,流量大活塞压缩速度快;到压缩力很大时,大泵 13 卸荷,仅小泵 10 供油,压缩速度降低;回程压力很小,两个泵同时供油,活塞快速回程。

压缩过程由设计的控制电路控制压缩系统,实现自动循环工作和手工控制运动。

3. 压缩速度及其平衡性能

(1)压缩速度,如图 6-36 所示。

根据压缩行程压缩力的曲线,可知,压缩初始阶段压缩阻力很小很小,压缩的最后阶段,压缩力增加很快,达到很高值,动力很不平衡。

高密度压捆机,当密度达到 350 kg/m³ 以上,最大压缩力很高,其动力不平衡性更差。为了解决这一突出矛盾,采取压缩过程变速度,即压缩阻力低的阶段,活塞速度高一些;压缩阻力

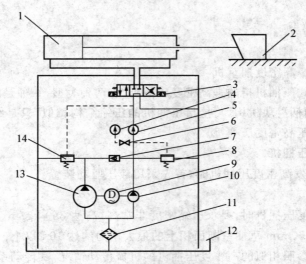

图 6-35　液压油路示意图

1. 液压驱动油缸；2. 压缩活塞；3. 三位四通阀；4. 压力表；5. 流量表；
6. 压力表开关；7. 单向阀；8. 溢流阀；9. 异步电机；10. 齿轮泵；
11. 滤油器；12. 油箱；13. 大齿轮泵；14. 顺序阀

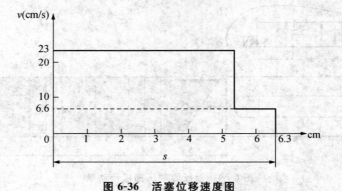

图 6-36　活塞位移速度图

高的阶段，采取低速压缩；高速度回程。

活塞行程 $S = 63$ cm。

在起始阶段 $0 \sim 56$ cm 其活塞速度 $v_1 = 1\,331.7$ cm/min $= 0.22$ m/s；

后阶段 $56 \sim 63$ cm，活塞压缩速度 $v_2 = 400$ cm/min $= 0.006\,7$ m/s；

回程平均速度 $v_{hui} = 1\,631.3$ cm/min $= 0.27$ m/s。

（2）压缩过程扭矩

将一个行程分成若干份，对应的速度 u_i 与应力 p_i 之积就是该位置的扭矩 M_i；将各位置的扭矩 M_i 逐点描迹出来的曲线就是压缩行程内的扭矩曲线。如图 6-37 所示。

图中，压缩行程速度曲线 v，压力曲线 $p_{(x)}$，扭矩曲线 M。

由图可悉，尤其行程末段扭矩大大降低。压缩功率平衡性得到了改善。再加上移动速度非常缓慢，因而传动非常平稳，完全消除了捡拾压捆机上的冲击现象，而且还省去了平衡大飞轮等平衡装置。

（3）问题及特点

①国内外捡拾压捆机上，一直没有采用液压驱动，其主要原因可能是其压缩频率不能很高，影响生产率，本机设计频率 $n=8\sim12$ 次/min，也就是最大频率每分钟只能压缩 12 次，按一般捡拾压捆机每次的喂入量按 2 kg 计，每小时生产率还不到 1.5 t，而现在的捡拾压捆机的生产率，每小时远高于 5 t，显然液压驱动的高密度压捆机的生产率太低了。为此采取了大喂入量，例如 3～4 kg，其生产率相当于曲柄滑块

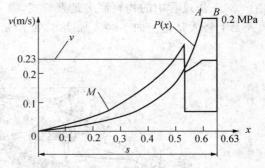

图 6-37　压缩过程压缩扭矩图（示意）

传动的机械式的高密度压捆机持平，还是达不到一般捡拾压捆机的生产率。

②液压高密度压捆机的设计，提供了大喂入量，低压缩频率的一个设计方向。过去提高压捆机生产率，强调提高压缩频率。仅强调提高压缩频率，使压捆机的动力性能变差，可靠性受到影响。

（三）草捆二次压缩

捡拾压捆机生产的草捆密度比较低，一般都在 150 kg/m³；依然不能满足长距离流通的要求，处理、储存丢失严重，且污染环境；运输中运输工具亏吨、运输成本高。为此在 20 世纪 80 年代初开始开发二次压捆机，即将捡拾压捆机生产的低密度的草捆两捆压缩成一个高密度的草捆。人工喂入，液压油缸推动活塞进行压缩，人工捆束，机器结构简单，作业成本比较低，有一定的市场。二次压缩的出现，也说明目前捡拾压捆机的压缩密度已经不能完全适应生产发展的需要。应该说，捡拾压捆机产品应该换代了。换代的产品应该是较高密度的捡拾压捆机，其产品密度一般大于 200～250 kg/m³。二次压缩属闭式压缩，其压缩力可能比一次压缩同样密度时的压力要低。

四、大方捆捡拾压捆机

（一）大方捆捡拾压捆机结构

（1）大方捆捡拾压捆机的基本构造、功能和工作过程与一般捡拾压捆机相似，如图 6-38 所示 WelgerD 系列的大方草捆机。

图 6-38　大方草捆机田间工作情况

（2）工作过程中的物料流多是直流式，喂入方式有上、下喂入型式，所谓下喂入是由下向上喂入。上喂入是由上向下喂入如图 6-39 所示。

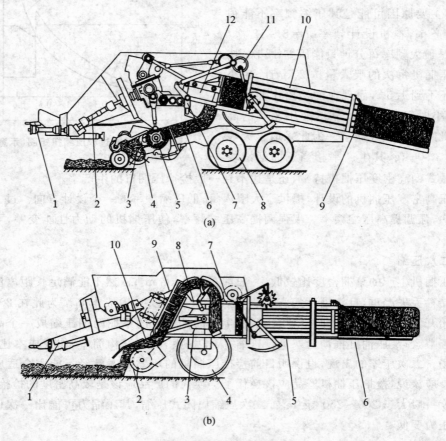

图 6-39　大方捆机工作过程

（a）下喂入式——1. 传动轴；2. 传动轴；3. 捡拾器；4. 搅龙输送器；5. 切碎喂入装置；6. 予压缩室；

7. 喂入机构；8. 行走轮；9. 放捆板；10. 草捆室；11. 打捆机构；12. 压缩活塞

（b）上喂入式——1. 牵引杆；2. 捡拾器；3. 压缩活塞；4. 行走轮；5. 草捆室；6. 放捆板；

7. 打捆机构；8. 喂入机构；9. 扒叉式输送器；10. 搅龙输送器

弹齿式捡拾器捡拾草条经过螺旋输送器输送收缩，下喂入式，由输送喂入器将物料向后上方喂入草捆室，由活塞进行压缩，与直流式一般捡拾压捆机相似。对于上喂入式，扒齿式输送器将物料向上输送，再由喂入器将物料从上向下喂入草捆室进行压缩。

（二）大方捆机的特点

（1）草捆大而重、密度较高，草捆的处理过程需要机械化。

（2）大方捆捡拾压捆机比小方捆机更精制、更安全、可靠，更先进，技术上集中表现了捡拾压捆机新发展。

①一般在捡拾器后都设置切碎器，经过切碎利于压缩草捆的质量和产品的应用。

②在向草捆室输送喂入过程对物料有预压作用，对提高草捆的密度和质量有重要作用。

③有的设置 MultiBale 装置，在生产的大草捆中有若干小草捆，提高了草捆的质量。

④显示压缩过程信息，例如压缩力等安全信息等。

　　⑤有的采用了输送器输送若干个草团(例如 3、4 个)后,一次喂入草捆室,活塞一次进行压缩,提高了压缩效率,提高了压缩质量。

五、方草捆处理设备

　　方草捆的处理、收集仍然是方草捆收获中的重要问题。方草捆的处理主要指的是田间草捆的收集和运输。大方草捆的处理运输全部机械化。小方草捆的处理在我国还没有机械化。目前国内外田间收集草捆的方式主要如图 6-40 至图 6-44 所示。

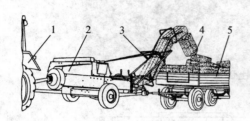

图 6-40　草捆室延长板

左:国外采用的滑道式(1. 拖拉机;2. 捡拾压捆机;3. 滑道式草捆输送器;4. 草捆;5. 拖车)

右:我国曾采用的简单收集方法。

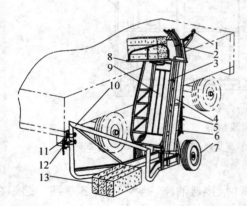

图 6-41　田间草捆捡拾器

左:草捆捡拾器的结构图(1. 牵引杆;2. 挡捆杆;3. 升运架;4. 升运滑道;5. 升运链;6. 升运链张紧轮;7. 驱动地轮;
8. 草捆平台;9. 升运滑道压持草捆板;10. 牵引架;11. 牵引销;12. 牵引板;13. 待捡拾的草捆

右:草捆捡拾器在田间工作

　　图 6-42 草捆抛掷器。

　　即在草捆室出口设置液压速放踏板,从草捆室出来的草捆触动踏板由液压抛掷;图上是皮带抛掷器。

　　图 6-43 田间集捆器。

　　田间作业时集捆器连接在捡拾压捆机后面与其草捆室对接,由拖拉机的液压系统控制和液压马达驱动。第二个草捆从捆草机出口处进入集捆器时,将第一个草捆推向控制杆 6,接通液压油路,推捆器 8 推动两个草捆横移一个草捆的宽度,为第二排草捆进入集捆器腾出空间;依此类推,当集捆器台面集到 6 个草捆时,推捆器 8 将 6 个草捆推至台面的边缘,这时第一个进来的草捆 1 触动压力板 4 接通油路。

图 6-42　捆草机上设置草捆抛掷器

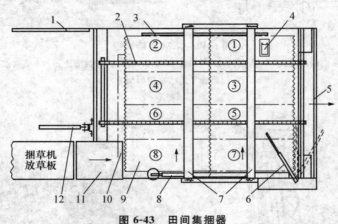

图 6-43　田间集捆器

1. 挂接杆；2. 输送链；3. 止动板；4. 压力板；5. 后推板；6. 控制杆；7. 稳定架；8. 推捆器；
9. 草捆；10. 推板；11. 放草板；12. 牵引杆

当集满 8 个草捆时，第 7 个草捆推压控制杆 6 时，接通油路，推板 10 将各草捆一起卸在田间。再由专门的抓取器，一次将 8 个草捆抓起装入运输车。图中 1、2、3、4、5、6、7、8 代表了草捆进入台面的草捆顺序。

在国外还有用田间草捆自动捡拾装运车的是机械化自动化程度最高的，如图 6-44 所示。

其工作过程是，机器在田间前进，草捆捡拾器从田间捡拾草捆，转向上第一个工作台，继续捡拾草捆，草捆互相推动，在第一个工作台面上满 3 个草捆的同时，第一工作台油缸 8 推动第一工作台翻转将 3 个草捆送上第二个工作台面；当第二个台面满 5 排草捆（15 捆）时，第二工作台油缸 6 推动翻转第二工作台送入装载台（车厢），车厢中满 7 排，即装满车厢；为了车厢草捆稳定其中 7 排中有一排草捆的排列有所变化。装满车进行运输，在存储地整车卸成一个草捆垛或者按照装车的逆过程进行卸垛，连续送入存入棚（屋）中。从田间捡拾、装车、运输、卸车全部机械化；对于草捆尺寸为 360 mm×460 mm 每车可集 104 捆，410 mm×460 mm 的草捆没车壳集 83 捆。但是由于此种类型机具成本高，这种机械即使在国外应用也不广泛。

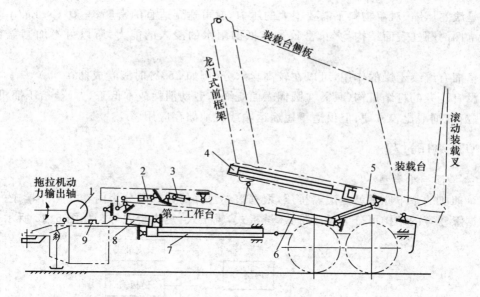

图 6-44 田间草捆捡拾运输车(NEW HOLLAND1034 型)

上图 1. 液压油泵;2. 自动捆扎钉油缸;3. 单捆卸载分离钩油缸;4. 滚动装载叉油缸;5. 装载台油缸;
6. 第二工作台油缸;7. 推出器油缸;8. 第一工作台油缸;9. 第一工作台

下图:田间工作情况

第三节 捡拾圆捆机——滚(卷)压

一、发展及特点

圆草捆机包括大圆捆机和小圆捆机,目前国内外所说的圆捆机主要是大圆捆机(Large Round Baler),大圆捆直径在 1 m 以上,捆重几百千克。大圆捆机于 1970 年代初首先在美国出现,圆捆机的出现是方草捆机的一个补充,所以至 20 世纪 70 年代中后期在世界范围内迅速发展起来,且保持较好的发展势头。其主要特点

- 是滚卷压缩,对草物料不需要很大的压力,就可达到适宜的密度,一般 $100\ \mathrm{kg/m^3}$ 以上;
- 草捆的圆柱表面结构均匀、密致具有抵御雨水的浸入的能力,所以可不加遮盖在野外储存;
- 草捆有继续干燥的作用,可以在较高含水分(例如 25%)时滚卷成捆;
- 没有复杂的打结机构(只需在圆捆表面绕绳),劳动消耗成本低于(方)捡拾压捆机;
- 贮存、饲喂比较方便;但仅适于短途运输或就地储存应用。

二、类型及滚压过程

1. 捡拾圆捆机类型

圆草捆机的基本原理就是滚卷挤压,根据滚卷过程的方式可分为内卷式和外卷式;根据滚卷室的结构可分为长皮带式,链板式,辊子式,短皮带式等。如图 6-45 所示。

图 6-45　圆捆机分类

2. 滚压卷过程

外绕式滚卷室固定,喂入的草由滚卷室内侧壁摩擦力带进,并随其转动;在转动的滚卷室(皮带或辊子)带动下沿滚卷室内侧上升由外向内滚卷,越滚越大,越滚越密,达到要求的密度时,绕绳,卸捆。

内绕式滚卷室是由小逐渐变化的,喂入的草首先在运动的滚卷室装置(上下皮带(链板))间形成草芯,继续喂入,草芯逐渐增大,直到草捆达到一定的尺寸和密度,进行绕绳,卸捆。

(1)长皮带式圆捆机滚卷过程,如图 6-46 所示。

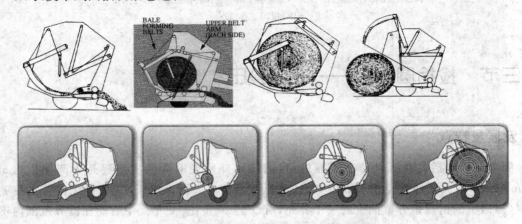

图 6-46　长皮带式圆捆机卷捆过程

长皮带式圆捆机属内绕式。滚卷室由若干长皮带（上皮带）和一定数量的下皮带组成。

由捡拾器捡拾的草物料通过一对喂入辊进入滚卷室，形成草芯，逐渐增大，最后完全进入上皮带的包围中，草捆在上皮带滚压之下形成草捆，当达到一定的密度时，在表面上进行绕绳，打开后门，卸捆。在整个滚卷过程中，滚卷室是随草捆的增大变化着的。

上图：John Deere 捡拾圆捆机工作过程

下图：Kuhn 捡拾圆捆机工作过程。

（2）链板式园捆机滚卷过程，如图 6-47。

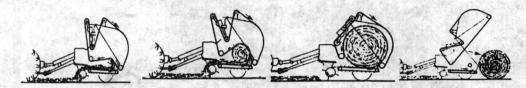

图 6-47 链板式圆捆机滚卷过程

草捆室是由输送链板和其上链板组成，形成草芯逐渐增大，主要靠上链板的摩擦力带动转动和滚压，当达到一定的密度要求时，进行绕绳、卸捆。滚卷的过程和形成草捆的特点，与长皮带式卷捆相同，属内绕式。滚卷室随草捆尺寸的增加而变化着的。

（3）辊子式圆捆机滚卷过程，如图 6-48 所示。

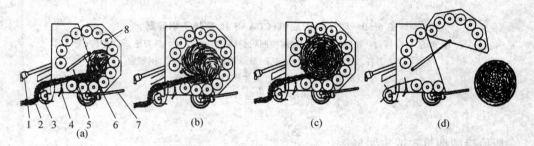

图 6-48 辊子式圆捆机滚卷过程

1. 传动轴；2. 草条；3. 捡拾器；4. 捡拾器升降；
5. 卸捆油缸；6. 上下盖结合；7. 底板；8. 辊子

滚卷室是由若干转动的辊子组成，喂入的草靠辊子转动的摩擦力带动沿辊卷室内壁滚卷，当达到一定密度时，绕绳、卸捆。

（4）短皮带式圆捆机滚卷过程，如图 6-49 所示。

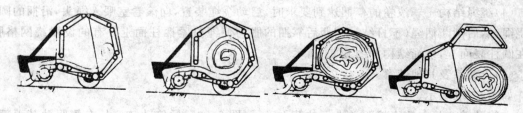

图 6-49 短皮带式圆捆机滚卷过程

由 6 组短皮带组成的滚卷室,捡拾的物料由皮带的摩擦力带入辊卷室,其过程、形成草捆的特点同辊子式。

三、捡拾圆捆机的构造

捡拾圆捆机一般构造如图 6-50 所示。

图 6-50　辊子式圆捆机(CLAAS 46 带转子切碎器)
A. 转子切碎器;B. 切割底刀;C. 切割控制(拖拉机手控制);D. 割刀电矿监控器;
1. 牵引杆;2. 活节轴;3. 绕绳、网显示器;4. 捡拾器;7. 钢辊室
(应力可达 3 900 平方英寸磅);8. 钢辊的
右侧链传动;10. 绳卷;14. 绳箱;
15. 压力指示器

一般捡拾圆捆机构造主要包括:

(1)捡拾器——弹齿式捡拾器,同方草捆捡拾压捆机

(2)输送喂入器——将捡拾器捡拾的草物料收缩与卷捆室宽度一致,有的不设专门输送器,有的设置两个半搅龙,物料顺利地将捡拾器捡拾的物料喂入滚卷室,有的设置了叉式喂入器。

(3)滚卷室——将喂入的松散草物料滚卷成一定密度的圆柱状;不同类型的圆捆机滚卷室的结构型不同。

(4)绕绳结构——滚卷的草捆达到要求时,启动绕绳装置,向滚卷室喂入绳头,沿捆的圆柱面绕绳,然后割断捆绳(不打结),卸捆后靠捆的胀力使绳箍紧捆柱面上。有的设置绕网格膜,绕在圆柱表面上,绕绳结构如图 6-51 所示。

(5)传动系及其他装置。

如图 6-52 所示。

主传动链 3 从左侧直接驱动上面的若干滚子(图 6-50),后传动链 8 从右侧驱动其下部的若干滚子。

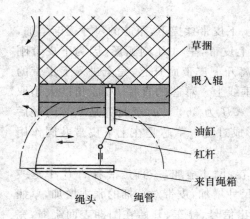

图 6-51　JOHN DEERE RP——510
圆捆机的绕绳机构

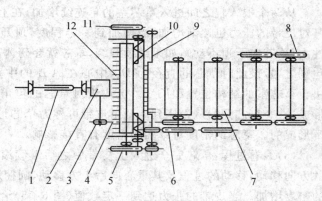

图 6-52　滚子式圆捆机的传动系
1. 传动轴；2. 齿轮箱；3. 主传动链；4. 上传动链；5. 捡拾器链传动；
6. 下传动链；7. 滚子；8. 传动链；9. 喂入机构；
10、11. 半搅龙；12. 捡拾器

四、滚卷压缩过程分析

(一)外绕式滚卷过程、特点

外绕式的滚卷室是固定的，由若干短皮带组或辊子组成。靠运动的皮带或辊子(滚卷装置)的摩擦力将喂入的草物料沿滚卷室向上移动，移动到一定高度滚落下来；物料陆续喂入、堆积，使滚卷室中物料越来越多；草物料与滚卷装置(皮带或辊子)间压力增加，其间的摩擦力增加；在滚卷装置的摩擦力带动下，室内的草逐渐随其运动而滚动；开始时其间速度相差很大，也就是之间存在相对运动；随着物料的增加，滚卷装置与草物料之间相对运动越来越小，达到最大密度时其间基本上是同步运动。因为滚卷室尺寸是一定的，随物料的增加，圆捆的密度也越来越大，滚卷装置对圆捆的压力越来越大；尤其表面的滚压密度比较大。而其芯部的密度相对较低，所以形成的草捆内软外硬，利于野外不加遮盖储存，也利于内部水分的继续蒸发、干燥。滚卷过程由于滚卷装置带动草物料滚卷过程存在相对运动，其间的摩擦较严重，滚卷豆科草碎草较多，尤其滚卷干燥的苜蓿草时更为严重。

(二)内绕式滚卷过程、特点

滚卷室的大小是变化的，随滚卷物料的增加而增大。由长皮带(或链板等)组成。对滚卷过程进行如下的分析。

1. 草芯的形成与喷出

(1)开始形成草芯(坐芯)：捡拾的草从两个喂入辊间喂入并在下皮带上运行，当遇到反向运动的上皮带时，下、上皮带对喂入的草进行揉搓形成草芯，如图6-53所示，由于下、上皮带刚性强，空间紧小，所以形成的草芯被挤压得很密实，称为"硬草芯"。

图右边是两个喂入辊，下面是下皮带，上面是上皮带，中间三角带为其形成的草芯室。

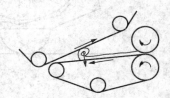

图 6-53　草芯(坐芯)开始生成

（2）草芯形成，如图 6-54 所示。

从两个喂入辊之间进入草芯室的草连续增加，在上、下皮带揉搓下，草芯的尺寸逐渐增加，其对皮带的压力也逐渐增加，当增加到一定程度，顶开上皮带，呈 A-B 圆弧形（因为下皮带刚性大，草芯向下顶不动），如果继续缠绕，草芯就会磅薄离开下皮带而升起，完全进入上皮带的包围之中，设此时草芯的直径为 D_0，中心在 A-B 的中垂线上。草芯的直径 D_0，α 角度大小取决于草芯室的结构位置和尺寸。上皮带对草芯的包角 A-B 为 $360°-\alpha$，至此算是草芯的最后形成，——草芯开始从坐床到离开下皮带可称为草芯形成过程。草芯是在上下皮带共同作用下形成的。草芯的密度对草捆的密度有直接影响。

（3）滚卷过程：草芯完全进入上皮带中之后继续滚卷，尺寸增加，一直是沿着 A-B 中垂线的方向移动，移动的过程及其重心向后上方移动，圆捆尺寸增加，皮带对草捆的张力增加，草捆的密度增加。当皮带的张力达到一定数值（图 6-55）给出信号，停车、开始在圆捆表面绕绳，完成绕绳，打开后门卸捆。

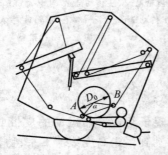

图 6-54　草芯已形成（将要喷出离开下皮带）

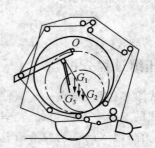

图 6-55　草捆重心移动过程

显然，从形成草芯到卸车过程，喂入的草层其滚卷似卷廉，草捆一直在随上皮带旋转滚卷。其密度的大小，取决于皮带的张力，即皮带对其的压力。

如图 6-56 所示。

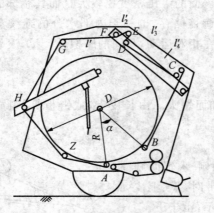
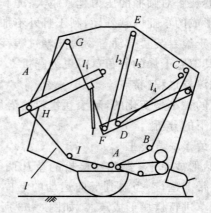

图 6-56　捆室皮带的结构尺寸

右面的图是皮带尚未卷捆的原始状态，上皮带 $ABCDEFGHI$ 是封闭的，中间 FD 是两个张紧轮，皮带的长度 $\sum l \approx AB + BC + CD + DE + EF + FG + GH + HI + IA = AB + BC + l_4 + l_3 + l_2 + l_1 + GH + HI + IA$。其中 AB,BC,GH,HI,IA 长度不变。当完成卷捆之后上

皮带的位置由右图的 AB 变成了左图的 $\pi D-AB$（D 是圆捆的最大直径）。前后皮带的长度相等，令 $\Delta\approx(l_4-l_4')+(l_3-l_3')+(l_2-l_2')+(l_1-l_1')$ 为皮带的张紧量；成捆过程中上皮带由右图的 $A\frown B$ 变成了左图的 $A\frown B$ 圆弧长，$\pi D-\overset{\frown}{AB}\approx\Delta+AB$，设 $\overset{\frown}{AB}\approx AB$。

所以草捆的最大直径约为：$D\approx\dfrac{\Delta-2AB}{\pi}$。设计时根据圆捆直径确定皮带的张紧量。

（4）内绕圆草捆质量分析

此类圆草捆机的卷压过程是首先形成草芯；由内向外缠绕成大圆草捆，属于内绕式；缠绕过程中，在皮带张紧力的作用下，一层、一层地缠绕；所以草捆从里到外的密度比较大；从草芯到草捆最后形成，草捆始终在皮带紧压作用下滚动，基本上同皮带一起旋转；在卷捆过程中，卷捆室的大小随草捆的大小而变化；皮带与草捆表面的相对滑动小，所以卷捆过程中牧草摩擦损失较少。——这就是内绕式卷捆的基本特点。

五、捡拾圆捆机存在的问题及其发展

(一)存在的问题

其基本问题是作业时间利用效率低，在田间作业过程中，操作者需要观察草捆密度指示器，进行频繁的操作。当草捆滚卷完成之后需拖拉机停止移动，进行绕绳（一般绕 12～15 圈），或者机器倒退，或者机器运动到适宜的地方打开后门卸草捆；然后再回到原来捡拾的位置继续进行捡拾卷捆；反反复复进行，反反复复的进行操作，作业时间利用率低，影响生产率。

(二)相应的发展

针对存在的问题：

（1）研究了自动绕捆器——草捆达到要求的密度时，自动停止喂入，自动进行绕绳，自动释放草捆；取代了操作者的频繁操作。

（2）用塑料薄膜包扎草捆，绕 3.5 层或 4 层代替绕绳 12～15 圈，节约了时间，还可以减少碎草损失。

（3）栅网包扎法－用细绳网取代捆绳，外层裹上 1.5～2 层即可，减少了绕绳时间，还可以减少碎草损失。

（4）圆捆裹膜技术的发展，使圆草捆机市场扩大，即将圆草捆由拉伸回弹膜裹起来，对减少损失和保持其质量均有意义，尤其通过裹膜可将新鲜的草物料密封裹起来，使一个圆草捆变成一个独立的青贮单元，成为具有长期储存和流通的青饲料草产品。

第四节　草捆裹膜及设备

一、草捆裹膜的意义

20 世纪末国外圆捆裹膜技术有了较大的发展。进入 21 世纪初，裹膜技术开始用于方草捆，而且裹膜技术在国外的市场逐渐扩大。有固定作业裹膜；田间捡拾草捆裹膜；田间捡拾压捆——裹膜联合作业；圆草捆裹膜、方捆裹膜；干草捆裹膜、青鲜草捆裹膜等。

所谓草捆裹膜，就是用回弹拉伸薄膜将草捆裹紧、密封，一般干草捆裹 2～3 层，青鲜草捆要裹 4 层以上，而且确保密封。

　　草捆裹膜，可以保持草捆的质量和减少过程的损失且不受环境风、尘等污染。尤其青鲜草捆的裹膜，使每一个草捆成为一个密封的青贮环境单元，保证青鲜草物料发酵，完成青贮。使青鲜草捆成为优质的青贮草产品，这样的草产品可以在市场上流通，使其成为草商品。

　　我国 20 世纪就已经引进和生产圆捆裹膜技术，包括小圆捆（直径在 1 m 以下）、大圆捆（直径在 1 m 以上）。尤其小圆捆裹膜青贮技术应用较多。作者曾进行了一些青鲜方草捆裹膜的试验研究，例如对青鲜玉米秸秆、苏丹草、苜蓿草的试验研究。对揉碎的青鲜玉米秸秆、揉碎的苏丹草、整秆青鲜苜蓿用高密度压捆机进行压缩，压缩成密度约 600 kg/m³ 的草捆，立即进行裹膜（6层）储存 1 年以上开包，玉米秸秆、苏丹草捆都成为优等青贮饲料产品；而苜蓿草捆因为含糖量低很难发酵，但是青贮后其秸秆、叶花结构清晰、完整，没有任何损坏变质。如图 6-57 所示。

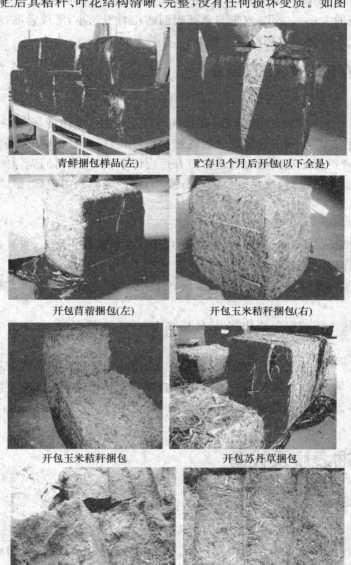

青鲜捆包样品(左)　　　　贮存13个月后开包(以下全是)

开包苜蓿捆包(左)　　　　开包玉米秸秆捆包(右)

开包玉米秸秆捆包　　　　开包苏丹草捆包

开包后玉米秸秆压缩的草片形状保持完整清晰

苜蓿草捆包内部结构完整、清晰

图 6-57　青鲜裹膜产品青贮的结果

二、草捆裹膜机械概论

(一)圆草捆裹膜机械

(1)捡拾捆草机——裹膜联合机:捡拾圆捆机和裹膜装置为一体。捡拾圆草捆机在田间捡拾——卷压成的草捆——滚入裹膜机进行裹膜,裹膜后圆草捆放在田间,然后再对其处理、运输如图 6-58 所示。

图 6-58　捡拾卷捆、裹膜联合作业机作业情况

机械组成由捡拾圆捆机和圆捆裹膜装置两个基本部分。捡拾圆捆机完成捡拾滚卷成圆捆,草捆直接滚到后面的裹膜机上进行裹膜。裹膜装置包括主架,主架上面有 2～4 个皮带辊子转动带动圆捆沿圆柱面转动,同时装有弹性回弹膜架绕圆捆进行水平旋转,两个转动即可完成圆捆表面的全覆盖裹膜。裹膜后将草捆放在田间。

田间联合机作业,机械化程度高;作业损失少;可以生产裹膜干草捆也可以生产裹膜青鲜草捆;卷捆与裹膜作业联合效率高。裹膜之后可以使圆捆翻转立在田间,也可以从机器后面滚到田间,然后进行收集、处理、装载、运输。

(2)分段进行——田间捡拾裹膜机:即裹膜机自带草捆捡拾装置,捡拾田间的草捆进行裹膜,如图 6-59 所示。

图 6-59　田间捡拾裹膜机作业情况

裹膜的两个转动,均有裹膜架台面完成,即台架绕垂直轴转动,台面上的皮带辊带动圆捆沿圆柱面转动。

拖拉机牵引裹膜机,在田间捡拾草捆,捡拾叉将草捆翻至裹膜机上进行裹膜;裹膜之后将草捆滚放在田间;田间对裹膜草捆的处理、装载、运输同上。这样的捡拾裹膜机也可以固定作业。

(二)方草捆裹膜机械

(1)捡拾裹膜机,如图 6-60 和图 6-61 所示。

拖拉机牵引裹膜机,侧面是叉式收集草捆装置,将捡拾的草捆翻转放置在裹膜机上进行裹膜,可以移动作业也可固定作业。

(2)裹膜方草捆由于方草捆产品的处理、储存、运输比圆草捆产品更优,所以方草捆裹膜产品的流通性应更佳。其田间作业过程与圆捆裹膜机相同。

图 6-60　捡拾裹膜机

(三)固定方草捆裹膜机

①基本构造、工艺过程:如图 6-62 所示,将草捆放置在裹膜工作台上,长度方向定位,从膜辊拉扯薄膜绕过裹膜张紧对辊将膜端系在草捆的捆绳处;启动裹膜机转动,工作台转动拉紧、展开薄膜,在绕草捆长轴方向在水平面内转动进行缠裹。同时,裹膜工作台还绕草捆长轴在垂直面上转动。在水平方向裹膜,结果在草捆表面上都裹紧了薄膜并完成要求的裹膜层数,停机拉断裹膜,取下裹膜草捆。该机也可对小直径的圆草捆进行裹膜。裹膜所用的是拉伸回弹膜,薄而具有弹性,具有一定的黏着性,裹膜后,薄膜紧箍在草捆表面上。薄膜的拉紧、展开由一对

图 6-61　捡拾裹膜机田间作业过程

薄膜拉紧展开辊控制,对辊是齿轮啮合,且转速不同,且转速可以调节,如图 6-63(a)所示。

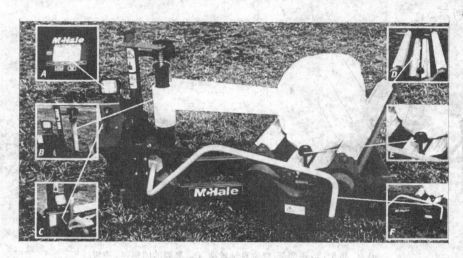

图 6-62 固定式方捆裹膜机

②主要结构:圆捆、方捆裹膜的基本结构和原理是一样的。

• 裹膜工作台——整个台架是绕垂直轴转动(可称主转动),使方草捆躺在工作台上进行水平面旋转,而且转速可以调节。工作台台架还绕草捆的长轴进行垂直面内转动(可称辅转动),两个转动可完成方草捆整个表面的裹膜。圆捆裹膜和方捆裹膜仅差在台架的辅转动结构形式。圆捆台架的辅助转动结构是两个或三个皮带辊带动的皮带带动圆捆绕水平轴转动。裹膜形式如图 6-63 所示。而方捆台架有角辊带动方捆绕长轴转动,其形状适宜放置方草捆,且是浮动的。

(a)   (b)

图 6-63 裹膜情况

(a)裹膜张紧辊啮合齿轮图;(b)圆捆裹膜顺序

• 膜辊上的薄膜通过两个对转且其转速不同的辊,将薄膜拉紧、展平后裹在草捆表面上。如图 6-63(b),方草捆的裹膜顺序与此相同。

• 其他装置——装薄膜的膜辊,动力源,调节装置,指示器等。

固定式的园捆裹膜机有两种类型,一类是裹膜坐架提供水平面、垂直面内两种转动,如图

6-64(a);一类是裹膜架坐只进行垂直面内的转动,而膜辊带裹膜绕垂直相对草捆转动,如图6-64(b)所示。

(a)   (b)

图 6-64   固定式圆捆裹膜机

a):1. 机架;2. 裹膜架(绕垂直轴转动);3. 裹膜的园捆;4. 膜辊

b):1. 牵引架;2. 园捆夹持架;3. 模辊(转动);4. 裹膜台架(皮带转动)

③薄膜——是影响裹膜质量的关键,是一种专用的拉伸回弹膜,薄而不透气,尤其裹青鲜草物料,能够保证密封;具有一定的强度、弹性和一定的黏附性,可以紧密地紧箍在草捆表面,且不易破裂;裹完膜薄膜不会自行脱落。

裹膜是通过薄膜与草捆的相对运动来完成的。在裹膜机上,有的是薄膜装置(膜辊、拉紧膜辊)固定,草捆转动;在捡拾压捆-裹膜联合机上采用薄膜装置(膜辊、拉紧展膜辊)转动,草捆固定。

第五节　捡拾集垛机及草垛运输车

一、压缩集垛机

(一)概述

集垛机械技术是在美国、加拿大20世纪60年代末出现的新技术。此类集垛机可以进行田间捡拾(草条)、集垛;集成的草垛可以进行较长距离的运输;在运输、装车、卸车过程可基本上保持草垛的形态;集垛机可集草、农业秸秆(如玉米秸秆等)。所以田间捡拾集垛机的应用被誉为散垛草机发展的一次突破。集垛机有压缩集垛机和切碎风送式集垛机。当时的压缩集垛机机型有两种机型,例如 Hesston,SH30A,John Deere 200 Stack Wagon 如图6-65 是最典型的一种。

其工作过程是高速旋转的链枷式捡拾器捡拾草条,并将其抛进车厢,待装满车厢,由压缩机构进行压缩。捡拾、压缩反复若干次,在车厢中形成一定具有一定密度的方草垛,然后打开车后门,接通底板上的输送链,将草垛完整地卸到地面上,形成一个长方体状(面包状)的草垛。

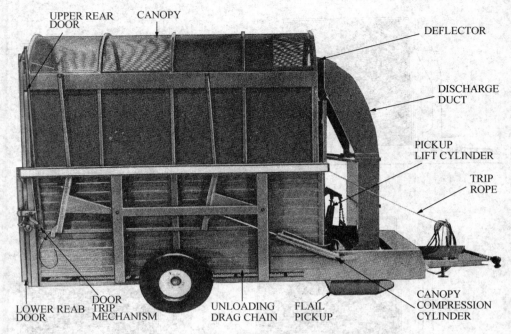

图 6-65　压缩集垛机(John Deere 200 Stack Wagon)

链枷式捡拾器(FLAIL PICKUP),盖棚压缩油缸(CANOPY COMPRESSION CYLINDER),
捡拾器提升油缸(PICKUP LIFT CYLINDER),物料输送罩壳(DISCHARGE DUCT),
抛送物料活门(DEFLECTOR),盖棚(CANOPY),上后门(UPPER REAR DOOR),
下后门(LOWER REAR DOOR),后门锁卡机构(DOOR TRIP MECHANISM),
卸草垛链(UNLOADING DRAG-CHAIN),操纵活门的绳索(TRIP ROPE)。

(二)田间捡拾集垛过程

1. 田间作业过程,如图 6-66 所示。

集垛机在田间沿草条作业,(A)捡拾的物料抛送到车厢中,由抛送活门控制,首先将物料按顺序抛至(1)位置,——(2)位置,——(3)位置;这时车厢中就充满了松散的草,由压缩油缸驱动盖棚压缩机构进行压缩至(4)位置,如(B);然后盖棚升起,继续进行捡拾草条,按顺序将草抛至车厢(5)位置,——(6)位置,充满后,(如图 C);盖棚再次压缩至(D)位置,之后,盖棚升起,继续捡拾、压缩,压缩 3～4 次,车厢中形成一个具有一定密度的草垛。然后将其卸在草地上,形成一个长方形面包状的草垛。如图 6-67 所示。

在田间形成的草垛比较规整,结构均匀,密度约每立方米 100 kg。在田间露天储存,具有一定的防风沙和防止雨雪浸入的能力,所以可在田间长期储存,一年后,内部仍保持绿的颜色。这样的草垛,可以整垛装车、运输。这样的集垛机还可以捡拾压垛多种农业物料,例如玉米秸秆、麦秸、豆秸等。

国外对压缩草垛的田间试验表明,防雨雪浸入能力强,如图 6-68 左图是非压缩草垛的截面,虚线部分是顶部凹陷部分水浸入的情况,中间的交叉线部分是凹陷部分储存水分进入内部的情况;储存中水分浸入部分的草在储存中变质发霉。右边的是压缩草垛的截面,由于压缩垛顶圆滑,水分仅限外表浸入外表很薄一层,所以储存中仅外表的草风蚀、水蚀(断面线部分),损坏很少。压缩草垛的顶部结构和草垛的密度与压缩过程和压缩结构有关。

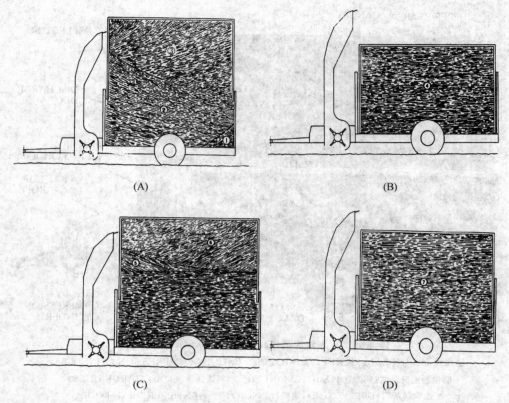

(A) (B)

(C) (D)

图 6-66 捡拾压缩集垛情况

LOOSE HAY STACK WAGON

图 6-67 压缩形成的草垛(卸垛位置)

(三)草垛的压缩机构

压缩机构由盖棚压缩油缸,通过一套机构,带动盖棚下压和升起完成压缩过程。

1. 液压油缸

如图 6-69 所示。

图中 13 是右油缸,配置在车厢右侧,与盖棚连接,16 是左油缸,配置在车厢的左侧,与盖

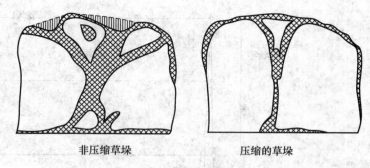

非压缩草垛　　　　压缩的草垛

图 6-68　压缩草垛和非压缩草垛截面情况

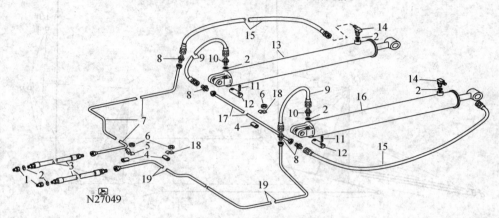

N27049

图 6-69　压缩串联同步油缸

棚左侧连接。为保持压缩过程中盖棚压缩和升起平稳、均匀、同步，左、右油缸设计成同步串联油缸。与拖拉机的液压系统连接。高压油首先通过左侧油缸，串联流过右侧油缸，所以左侧油缸缸径比较大。串联同步油缸，不管他们的负荷如何，都保持一定速度相同。油缸尺寸参数见表 6-1。

表 6-1　John Deere200Hay Stack Wagon,压垛液压系统

	行程(cm)	外径(cm)	孔径(cm)	杆径(cm)	系统压力(kg/cm²)
左侧油缸	81.9	11.4	10.2	3.5	158
右侧油缸	81.9	10.7	9.5	3.5	158

2. 压缩机构分析

如图 6-70 所示。

油缸($d-a$)，前丁字摆杆($O-A-B$)，铰接于车厢壁于 O 点，通过 a 点与油缸铰结，通过 B 点连接盖棚拉杆 BC，其中 C 点与压缩盖棚连接；后丁字摆杆($O_1-A_1-B_1$)，可绕车厢壁上的点 O_1 摆动，B_1C_1 为盖棚的拉杆，AA_1 将两个丁字摆杆连接起来。当油缸 $d-a$ 伸出时，将盖棚 $C-C_1$ 上推，其最高位置 $C''-C_1''$ 升起高度为 S；当油缸回缩时，盖棚被下拉至最低位置 $C-C_1$。盖棚相当于压缩活塞，其顶部是弧形的。

——油缸推出，通过平面四杆机构，推动盖棚上升；油缸缩回，拉动盖棚向下压缩车厢中的散草。压缩行为 S。实际上盖棚就是压缩机构的压缩活塞。盖棚是弧形曲面，保证压缩草

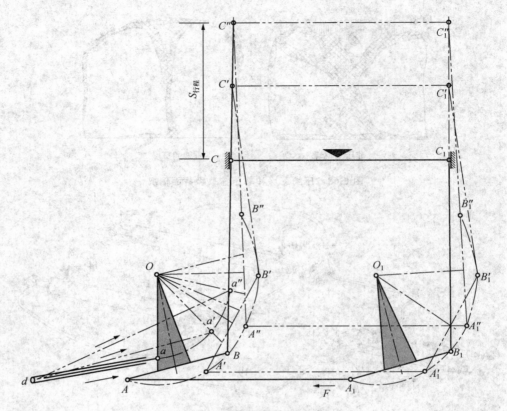

图 6-70　压缩机构(左侧)

垛垛顶的均匀流水曲面;盖棚上面是多孔的,压缩时流畅排气,减轻压缩的阻力。

3. 压缩力情况分析

压缩行程为 S,设盖棚重量 Q;

设摆杆摆动中心 O 离油缸的距离近似为 l,压缩力为 $P(=158 \text{ kg/cm}^2)$;

设摆杆摆动中心 O 离拉杆距离近似为 h

左侧油缸的上推力:$T = \pi R^2 p = \pi 5.1^2 \times 158 \approx 12\,910$ (kg)

左侧油缸的下拉(压缩)力:$L = \pi(R^2 - r^2)p = \pi(5.1^2 - 1.75^2) \times 158 \approx 11\,391$(kg)。

如果 $l \approx h$,

则一侧压缩力 $P_{\max} = L + \dfrac{Q}{2} = 11\,391 + \dfrac{Q}{2}$;盖棚的重量有利于压缩。

整车最大压缩力约可达 $23\,000 \text{ kg} + Q$。

粗略设盖棚重量 500 kg,则压垛机的压缩力大致接近 23 500 kg。

200 型压垛机,车厢长 4.267 m,宽 2.59 m,面积约为 10 m²,即压缩断面积 10 m²。单位面积的应力比较低。

上面的压力分析,仅是粗略的估算值,仅以此粗略地分析压垛的情况。

压缩时盖棚上的孔隙很大,以减少压缩空气的阻力。

4. 压垛机压缩特点

单位面积的压缩力很低,但是压缩形成的草垛的密度还是比较高的,防风、雨雪侵蚀能力

较强,其主要原因或主要特点有:

(1)垂直压缩,除了压缩盖棚之外,物料的重量下沉,也有利于压缩。

(2)物料的重量,在整个过程中对压缩都有利,在重力作用下的变形是随时间变化的蠕变过程,有利于密度的增加。

(3)机器作业过程中的震动,有利于增加草垛的密度。

(4)由于压缩盖棚的结构和面积大的特点,压缩时能尽量减少空气的阻力和摩擦力。

(5)盖棚(压缩活塞)曲面形状,有利于形成圆滑的垛顶结构。

(6)草垛在田间储存过程中,由于重量的作用,其密度在继续增加。

——所以较低的单位面积压力,形成的草垛的密度较高和质量比较好,可谓压垛机压缩的一大特点。

(四)传动系及捡拾装置

1. 传动系

如图 6-71 所示。

(1)动力由传动轴来,经过齿轮箱输出,经过离合器 *A* 驱动捡拾装置转子 *C* 高速旋转;通过离合器 *B*、齿轮系、链轮系驱动车箱底面上链板卸垛装置 *D*、*E*;有的还有后门卸垛链传动器 *E*、*F*。

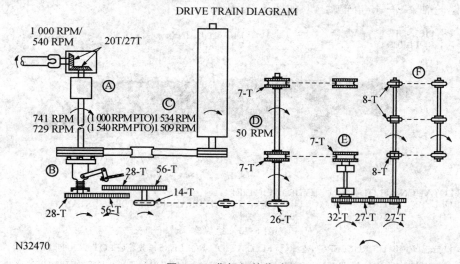

图 6-71　集垛机的传动系

(2)在卸垛时升起盖棚,上后门打开,下后门也打开,在下后门打开的过程中通过钢丝绳拉动离合器 *B* 使其接合,驱动卸垛传动 *D*、*E*、*F* 卸草垛,卸完垛之后,关闭后门,放松钢丝绳,离合器分离,卸垛链停止运动。

2. 捡拾装置

如图 6-72 所示。

集垛机的捡拾装置是一个带有四排链枷叶片的高速转子在罩壳内高速旋转,捡拾能力强,捡拾干净,不仅能捡拾草物料,而且还可以捡拾各类农业秸秆,例如玉米结秆等。

(五)卸草垛过程

完成草垛后,需要停车卸草垛,卸草垛的程序是:停止前进;打开上后门和下后门,下后门放在地面上,见图 6-67,在下后门着地过程的同时卸垛链动力接合,当草垛开始接触地面时,

开动集垛机前进,前进的速度与卸垛链的速度相等,草垛可以
保持其形态、完整地卸到地面上形成一个规整的面包状草垛。

(六)存在的问题

（1）压缩集垛机最大的特点是集垛的草垛可以整体移动、
处理、运输;草垛质量高,在野外储存,能很好地保持其质量;是
目前散草垛收获的理想机具;适于就地、就近应用。

（2）最大的问题是机具成本较高,另外由于用户生产条件
的提高,用户选择用方草捆取代了散草垛也是影响其推广应用
的重要原因。

二、草垛的处理运输车

为了处理、运输田间放置的集草垛,配套了草垛运输车,如
图 6-73 所示。

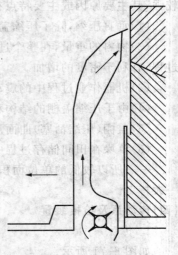

图 6-72　捡拾装置

车床平面上布置了装、卸驱动链条,其动力源是车架下面
的液压马达(HYDRAULIC MOTOR),前端是捡拾辊轴 4。其动力由马达轴 3——中间链轮
轴 2——链轮轴 1——捡拾辊轴 4。如图 6-74 所示。

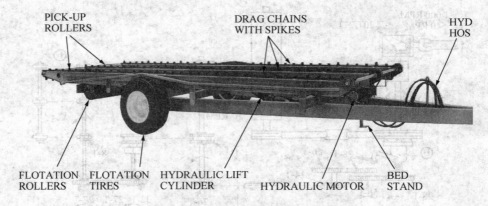

PICK-UP ROLLERS　DRAG CHAINS WITH SPIKES　HYD HOS

FLOTATION ROLLERS　FLOTATION TIRES　HYDRAULIC LIFT CYLINDER　HYDRAULIC MOTOR　BED STAND

图 6-73　运垛车

捡拾辊(PICK-UP ROLLERS),支撑辊(FLOTATION ROLLERS),胶轮(FLOTATION TIRES),
装卸输送链(DRAG CHAINS WITH SPIKES),升降油缸(HYDRAULIC LIFT CYLINDER),
液压马达(HYDRAULIC MOTOR),车床面固定支撑(BED STAND),
液压油管(HYDRAULIC HOSE)

1. 草垛运输车工作过程

开始装垛时,由液压油缸使床面倾斜,对准草垛,使捡拾辊深入垛底,接通液压马达,驱动
床面的传动系,转动的捡拾滚向床面上拉动草垛,同时开动拖拉机用其倒挡后退,后退的速度
与床面输送链的速度相同,这样,车向后倒,地面上的草垛就能完整地被移动到床面上。通过
液压油缸,使床面置于平行状态,就可以将草垛运到一定的距离之外储存或应用。为了保持运
输过程中草垛的形态,有的加装披罩罩在垛上面。卸垛时液压马达反转,其顺序与装垛顺序相
反。如图 6-75 所示。

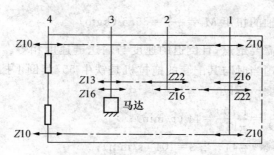

图 6-74 运垛车传动系

左起:(前端)4 是捡拾辊轴,其上有捡拾辊和两个链轮 Z10,3 轴是马达链轮轴,

轴上由 Z13,Z16 两个链轮,2 中间链轮轴上有 Z22,Z16 两个链轮,

床面上端链轮轴 1,其上有 Z16,Z22 两个链轮(可以变速的)

图 6-75 运输车装(卸)垛

2. 运输车的参数的确定与计标

如图 6-76 所示。

床面倾斜,前端是贴地面的直径为 d 的捡拾辊,待装草垛的重量 G 为 3 600 kg,装垛床面倾角 $\alpha=17°$,使待装物料垛沿床面向上移动的拉力 P 要能克服草垛向下滑的分力 F 和使草垛沿床面向上移动的摩擦力 F_f 之和,草垛与床面的摩擦系数 f(设为 0.1),$F_f=G\cos\alpha \times f=340$ kg。

所以是物料上床面的拉力为 $P=G\sin\alpha+F_f=1\,020+340=1\,360$ (kg)

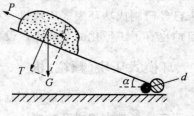

图 6-76 装垛时力的分析

捡拾链轮($z=10$,节距 $t=38$ mm)其节圆直径:

$$D_j = \frac{t}{\sin \frac{180}{Z}} = \frac{38}{\sin \frac{180}{10}} = 124 \text{ (mm)}$$

所以轴 4、1 的扭矩:$M_{\text{I}}=M_{\text{Ⅳ}}=P\dfrac{D_j}{2}=1\,360 \times 0.06=84$ (kgm)

马达轴扭矩 $M_3=\dfrac{M_{\text{I}}}{i}$

式中总传动比 $i=\dfrac{22 \times 22}{16 \times 13}=2.3$

所以(马达轴)第 3 轴的扭矩 $M_3 = \dfrac{84}{2.3} = 36.5$ (kgm)

因为装垛时拖拉机需要倒退,且倒退的速度与输送链速度相等。也就时说拖拉机的倒挡速度要与此相适应。我国当时与其配套的拖拉机是铁牛 55,其倒 I 挡的速度是 1.03 km/h = 1.7 m/s,即输送链的速度。所以

1 轴的转速 $n_I = \dfrac{u}{\pi D_j} = \dfrac{1\,700}{\pi 124} = 44$ (r/min);

马达的转速 $n_3 = n_I \times i = 44 \times 2.3 = 101$ (r/min);

若拖拉机液压系统的额定压力 100 kg/cm²;

根据扭矩、转速和液压系统的压力就可以选择液压马达。

第六节　草块压制机机械

一、概述

所谓草块是用长草或具有一定长度的碎草压制而成的块状体。最常用的是小草块(cube),利于饲喂牲畜。块中保持较多的长纤维,密度、硬度适中,以利于牲畜的采食。

草块与草颗粒不同,草颗粒是粉碎的草粉制成的。国内外草块压制机普遍采用模式压制原理,最常见的是环模式压制。干草压块,要求含水分很低,在国外压制苜蓿干草块,一般含水分 13%,但是在压块前要喷洒水分激发干草中的胶质以利于成块。

干草块的特点,密度高、流动性好,便于储存、处理和饲喂;有的还可以在压块中添加其他有益物质提高草块的价值。

在国外干草块的生产已经发展工厂化生产,包括从原料的供给,干燥处理,调质,压块,草块的处理,储存包装等,生产标准的干草块产品。我国研制干草块机械很早,20 世纪 80 年代末已经研制成功环模式压块机。小型的干草、秸秆压块机研制的比较多,有环模和平模式的。目前也有了工厂化的草块生产设备。

二、环模式压块(颗粒)机

环模式压草块机与颗粒压制机原理相同

(一)压块机基本组成及功能

目前国内外发展的主要是固定式干草压块设备。其基本工艺过程有原料预处理(干燥、切碎或揉碎)——装料——调质处理——喂入——压块——草块的处理等。相应的压块机的基本组成,主要有:

(1)通过料斗装料或通过输送器均匀、连续输送装料。

(2)搅拌、调质、喂入——添加(水、其他物料或加温等并进行均匀和向压块装置喂入)。

(3)压块装置——基本组成是环模和压辊。一般是环模转动,压辊被动,模、辊进行挤压,草块从模孔中连续挤出。

(4)草块处理装置——草块冷却、时效、过筛等。

压草块机外貌如图 6-77 所示。

图 6-77

右：牧羊压块机环模结构及压制的草块产品；左：石家庄燕峰的 8SYD45—1000 型压块机

(二)压制原理及颗粒压制(压块)机的布置

1.环模压制原理

如挤压原理图，环模半径 R，模上有模孔，压辊半径 r，在环模内壁上转动，靠摩擦力将物料压入模孔中，挤压成型，草颗粒(块)从模孔中挤出。如图 6-78 所示。

(1)挤压过程概述：物料一般是沿轴方向喂入，设环模旋转带动压辊转动，模辊之间靠摩擦力戳取物料并压入模孔中。

(2)压制原理：辊对物料的正压力 N 分解为 N_y，N_x，N_x 向前推物料，N_y 向模孔压物料。模、辊间被挤压的物料数量与辊表面的摩擦力 $F=fN$ 有关(f 是辊表面与物料的摩擦系数)，分力 $F\cos\theta$ 向辊下面喂入，$F\sin\theta$ 压向模孔压实物料。

①模辊间戳取物料的条件

当满足下面条件，模辊才能戳取物料

$$N_x \leqslant F\cos\theta$$
$$N\sin\theta \leqslant Ff\cos\theta, \text{——} \operatorname{tg}\theta \leqslant \operatorname{tg}\varphi$$

即 $\theta \leqslant \varphi$

式中：φ 为辊表面与物料的摩擦系数。

也就是说 $\theta \leqslant \varphi$ 是模、辊间戳取物料的必要条件。

②模、辊尺寸间的关系

由上图可知

$$h = R - Oa, oa = ob + ab$$
$$ob = (R-r)\cos\alpha$$
$$ab = r\cos\theta$$

所以 $h = R - [(R-r)\cos\alpha + r\cos\theta]$

由于 $\cos\theta = \dfrac{1}{\sqrt{1+\operatorname{tg}^2\theta}}$，且 θ 又较小，可将 $\sqrt{1+\operatorname{tg}^2\theta}$ 展开成级数，并只取前两项，且辊直径

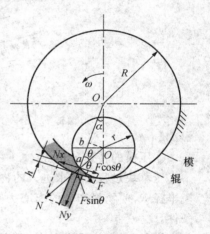

图 6-78　颗粒压制原理

等于模半径时，于是 $\theta = \alpha$，当有 $\theta = f$ 时，可推导出

$$h = R\left[1 - \frac{1}{1 + \dfrac{f^2}{2}}\right]$$

由此分析，随摩擦系数 f 和模半径 R 增加物料压缩的厚度增加。压粒过程，如图 6-79 所示。

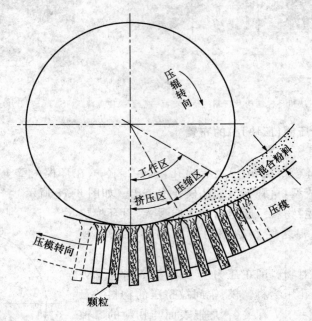

图 6-79　压粒过程

③压模的转速分析

压草块过程中要求进入的物料能贴在模的内表面上，要求环模具有较高的转速和较大的模半径 R，使物料产生的离心力克服其重力能贴在环模的内表面上为模、辊挤压提供必要的条件。

模的转速也不能太高，例如作者在试验中压制干草苜蓿采用模的转速 $n = 190$ r/min（模内径 650 mm，双压辊，辊的直径 300 mm）易成块；$n = 200$ r/min 使就很难成块，成块率很低。

不同的物料成块的情况不同，例如苜蓿较易成块，模的转速可较高，禾本草较难成块，压模的转速要求较压苜蓿低，例如试验中，压苜蓿 $n = 190$ r/min，压禾本草 $n = 170$ r/min 较好。

物料的含水分和压制中温度对成块有直接影响。例如含水分过高压制不易成块，草块的强度也非常低，再加上转速过高，即使形成的草块也易被甩坏。过程中温度上不去也不易成块。试验中发现，在压块前将干草喷水（调质一定时间）使物料的压块时水分可达 $25\% \sim 30\%$。

2. 颗粒压制（压块）机布置

如图 6-80 所示。

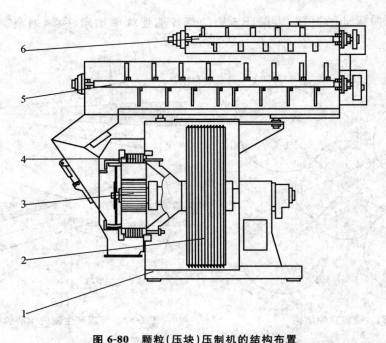

图 6-80　颗粒(压块)压制机的结构布置

1. 机架;2. 传动皮带;3. 压辊;4. 环模;5. 搅拌器;6. 螺旋进料

三、其他压块

(一)缠绕压饼

20 世纪 60 年代国外对青草缠绕压块试验研究的比较多,我国也曾对稻草缠绕压饼进行国试验研究,在 1986—1988 年内蒙古曾研制出 9Y-76 型青草缠绕压饼机。将试验研究进行综合介绍。

1. 缠绕压饼的特点

与一般的压块比较其主要特点,是对草物料的含水分要求不严格,即使含水分 40% 的青草也可进行缠绕压饼;耗功率低;连续成型等。

2. 成型原理

缠绕结构由如果若干旋转圆辊围成,如图 6-81 所示。

长草依靠压辊的传递的压力和进行旋转,分层缠绕而成圆柱形草棒,形成的草棒从缠绕室一端连续输出,将其切成 60～80 mm 的草饼。

(1)缠绕室草棒旋转原理,如图,草棒的正压力 p_n 垂直于压辊表面,其大小与草棒的密度和含水分有关。压缩物料由于表面摩擦的切向力 p_t 作用而产生回转运动。p_t 的大小与正压力 p_n 和压辊表面与物料间的摩擦有关。如果在无其他力的作用,各压辊的正压合力 p 处于平衡状态。

在平行布置圆柱形压辊压缩室中,草棒只有回转运动而无轴向运动时,草棒的密度随喂入量的增加逐渐增大。由于物料的弹性作用在两个相邻压辊质间形成凸起部分。凸起部分随容重升高而增大,直至摩擦力不能克服滚动阻力,压缩物停止转动,压辊开始打滑。增加压辊与压缩物料的直径比能改善喂入性能。

（2）草棒轴向运动的原理，为保证压缩的草棒能连续沿轴向移动，缠绕室的布置，如图6-82所示。

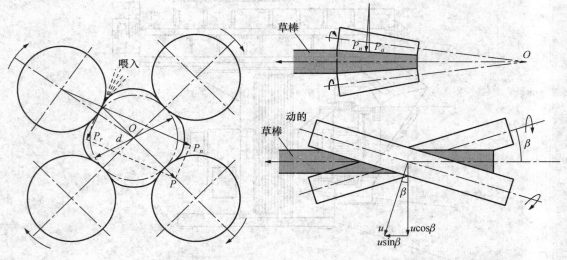

图 6-81　缠绕室的结构　　　　　　　　图 6-82　压辊产生轴向运动的布置

第一种锥形辊的布置，对草棒的正压力 p_n 产生的分力 p_a 是草棒产生轴向移动的力，与外部阻力和压辊与草棒间的摩擦力处于平衡状态。

第二种圆柱形压辊配置移动的顷角 β（例如 3°），压缩物的轴向运动与喂入量无关，压辊的圆周速度 u，而圆周速度的分速度 $u\sin\beta$ 使草棒作轴向运动。当停止喂入时，可将压辊调为平行位置（$\beta=0$）。

（3）间草棒切成草饼，草棒在缠绕室连续沿轴向移动，在移动过程中将其切成 60～80 mm长的草饼，饲喂或储存。

国内研制的 9YG-76 型压饼机如图 6-83 所示。

图 6-83　9YG-76 压饼机
左：机器外貌，右：草饼切刀

四个圆辊直径 $D=124$ mm，长度 582 mm，转数 $n=200$ r/min，倾角 $\beta=3°$，轴向分速度 $u_z=0.068$ m/s，草饼密度 $\gamma=300\sim600$ kg/m³；切断刀的转速 $n_d=1\,015$ r/min，切断速度 $u_q=12$ m/s。

<u>3.</u> 存在的问题

压辊高速度下草饼容重的控制、草棒的切断以及草饼表面质量都存在问题等。

(二)活塞式压草块

例如国内研制的 93CB-70 饲料压饼机,可压缩粉状饲料饼,也可将草粉压缩成块。主要结构是液压站驱动,螺旋输送,活塞压缩。

将秸秆揉碎,由带刮板的皮带输送器送入添加料箱Ⅴ,可同时加入添加精料,添加料箱采用卧式搅拌原理完成搅拌、输送的作用,将物料分别推至两侧的送料室Ⅰ,其压饼工艺过程如图 6-84 所示。

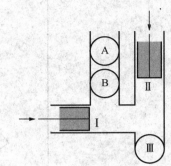

Ⅰ、Ⅱ、Ⅲ室分别以不同的压力,使压缩密度逐步提高,Ⅰ、Ⅲ室同步,与Ⅱ交替进行。Ⅰ、Ⅱ采用闭式压缩。Ⅰ送料,最大压力 5 kN,压缩油缸推力 60～120 kN,Ⅲ室开式压缩,实现连续作业。压饼直径 60～70 mm,草块密度 $\gamma = 0.45 \sim 0.6$ g/cm³。

图 6-84　93CB-70 饲料压块机压缩室示意图
A. 垂直方向加料;B. 垂直方向螺旋送料;
Ⅰ. 送料室;Ⅱ. 预压室;Ⅲ. 压缩成形室

(三)压饲料砖机

将牲畜需要的各种营养成分进行配合,压制成饲料砖(也称舔砖),用以补充调节放牧和散养牲畜的营养,也可添加一定的药物和添加物,达到预防疾病等目的。国内外的生产的饲料砖有矿物盐砖,磷砖,维生素砖,蛋白质(尿素)砖等。供牲畜添食(不能嚼食)。对舔砖的基本要求是内部成分均匀、致密;块砖密度、表面均匀等。所以对饲料砖生产的基本要求是对其成分要均匀;压制的饲料砖受力均匀,具有一定的强度,内应力小(不易破碎)等。国外生产饲料砖也有采取灌注自行凝聚成块的方法。

国内研制的小型 93ZT-700 型饲料砖加工成套设备:

(1)饲料砖加工成套设备的工艺流程,年单班产 1 000～1 500 t,生产率 500～700 kg/h。其工艺流程如图 6-85。原料提升、混合搅拌、调制处理、计量、压缩成形。采用斗式提升机(生产率 5 t/h),调质部分,在混合机(100 kg/批)3 中直接加糖蜜、蒸汽,然后卸至大调质罐 5(可储存 4 批物料)中进一步调质熟化,下面是双速双轴螺旋将物料微如电子秤斗中秤量,每秤微一块砖的重量,称量后的物料落入压砖主机。在液压油路动作程序的控制下,将物料压缩成型并推出机体。

(2)饲料砖的端面尺寸:215 mm×215 mm,块重 20 kg/块,密度(试验)$\gamma = 1\ 370.5$ kg/m³ 压力达 4 t 以上样品效果最好。

(3)压砖的过程:液压活塞式压缩。装料后,压缩过程分为快进→压缩→保压→推移(砖),回程。在保压之后,打开堵门,将压成的饲料砖推移出。

①快进压缩:压缩速度为 37 mm/s 即在压缩力较小阶段采取较快速度压缩;

②高压压缩:压缩速度为 13.5 mm/s,压缩速度愈慢压缩质量愈高;

③保压≥10 s,保压实际上是让饲料砖进行压力松弛,消除其内压力,提高饲料砖的质量。压缩过程如图 6-86 所示。

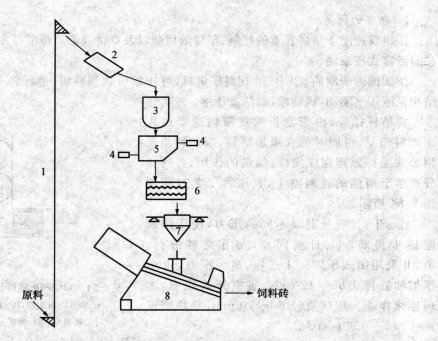

图 6-85　93ZT-700 型饲料砖加工成套设备的工艺流程

1. 斗式提升机；2. 溜管；3. 混合机；4. 上、下料喂器；5. 调质罐；

6. 搅龙；7. 电子秤；8. 压砖机

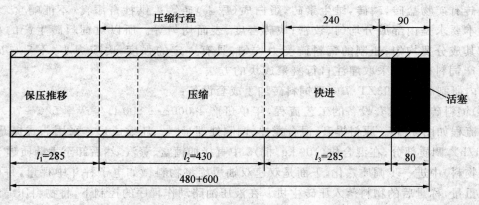

图 6-86　压缩过程

第七章 农业散粒(粉)体工程

第一节 概论

散粒体是较小固体颗粒的群体状态。它的存在形式有单个颗粒固体状态、散粒群体状态和流床状态。

一、散粒(粉)体

(1)一般对于细小颗粒组成的可称为粉体；较大颗粒的可称为散粒体。由于粉体再细，也是由单个颗粒组成的。所以一般也可称为散粒体；日本的资料多统称为粉体。在此对农业种子等较大颗粒的群体称为颗粒体；粉状饲料、粉尘等较细颗粒的群体称可为粉体，所以将其统称为散粒(粉)体。

(2)散粒(粉)体是物料(体)存在的一种形式。单个颗粒具有一定的形状尺寸和强度，具有外摩擦，表现为固体的性质；群体颗粒保持形状尺寸的能力(较)差，其形状尺寸随容器而定，能相互流动和产生内摩擦，具有流体的特性。也就是说，散粒体既有流体的特性也保留着固体的性质；流床状态的流体性则更强。

(3)农业散粒体物料非常广泛。例如农业种子(含草种子)，草粉、面粉、粉状饲料，沙土、食盐、颜料，颗粒饲料和肥料等，甚至水果类、马铃薯块根等在一定的过程中，也可按散粒体处理。散粒体的存在和过程与生产、生活关系密切相关。

为了研究的方便，本章将草粉与其他农业粉体物料的过程一起统称为粉体工程；将草种子和其他农业种子的过程一起作为散粒体工程来分别论述。

二、粉尘的危害

不管是粉体、散粒体，在处理过程中都会产生严重的细粉尘效果(现象)。粉体细粉尘污染环境，对人体有害，甚至发生粉尘爆炸酿成灾难，农业物料粉尘爆炸在国内外均有发生，所以在粉尘处理过程中要严防粉尘的爆炸和粉尘的其他危害。为了工程安全生产，在此，简要提及粉尘爆炸和粉尘的危害。

1. 粉尘爆炸

粉尘爆炸是指空气中悬浮的粉尘急剧地氧化燃烧，同时产生大量的热和高压的现象。爆炸的机理非常复杂，通常认为首先是一部分粉尘被加热，产生可燃气体，它与空气混合，当存在一定的温度的火源或一定能量的电火花时，就会引起燃烧，由此产生的热量又将周围的粉尘加热，产生新的可燃气体，这样就会产生爆炸的连锁反应。

（1）粉尘爆炸的条件

①粉尘爆炸要有一定的浓度，这一界限称为爆炸的下限。例如面粉在 1 m³ 的空气中悬浮 15～20 g 时最容易爆炸；

②颗粒愈小，发火点愈低，愈容易一起爆炸，例如 10 μm 的粒子浓度为每立方米 20 g 时最容易爆炸，相当于看 2 m 前的物体模糊不清。

③火源。

④还与颗粒的种类有关，例如具有危险爆炸的粉尘有：铝粉、硫黄、碳、煤粉、草粉、淀粉、面粉、奶粉、染料、塑料、合成洗涤分等。

（2）粉尘爆炸与其物理、化学性质和大气条件有关

①燃烧值大易爆炸，例如煤尘、碳、硫黄等；

②氧化速度愈大愈易爆炸，例如镁、氧化亚铁、染料等；

③粒子愈小愈易爆炸，粒子小最小点火能愈小，最大爆炸力上升速度愈高；

④悬浮性大易爆炸；

⑤氧气浓度高发火点低，最大爆炸压力及压力上升速度快；

⑥容易带电的粉尘爆炸也容易，合成树脂粉末、纤维类、淀粉类、面粉等导电性不良的物质容易摩擦产生静电积聚起来，当达到一定数量时，就会放电、构成爆炸的火源；

⑦粒子愈干燥，爆炸愈容易。

2. 粉尘对人的呼吸道、眼睛、皮肤产生损害

在粉体的加工、储存、处理工程中，应特别注重防止粉尘的危害。一般粉体处理或容易产生粉尘的环境中粉尘的浓度都有严格要求，例如，饲料加工厂，车间粉尘浓度每立方米不得超过 10 mg。粉尘是空气环境的重要指标。

三、散粒体性质和基本参数

1. 颗粒的形状尺寸

形状尺寸是物料的两个不可分割的基本物理量；是物料处理过程中的重要参数。

（1）对规则颗粒，可用规则几何体的形状尺寸表征，例如球体，椭球体等；

（2）对不规则的颗粒的表征方法也很多：

①扁长体，例如小麦粒，$a>b>c$，即长＞宽＞厚，一般是 $a=(5.3～5.5 \text{ mm})$，$b=(2.9～3.5 \text{ mm})$，$c=(2.6～3.5 \text{ mm})$；苜蓿颗粒等很多草种子都是扁长体颗粒。

②粒径（粒度）或当量（直）径。粒径是表示物料形状、尺寸的综合指标，而不是具体的典型尺寸。是在过程中，利用测量的某些与颗粒典型有关的量推导出来的，并使其与线性量纲有关。应用最多的是当量球径。

③漂浮速度或临界速度——颗粒在流体（例如空气）中，从静止状态下落，最终达到了均匀下落时的速度，称该物体在流体（例如空气）中的沉降速度；若从其下面给一均匀气流，向上吹颗粒，使其处于悬浮状态，此时的气流的速度称为颗粒的悬浮速度。沉降速度和悬浮速度都称为颗粒的临界速度。

球体的临界速度

$$u_t = \sqrt{\frac{4gd(\rho_s - \rho_f)}{3c\rho_f}}$$

式中：c——物体的阻力系数；

ρ_s——颗粒的密度；

ρ_f——流体的密度；

g——重力加速度；

d——粒径。

2. 密度

所谓密度，即单位体积的质量，$\rho = \dfrac{m}{V}$；

重度是单位体积重量，$\gamma = \dfrac{G}{V}(kg/m^3)$；

种子的比重是一定绝对体积的种子与同体积的水的重量之比。

3. 孔隙率

(1)孔隙率 ε 是颗粒群中，孔隙体积占群体体积的百分比；

$$\varepsilon = \frac{V_k}{V_k + V_g} \times 100\%$$

式中：V_k——群体中或容器中空隙的体积；

V_g——群体中或容器中颗粒固体的体积。

(2)孔隙比 n——颗粒群体或容器中孔隙体积于固体体积之比；

$$n = \frac{V_k}{V_g} \times 100\%$$

(3)空隙率与空隙比的关系；

用下式表示：

$$\varepsilon = \frac{n}{1+n}$$

$$n = \frac{\varepsilon}{1-\varepsilon}$$

4. 摩擦特性和流动性

(1)摩擦特性

①散粒体个体与固体表面的摩擦特性，符合固体库仑摩擦定律；

②散粒体间的内摩擦定律：

$$\tau = \tan\phi_i + c$$

式中：τ——内摩擦力；

ϕ_i——内摩擦角；

c——附着力。

③休止角

所谓休止角，也叫静止角，散粒体自由堆放状态其堆面的母线与水平面间的夹角。休止角表示的是散粒体的内摩擦特性，但是与内摩擦角还不是一个概念。

（2）压力比

散粒体具有流体的特性，在容器中储存对容器壁存在侧压力；侧应力 σ_3 与垂直应力 σ_1 存在一定的关系，这种关系可用应力比 k 表示：

$$k = \frac{\sigma_3}{\sigma_1}$$

在不考虑附着力 c 的情况下

$$k = \frac{\sigma_3}{\sigma_1} = \frac{(1 - \sin\phi_i)}{(1 + \sin\phi_i)} = \mathrm{tg}45° - \frac{\phi_i}{2}$$

（3）流动性

所谓流动性就是物料流动的能力，流动性是散粒体的最重要的性质之一。流动性好，料流不易结拱和堵塞，特别利于存仓的卸料、储存和输送。流动性好的物料，料仓中储存，对仓壁的侧压力大，也影响储仓的安全性。

影响散粒体流动性的主要因素有颗粒的形状、表面性质、含水分等。

第二节　种子生产过程及装备

种子是典型的散粒体物料。在这里所谓种子装备是指种子生产过程中的工程技术手段，例如种子的收获（集）、处理、加工的工艺及设备。

一、农业种子是一类有生命活动的散粒体

（一）种子的呼吸作用

（1）所谓呼吸作用，即种子内部活物质在酶和氧的参与下进行的一系列氧化、还原反应，最后放出二氧化碳和水，同时释放出能量的过程，为种子提供生命活动所需要的能量（另一部分能量以热能的形式散发到种子的表面），促进有机体内生化反应和生理活动正常进行；其实质是内部有机物质的不断分解过程；种子的呼吸作用是种子储存期间种子生命活动的集中表现。呼吸是生命体的基本特征。

（2）呼吸只在活组织中进行，例如禾本科种子，只有胚胎、糊粉层细胞是活组织；干燥的种皮细胞已经死亡，不存在呼吸作用，但是其透气性也影响呼吸作用。

（3）影响呼吸的主要因素

①水分，潮湿、新鲜的种子呼吸旺盛，干燥的种子呼吸非常微弱。因为种子内部的酶随水分的增加而活化，把复杂的物质分解为简单的呼吸底物。水分越高呼吸作用越强烈，氧气消耗越大，放出二氧化碳越多，消耗的底物也越多。

a. 临界水分——一种子的含水分，包括游离水（自由水）和结合水（细胞水）。所谓游离水，即在细胞中可以自由流动的水；干燥过程中，首先散失的是自由水；种子中游离水多时，呼吸酶活跃，种子呼吸强度大，物质消耗增加。所谓结合水，即与细胞物质结合的水分，流出阻力大，干燥困难。当种子中出现游离水时的含水量称为临界含水分。

b. 安全含水分——在环境中种子能安全储存的含水分。

c. 平衡含水分——干燥的种子在环境储存过程中，环境（空气）湿度比较高时，种子吸收

空气中的水分,使其含水分增加,当其含水分与环境(空气)的湿度平衡时的含水分,称为平衡含水分;平衡含水分随环境的含水分动态变化;种子在环境中长期储存时,平衡含水分就是种子的含水分。

②温度,在一定的温度范围内种子的呼吸作用随温度的升高而加强。低温时,呼吸微弱,随温度升高,种子内部原生质,黏滞性较低,酶的活性强,所以呼吸旺盛;而温度过高,则酶和原生质遭受损坏,使生理作用减缓或停止。

③通气条件,一般来说,通气条件充分呼吸旺盛。

④种子本身的状态,种子的呼吸还受种子本身状态的影响。未充分成熟的种子、不饱满的种子、损伤的种子、发过芽的种子等呼吸强度比饱满、完好的种子呼吸强度要高。

⑤其他,例如种子感染微生物,微生物生命活动放出大量的热和水,间接地促进了种子的呼吸强度增强。

(二)种子的后熟作用

1. 成熟的种子

形态、生理都成熟的种子,才成为成熟的种子。不成熟的种子质量差,不能发芽。

2. 后熟作用

(1)所谓后熟,即种子形态成熟后,经收获、脱离母株后,但其内部的生理生化过程仍然进行,直到生理成熟。后熟实质上是成熟过程的继续,又是在收获后进行的,所以称为后熟。完成其生理成熟的种子,才算真正成熟的种子;后熟过程的变化,主要是质的变化,量只会减少不会增加;后熟过程中,可溶性物质不断减少,而淀粉、蛋白质和脂肪不断积累,酸度降低;酶的活性由强变弱。

未通过后熟的种子,不能作为播种材料;否则,发芽率低,出苗不齐;未通过后熟的种子,影响加工的产品,例如未成熟的小麦影响面粉和烘烤的品质;未通过后熟的大麦发芽率不齐,不适宜酿造啤酒等。

(2)不同的种子后熟期不同,一般来说,麦类后熟时间较长,粳稻、玉米、高粱后熟期较短,油菜、籼稻、杂交稻等基本无后熟期或后熟期很短,在田间可以后熟,在母株上就可发芽。

(3)促进种子后熟的意义 未成熟的种子,发芽率低,出苗不齐,影响出苗率,影响种子加工成食品的品质。促进种子后熟具有重要意义。

①据化学分析,禾本科种子,腊熟期进行收获后,茎秆中的营养物质仍能继续输送到种子中去使千粒重有所增加,其增加数量可相当于种子本身重量的 10%;所以可以提前收获而不立即脱粒,让其进行后熟;

②检查种子后熟的通常方法是进行标准发芽试验。

(4)后熟期间种子的出汗现象。种子储存过程中,由于种子的后熟作用,细胞内部的代谢作用仍然旺盛,呼吸放出水分,可溶性物质转化为高分子胶体物质,同时放出一定量的水;使种子水分增多,一部分蒸发成水汽,充满种子堆间隙,一旦达到饱和状态(例如温度降低),就会凝成小水滴,附在种子的表面,就形成了种子的出汗现象。

二、种子收获、加工概述

(一)过程中有关种子的术语

1. 净种子

由实验室分析得到完整的种子。包括瘦小、皱缩种子,破损种子其大小超过原来大小一半的等；

2. 种子净度

种子净度试验中，净种子与样品（包括净种子、废种子、其他植物种子、杂质等）的百分比；

3. 种子用价

种子发芽试验的最终目的是获得合格的种子；

4. 硬种子

硬实种子指豆科种子，由于它们有一层不透水的种皮不能吸水，到规定的试验日期结束时，仍是坚硬的，这类种子列为硬实种子。

(二)草种子生产基本过程

草种子的一般生产过程包括：

(1)种子的土壤、植被过程——土壤、水肥条件的准备，播种及植被的维护。

(2)收获过程，即采集和割后联合收获（脱粒、分离、清选）连续地田间过程。

(3)种子加工过程，所谓草种子加工，指的脱粒和将种子从脱出混合物中分离出来的生产过程等，一般包括：

①脱粒——将种子与穗头的连接脱离的过程。脱出物为含种子、颖壳、杂余、秸秆碎段、废伤种子等混合物。

②清选、精选——将种子从脱出混合物中清选出来的过程。所谓精选能使种子的精度更高。

③分级——将精选出的净种子进行分成等级的过程。

(4)种子的处理，指的是为了方便播种和提高种子防病虫害、改善发芽的水、肥条件等的对种子的处理的过程。例如拌药、丸粒化、包衣、其他处理过程等。

三、种子的田间采集过程及采集机械

草种子的采集是指的直接从植株上将草种子采集下来的田间过程。是田间收获种子的一种过程。

(一)种子生产的技术要求

(1)适时收获　种子收获应根据种子的成熟度、品质、产量及经营的目的，适时收获，一般在种子达到完熟时采集。

完熟的种子具有较好的品质，千粒重、发芽率、产量均很高；是收获的适宜期，尤其是直接采集收获；有些情况，可以在蜡熟期收获，利于种子的后熟作用，提高种子的质量；尤其对于田间成熟度差，又易落粒损失的种子，在蜡熟期分段收获，效果将更好。

(2)根据种子采种年限确定采集草籽的年度，一般在采草籽年度的第一茬进行采集；采集期还要考虑种子的特点（种子的脱落性）等。

(3)收获中，避免种子的混杂、减少种子的损伤和损失。

(二)田间直接采集及设备

田间直接采集的特点，一是对植株不进行切割；二是在生长的植株上进行直接采集草种子（采集物与脱出混合物相近）。

1. 梳刷式采集及草种子采集机

对禾本科草种子，一般采用梳刷原理进行采集，所谓梳刷采集，就是对种穗施力，拉断种子与植株的连接收集种子。梳刷施力柔顺,对种子的损伤少;种刷可以插入植株丛内进行梳刷,因而采集的比较干净。常用的梳刷采集装置是旋转式种刷,种刷采集器是一个绕水平轴旋转的转刷。

(1)转刷的工作原理　转刷的工作原理相当于一个反方向旋转的拨禾轮。靠刷子沿其一定的轨迹作用于植株的种穗;在种刷的梳刷力作用于穗头与植株,在种、茎秆联结力和根部支撑的平衡中进行采集种子,也就是梳刷靠种子与植株联结力和根部的拉力支撑以及惯性实现其对穗头的梳刷力、冲击力进行采集草种。如图 7-1 所示。

设种刷旋转角速度 ω,机器前进速度 u_j,AB 是种刷采集区,设种刷在 a 点接触茎秆穗头,采集物在种刷端沿壳 AC 向上输送,在气力的吸引下进入沉降室。根据茎秆的高度,种刷轴的离地高度 H 可以调节。上下壳与种刷端间隙为刷梳区。

①转刷的运动轨迹作图

9ZQ——3.0 采集机,设直径 $D=700$ mm、$u_j=8\sim10$ km/h,取 $u_j=8$ km/h$=2.2$ m/s,$n=1\,200\sim1\,400$ r/min,取 $n=1\,200$ r/min,角速度 $\omega=\dfrac{\pi n}{30}=125.61/s$,速度比 $\dfrac{R\omega}{u_j}\approx20$;转轮转一周机器前进的距离 $S=\dfrac{2\pi}{\omega}u_j=0.11$ m,将转轮等分 36 份,每转 1 份机器前进的距离 $S_1=\dfrac{2\pi/36}{\omega}u_j=0.003$ m,即可作图。

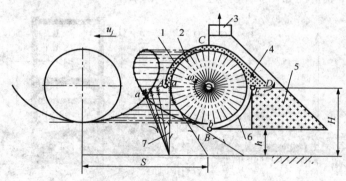

图 7-1　转刷轮及轨迹图
1. 采集器壳;2. 种刷;3. 卸风口;4. 采集物通道;
5. 沉积室;6. 下壳;7. 茎秆高度 l

②轨迹图分析

种刷端的轨迹是一个带绕扣的螺旋线,圆周速度与机器速度比 $\dfrac{R\omega}{u_j}\approx20$,其冲击力较强,$ba'$ 是其刷种区段,种刷是尼龙刷,可以进入其间采集种子,但是由于速度的原因,基本上是种刷端部进行采集工作。a、a' 点的位置很重要,从轨迹上看 a' 点的向前上方的分速度较高,采集下来的种子有可能抛出 A 点以外造成损失。转刷轴高度 H,下调一些效果会更好。

(2)转刷的配置　罩上端端点 A 应该在刷轴水平线以上,且与转刷端部留有相当的间隙,再加上气流的作用,被刷下的草种就可顺当的进入收集箱的沉积室。罩下端点 B,为避免种子的丢失,应配置在转刷最低点向前一定的距离。

转刷轴离地高度 H,一般稍高于种株高度。下端离地高度 h 以下植株上应没有种子。

D 点的作用,应考虑刷下种子能顺当地落入沉降室,而不能从卸风口飞出。

E 点位置,主要考虑收集箱种的种子,不能进入下部梳刷区。

(3)禾本科草子采集机,如图 7-2 所示。

图 7-2　9ZQ-3.0 草籽采集机
1. 尼龙采集种轮;2. 采机器壳;3. 传动系;4. 牵引装置;5. 升降装置

(4)田间采集作业情况如图 7-3 所示。

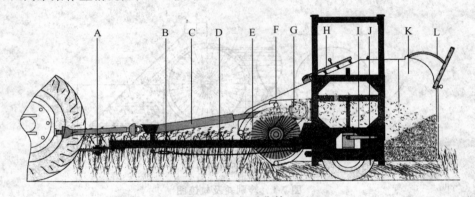

图 7-3　田间采集情况
A. 牵引;B. 拉筋;C. 传动;D. 机架;E. 种刷轮;F. 采集头;G. 变速箱;
H. 上风门;I. 升降装置;J. 行走轮;K. 沉降室;L. 后风门

2. 苜蓿种夹采集机

豆科草种子的采集与禾本科种子的采集不同。

呼和浩特分院研究的 9ZQ-2.7 型纵向倾斜滚筒式苜蓿种夹采集机,工作原理如图 7-4 所示。

(1)一般结构组成及工艺过程

有 5 组纵向倾斜采集转子负压采集种荚;采集的种荚先被吸入负压采集头的腔内,由采荚转子采集。所有汇集来的种荚由收集风管 5 抛送至沉降室 6 内。

(2)纵向采荚转子的采集原理

①采集的基本工作部件是纵向倾斜式采荚转子滚筒。滚筒圆周螺旋配置若干弓形齿,靠弓齿旋转运动在凹板间梳拉植株,靠摩擦力拉断种夹与植株的联结;采集原理与稻谷的弓形滚筒脱粒相似。

图 7-4　苜蓿种荚采集机

1. 分禾引导装置；2. 牵引；3. 传动轴；4. 采荚转子；5. 种荚收集风管；6. 种荚沉降室

②采荚转子滚筒本身旋转，其转速 n(200～700 r/min)，与机器的前进速度 u_j 构成采集的速度。

滚筒采集过程中，弓齿的螺旋配置和旋转方向，保证在采集过程中，由顶部沿滚筒向下逐步采集，在采集过程中对种株有扶起作用，保证采集干净；负压气流的作用，保证种株与采集滚筒始终保持贴合。采集滚筒的采集原理如图 7-5 所示。

该机有 5 个立式倾斜采集滚筒，滚筒外周附有凹板协助进行脱粒，脱下的种荚通过风管进入沉降室。

收集的种荚，进行干燥和后熟后再进行脱粒。

(三)苜蓿种荚的脱粒装置

所谓种荚的脱粒，就是将草种子从种荚中脱离的过程。田间采集也是一种脱粒过程。苜蓿种荚采集后含水分较高，种子成熟度不一，一般经过干燥后再进行种荚脱粒。呼

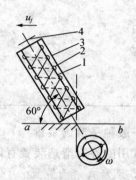

图 7-5　采集转子滚筒脱粒原理示意

1. 转子；2. 弓形齿；3. 转子壳
(凹板，采集支撑)；4. 转子传动链轮

和浩特分院研制了 5TQ-110 苜蓿种夹脱粒清选机。其小时生产率 300 kg/h，脱夹清选率达 70％以上，破碎率小于 1.5％。该机的工作过程，如图 7-6 所示。干燥的种荚倒入皮带输送器中，将其送到脱粒转子(7、8)进行脱粒；转子脱粒装置是一个带螺旋叶片和齿杆组成。脱粒的物料在出口处进行初步清选分离，种粒被收集。

四、种子清选过程及装置

清选就是从脱出种子的细小混合物中，清选出高净度的种子。对谷物，经清选后谷粒中的混杂物应小于 2％，清选时谷粒损失不大于脱出物谷粒总量的 0.5％。

种子清选过程是根据脱出物的空气动力学特性(悬浮速度)和尺寸进行的，常见种子脱出物的悬浮速度如表 7-1 所示。

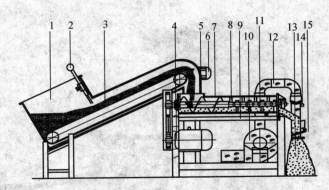

图 7-6 苜蓿种荚脱粒清选过程

1. 进料口；2. 进料调节装置；3. 种荚；4. 电机；5. 螺旋推进器；6. 减速器；

7. 螺旋推进器腔；8. 脱粒齿；9. 机架；10. 风机插板；11. 脱粒重的物料；

12. 轻杂；13. 好籽粒；14. 风门；15. 插板

表 7-1 常见谷物种子托出物的悬浮速度

作物	悬浮速度（m/s）	作物	悬浮速度（m/s）
小麦	8.9～11.5	荞麦	3.57～7.88
水稻	10.1	不饱满小麦	5.51～7.59
大麦	8.41～10.77	长度小于 100 mm 麦秆	5～6
大豆	17.25～20.15	长度为 100～150 mm 麦秆	6～8
玉米	12.48～14.03	稻糠	0.84～2.4

（一）一般种子清选装置

常用的谷物清选装置有风扇式、风扇筛子式和气流清选筒。

1. 风扇式清选装置

这种清选装置靠风扇的气流清除混合物中的杂质，一般混合物靠重力落入清风道，气流将谷粒和杂质分开。机构简单，但不能清除其中的短茎秆和大杂物。

2. 风扇式清选装置（见联合收获机部分）

3. 气流清选筒基本构造

气流清选是利用混合物中各部分的回转离心力和悬浮速度不同矩形清选。

（1）简单气流清选筒

如图 7-7，混合物由抛送器 10 抛入清选筒 8 内做旋转运动，清选筒实际上是一个旋风分离器。混合物在清选筒内旋转。轻杂物被风扇 1 吸走，通过沉降器 3，通过排杂门 6 将杂物排出；谷粒沿清选筒落下。这种清选筒不易把碎茎秆和断穗清除干净。

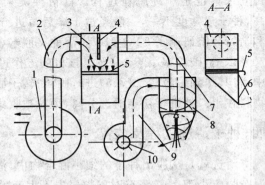

图 7-7 简单气流清选筒

1. 吸风扇；2. 吸风管；3. 沉降截留器；4. 阻挡板；

5. 活动隔风板；6. 排杂活门；7. 吸风管；

8. 清选筒；9. 抛送管；10. 抛送器

（2）复式气流清选筒

如图 7-8，有上下选筒组成，上选筒断面积大，气流风速降低。混合物由喂料抛送器抛入下清选筒 12，由风扇 3 通过吸风气流，并吸走细小杂物；谷粒沿下筒壁旋转下滑经过出粮圈 15 和接粮盘 2 流出；粗杂在流动过程中在上、下挡圈 7、9 和挡罩 8 的阻拦，经下挡圈下方的集杂斗 11 和排杂管 13 排出。

4. 清选风扇

常用的有农用型和通用型两种，如图 7-9，风扇式和风扇筛子式清选器中要求风扇宽度大、低风压，多采用农用风扇。为保证风速沿宽度方向均匀性，风扇的宽度 B 不超过风扇的外径 D 的 1.5 倍。如果要求宽度过大，常在一根轴上装两个风扇，外壳之间距离 100 mm 左右。农用吹出式风扇两面进风，叶轮直径 $D_2 = 300 \sim 350$ mm，转速 $n = 600 \sim 1\,200$ r/min，全压 $p = (0.04 - 0.05)u^2$ (Pa)，u 叶片圆周速度(m/s)，吸入型风扇要求高风压，采用单面进风的通用风扇，叶轮直径 $D_2 = 250 \sim 400$ mm，转数 $n = 1\,600 \sim 1\,900$ r/min。如图 7-9 所示。

（二）草种子清选机

草种子的清选原理与谷物清选相同，只是对草种子脱出物清选更困难一些，因此对草种子清选和装置的要求，应符合草种子生产的要求。

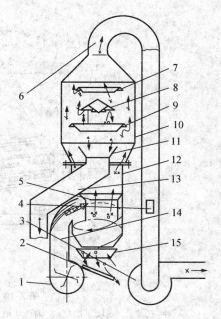

图 7-8　复式气流清选筒
1. 喂料抛送器；2. 接粮盘；3. 吸风风扇；4. 插板；
5. 半圆隔板；6. 吸气管；7. 上挡圈；8. 挡罩；
9. 下挡圈；10. 上清选筒；11. 集杂斗；
12. 下清选筒；13. 排杂管；14. 抛送管；
15. 出粮挡圈；○谷粒，×颖壳，△断穗

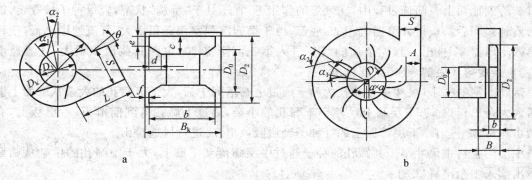

图 7-9　清选风扇
a. 农用型；b. 通用型

例一，5XZJ-3.0，如图 7-10 所示，是中国农机院呼和浩特分院设计的。喂入料是脱出细小混合物，主要用来清除其中的短茎秆、石块、细沙、泥土等杂物，使达到种子的净度的标准要求．通过换筛可清选老芒麦、羊草、披碱草等和本科草子和沙打旺等类似的种子；属风筛精选，清选的种子可达到一级草种子的标准要求。

喂料斗 8 中待选的种子，经过喂入辊 4、搅拌辊 5 到前吸风道 2，同时在风机 18 气流的作用下被提升，碰到前导向板 14 后这入第一沉积室 13，再通过第一闭风器 12 落到上筛面 11

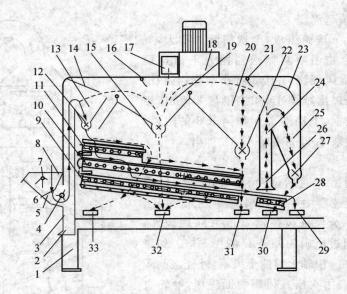

图 7-10　5XZJ－3.0 种子清选机

1. 机架；2. 前吸风道口；3. 前吸风道；4. 喂入辊；5. 搅拌辊；6. 闸门；7. 摆齿杆；8. 喂入料斗；
9. 下筛；10. 中筛；11. 上筛；12. 第一闭风器；13. 第一沉淀室；14. 前导向板；15. 第二闭
风器；16. 前风门；17. 风机进风口；18. 风机；19. 第二沉积室；20. 第三沉积室；
21. 后风门；22. 第三闭风器；23. 后导向板；24. 后吸风道；25. 第四沉积室；
26. 后吸风道进风口；27. 第四闭风器；28. 后风选筛；29. 种子出口；
30. 瘪种出口；31. 中杂出口；32. 细杂出口；33. 大杂出口

上,轻杂随气流进入第二沉积室 19,其中一部分稍重的杂质落到大杂出料口 33 排出;最轻的杂质随气流经风机出口排出。种子在吸风道的提升过程中,由于重杂质不能被提升,通过前风道口 2 落到地面上。筛选过程中,在气流的作用下,种子处于"沸腾"状态,轻瘪种子被吸走,提升的残种碰到后挡板折入第四沉积 25 底部,由于第四沉积室截面积增大,气流速度降低,残种经第四闭风器 27 排出。其他杂质随气流进入第三沉降室 20,也因其截面积增大,气流速度低,稍重杂质落入底部,经闭风器排出。

落到上筛的种子,尺寸小于筛孔的种子通过上筛落到中筛,大于上筛孔的大杂从筛面上滑出落入大杂出料口 33;下层筛上尺寸小于筛孔的小杂,通过下筛孔落到前滑板、后滑板上,有细杂出料口 32 排出。下层筛面上的好种子经后吸风道 24 进行风选排出。

中层筛物料中尺寸小于其筛孔的种子通过中层筛落到下筛上;大于中筛孔的中杂从筛面上滑出落入中杂出料口 31。

进入清选机的种子混合物,经过清选,最后除了草种子(出口 29)之外将瘪种(出口 30)、大杂(出口 33)、中杂(出口 31)、细杂(出口 32)分离出来。(其中没有进行种子的分级过程)。

例二,对脱出物中为未脱净的脱出物进行复脱、分离的清选机。

带复脱装置的初选种子清选机,如丹麦 Cimbra 公司的 109 型初选机,如图 7-11 所示。

脱出物进入清选机,通过复脱器对未脱粒的杂余进行(复)脱粒,之后进入逐藁器,较长的脱出物经逐稿器分离后落入上筛与上筛杂质一起从出料槽排出;其余物料进入上筛,经过上筛、中筛和下筛的清选,清洁的种子从出口 19 排出。

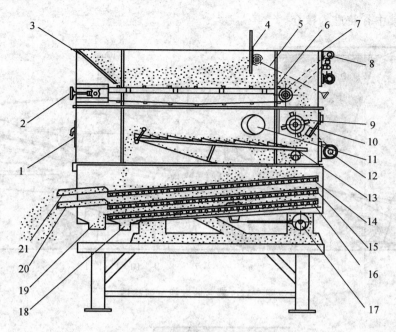

图 7-11　带复脱器的种子初选机

1. 观察门；2. 皮带张紧；3. 进料斗；4. 进料斗活门；5. 料斗活门控制；6. 喂入皮带；7. 带轮调整支座；
8. 皮带驱动；9. 复脱滚筒；10. 固定脱齿；11. 除尘接口；12. 滚筒驱动；13. 键式逐稿器；
14. 上筛；15. 中筛；16. 底筛；17. 偏心轴；18. 筛下物出口；19. 种子出口；
20. 中筛杂质出料槽；21. 上筛杂质出料槽

五、联合收获机收获草种子

基本上运用谷物联合收获机，进行适当的改造后用来收获草种子。

(一)联合收获机概论

1. 联合收获机的结构概论

如图 7-12 所示，收割台(1,2,3,4)将收割的植株由输送器 4 送入脱粒滚筒 5 脱粒，长脱出物在逐稿轮 6 的协助下进入键式逐稿器 7，分离后在其尾端 15 处将不含谷粒的茎秆抛出；分离的细小脱出物从键箱底流到抖动板 9；从脱粒辊筒的凹板处分离出来的细小脱出物通过抖动板 9 落入上筛 12 上，再到下筛 13，被清选装置(风机 7，上、下筛)清选后的谷粒落入谷粒搅龙 10，由其升运器 16 升运至粮箱 14。从筛尾端抖出的含有未脱净的杂余通过滑板进入杂余搅龙 11 和其升运器送至滚筒进行再脱粒(复脱)；小的不含颗粒的细杂(颖壳等)由请选装置吹出机外。

联合收获机的物料流如图 7-13 所示。

读者可据此图 7-12 详细论述联合收获机的物料流及其机构功能。

2. 联合收获工艺过程及框图

联合收获机的过程比较复杂，可以用框图简明表示出来，如图 7-14 所示。

田间生长的茎秆，被切割的整秆植株经过脱粒装置变成脱出物，其中长脱出物进入逐稿器进行分离(分离出的长脱出物从尾端排出，细小脱出物进入请选装置；细小脱出物进入清选装置)；其中的细小脱出物进入清选装置；细小脱出物在请选装置中进行清选，其中颖壳、碎杂等被排出机外；其中谷粒进入粮仓。

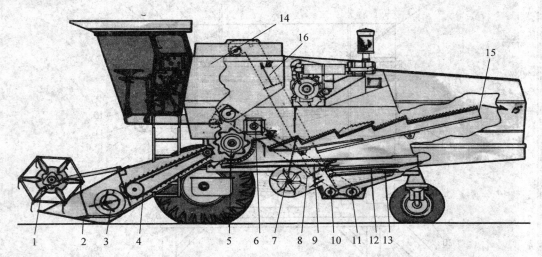

图 7-12　联合收获机一般构造

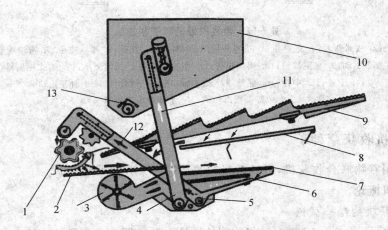

图 7-13　谷物联合收获机的物料流

1. 脱粒滚筒；2. 抖动板；3. 风扇；4. 谷粒升运器；5. 杂余搅龙；6. 下筛；7. 上筛；8. 逐稿器
滑板；9. 键式逐稿器；10. 粮箱；11 谷粒升运；12. 杂余升运；13. 谷粒搅龙

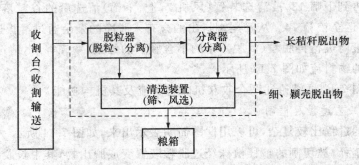

图 7-14　联合收获机的框图

3. 谷物联合收获机性能指标

谷物联合收获机在额定喂入量及种粒含水率 15%～20%,谷草比为 1∶1.5,切割线以上无杂草的条件下,收获谷物时,其主要性能指标应符合表 7-2 的规定。

表 7-2 谷物联合收获机的种体指标

项目	指 标	
	小麦	水稻
总损失率(%)	≤2	≤2
破碎率(%)	≤1.5	≤1
清洁率(%)	>90	>93

因为谷物种子与草种子差异性较大,在使用谷物联合收获机收获草种子时,需要根据草种子的情况对其一些结构进行调整和改变。下面将结合收获过程将其结构、工作原理和相应的调整、改变进行简要叙述。

首先用割晒机将草割后再成草条联合收获机收获草种子时,将收割台卸去,在田间捡拾草条。捡拾的种株通过输送过桥,进入脱粒装置;或者只卸除切割器传动,装上齿带式捡拾器,捡拾的草条通过割台、过桥进入脱粒装置等。

(二)脱粒原理及脱粒装置

1. 脱粒机的功能

种株进入脱粒器,对种株穗进行脱粒,同时将碎脱出混合物(包括籽粒、颖壳、碎断的秸秆或含籽粒的杂余等)等通过凹板分离出去,同时将长脱出物送入分离装置进行分离。

对脱粒机的基本工作要求:

对谷物来说,脱净率高——脱净率 98%以上;避免对种子的机械损伤——谷粒破碎脱壳少,破碎率 2%以下;尽可能多的碎脱出物从凹板中分离出来,以减少分离器的负担;一般凹板的分离率较高,对小麦滚筒凹板的分离率可达 90%。

2. 脱粒原理

脱粒原理是基于种粒与种穗的连接的形式和强度。脱粒的难易和消耗的能量还与种株的种类、成熟度、株穗上种粒的位置有关。脱粒器的脱粒过程是比较复杂的。往往同时施予几个力,主要有冲击力、揉搓力,梳刷力和辗压力等使种穗脱粒。应根据种穗的特性选择主要脱粒原理。

①冲击力脱粒——靠脱粒器元件,如滚筒钉齿与种穗的相互冲击而使其脱粒。提高冲击强度,可以提高生产率和脱粒干净;但易造成种粒损伤和破碎;为了降低冲击强度,可以增加脱粒时间,达到既保证脱粒干净,又减少对种粒的损伤,但是生产率降低了;

②揉搓脱粒——靠脱粒器的工作元件,例如滚筒上的纹杆与种穗间的摩擦而使其脱粒。脱净率和对种粒的损伤与摩擦力有关;

③梳刷脱粒——靠脱粒元件,例如弓形齿、梳刷等对种穗施以拉力和冲击使其脱粒;

④辗压脱粒——脱粒元件对种穗的挤压进行脱粒。作用在种穗上的力,主要是沿种粒表面的法向力而切向力很小;种粒承受很大的冲击力,不易损伤种粒,例如农村常用的辗辊的辗压;

⑤振动脱粒——对种穗施加高频振动而脱粒。脱粒能力与振动频率有关。

——根据种穗的性质和种粒的连接特性与强度,选择脱粒合理方式是设计脱粒装置的基础。例如,穗稻种粒外面有包壳,种粒通过小枝梗与穗轴连接,种粒与壳连接较强;而壳与小枝梗的连接随种粒的成熟而变弱。脱粒时,要求壳与小枝梗的连接处折断而脱粒,脱粒后,种壳与籽粒保持完好(即不脱壳);所以脱粒水稻和类似水稻的作物时,采用梳刷方法比较合理。小麦的种粒在未成熟时被紧包在颖壳内,不易脱落,成熟时颖壳张开,种粒与颖壳连接减弱,脱粒时要求种粒从颖壳种脱出。由于小麦种粒的强度比较大,不易破碎和脱皮,所以采用冲击和揉搓原理进行脱粒的较多;类似小麦的草种的脱粒,可参照小麦的脱粒方法。脱粒装置不是单一的脱粒原理,而是以某种原理为主,其他原理为辅进行配合脱粒。

3. 脱粒装置的型式

脱粒装置种类:

根据喂入情况,可分为全喂入型和半喂入型。

所谓全喂入型,即将种株、种穗一起喂入脱粒器进行脱粒;

所谓半喂入型,即仅将种穗段(茎秆不进入脱粒器)喂入脱粒器进行脱粒;脱粒后茎秆比较完整,功耗小。

根据喂入方向,可分为切流式和轴流式。

切流式——物料喂入后,沿滚筒切向流动,通过凹板间隙而脱粒。纹杆式、钉齿式、梳刷采集均属切流式脱粒装置;

轴流式——物料喂入后,一面随脱粒滚筒旋转,一面又沿滚筒轴向移动而进行脱粒,脱粒时间比切流式长很多倍,转速低,凹板间隙大。

4. 脱粒及结构

脱粒器主要有脱粒滚筒、凹板及其调节装置,前有输送喂入器(轮)后有逐稿轮,如图7-15。

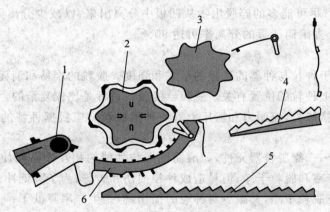

图 7-15　脱粒装置
1. 输送喂入器;2. 脱粒滚筒;3. 逐藁轮;4. 逐藁器;5. 抖动板;6. 凹板

(1)滚筒直径(圆柱形滚筒直径与锥形滚筒的大段直径大多为 550~650 mm),对脱粒性能不是主要影响因素,与滚筒的工作能力无关;当凹板长度一定时,随滚筒直径的增加未脱净率增加,功率有所减少。在大喂入量的情况下,随着直径的增加凹板的分离性能得到改善。脱粒的主要工作部件是滚筒装置,一般有纹杆滚筒、钉齿滚筒、弓齿滚筒装置等。

(2)纹杆滚筒装置

纹杆脱粒装置有纹杆滚筒和凹板组成。如图 7-16 所示。

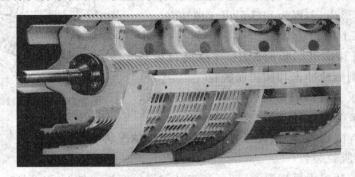

图 7-16　纹杆脱粒滚筒及凹板(中间一块已取出)

①纹杆滚筒的脱粒元件是纹杆,为了提高其抗磨性,一般采用锰钢轧制而成,工作表面是曲面,上有凸纹以增强脱粒作用,纹路方向与滚筒的切线呈一角度,大多数机器上,纹杆的安装方向是小头(斜面)向着喂入方向以加强揉搓作用。相邻纹杆的纹路方向相反;

②纹杆滚筒脱粒装置的另一个元件是凹板。凹板是对称式,整体栅格式。

栅格板高出钢丝,其高度 $h=5\sim15$ mm,以阻滞物料流使其较充分地受到冲击和揉搓而脱粒。凹板的栅孔方形尺寸为,$b=30\sim50$ mm,$a=3\sim12$ mm,(一般为 8 mm);凹板栅格间距是不均匀的,而是前部间距大,后部间距小。

凹板包角(凹板的长度)——凹板圆弧所对的圆心角。包角大小对脱粒能力和分离效果产生重要影响;包角大,脱粒能力和分离能力强。

凹板间隙是影响脱粒效果和质量的重要参数,间隙小脱粒能力强,损伤种粒。根据脱粒种类和状态,凹板的间隙都是可调的,以适应脱粒过程的变化,入口时喂入的物料多,边脱粒边分离,出口处的物料少,为保证脱粒效果,凹板间隙入口处大,出口处小,最小必须大于种粒的尺寸。凹板及调节如图 7-17 所示。

③草种株脱粒时对凹板的改造是谷物联合收获机收获草种子的三大改造之一。

由于草种株,种草比小,种粒小,脱粒较困难等特点,在用谷物联合收获机收获时,要减小凹板栅格间隙,延长脱粒时间,防止带荚种实等未脱物从凹板栅格间隙种分离;减少通过面积,以免更多的脱出杂物进入清选装置,增加清选负荷,影响清选效果。具体到收获草种时,凹板的通过面积通过试验来确定。

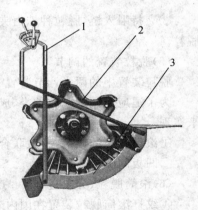

图 7-17　纹杆滚筒凹板及间隙调节
1. 凹板间隙调节装置;2. 滚筒;3. 凹板

喂入轮协助种株进入滚筒进行脱粒;长脱出物在滚筒和逐稿轮的作用下进入分离器(逐稿器)。

(3)钉齿滚筒装置,如图 7-18 所示。

钉齿滚筒装置由滚筒、钉齿和凹板组成。钉齿固定在齿杆上,齿杆装在滚筒的辐盘上;凹板主要由侧板、钉齿和钉齿固定板组成。钉齿滚筒由强烈地脱粒性能，冲击力强，茎秆破碎比较严重，使清选的负荷大，耗功增加；不如纹杆脱粒装置应用广。

①钉齿，由楔形齿、刀形齿和杆形齿 3 种。

脱粒时，滚筒上的钉齿像楔子劈入作物层，产生强烈的冲击，并将其拖进凹板间隙中，在滚筒钉齿和凹板钉齿间受到剧烈地冲击和揉搓而脱粒。

②凹板由侧板、钉齿杆、钉齿及尾端的栅条组成，其功能和间隙调节等同纹杆滚筒。

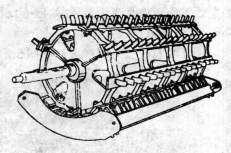

图 7-18　钉齿脱粒滚筒(含凹板)

③脱粒易破碎的物料时(如大豆等)，可根据具体情况将凹板钉齿拆下一部分或全部撤除。

(4)弓齿滚筒脱粒装置

弓齿滚筒脱粒装置由弓齿滚筒、凹板和夹持输送链组成。如图 7-19 所示。

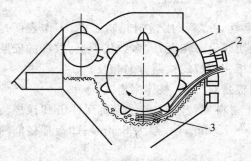

图 7-19　弓齿脱粒滚筒
1. 弓齿滚筒；2. 茎秆夹持输送器；3. 筛式凹版

滚筒前端(入口)呈楔形，易利于物料进入脱粒。滚筒的排出端装有击禾板，对脱出物间歇抖动，易减少夹带损失和起排草作用。

脱粒时，仅有种穗进入脱粒区，因此脱后茎秆比较完整，有利于清选，减少功耗，但是生产率低，易造成茎秆内带损失。

①弓齿滚筒由 1.5～2 mm 薄铁板卷成，其上安装弓齿；

②一般采用结构简单、分离面积较大的编织筛凹板，凹板筛上的压板，还有辅助脱粒的作用；

③夹持喂入链，脱粒种株由夹持链和夹持板夹紧，沿滚筒轴向输送，种穗进入脱粒区间隙脱粒。

(5)脱粒装置的调节

脱粒装置中的两大调节装置

为了适应不同的脱粒种类、成熟度和湿度，脱粒装置通常通过调节滚筒的转速和凹板间隙来实现。

①滚筒转速的调节，一般联合收获机上多是无级调速；

②凹板间隙调节装置。

(6)滚筒脱粒、分离过程

①纹杆滚筒脱粒装置在国内外联合收获机上应用最为广泛。以纹杆滚筒脱粒装置为例，其脱粒过程如图 7-20 所示。

当均匀喂入的种株和高速回转的纹杆相遇，受到冲击并有部分种粒被脱下。在纹杆的揉搓作用

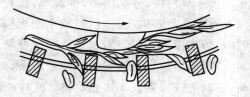

图 7-20　纹杆滚筒脱粒过程

下，种株被拖进脱粒间隙，纹杆从作物层上通过，继续对作物进行冲击脱粒。大部分籽粒的脱粒在凹板的前部分已经完成，在凹板中部随着脱粒间隙的减小，作物层受到的揉搓和挤压作用增强，开始发生层移，层厚逐渐变薄，且向出口方向运动，运动速度逐渐增加。

在纹杆周期性的冲击下,作物层时紧时松形成径向振动,其频率由纹杆的数级转速决定。直接与凹板接触的作物一部分由凹板横隔板的棱角的阻滞作用而脱粒;另一部分是由于凹板间隙变小后揉擦作用增强而脱粒。

最后,被压紧的茎秆和部分混杂物以较纹杆为低的速度由凹板尾端抛出。

根据试验研究,在凹板的前端,作物与纹杆开始接触时,即脱下了多数籽粒,以后的脱粒量逐渐减少,只有很少一部分籽粒夹杂在茎秆中被抛出去。约80%以上,可达90%的脱出物被凹板分离,如图7-21所示。

上图将凹版分离长度分成8个区;(a)不同的凹板间隙入口/出口(mm)分离率,(b)不同的滚筒圆周速度(m/s)分离率;

②喂入方式对脱粒性能的影响,根据对小麦、大麦的试验,茎秆相互平行地垂直滚筒轴线方向喂入,根部朝前比穗部朝前喂入脱粒损失(未脱净率)要高1倍,凹板的未分离的百分数也高1倍。模拟收割台螺旋输送器的紊乱喂入时,脱粒装置的损失和分离效率与穗头朝前喂入相同。

(6)脱粒装置参数的选择(以纹杆滚筒脱粒为例)

①凹板的长度

脱粒装置凹板的分离性能对应联合收获机的生产率、工作质量及其对分离部分的工作产生重要影响。

凹板的分离主要取决于凹板的长度(包角)及凹板的有效长度的有效分离面积。

在凹板前部170 mm一端内(占凹板总长的1/4)分离谷粒的量为51%~53%。以后每增加170 mm,能分离出进入该段内谷粒的40%(直至总的试验凹板长度680 mm)。

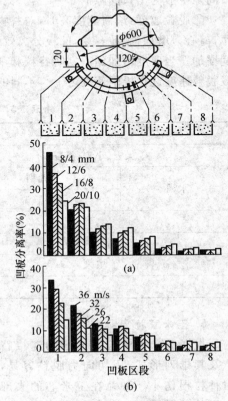

图7-21　种粒通过凹板的情况

根据对传统脱粒装置试验研究,将现用的凹板包角由115°增加到130°时,凹板长度增加了13%,喂入量3 kg/s,未脱净率由0.275%下降到0.025%。随着喂入量的增加,包角为115°的凹板的未脱净率增加比包角130°的快。国外的试验,将凹板包角从105°增加到146°,凹板长度增加1.4倍,脱小麦分离率从80.8%提高到90%以上。

如果要求的分离率一定时,可用下式计算凹板的长度:

$$\eta = 1 - e^{-KL}$$

式中:η——凹板分离谷粒的百分数;

　　L——凹板长度;

　　K——系数,纹杆滚筒脱小麦为$0.03 \sim 0.045 \ \text{cm}^{-1}$。

②滚筒的直径:国内外滚筒的直径一般为540 mm、550 mm,凹板包角110°、115°。

纹杆滚筒直径尺寸系列为400、450、550、600 mm;相应的纹杆数,在滚筒直径$D \leqslant 450$ mm时,纹杆数为6;$D = 500 \sim 550$ mm,纹杆数8;$D \geqslant 600$ mm时,纹杆数为10;

③脱粒间隙:凹板长度确定后,应该正确选择凹板间隙。凹板入口间隙应在作物顺利喂入和得到加速的条件下尽量调小,供尽量多的谷粒在最初接触到纹杆时就能被脱下来,并立即被分离出去,使这些谷粒不再受滚筒的继续冲击而降少破碎和损失。减小脱粒间隙脱净率高,但是脱粒间隙过小会使谷粒破碎和直接破碎茎秆。为适应不同作物和湿度的需要,滚筒凹板入口间隙一般为出口间隙的3~4倍。只有较特殊的情况下,才调整辊筒速度。

④脱粒速度:滚筒速度高时,对谷物冲击、揉搓强度大,脱粒干净。随之速度增加谷物层较薄,离心力增加,脱粒容易,凹板分离效果好,谷粒也易通过茎秆层和凹板。但是谷粒和茎秆速度增加。当速度增加到一定时谷粒和茎秆破碎严重时,此时的速度称为脱粒的极限速度。一般脱粒速度选在极限速度之下。不同的作物脱粒的速度不同,如表 7-3 所示。

表 7-3　纹杆滚筒的脱粒圆周速度

作物品种		滚筒的圆周速度 m/s
大麦、小麦、黑麦		28~32
水稻	籼稻	24~26
	粳稻(湿)	26~30
高粱		12~22
大豆(黄豆)		10~17
玉米		10~17
谷子		24~28

5. 玉米脱粒装置

根据玉米种粒与玉米芯的连接特点及其排列形式,用切向力脱粒容易,对种粒损伤小。种粒在玉米芯的头部和根部连接力、脱粒难易程度差别很大,因此采用了圆柱形(或圆锥形)钉齿式轴流脱粒装置。搓擦作用而脱粒,脱粒原理主要是钉齿对玉米穗的冲击作用和玉米穗、玉米穗与滚筒、凹板之间的并借助于螺旋导向的作用,使玉米穗在沿滚筒轴向流动中逐渐脱粒。玉米脱粒机如图 7-22 所示。

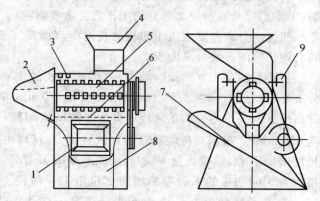

图 7-22　玉米脱粒机
1. 风扇;2. 振动筛;3. 螺旋导板;4. 喂入斗;5. 脱粒滚筒;
6. 筛状凹板;7. 子粒滑板;8. 出粮口;9. 弹簧振动杆

常用的有圆柱形滚筒和圆锥形滚筒,如图 7-23 可脱粒剥皮或不剥皮的玉米穗,大直径的滚筒生产率高,一般滚筒齿顶圆直径200~300 mm,锥形滚筒齿顶圆的平均直径 300~600 mm,锥角一般为 14~16,滚筒长 700~900 mm,圆柱形滚筒的圆周速度 6~10 m/s。圆锥滚筒平均线速度 14~19 m/s,相应滚筒转速 600~900 r/min。如图 7-23。

6. 其他型式脱粒装置

(1)轴流脱粒装置(机)

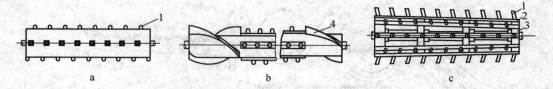

图 7-23 玉米脱粒滚筒

a. 圆柱形钉齿滚筒；b. 两端带螺旋板的圆柱形钉齿滚筒；c. 圆锥形钉齿滚筒

1. 钉齿；2. 齿板；3. 齿板座；4. 螺旋板

如图 7-24 所示。

图 7-24 轴流(International 1480 联合收获机)脱粒结构

1、2. 收割台；3. 喂入叶片；4. 轴流滚筒；6. 前凹板；7. 后凹板；8. 细小脱出物搅龙；9. 清选室；
10. 风扇；11. 逐藁轮；12. 长脱出物；13. 长脱出物的切碎器

　　轴流式脱粒是指脱粒过程中物料是沿脱粒滚筒轴向运动的。其脱粒装置由脱粒滚筒 4、筛状凹板 6、7、顶盖、螺旋导板(见滚筒表面)等组成。凹板和顶盖形成一个圆筒，把滚筒包围起来。脱粒时作物从喂入口喂入，随着滚筒旋转，在螺旋导向装置的作用下，谷物沿滚筒做螺旋运动，总趋向是向出口运动。在滚筒、凹板的冲击、揉搓下，谷物脱粒，脱出物从凹板分离出去，茎秆从滚筒排出口沿圆周的切线方向排出。这种脱粒的特点主要有，脱粒时间长，约 1 s 时间，比切流式脱粒时间长几十倍；所以其在脱粒速度较低、脱粒间隙较大的条件下，也能脱粒干净，对易碎谷物的脱粒的适应性好。例如，脱水稻脱不净率几乎为零，而破碎率不大于 1%。这种装置凹板分离面积大，脱出物分离时间长，几乎全部谷粒都可以从凹板分离出来，夹带量约 1%。所以，可以取消尺寸庞大的逐稿器，简化结构。轴流式脱粒的通用性比较好，已经成功地应用于脱粒小麦、水稻、玉米、大豆、高粱等作物。主要缺点是，由于脱粒时间长，所以生产率较切流式低；茎秆揉搓得较碎，凹板分离出来的脱出物中碎杂较多，致使清选困难、耗功增加。

　　轴流辊筒有圆柱和圆锥两种形式。

　　(2)双滚筒脱粒装置

　　如图 7-25 所示。

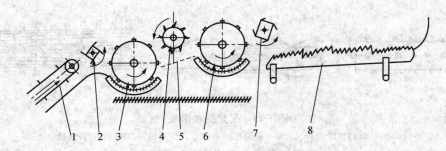

图 7-25 双滚筒脱离装置
1. 倾斜输送器;2. 喂入轮;3. 第一滚筒;4. 逐稿轮;5. 筛板;6. 第二脱粒滚筒;7. 逐稿轮;8. 逐稿器

双滚筒脱粒装置设有两个脱粒滚筒进行脱粒。主要用于联合收获机。其设计思想是,在田间收获时,作物成熟度不一致,成熟的、饱满的谷粒易脱粒,不成熟的、瘪谷粒难脱粒。收获时主要考虑成熟的、饱满的谷粒时选择脱粒装置、参数,可能脱不净率高,损失大;如果考虑不成熟的、瘪谷粒的脱粒选择脱粒装置、参数,谷粒的破碎严重。设置双脱粒装置,就是兼顾田间成熟度不一的条件,第一个滚筒,以较柔软的行为将易脱的谷粒脱下,从凹板分离出去,减小破碎率;难脱的谷粒,进入较强行为的第二滚筒脱粒,提高脱净率。双滚筒脱粒装置与一般脱粒滚筒结构相同。

(3)其他脱粒型式

全喂入式联合收获来说,田间收获时,整株作物全部进入机器,进行脱粒、分离;其中长茎秆量占 50% 以上,增加脱粒、分离负担,影响脱粒、分离的效果和质量;由此使联合收获机结构复杂、庞大。已经是谷物联合收获机发展过程中的主要问题之一,为此,出现了半喂入式、切穗式、割前脱粒式等三种型式的脱粒装置和联合收获机。

①半喂入式脱粒机、联合收获机。即只有穗头进入脱粒器进行脱粒,而茎秆不进入机器。机器仅对穗头进行脱粒和凹板分离,也省去了长茎秆的分离装置,简化了结构,提高了脱粒效果、质量。

②切穗联合收获机,即田间收获时,仅将切割穗头将其喂入脱粒器进行脱粒,减轻了脱粒器的负担,提高了脱粒效果,减轻了分离器的负担,提高了联合收获机的工作质量。

③割前脱粒,草籽田间采集就是割前脱粒,或不割脱粒。就是在田间,生长状态的植株上直接进行脱粒,仅谷粒、颖壳、杂余等进入机器,也就是说,进入机器的没有长茎秆,更没有长脱出物;在机器内,仅进行脱粒、清选,简化了联合收获机的功能,减轻了联合收获机的负担,简化了联合收获机的结构,提高了联合收获机的作业效果和工作质量;是联合收获的理想工作意念的一种体现。

(三)分离及其装置

1. 分离装置的功能及分类

在联合收获机和复式脱粒机上的分离过程,有脱粒过程中细小脱出物与长脱出物分离(例如凹板);有从长脱出物的夹带中,将细小脱出物(谷粒)分离出来,例如逐稿器;至于从细小脱出物中将谷粒分离出来的过程,一般叫清选,不叫分离。这里说的仅是继脱粒之后,从长脱出物的夹带中,将细小脱出物(谷粒)分离出来的分离过程。

联合收获机和复式脱粒机上一般都设有分离装置,其主要指的是将长脱出物中夹带的籽粒及断穗分离出来。分离装置的要求,籽粒夹带损失小(一般小于收获总量的 0.5%～1%);联合收获机和复式脱粒机上一般采用平台式、键式逐稿器、逐稿轮式分离装置。

平台式逐稿器由平台式支撑在摆杆上的整体式分离平台组成。有曲柄连杆驱动。平台宽度与脱粒装置宽度相同,结构简单,分离能力较低,只有键式逐稿器的 70% 左右,且惯性较大,多用于中、小型脱粒机上和草层比较薄的直流型联合收获机上。一般联合收获机上采用键式逐稿器装置。

2. 键式逐稿器分离装置结构

键式逐稿器由几个相互平行的键箱组成。根据键的数量的不同,使用较多的有三键式、四键式、五键式和六键式四种,目前以四键式最为普遍。每个键箱通过两个轴承安装在两根相互平行的曲轴上。主动曲轴转动时,另一个曲轴就随着转动,键箱做平面运动,运动中将上面的脱出物不断地抖动和抛扬。逐稿器的两根曲轴的曲柄相等,同一个键箱上两个曲轴互相平行。这样,每个键箱都和曲柄、机架组成一个平行四连杆机构,在运动过程中,键面上各点的运动规律相同。

为使键交替地对脱出物作用,以提高分离性能;也使键在运动中产生的惯性力得到平衡,减小机器的振动,三键式与六键式的曲柄互呈 120°角,多数五键式曲柄呈 180°,四键式曲柄呈 90°角。两曲轴中心的连线与水平面呈 3°～10°。

键面前低后高,呈筛状以降低茎秆沿键面箱向后运动的速度,增加分离时间。键多数呈阶梯状,以增加对茎秆的抖动、分离效果,还能降低机器后部高度。一般键面上由 2～5 个阶梯,阶面长度为 400～800 mm(末端取长值)。阶梯落差约为 150 mm。各阶面的顷角不等,多在 8°～30°范围内,通常第一阶梯倾角较大,以后逐渐减小。为使脱出物落到阶面后仍保持松散状态和防止茎秆向前滑移,键箱侧壁的上端是锯齿形的,而且在键面阶梯的末端有的还装有延长板。键面上具有鱼鳞状筛面、折纹和凸肋等凸起防止混合物下滑,如图 7-26 所示。

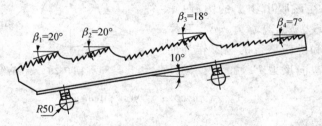

图 7-26 阶梯键形态

键面的宽度一般为 200～300 mm,因为键是交替配置的,为了避免在相邻键间漏落茎秆,相邻的键面与键底间有 20～30 mm 的重叠量。键的底面应通畅,保证输送筛箱漏下的谷粒混杂物。底面与水平面的夹角一般都大于 15°。

为了延长脱出物在键面上的分离时间,在逐稿器上方的前部和中部装有挡帘,起到辅助分离作用。

逐稿器键箱的下面的筛面分离面积,对其分离作用有重要影响。其有效分离面积占筛面积的 20%～30%。

键式逐稿器分离性能好,结构也不太复杂,所以在联合收获机上和复式脱粒机上应用广泛。分离情况如图 7-27 所示。

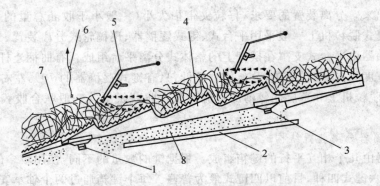

图 7-27　键式逐稿器

1. 逐稿器前曲轴；2. 滑板；3. 后曲轴；4. 键式逐稿器；5. 有的装有拨杆装置帮助分离；

6. 挡廉；7. 待分离的长脱出物；8. 分离出的细小脱出物

3. 键式逐稿器的工作条件

逐稿器工作时，脱出物被抛离键面后，这时茎秆层处于松散状态，谷粒有较多的机会穿过茎秆层的孔隙而分离出来。脱出物在抛扔过程中，长茎秆沿键面方向向后运动，从尾端抖动出去。逐稿器的运动如图 7-28 所示。

设键面与水平面的夹角为 α，O_1，O_2 分别为主动轴、被动轴心，曲柄半径为 r。键箱是由曲柄带动作平面运动的，所以键面上的任一点 M 的轨迹也是以 r 为半径的圆。若以 M 点作平行于曲柄的直线 MO，并取 $MO = r$。

设 M 点处有一质量为 m 的脱出物质点和键面一起运动，作用在该脱出物上的力有：重力 mg、键面的法向反力 F_n、离心力 $mr\omega^2$ 和摩擦力 F_m。若以曲柄和键面平行的位置作为曲柄转角的起始位置，法向反力 F_n 可以表示为：

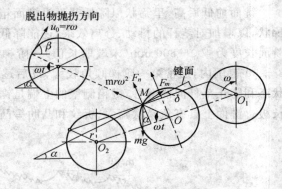

图 7-28　逐稿器的运动

$$F_n = mg\cos\alpha - mr\omega^2\sin\omega t$$

式中：ωt——曲柄的转角；

$\quad\quad \omega$——曲柄的角速度；

$\quad\quad t$——曲柄运转的时间。

当 $F_n = 0$ 时，脱出物将抛离键面，其条件为

$$\omega^2 r\sin\omega t = g\cos\alpha$$

由于 $\sin\omega t \leqslant 1$，所以必须

$$\omega^2 r > g\cos\alpha$$

如果 ωt_1 表示脱出物开始抛离键面的曲柄转角，则

$$\sin\omega t_1 = \frac{g\cos\alpha}{\omega^2 r}$$

脱出物在曲柄转角 ωt_1 时被抛起后,经过一段时间又落到键面上。为了使脱出物能沿键面向后运动,即抛起后不再落回原处,脱出物抛离键面时,其抛出速度 u_0 的方向与水平面的夹角 β 应小于 $90°$(图7-28)。

由于 $\beta = 90° - (\omega t_1 - \alpha)$,所以脱出物能向后运动的极限条件为

$$\beta = 90°, \omega t_1 = \alpha$$

$$\sin\omega t_1 = \frac{g\cos\alpha}{\omega^2 r} = \sin\alpha$$

$$\omega^2 r = \frac{g}{tg\alpha}$$

令 $K = \frac{\omega^2 r}{g}$(称为逐稿器的加速度比),则 $tg\alpha = \frac{1}{K}$。

为了方便脱出物向后运动,逐稿器的运动参数 $\omega^2 r$ 必须小于 $\frac{g}{tg\alpha}$,或者键面和水平面的夹角 $\alpha < tg^{-1}\frac{1}{K}$。

4. 逐稿器的分离原理

根据高速摄影观察键式逐稿器分离过程,其分离作用主要发生在茎秆层被抛离键面之后,在整个茎秆层降落的过程中,这时谷粒最容易通过疏松的茎秆层分离出来。当逐稿器曲柄转到某一个角度到达某一值时,茎秆层的下部与正在向上运动的键相接触,而茎秆层的上部继续自由下落,整个茎秆层从上、下两个方向逐渐被压缩。随着曲柄转角的增加,由键造成的压缩变形逐渐向上扩展,直至上层茎秆停止下落,整个茎秆层随键一起运动,此时茎秆层仍受到键从下面来的单向压缩作用,直到茎秆层厚度压缩到最小。曲柄转角继续增加时,茎秆层从键的运动所获得的加速度超过了重力加速度,茎秆层开始被抛起,由于茎秆的弹性,上层的茎秆首先被抛起,随后下层抛起,茎秆层逐渐蓬松(单向蓬松);经过了一段时间,茎秆层的上部继续上升,而下部开始下降(双向蓬松);当上层茎秆升到最高点后,整个茎秆层开始自由降落,此时茎秆层蓬松到最大;接着下层茎秆先落到键面上,而上部则继续下落。接着又重复上述过程。

根据茎秆层蓬松变形的特点,在茎秆层压缩阶段,谷粒是很难分离出来的。在茎秆层自由降落阶段,谷粒最容易通过茎秆层,这段时间越长,分离出的谷粒越多。因此,确定逐稿器运动参数时,应该使茎秆层得到最长的自由降落时间,即其他条件相同时,使逐稿器处于最低位置时与茎秆相遇,表明茎秆层自由降落的时间长。

5. 键式逐稿器主要参数的选择

逐稿器的参数与喂入量和作物的特性(湿度、谷离的含量、长、短茎秆的比例、脱出物的重度差别等)有关。由于分离过程复杂物料性质多变,完全用理论计算的方法目前还比较困难,一般在确定器逐稿器参数时,在基本理论分析的基础上,采取类比、试验的方法进行。

(1)逐稿器的动力参数

逐稿器的动力参数包括曲柄的转速 ω,n(频率)和半径 r(振幅)。

对于一定的振幅都有一个与其相应的最佳频率,此时分离效果最佳。同一个振幅,转速过高或过低分离损失都会增加。这是因为,转速过高,键面和茎秆层相碰时茎秆层的相对压实增加,且上层茎秆开始向上蓬松时晚一些,抛起的茎秆层的最大厚度减小,使茎秆层自由降落的

时间缩短,蓬松程度降低减少了谷粒通过茎秆层的时间,损失增加;当转速偏低时,对脱出物的抛扔不足,且脱出物沿键面的平均速度过低,茎秆层变厚,分离效率降低,损失也会增加。

根据试验,加速度比 $K = \dfrac{r\omega^2}{g} = 2 \sim 2.2$,现有曲柄半径多为 50 mm,则转速 $n = 170 \sim 220$ r/min。曲柄半径为 70 mm 时,$n = 150 \sim 170$ r/min,较好。

(2)逐稿器的尺寸

①逐稿器的宽度

键面上茎秆层厚度越薄、越松散,谷粒就容易分离。茎秆层厚度主要取决于喂入量和逐稿器的宽度。当喂入量一定时,加宽逐稿器,茎秆层就薄,利于分离。但是逐稿器的宽度还与脱粒滚筒的宽度相适应,不然可能造成茎秆层分布不均匀。根据联合收获机的滚筒长度和逐稿器的宽度的情况,对于纹杆滚筒,逐稿器的宽度 B 与脱粒滚筒的长度(L)相等;钉齿滚筒 $B = (1.4 \sim 1.6)L$。当逐稿器的宽度为 1 200 mm 时,通常采用四键;若宽度为 1 500 mm 时,则采用五键或六键逐稿器;

②逐稿器的长度

由上分析,逐稿器分离谷粒由两个基本因素,即谷粒通过茎秆层的概率 α 和谷粒通过键面筛孔的概率 β。

实践证明,茎秆层每抛一次,谷粒通过逐稿器分离出来的概率应等于 α,β 之积。如果茎秆层相邻两次抛起的时间间隔为 Δt,茎秆层沿逐稿器向后一定的平均速度为 u,则逐稿器单位长度上谷粒分离出的概率

$$\mu = \frac{\alpha\beta}{u\Delta t}$$

μ——逐稿器的分离系数,表示逐稿器的分离性能,μ 越大分离效果越好。

随着茎秆层沿键面向后移动,其中的谷粒不断分离,茎秆层中的谷粒量逐渐减少,所以沿键面长度不同点处茎秆层中谷粒的含量是变化的。

假设,键面上任一点处茎秆层中谷粒含量为 y,而且该点距键前端的距离为 x,则得到

$$\frac{\mathrm{d}y}{\mathrm{d}x} = -\mu \cdot y$$

积分后得:

$$\ln y = -\mu x + c$$

如果进入逐稿器的谷粒总量为 a(以进入机器内谷粒总量的百分数计算),则当 $x = 0$ 时 $y = a$,所以积分参数 $c = \ln a$,代入上式得

$$y = a \cdot \mathrm{e}^{-\mu x}$$

假设以 L 表示逐稿器的长度,以 y 表示逐稿器分离不净的损失(以进入机器谷粒总量的百分数计),则逐稿器的长度可以表示为

$$y = a \cdot \mathrm{e}^{-\mu L}$$

或

$$L = \frac{-\ln \dfrac{y}{a}}{\mu}$$

如图 7-29 所示。

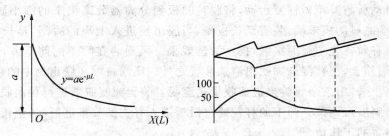

图 7-29 茎秆层中谷粒含量与逐稿器长度的关系

6. 逐稿器的辅助装置

为了提高键式逐稿器的分离性能,在一些机器上增加了一些辅助装置。例如:

(1)在键的上方装有前后两个曲轴,在曲轴上装有拨杆,当曲轴转动时,拨杆抖动茎秆,促使谷粒从茎秆层中分离处来。

(2)在键式逐稿器中部上方,配置翻转论式辅助分离机构。它由轴、摆动圆盘和其上的指齿组成,当轴转动时,圆盘带齿摆动,指齿促使脱出物反转和横向移动以强化谷粒的分离。

(3)在逐稿器上方加挡帘、逐稿轮等附属装置。

(四)清选及其装置

1. 清选装置的功能及要求

分离过的脱出物中除了籽粒之外,混有短碎茎秆、颖壳、尘土等细小夹杂。清粮(选)的功能就是将籽粒从中分离出来,将细小夹杂排出机外。以得到清洁的籽粒(精度高的籽粒)。对联合收获机的清粮装置的要求是,谷粒的清洁率在 98% 以上;清选损失率在 0.5%以下。

清选装置的清选基本原理,一是按照籽粒的空气动力学特性(即悬浮速度)从混合物中分离出来;二根据籽粒的形状尺寸(筛)进行分离;一般的清选装置是利于两者的结合的形式进行分离清选。因此清选装置也叫清粮装置。

2. 风扇筛子式清选装置的结构及清选过程

(1)清选装置的一般机构如图 7-30 所示。

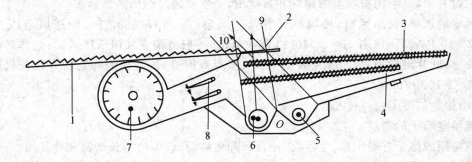

图 7-30 联合收获机的清选装置及物料流情况

1.抖动盘;2.抖动盘齿耙;3.上筛;4.下筛;5.杂余搅龙;6.谷粒搅龙;7.风扇;
8.风流导向;9.谷粒输送;10.杂余输送

联合收获机的清选装置,一般包括风扇、阶梯抖动板、上筛、下筛、尾筛及传动、调节结构等。工作时,抖动板与筛箱做往复运动,将脱粒凹板和分离器分离出来的细小脱出物,均匀地送到上筛的前端。抖动板末端,装有延长板条,当脱出物进入上筛的瞬间,延长板条将较长的脱出物架起,使谷粒首先与筛面接触,提高清选效果。风扇装在筛子的前下方,产生的气流经过扩散后吹至筛箱上,把轻混杂物吹出清选装置之外。尾筛将混在脱出物中的杂余(包括未脱净的穗头)分离出来,由杂余螺旋推进器收集送至脱粒装置或复脱器进行再次脱粒)。上、下筛是鱼鳞筛,其倾斜度可调节。筛下的籽粒通过滑板进入谷物螺旋推进器(送至粮箱)。

(2)清粮装置的工作情况

清选装置的性能可以用谷粒的净度、谷粒的损失和回收三项指标表示。谷粒的精度,指粮箱的谷粒中,谷粒的重量的百分比。谷粒的损失是指从清粮室吹出的谷粒,筛面上掉出的谷粒以及夹带的谷粒之和。清粮装置的回收是指从杂余螺旋推进器中回收的未脱粒的穗头。

根据全喂入联合收获机收获小麦的综合分析,凹板及其延长部分分离的谷粒为70%～90%,其中混有15%～35%的短茎秆、颖壳等混杂物;逐稿器损失少量的谷粒,但是10%～30%的谷粒返回到清粮装置,同时还混有10%～25%的短茎秆、颖壳等混杂物。回收的杂余占的比例很少约2%,而未脱穗头只占回收杂余的2%左右。这样,清粮室要处理全部谷粒和25%～60%的短茎秆、颖壳等混杂物。在正常湿度情况下,进入清粮室的物料的重量比例是:谷粒占85%,茎秆、颖壳各占7.5%。进入清粮室的物料的重量约占机器喂入量的一半左右。

(3)清粮室的风扇

清粮室中的风扇一般属于低压中速风扇,叶片数目较少(4～6片)且叶片多是平直的。一般设转速调节和进风口大小调节,改变进风口大小,不会影响气流的均匀性。由于联合收获机的清粮室宽度大,容易造成风速不均,为使两侧的空气容易进入,又使风速沿宽度方向均匀,通常把叶片截去一个角以减少两端对空气的作用面积,而增加中间的进风量。当风扇的宽度与叶轮直径比值大于2～3时,严重影响气流沿宽度方向的均匀性。为此,可把风扇分成两段装在同一个传动轴上,中间隔开一段100 mm,效果良好。

①气流与筛选的配合:筛面运动使混合物在筛面上展开为较均匀的薄层。利于风扇气流通。风速在筛面前面、后面的速度是不同的,前面的速度较大,后面的速度较小,混合物在筛面上移动的过程中,轻杂物被吹至筛尾端和被吹出,而谷粒通过筛面的机会多。

②风扇的选择:农用风扇,按风压分有低压风扇(压力 $H<980$ Pa,中压风扇压力 $H=1\,960\sim2\,940$ Pa,高压风扇 $H=2\,940\sim14\,700$ Pa);一般清粮室采用低压风扇;壳体形状为圆筒或蜗壳形;叶片形状为直叶,叶片数4～6个;多为双面进风;我国的谷物联合收获机转速大多是 $600\sim1\,100$ r/min。

(4)清粮室的筛子

①清粮室筛子的种类

目前应用的筛子有编织筛、鱼眼筛、冲孔筛和鱼鳞筛,较多的是鱼鳞筛和冲孔筛。

编织筛——多为方孔,尺寸以 14 mm×14 mm 或 16 mm×16 mm,分离面积大,谷粒通过性好,对气流阻力大,孔型不准确、不可调节,主要用于清除脱出物中的较大混杂物。

鱼眼筛——在薄钢板上冲压出凸起的鱼眼状的月牙形筛孔。能减少短茎秆通过筛孔的机会,而沿着筛面并对着鱼眼孔方向运动的谷粒仍可通过。向后推送混杂物的性能良好,重量轻结构简单,但是仅有单方向的分离作用,生产率低。

冲孔筛——冲孔比较准确,分离面积大,能得到较清洁的谷粒,对气流的阻力比较大,在清粮室中多用作下筛。

鱼鳞筛——是有很多鱼鳞状的鳞片构成的,筛片的角度可以调节,在联合收获机上应用广泛。

②筛子的尺寸

•筛子的负荷,筛子的尺寸主要取决于进入清粮室的小脱出物的数量和成分。为避免筛上物过厚,影响清选质量,随着单位时间内进入清粮室脱出物的增多,应将筛面加宽。据对鱼鳞筛的试验,当杂草不太多和作物不太湿时,每米宽筛子允许的负荷为:

$$q_0 = 1.0 \sim 1.2 \ \text{kg/(s} \cdot \text{m)}$$

•筛面的宽度,筛子的宽度为 B,可按下式计算

$$B = \frac{q_1}{q_0} = \frac{q(1 - \lambda k)}{q_0}$$

式中:q_1——每秒进入清粮室的脱出物的质量(kg/s);

q——机器的喂入量(kg/s);

λ——茎秆部分占总重量的百分比(%);

k——考虑到脱出装置及逐稿器工作及排出茎秆状况的系数,对切流式脱粒滚筒 $k = 0.6 \sim 0.9$;

q_0——每米宽筛子的允许负荷[kg/(sm)]。

此外也可以按下式初步确定筛子的尺寸:

$$F = \frac{q_1}{q_0'}$$

式中:F——筛子的面积(m²);

q_0'——每平方米筛面允许的负荷,对联合收获机可取 $1.5 \sim 2.5$[kg/(s $\cdot$ m)]。

实际上在确定筛面尺寸时,除考虑生产率之外,更重要的是考虑它和其他工作部件的配合关系。在采用切流式脱粒装置的机器上,筛子的宽度基本上取决于逐稿器的宽度。一般为其逐稿器宽度的 $0.9 \sim 0.95$。

•筛子的长度要保证对脱出物有足够的清选时间,以减少谷粒损失。上筛的长度一般为 $700 \sim 1\ 200$ mm,大多数在 $800 \sim 1\ 000$ mm 范围内。下筛负荷角小,可适当缩小长度。

联合收获机筛子与水平面的加角一般为 $0° \sim 2°$,延长筛与水平面的夹角 $12° \sim 15°$。延长筛、鱼鳞筛片间的间隙(开度)为 $12° \sim 15°$。

上筛开度 $10° \sim 11°$。上筛的振幅一般为 $55 \sim 65$ mm,下筛为 $35 \sim 40$ mm。

③平面筛的运动分析

清粮筛一般是吊挂的双摇杆机构,由曲柄连杆传动。筛面一般是前低后高,以增加清粮效果,与水平面夹角 $\alpha = 1° \sim 3°$,个别的也有更大倾角。筛平面振动方向(沿 x 方向)与水平面间的夹角 ε 称为振动方向角。筛面在往复振动时,位于筛面上的脱出物的惯性力(沿 x 方向),有抖动脱出物的作用,现有机器上,上筛的振动方向角为 $12° \sim 25°$。

一般说筛子结构不是完全的平行四杆结构,筛面上各点的运动轨迹、速度、加速度是不同的,为简化问题,假设筛面近似为一个平行四杆结构。由于吊杆和连杆的长度相对于曲柄半径来说比较长,可以认为筛子是做振幅为 $A=2r$ 的直线往复运动。还假设曲柄中心与筛架连接点的连线 OO_1 垂直于吊杆摆动的中间位置。如果以曲柄筛子位移和时间的起始相位。如图 7-31 所示。

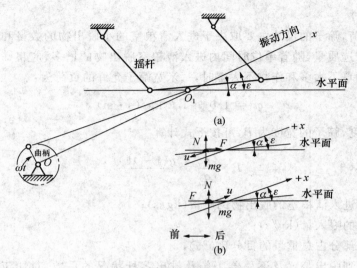

图 7-31　筛面运动分析简图

则筛面的位移、速度、加速度与时间的关系式为:

$$x = -r\cos\omega t$$

$$u_x = \omega r\sin\omega t$$

$$a_x = r\omega^2\cos\omega t$$

式中:r——曲柄半径;

　　ω——曲柄的旋转角速度。

设筛面上有一质量为 m 的脱出物的质点与筛面一起运动。

在 $\omega t = 0 \sim \frac{\pi}{2}$ 和 $\frac{3\pi}{2} \sim 2\pi$ 区间,惯性力为负值(沿 x 方向向左),脱出物有向前的滑动趋势。

当脱出物沿筛面滑动时,作用在脱出物上的力,有重力 mg,法向力 N 和摩擦力 F。可根据动态静力学分析方法,将惯性力加在脱出物上,于是脱出物沿筛面向前滑动的极限条件可写成:

$$w\cos(\varepsilon - \alpha) + m\omega^2\sin\alpha = F$$

式中:w——惯性力,$w = m\omega^2 r\cos\omega t$;

　　F——摩擦力,$F = N\text{tg}\varphi$;

　　N——法向力,$N = w\sin(\varepsilon - \alpha) + mg\cos\alpha$;

　　φ——脱出物于筛面的摩擦角。

将 w、F 代入式得:

$$w\cos(\varepsilon - \alpha) + mg\sin\alpha = [w\sin(\varepsilon - \alpha) + mg\cos\alpha]\mathrm{tg}\varphi$$

移项化简得：

$$m\omega^2 r\cos\omega t \cos(\varepsilon - \alpha = \varphi) = mg\sin(\varphi - \alpha)$$

$$\frac{\omega^2 r}{g}\cos\omega t = \frac{\sin(\varphi - \alpha)}{\cos(\varepsilon - \alpha + \varphi)}$$

因为 $\cos\omega t \leqslant 1$，欲使脱出物向前滑动，必须使筛子的加速度比 $\left(\dfrac{\omega^2 r}{g}\right)$ 保持下列条件

$$\frac{\omega^2 r}{g} > \frac{\sin(\varphi - \alpha)}{\cos(\varepsilon - \alpha + \varphi)} = K_1$$

脱出物沿筛面向后滑的极限条件

$$w\cos(\varepsilon - \varepsilon) = F + mg\sin\alpha$$

法向反力 $\qquad\qquad N = mg\cos\alpha - w\sin(\varepsilon - \alpha)$

将 w、F 代入、简化后得：

$$\frac{\omega^2 r}{g} > \frac{\sin(\varphi + \alpha)}{\cos(\varepsilon - \alpha)} = K_2$$

上面的分析没有考虑气流的作用。如果考虑气流的作用情况将更为复杂。但是通过上面的分析，可知，筛面上的脱出物的运动，除了气流之外，主要取决于筛子设计时筛面的运动参数，加速度比 $\dfrac{\omega^2 r}{g}$，还有 φ、α、ε 等有关因素。

筛子运动参数大多是试验的方法和类比的方法来确定。现有机器上，曲柄半径 r 大多是 30 mm，加速度比 $K = \dfrac{\omega^2 r}{g} = 2.2 \sim 3$。

④筛子传动机构的设计

筛子的结构设计主要是确定各杆件的尺寸及其相对位置。

• 设计要求

设计应使筛子具有较高的生产率和良好的分离性能。筛子应对负荷变化具有一定的适应性；具有一定的水平、垂直振幅。上筛负荷大且含有较多的短秸秆的混杂物，所以上筛的振幅、方向角较下筛大一些。振动方向角 ε 也应大一些。

筛面分离时，应保证分离物在筛面上向后移动。机构的配置应使筛子在向后行程终了时筛面处于最高位置，使其惯性力向后时有垂直向上的分力，摩擦力 F 减小，混杂物易于向后移动；当惯性力向前时，其垂直分力向下，谷粒容易通过筛孔。

清粮室一般采取两个筛架作相对振动，利于惯性力的平衡，易实现上下筛的振幅不同。

• 传动机构的设计

若已知条件上筛的 B 点的水平振幅 x_B，垂直振幅 y_B；相应下筛上 C 点的振幅为 x_C，y_C，曲柄轴的位置点 O 如图 7-32 所示。

以此求出双臂摇杆的尺寸、位置和曲柄、连杆的尺寸、位置。当筛上 B，C 点为已知时，B，C 点的振幅和方向角 ε 就可以相应地求出：

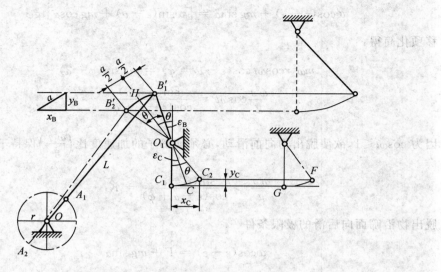

图 7-32 筛子传动机构的设计(示意)

$$\text{tg}\varepsilon_B = \frac{x_B}{y_B}; \quad \text{tg}\varepsilon_C = \frac{x_C}{y_C}$$

例如,某个机器上,$x_B=(55)$ mm,$y_B=(25)$mm;$x_C=(35)$mm,$y_C=(7)$mm。

据此已知条件,可用作图法求出结构的尺寸。

设下筛的前极限点 C_1 为其原点,根据 x_C,y_C 定出 C_2 点;连接 C_1,C_2 并作其中垂线交由 C_1 点引的垂直线于 O_1 点,即为双臂摇杆的摆动中心。$O_1C_1=O_1C_2$ 即双臂摇杆的下臂长度。O_1C_1 与 O_1C_2 的夹角 $\theta=2\varepsilon_c$,ε_c 就是下筛的方向角。过 O_1 点作与 C_1O_1 垂线呈 θ 角的直线 O_1H,以 O_1H 为分角线,作 O_1B_1' 和 O_1B_2' 使其夹角为 θ,在距 O_1H 为 $\frac{a}{2}(a^2=x_B^2+y_B^2)$处作 O_1H 的平行线,分别交于 O_1B_1' 和 O_1B_2' 于 B_1',B_2' 点,则 B_1',B_2' 点即可近似认为上摇臂端点的两个极限位置。$O_1B_1'=O_1B_2'$ 为上摇臂的长度。上述作图可使从 B_1' 点到 B_2' 点的水平振幅和垂直振幅分别为 x_B 和 y_B。设曲柄的回转中心点为 O,连接 OB_1',OB_2',则由图可得

$$OB_1' = L + r$$
$$OB_2' = L - r$$

连杆长度
$$L = \frac{OB_1 + OB_2}{2}$$

曲柄半径
$$r = \frac{OB_1 - OB_2}{2}$$

(五)用谷物联合收获机收获草种子要点

谷物联合收获机收获草种子,一般草的(种)谷草比较小,脱出物中籽粒的比例低,也就是脱出物中非种量低,影响清选效果;脱出物中籽粒与其他混合物的比重差异性较小,也影响清选效果,致使损失率增加。

用联合收获机收获草种子,一般是分段收获,即先将种株切割下来,在田间进行干燥,在联合收获机上装上捡拾器(一般将切割器或割刀卸下)。

1. 改装的要点

(1)脱粒装置凹板的改装　主要改造措施是在凹板栅格间增加栅条,减小栅格间隙,使凹板的通过面积减小,以减少未脱籽粒过早分离;增加隔板的数量以增强对难脱草籽的脱粒能力等。

(2)一般草子的细小脱出物比谷物的细脱出物难以分离和清选,用谷物联合收获机,一般要对清选风速、鱼鳞筛的开度进行调节,提高草子的净度和减少草种子损失。

(3)加装二次清选装置　为了提高清选子粒的精度,在国外有的在其生产的联合收获机上添加二次清选装置。其工作原理是,经过联合收获机初清的草子,将草子混合物经螺旋推进器送至搅拌揉搓器中揉搓碎后的细杂由筛筒孔排出,大部分草种子和杂质被送到一个空间较大的沉降腔中,饱满的种子落入腔底,进风扇进行分离,种子、杂质、瘪种等从不同的出口排出。

2. 增加草种子除芒、刷种等过程

对有些种子需要除芒和刷种。例如一些禾本科草种子,带有较长的芒,影响种子的过程,对此需要用除芒机将芒除去。除芒过程一般是在除芒杆和定齿杆的打击揉擦和挤压作用下,将种子的芒、刺等去掉。

为了提高种子的清洁度,尤其经过除芒的种子,需要进行刷种过程。一般刷种装置和过程是,物料进入刷种滚筒,经过刷子和滚筒筛的揉搓、刷擦和沿滚筒运动的挤压。在运动过程中,表面的毛、芒、绒、棱、附着的泥土污物等被除掉。并在筛孔中排出落入接杂盘中。种子从出料口排出到接料斗里;尘土等最轻的杂质从上部被气流吸走到除尘器。

六、种子的分级和处理

(一)种子的分级原理及装置

一般清选的种子,净度能达到一级标准,但是净种子中往往混有瘪种、破碎种子或其他种子;种粒的密度差别较大。为了提高种子等级,往往需要进行分级,生产中常用的分级原理有,按种子的空气动力学特性的不同进行分级;按种子的外形尺寸不同进行分级;按种子的密度不同进行分级;按种子的表面特性不同进行分级;按种子的其他特性不同进行分级等。

1. 按空气动力学特性不同进行分级

(1)空气动力学分级原理

就是按种子的悬浮速度不同进行分级。所谓悬浮速度或临界速度,指该物体在垂直气流作用下,气流对物体的作用力与其本身的重量相平衡,即物体处于悬浮状态时的气流速度,称为其悬浮速度或临界速度。

(2)临界速度

气流对物体的作用力:

$$P = k\rho FV^2$$

式中:P——作用力(N);

k——阻力系数,与物体的形状、表面特性和雷诺数有关;

ρ——空气的密度(g/m³);

F——物体相对气流的迎风面积(m²);

V——物体相对气流的速度(m/s)。

物体在气流中的运动方程式:

$$m \frac{\mathrm{d}u}{\mathrm{d}t} = P - G$$

式中:m——物体的质量(g);

G——物体的重量(mN);

P——物体在气流垂直方向受力(N);

$P > G$ 时物体随气流运动;

$P < G$ 时物体下沉;

$P = G$ 时物体处于基本平衡状态。

此时加速度为零。

物体在气流中处于平衡状态时,气流的速度就是物体的悬浮速度,可以求出

$$P = k\rho F V^2 = G = \mathrm{mg}$$

所以 $V = \sqrt{\dfrac{\mathrm{mg}}{k\rho F}} = \sqrt{\dfrac{\mathrm{g}}{k_j}}$ 为物体的临界速度。

$k_j = \dfrac{\rho k F}{\mathrm{m}}$ 称作物体的飘浮系数。

(3)在一般清选机中对脱出物的清选过程中,风扇在筛面上对混合物作用,就是利于混合物成分中物体的飘浮速度不同进行的分离。饱满的种子悬浮速度高,瘪种、杂余、颖壳的悬浮速度不同,气流将其在筛面上展开,轻微地被吹出。也是初步的分级。例如小麦脱出物中麦粒、不饱满的小麦粒、脱过的穗头、颖壳的飘浮速度分别为 8.9～11.1、5.5～7.6、3.5～5.0、0.6～5.0 m/s。

2. 按种子的形状尺寸分级

按种子的形状尺寸分级,常用的方法有筛分级、窝眼滚筒分级。

(1)筛分级就是根据筛孔大小形状对种子进行分级。

长孔筛分级:

按种子的厚度分级。即种子在筛面(长方孔)上移动过程中,其厚度小与筛孔宽度的种子通过孔,实现筛上、筛下分离(级),其实质是按种子的厚度分级。

圆孔筛分级:

按种子的宽度分级。即种子在筛面(圆孔)上运动过程中,其宽度小于筛孔直径的落入筛下,实现筛上、筛下分级;实质是按种子的宽度的分级。

(2)窝眼分级,如图 7-33 所示。

①原理和过程:谷物清粮滚筒分级滚筒内壁上设有窝眼,种子从一端喂入转旋的滚筒内,种子在底部搅拌轮的作用和旋转的滚筒带动下逐步展开并向另一端运动。长度小于窝眼尺寸的种粒落入窝眼,随滚筒旋转,转到上方,在重力的作用下,种子落入承种槽,由槽内螺旋或其他装置排出;长度大的种子不能进入窝眼,则在滚筒壁(窝眼呈螺旋线排列)的作用下,流出滚筒。实现了不同长度的分级。

②窝眼分级机的主要参数:窝眼滚筒的转速,转数高,种子在滚筒内分布均匀,种子与窝眼的接触良好,分级的效率高;但是转速受到窝眼种子能否正常下落的限制。落入窝眼的种子随

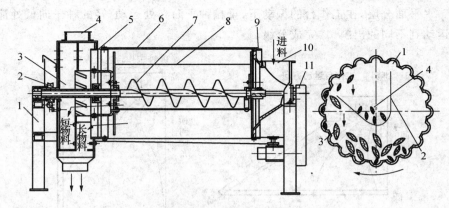

图 7-33 窝眼滚筒分级

左:窝眼滚筒分级机:1. 机架;2. 集料槽调节;3. 派料装置;4. 吸尘口;5. 后辐盘;
6. 窝眼滚筒;7. 搅龙;8. 集料槽;9. 前辐盘;10. 进料口;11. 传动
右:窝眼滚筒分级原理:1. 窝眼滚筒;2. 承种槽;3. 大尺寸颗粒;4. 小颗粒种子

滚筒旋转过程中,离心力有助于种子紧贴窝眼,重力有助于落下与窝眼壁分离。如果滚筒的转速过高,种子就不能顺利落入承种盘,不能实现分级。所以一般分级滚筒的转速 10～60 r/min(可调节)。

滚筒的倾角,为增加种子沿滚筒轴向运动,提高生产率,滚筒轴线与水平线呈一定的倾角。种子流动性差的倾角大一些;而采用螺旋或搅拌轮推送物料的倾角很小,甚至倾角为零。

窝眼滚筒的直径和长度,滚筒长度与生产率有关。滚筒长度与滚筒的直径有关。滚筒的长度 L,一般由下面公式确定:

$$L = \frac{F}{\pi D}$$

$$F = \frac{Q}{q}$$

式中,F——窝眼壁的表面积(m^2);

D——窝眼直径(m);

Q——设计生产率(kg/h);

q——单位面积(筒壁表面积)的负荷能力($kg/(m^2 \cdot h)$)。

加工小麦时,$q = 400～800 \ kg/(m \cdot h)$;

加工草种子时,可按照折算系数计算,例如苜蓿折算系数为 0.15,三叶草子为 0.15～0.2,红花草子 0.4。

3. 按种子的密度分级(比重分级)

(1)密度(比重)分级概述

即利用种子密度(比重)不同进行分级。

分级机关键设备是工作台,工作台面做纵向振动,台面下部有带孔的平板,风机的气流从平板孔吹向台面上的种子。种子在台面振动和气流的作用下,按密度不同进行分级。基本上通过两个步骤,如图 7-34 所示,首先台面上的种子在垂直面内分层和水平面分层。垂直面内分层,在气流的作用下,比重大的种子沉入底层,轻的种子浮动起来形成顶层;中等密度的种子处于中层。水平面分层,在工作台的振动下,重粒种子向高处运动,轻的种子向低处流动,将分级的种子运动到不同的出料口,完成分级。

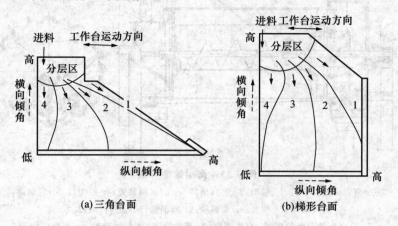

(a)三角台面　　　　　(b)梯形台面

图 7-34　种子在工作台面上分级分布情况

1. 重种子;2. 次重的种子;3. 中间重的种子;4. 轻种子

尽管密度是影响种子分离的主要因素,但是种子的大小也是一个重要因素。种子的大小、密度对分离影响存在三种不同情况,如图 7-35 所示。

种子大小相等,密度不同的种子,可按密度分级(如上排);密度相同,大小不同的种子,可按尺寸大小分级(如中排);密度、大小均不同的种子,就很难分级了。如图 7-35 所示。

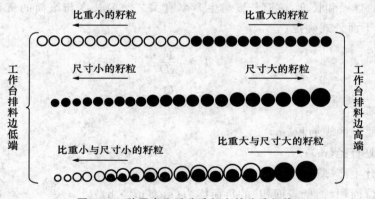

图 7-35　种子在比重分选机上的分选规律

(2)密度(比重)分级机及分级过程

①类型

按气流方式分为负压式和正压式。负压式工作空间粉尘少,对机器的密封性要求高,结构复杂,工作台不易更换;相对正压式结构简单,更换工作台方便,利于定向吹风利于分离,工作环境粉尘较多。

按工作台形状不同,分为矩形台面、梯形台面和三角形台面。梯形台面生产率高,平衡性好,种子在台面上运动的尽量大、停留时间长有利于分离,在高生产率和大粒种子分级中多为矩形工作台;重粒种子可以在三角形工作台上运行较长的距离,有利于从大量种子中较充分地分离出少量重粒种子;三角形工作台,适于小生产率、清除重杂为主的小粒种子清选中应用。

②参数及驱动型式

气流的速度——气流是完成垂直分级的主要因素。分级中,实现使种子按比重大小进行垂直分层。气流是种子按其飘浮速度的差异进行流化偏析。然后进行水平分离。流化偏析状态才能保持已经偏析的物料层相对稳定,使各层物料层能较好地进行分离,主要取决于气流的速度及其分布。而且在分层时物料层厚,需要的分速要大,随着工作台面上物料的运动,达到悬浮流化状态,需要较小而稳定的风速。因此,工作台的风速应能调节,对多数农业种子,工作台面的风速度一般为 1.5~3.0 m/s。

振动频率——种子在工作台面上的垂直分层和水平分离,必须在气流和工作台的振动的配合实现。振动使种子间间隙增大,有利于均匀分层、移动;按其振动特性(振幅、频率)的差异进行水平分离。重量大的向高处运动,重量小的向低端运动。不同的种子的振动特性差异性很大,一般来说,大振幅、低频率配合;小振幅、高频率配合。工作台的振动频率范围一般为300~600 r/min,振幅为 2~11 mm。

工作台的纵向倾角和横向倾角。纵向倾角是指工作台面出料口高端和低端的倾角。

纵向倾角造成工作台面的纵向倾斜。决定分层后的种子水平分离的程度。一般增大纵向倾角,种子易于向工作台低端运动;减小纵向倾角,种子易于向工作台的高端运动。确定恰当的纵向倾角,重量不同的种子才能沿工作台面进行分离。纵向倾角的工作范围一般为0°~10°。

横向倾角是指喂料口,到出料口的倾角,决定了种子在工作台面上的流动度和生产率。横向倾角越小,种子在台面上停留的时间越长,料层也越厚。其生产率下降。横向倾角的范围一般为 0°~6°。料层厚度以 10~30 mm 为宜。

对工作台的驱动型式要求,驱动平稳,级要振动小,传动平衡。

发展趋势:为使工作台面的气流分布状态对分层效果最优和满足工作台面不同位置对风量的要求也不同,多风机系统比单风机优越。工作台振动频率实行无级变速;实现在线调节、在线显示。

(3)5ZX-5.0 比重分选机分级机

呼和浩特分院研制的 5ZX-5.0 比重分选机可以清选老芒麦、羊草、披碱草等禾本科草籽,沙打旺、苜蓿等豆科草籽以及谷物、油料、蔬菜等农业种子。

①工作过程,见图 7-36。

物料从进料斗喂入到工作台面(图 7-36),实现在台面上进行垂直分层;在台面上运动过程中,进行水平分离。重种子向台面高端运动,在紧靠高边的一端生成一条状的物料流。同样,轻的杂质也在靠近低端生成一条状的物料流。从低端轻杂一端到高端重物料之间种子按重量大小进行分布,并从不同的出料口排出。可调节出口处的挡板,完成要求的分级。

②工作台面是三角形的,台面由下筛框架、中筛体、上筛体和进料斗组成。下筛是三角形台面的下部框架。台面下部由一个设由布袋的通风孔,台面下的风机通过布袋送入台面的下部。中筛体是蜂窝状的通风网格倾斜面,上筛面是钢丝网,与中筛贴在一起。上筛体框架上固定进料斗。

③其他装置由气流系、传动系以及调节装置。最主要的调节有:

喂料速度及均匀性调节——是避免种子在台面上堆积,使种子均匀覆盖全台面;

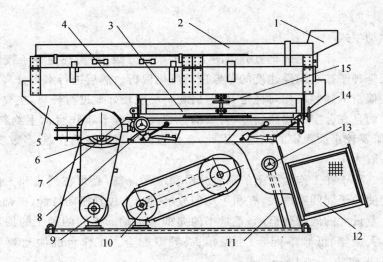

图 7-36 5ZX-5.0 比重分级机

1. 进料斗；2. 工作台面；3. 调整支架；4. 下筛框架；5. 出料部分；6. 传动；7. 纵向倾角调节手轮；
8. 纵向调节锁紧手轮；9. 台面振动调速电机；10. 风机电机；11. 百叶窗；12. 进风口罩；
13. 风量调节手轮；14. 横向倾角调节锁紧手轮；15. 横向倾角调节手轮

气流、气压调节——使台面上的种子呈悬浮状态，呈流化床自由流动。

横向倾角调节——控制种子流通过台面的时间，种子差异小，可使倾角为零；种子差异性大，易分离，倾角调大，提高生产率。

纵向倾角调节——台面倾斜，轻种子在气垫的作用下向下滑到台面的低边出口，台面振动使重种子向高边运动排出。通常，倾角大分离质量高，但是台面上种子运动困难。种子与台面的摩擦越大，倾角也越大。台面振动使重种子由喂入口到出料口向高边移动。

台面振动频率调节——台面振动频率增加重种子沿台面上移快，在靠近高边卸料口落下，频率低，重种子上升的慢，在低端的出口排出。

综合调节——上面的每一个调节对会有其他调节与之配合。综合调节的基本原则是，种子必须实现有效分层；其次种子必须完全覆盖台面，各分离带越宽越有利于分离。

出料口长度内有轻杂区、种子区和重杂区若干出口，分级的种子从不同出口流出。

④主要技术参数：

生产率（kg/h）：苜蓿：1 000；老芒麦：200～300；披碱草、羊草：200～400；沙打旺：600～800。

工作台面（m²）：约 2。

工作台出料口长度（mm）：2 200。

振幅（mm）：2、3、4、5、6、7、8、10、15。

振动频率（r/min）：60～650，无极调节。

台面倾斜调节范围：纵向倾斜 0°～10°；横向倾角：0°～6°。

机重（kg）：2 000。

4. 按种子的静电特性分级

种子静电特性分级实际上是按种子的生物电特性进行分级。具有生命的种子内部组织或细胞表面具有特殊的细胞膜，一个健康的细胞质膜对低频电流而言，具有高的电阻值兼有高电容,成熟、生命力强的种子电阻大、电容高。当种子进入电场,带上电荷后,高阻抗,高电容量的种子由于不良的导电特性和高储容电荷的能力,结果带有较高的电荷;相反,导电能力较好(电阻小)、储容电荷能力弱的种子导电良好,易失去电荷,利用其差异,进行种子的分离就是种子的静电分离,如图 7-37 所示。

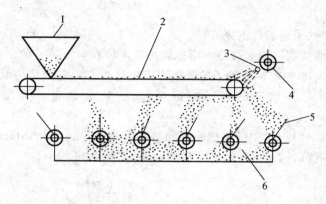

图 7-37　种子静电分离示意图
1. 喂料斗;2. 输送带;3. 钨丝电极;4. 铝管电极;5. 隔板;6. 收集器

主要有喂料斗,高压直流电源、电极和若干可以调节的隔板收集器组成。钨丝发射电子,操作时输送带接高压直流电源正极,电极接负极。种子均匀喂到输送带上,种子在输送带的转弯处,沿抛物线的轨迹下落,在电场的作用下,钨丝发射电子使种子带负电。导电性不同的种子,抛散轨迹不同。阻抗低、电容量小的种子,由于导电良好易失去电子,将电子转移给输送带而按不带电的中性正常抛物线轨迹下落;而高阻抗、高电容量的种子导电能力差,具有较高储容电荷的能力,这为带正电的输送带所吸引,因此下落轨迹发生偏移,在输送带的下方远处掉落,实现了种子的分离。根据铝管电极和钨丝电极的配置不同,其分级情况不同。

5. 其他分离的方法

例如表面特性分离、磁性分离、光电色泽分离、弹性分离(螺旋分离)等。

(1)绒辊清选机,对转的倾斜绒辊,主要用于草种子清选,特别适用于从三叶草、苜蓿种子中分离菟丝子种子。

(2)磁力清选机,按种子表面粗糙程度差异—磁性滚筒进行清选,用于草种子清选,以液体和铁粉为介质与种子物料混合,借对液体浸和力的不同对铁粉的吸附力有差异进行分离。

(3)光电分选,通过光电转换装置按物料的光反射特性的差异进行分选。

(二)种子的处理及装置

1. 种子处理的方法

所谓的种子的处理,是为了提高种子的防病虫害的能力,促进发芽、方便播种等对完好的种子采取的处理措施。一般包括:

拌药物处理——将杀虫剂、杀菌剂或其他添加剂施加到种子的表面的过程,包括粉剂处理、浆剂、水剂处理;不改变种子的形状尺寸;就是播种前的所谓的拌种。一般采用螺旋推进器或滚筒式搅拌。

种子包衣处理——即在种子外表包上一层包衣剂。根据不同的目的,包衣剂中可包括杀虫剂、杀菌剂、营养物质及其他物质等。包衣后的种子尺寸有所增加,其形状基本不变。包衣处理用种子包衣机来完成。

种子丸粒化处理——将制丸材料蘸固在种子外表面制成具有一定尺寸的丸粒状的过程。种子丸粒化处理用种子丸粒机来完成。

2. 种子包衣机

种子的包衣是在种子包衣机上完成。

(1)包衣机的标准要求　包衣合格率指标就是要求种衣包覆种子的面积大于80%的种子占包衣种子的93%以上;包衣机对种子的破损率不超过0.1%;包衣机应保证稳定的种子和种衣剂的喂入量,种子与种衣剂的配比的可调节;药物散逸量在环境空气中不能超过0.1 mg/m³等。

(2)包衣机的工作过程,以中国农机院呼和浩特分院设计的7-325SHB-5.0种子包衣机为例,对草种子、谷物、蔬菜、甜菜等种子进行包衣处理,如图7-38所示。

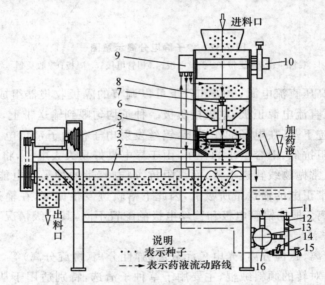

图 7-38　滚筒式种子包衣机

1. 拌药筒;2. 刮药板;3. 双甩盘;4. 传动;5. 料锥;6. 中间料斗;7. 甩盘轴;8. 雾化室;
9. 计量药箱;10. 配重;11. 药筒;12. 回流伐;13. 药泵;14. 供流伐;15. 排液伐;16. 丝堵

种子从进料口进料,由调节调装置调节进入量和均匀下料,进入雾化室8与定量喷入的药液接触、混合。

①药液流——药液装入药筒11,由药泵11,通过阀件进入计量药箱9,喷入雾化室与种子接触混合;

②种子,经中间料斗6,经过甩盘、经过料锥5,落入搅拌筒1,通过搅拌与药液进一步混合,包衣药层膜的种子从出料口排出;

③为了使种子均匀下落,设置旋转的料锥5,与其槽内固定的刮药板一起转动刮落附在雾化室壁上的药膜。甩盘轴7是中空的,药液流进甩盘轴里,从下侧的两孔中排出,流到高速旋转的甩盘上3,被甩盘带动旋转雾化后,药液向着雾化室壁喷射,被均匀的喷射的种子经过料锥5的导向均匀向下散落,种子和剩余药液落入拌药筒内。

3. 种子制丸机

(1)种子制丸的要求、工艺过程

种子丸粒化处理,使种子增大、增重、圆度增加、尺寸一致,尤其小粒(千粒重小于 10 g)种子和不规则(扁平、短芒)的种子丸粒化更有意义。通过制丸机使包衣剂包覆在种子表面,不改变种子的生物特性的基础上形成一定尺寸、一定强度、表面光滑近似球形的颗粒,达到小粒种大粒化,不规则种子球形化。

对丸粒化的特殊要求——丸粒化的种子必须符合国家一级标准;包衣药剂要分层包裹成丸;包衣层厚度均匀;丸粒化后种子外形、粒度均匀;表面光滑。

丸粒化一般工艺过程——精选(除芒)(一级种子)→消毒→用黏着剂浸湿→与种衣剂混合→与填充剂搅拌→丸粒成型→热风干燥→按粒度筛选分级→质量检测→计量包装。

丸粒化的种子还要进一步质量检测,如进行含水分、丸粒强度、单籽率、千粒重、发芽率等的检测。

我国还没有丸粒化种子的国家质量标准。参照《烟草包 衣丸粒化种子》标准,对丸粒化种子的质量要求——丸粒近球形,大小适中,表面光滑;单粒种子抗压力不小于 150 g;丸化种子内含水分不超过 8%;丸粒种子浸泡 1 min,裂解度不低于 98%;单籽率≥95%;有籽率≥98%;符合标准粒径径要求的丸粒种子的重量占丸化种子总试样重量的百分率:整齐度≥98%;有较好的发芽能力等。

(2)丸粒化制粒原理

目前国内外丸化结构基本上有滚动制粒和流动制粒。其基本工作部件是旋转锅体或罐体。

滚动制粒——利用种子的表面特征与旋转锅体内表面间的附着性能,种子随锅体或罐内壁的转动在其中滚动;同时加入制粒剂和粘合剂,使种子表面形成衣壳。呼和浩特分院的5ZW-1000 型种子制丸机,南京农机化研究所的 WH-150 型制丸机,宝鸡制药机械厂的 BY-1000 型种子制丸机属此类型。

流动制粒——(离心制粒)利用气流使种子在锅体或罐体内流动、翻滚,形成旋涡转动的种子流。同时,通过喷嘴射入适量的雾化液浆,然后连续喷洒粉料,使飘浮翻滚的种子表面黏结形成一层均匀的衣壳。

(3)典型种子丸粒化机结构

例 5ZW-1000 型种子制丸机,如图 7-39 所示,主要适于牧草、烟草、花卉、蔬菜机粮食等中、小粒度制丸。可使小粒种子增大,达到农艺要求。

该机的工艺过程:计量的种子加入锅体中,锅体回转带动锅中物料的转动下,粉剂被均匀地包裹在种子的表面。再添加液剂、粉剂,如此不断循环,直到种子制成符合要求的丸粒。当需排出时,转动锅体,物料从出料口流出。

锅体部分 3 采用平底圆柱形,大锅体内套装小锅体。大锅体壁上插装两段清选筛片。这样的机具可同时完成大锅制丸和小锅制丸、筛选、分级等工序。加工量少时可在小锅中作业。筛片可清选除去丸粒过程多余的粉料,当两段筛片采用不同筛孔时,可进行大小粒分级,使丸粒大小均匀。锅内各部分也可以单独作业。大锅体上装有出料插板,成粒后由下出口出料。锅体回转,可实现无级调速。

加液机构 2,由气泵、贮液瓶、电磁阀和喷头等组成。功能是完成制丸过程中的添加黏合

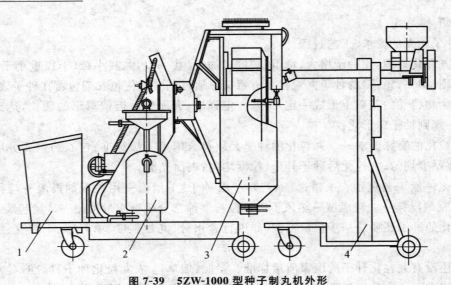

图 7-39　5ZW-1000 型种子制丸机外形
1. 电控部分；2. 加液机构；3. 锅体部分；4. 加粉机构

剂作用,供粉剂能均匀地包裹在种子表面。采用了农药雾化喷头,雾化均匀,由电磁阀控制喷液和停止喷液。

该机的技术参数：

生产能力(kg/h):600(披碱草籽粒)；

单籽率(%):≥95；

有籽率(%):≥95；

整齐度(%):≥98；

单粒抗压力(N):≥1.5；

车间粉尘浓度(mg/m³):4；

噪声 Db(A):70。

七、种子储存

(一)对储仓的要求

我国南北方气候条件相差悬殊,种子入库的标准也不能强求一致。根据国家农业种子标准,以品种纯度指标为划分种子的质量级别的依据,纯度达不到原种指标降为一级良种,达不到一级良种降为二级良种,达不到二级良种即为不合格种。净度、发芽率、水分各定一个指标,其中一项达不到指标即为不合格种子。

长城以北和高寒地区的水稻、玉米、高粱的水分高于 13%,但不高于 16%。调往长城以南的种子(高寒地区除外)水分不能高于 13%。

(二)种子储存期间的重要变化

种子入仓后形成一个新的生态系统。对储存种子影响最大的是水分和温度。在一般情况下大气温、湿度的变化影响储仓内温、湿度的变化,仓内温、湿度的变化影响种子的温度和水分的变化。所以在储存过程中,要掌握住这三温、三湿的变化。作物的一日、一年的温、湿度变化规律,如果种子的温、湿度的变化偏离了这种变化规律,而发生异常现象,就有发热的可能,必须采取措施。

(1)种子的结露,所谓结露是空气中的水汽量达到饱和状态后,凝结成水的现象。仓中由于热空气遇到冷种子后,温度降低,使空气的饱和含水量减小,相对湿度变大。当温度降低到空气饱和含水量等于空气的绝对湿度时,相对湿度达到 100%,此时种子表面上空气结露。种子结露一年四季都有可能发生。空气的湿度越大越易引起结露,种子的水分越高结露的温差变小。仓内结露的部位,有种子堆表面结露、上层结露、垂直(近墙壁、柱子)结露、地面结露、覆盖薄膜结露等。结露的种子含水分增高,容易发霉变质。应加强预防和控制。

(2)种子的发热,种子储存过程中,种子的呼吸放热,微生物迅速生长、繁殖引起发热,仓虫活动,内部温差大造成水分的转移、结露等也能引起种子发热。发热容易造成种的损坏,也必须预防和控制。

(3)种子的衰老和陈化,种子的衰老是其形态结构及生理生化方面均发生了一系列的劣变。例如细胞膜受损,核酸减少,酶的活性丧失,核代谢失调,有毒物质的积累等造成种子生命力丧失的生理生化过程。

第三节　粉体工程

一、粉体概述

前已述粉体是细微颗粒的群体。与人们的生产、生活、环境关系十分密切。粉体的产生的原因非常复杂,大致有自然因素、生物因素、人为因素等。

自然因素——大自然力形成的土壤、沙漠、沙粒、沙尘等;

生物因素——生物的发酵、分解物,动物、昆虫甚至动物的行为的产物;

人为因素——人的主动行为的产物及其伴随产物。

在这里仅对人为的粉体物料的过程中,主要研究以草粉有关的农业粉体物料的生产过程、原理、机械设备等。其中包括粉碎、粉体的混合、分离、流动过程、储存过程及设备等。

二、粉碎过程与粉碎机

粉碎过程主要有击碎、压碎、磨碎等,可统称为粉碎。粉碎是物体体积减小的过程,也是物体表面积增加的过程。粉碎的基本设备是粉碎机。

按照粉碎过程原理,粉碎机分为粉碎机、磨粉机等。

按照直接致碎部件来分,粉碎机有锤片式粉碎机,爪式粉碎机,磨粉机等。

本节重点介绍锤片式粉碎机,简要介绍爪式粉碎机和磨粉机。

(一)锤片式粉碎机

锤片式粉碎机通用性强,可以粉碎植物籽粒、饼类、块状物料、农业秸秆、石灰石、矿物质及其他农业、工业副产品;粉碎程度比较容易控制;机器外形尺寸小,结构较简单,生产率高;使用维护方便。所以在生产中广为应用。

1860 年英国采矿业首先使用锤片式粉碎机粉碎矿石,并获得专利;1939—1940 年前苏联开始批量生产锤片式粉碎机,广泛用于农业物料加工业;我国于 1950 年代在国外发展的基础上致力研制农产品加工用锤片式粉碎机。1970 年代新型锤片式粉碎机,例如气吸式锤片粉碎机,无筛粉碎机,直动式粉碎机,射流、振动粉碎机、草粉机以及 240～300 马力特大型粉碎机出现。在部件研究方面,更是丰富多彩,例如椭圆形、水滴形粉碎室、锤片攻关试验研究等。并且对粉碎机的原理过程进行了深入的试验研究。

1. 锤片式粉碎机的分类:

(1)按照喂料方向分为,如图 7-40 所示。

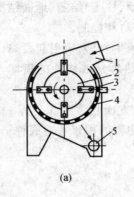
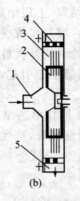
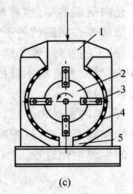

(a)　　　　　　　　(b)　　　　　　　　(c)

图 7-40　锤片式粉碎机类型

a. 切向喂入式;b. 轴向喂入式;c. 径向喂入式

1. 进料口;2. 转子;3. 锤片;4. 筛片;5. 出料口

①切向进料式,使用底筛,筛子包角一般为 180°,常附有卸料风机;

②轴向进料式,使用环筛,有专用切刀在喂入口处将茎秆切碎;

③径向进料式,筛子包角呈 300°,适于加工谷物料,适用于由风送设备的大型饲料加工厂,其转子可以正反转工作。

(2)按照分离筛状况分

①半筛式粉碎机——筛包角小于 180°;

②环筛粉碎机——筛包角为 360°;

③水滴形粉碎机——环筛为水滴形;

④无筛粉碎机——没有筛子。

2. 锤片式粉碎机的工艺过程

(1)锤片式粉碎的一般过程,如图 7-41 所示。

(2)关于粉碎过程的研究

为什么将玉米粒放在铁砧上,很容易被击碎,耗功小;而粉碎机中粉碎耗功大,时间长? 为什么将草秸秆放在铁砧上同样的铁锤,很难将其击碎,而在粉碎机中,却能够粉碎成草粉呢? 为此进行了很多试验研究,研究的要点:

(1)锤片式粉碎机的粉碎过程首先是无支承冲击,所以锤片的速度非常高;在粉碎玉米粒过程中,主要是无支承地偏冲击,偏冲击使玉米粒在冲击点与玉米粒重心之间产生一个旋转力矩,通常情况下旋转力矩只能使玉米粒产生旋转运动,而不至于破裂,旋转运动变成了热能损失掉,因此,认为这是锤片式粉碎机能力不高的重要原因。

高速摄影技术对群体玉米粒粉碎过程研究发现,玉米粒在锤片冲击作用和锤片高速旋转产生的气流的作用下,粉碎室的四周出现了物料环流——气流层,较大的颗粒紧贴筛片,小颗

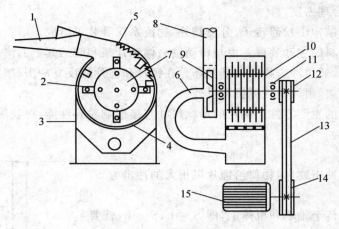

图 7-41 锤片式粉碎机

1. 喂入口；2. 锤片；3. 机壳底座；4. 圆孔筛；5. 搓齿；6. 吸入管；7. 转子；
8. 出料管；9. 风扇；10. 粉碎机；11. 轴承；12、13、14. 皮带传动；15. 电机

粒处在大颗粒的上方形成粉碎层次分明的分层现象。环流——气流中心，一般偏移主轴中心；锤片在物料环流气流层内对物料进行激烈地无支承冲击和搓擦作用粉碎物料。存在环流层，不利于粉碎和排粉，大量的能量白白消耗在物料作环流——气流运动之中。

(2)草料粉碎情况与粉碎谷物情况差异性很大。过程中，在锤片的前方草料受锤片的驱赶积成小堆，同时将其压向筛片，在锤片的冲击下，使草料与锤片的表面粉碎剧烈搓擦，直到粉碎成细粒。在锤片的后部的筛片上，出现物料涡流运动，与此同时，在筛片下方产生振发性排料现象。

(3)柔性的农业秸秆为各向异性的纤维质物体，其纵向拉力大于横向拉力，破坏的拉力远大于破坏的剪切力。粉碎主要靠搓擦作用，所谓粉碎过程，实际上是物料体积由大变小，表面积由小变大，外力克服物体分子间内聚力的过程。破坏物体分子间内聚力的外力作用有两个，其一，是冲击力，其二是锤片与筛片对物体粉碎的剪切力或者搓擦力。对于脆性材料(如矿物)作用是承受冲击作用而破坏；对于韧性材料(如草物料、农业结秆等纤维物料)主要承受搓擦作用而破坏。但是饲料的粉碎往往是冲击、搓擦和摩擦等的综合作用的结果。

(4)由粉碎过程可知，粉碎过程包括两个基本过程，即物料的粉碎和颗粒从筛孔中分离的过程；最理想的状态是物料被锤片一冲击，颗粒的尺寸达到筛孔大小时及时分离出来。两个过程关联密切。所以粉碎和分离也一直是粉碎机研究的基本问题。

(5)显然影响粉碎机功能、效率的基本因素，一是物料的特性，二是粉碎机的结构、性能参数。因此应该根据粉碎物料的特性，在其粉碎原理的基础上，研究粉碎机的结构、确定其性能参数。

3. 锤片式粉碎机的结构原理及参数

(1)粉碎室的宽度与转子直径

由于松散草物料容重较小(一般 45 kg/m³)，因此草粉碎机的粉碎室宽度比一般粉碎机要大。即采取宽体结构，一般资料介绍宽体式的转子直径 D 和粉碎室的宽度 B 之比 $\dfrac{D}{B}=$ 1.1~1.38。

（2）锤片及其合理密度

锤片式粉碎机结构由粉碎转子、分离筛片、物流系统等装置组成。

锤片是粉碎物料的主动装置。由与转动轴一体锤片架和绞结其上的诸多锤片组成的旋转体。在旋转过程中，通过冲击物料使其破坏。在锤片和筛片的反复冲击、摩擦下致碎的物料颗粒从筛孔中分离出去，由风机气流排出机外。

锤片式粉碎机的主要零件。锤片的形状尺寸直接影响粉碎性能，在我国锤片的形尺寸、技术要求已经标准化。

①锤片的受力

锤片高速旋转冲击物料，物料给锤片以很大的冲击力 S，如图 7-42 所示。

为使其受力不传至轴承和机体上，即 $S_x=0$，$S_y=0$，就要求锤片的摆心必须与锤片销轴 O 重合，即

$$h = \frac{J_0}{me} \tag{7-1}$$

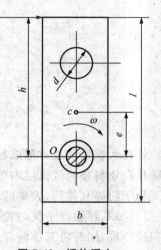

式中：h——冲击力 S 到摆心之距；

J_0——锤片对摆心的转动惯量；

e——锤片质心到摆心之距；

m——锤片的质量。

根据转动惯量平衡轴定理

$$J_0 = J_e + me^2 \tag{7-2}$$

图 7-42 锤片受力
冲击力 S，销轴 O，质心 c

式中：J_e——锤片质心的转动惯量；

将式（7-2）代入式（7-1）整理得

$$h = \frac{J_c}{me} + e \tag{7-3}$$

由图知

$$h = \frac{l}{2} + e \tag{7-4}$$

联立式（7-3），式（7-4）得

$$e = \frac{2J_c}{ml} \tag{7-5}$$

②锤片的排列配置

锤片在粉碎室宽度内应合理排列，轨迹分布均匀；物料不被推向一侧，供物料在粉碎室宽度方向上分布均匀；有利于转子的平衡。常用的排列型式有：螺旋线排列，对称排列，交错平衡排列和对称交错排列等。我国粉碎机多采取后两种排列型式。例如 9FQ-50 粉碎机，采取的是交错式排列如图 7-43 所示。

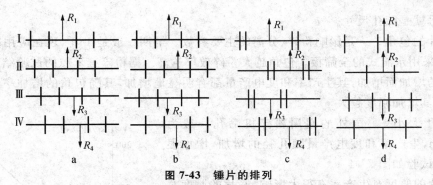

图 7-43　锤片的排列

a. 螺旋线排列；b. 对称排列；c. 交错平衡排列；d. 对称交错排列

③锤片的工作密度

锤片在其销轴上的累积厚度 $Z\delta$ 和粉碎机的宽度 B 之间的比例关系 $C = \dfrac{锤片累计工作厚度}{粉碎室有效工作宽度} = \dfrac{锤片厚度 \delta \times 锤片迹数 Z}{粉碎室有效工作宽度 B} = \dfrac{Z\delta}{B}$。

称为锤片的工作密度。

式中：δ——锤片的厚度；

　　　Z——锤片的迹数；

　　　B——粉碎室有效工作宽度。

锤片过多，连续冲击太密，使物料跟着转动而没有足够的反弹、破碎的空间和时间、空耗增加。锤片数量多，粉碎粒度变细，由于细粉多，筛片的分离成了主要矛盾，导致度电产量降低。经过对具体样机的正交试验研究，可将原来粉碎机的锤片大量减少。一般对切向喂入式粉碎机 $C = 0.27 \sim 0.36$，轴向喂入粉碎机 $C = 0.43 \sim 0.47$。试验证明效果好，性能指标先进，平衡性能好，振动小，减少了锤片的消耗量，降低成本，这是我国粉碎机发展中的一个重要进展。

④锤片的厚度

国内外的有关试验表明，粉碎机的生产能力随着锤片厚度的减薄而提高。例如，1.6、3、5、6、6.25 mm 厚度的锤片在粉碎玉米粒的试验中，1.6 mm 的锤片比 6.25 mm 的锤片的效率提高 45％，比 5 mm 的效率提高 25.4％。所以在我国很多粉碎机上采用 2 mm 厚的锤片；

⑤锤片的材料

锤片是锤片粉碎机工作中的易磨损件，消耗量大。锤片的制造要求耐磨、耐冲击。其制造材料主要有下面几种：

低碳钢——固体渗碳、淬火，渗碳层 0.8～1.2 mm，表面硬度 RC54～62，外硬内软，初期耐磨，工艺简单，成本低；

中碳钢——整体淬火，硬度 RC50～62，易发生裂纹；

表面硬化处理——在棱角处堆焊碳化钨等耐磨材料，焊层厚 1～3 mm，寿命长。据有关试验，比中碳钢整体淬火使用寿命提高 7～8 倍，成本提高约 2 倍；另据加工同数量玉米粒的试验，堆焊的锤片寿命是普通锤片寿命的 6.9 倍，耗钢材仅为普通锤片的 $\dfrac{1}{3}$，成本高 2.75 倍；堆焊工艺要求高，小型粉碎机上很少采用。

(3)筛片

我国的筛片厚度大小、筛孔尺寸、筛孔布置等已经标准化。以筛孔尺寸为主参数，例如标准中的筛号就是筛孔尺寸。

①筛片的包角——是影响粉碎、分离的主要参数。早期一般是180°,现在应用的有180°,360°,普遍采用水滴式的全筛板。包角越大粉碎效率越高。据粉碎玉米粒的试验结果,粉碎效率随包角的增加而增加,其生产率和度电产量都有明显地增加,其随包角的增加率逐渐减小。筛孔越小,其增加幅度越大。

②筛孔大小——国外的通用粉碎机筛孔一般为 2.5～6 mm,生产率和度电产量随孔径的增加,增加很快,有关的试验如图7-44。

③筛片的厚度对生产率有很大影响,筛片的厚度对粉碎物过筛起阻碍作用。粉碎物是以运动的倾角通过筛孔的。颗粒的切向速度越大,越不容易通过筛孔,锤片的圆周速度与环流——气流层的速度差相差大一些,物料容易通过。为提高粉碎物的通过性,最好采用振动筛,最有效的方法是不用筛(无筛粉碎机的思路)。

④筛理面积——所谓筛理面积就是筛孔的面积占筛面积的百分比。筛理面积 K 的计算方法。如图7-45。

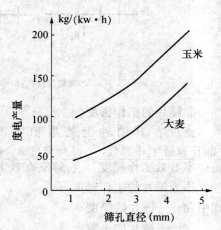

图 7-44　筛孔直径对度电产量的影响

$$K = \frac{\pi d^2}{2\sqrt{3t^2}} \times 100\% = 90.7\frac{d^2}{t^2}\%$$

式中:d——筛孔的直径(mm);

t——孔距(mm)。

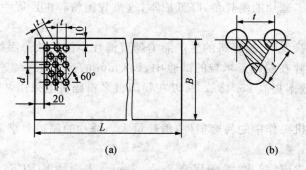

图 7-45　机械工业标准筛片

筛理面积大,分离性能好,可明显提高生产率和度电产量。一般情况下,在保证其强度、刚度条件下,尽量增加筛理面积。

(4)锤片式粉碎机的基本参数(含粒径的测量)

①粉碎室的尺寸(B/D)

a. 锤片转子直径 D 是粉碎机的基本参数。确定转子直径,首先考虑提供适宜地、足够的锤片的速度;还要考虑提供粉碎的合理空间,利于锤片粉碎物料和保持一定的生产率;确定转子直径,还要考虑生产的其他要求等。国内粉碎机应用最普遍的转子直径是 400 mm、450 mm、500 mm、550 mm 等。

b. 粉碎室的宽度 B 在确定了转子直径之后,相应地确定粉碎室的宽度。根据生产率的要求和粉碎物料的特性(密度、体积)确定粉碎室的宽度。要求喂入的物料在薄而均匀的状态下进行粉碎;对于谷物粉碎机宽径比 $\dfrac{B}{D}$ 一般比较小,而对于草、农业秸秆物料比较大,对于切向喂入的粉碎机,有的资料推荐 $\dfrac{B}{D} = 0.8 \sim 1.8$。

②锤片端部的切向线速度

锤片端部的切向速度是粉碎机的主要性能指标。对粉碎机的生产率、能耗、效率、粉碎物的粗细度等度有直接关系。锤片施于被粉碎物料的能量是与切线速度的平方成正比。又由于速度的提高,单位时间打击的次数增加,也会提高粉碎机的效率。但是由于运转速度的提高,粉碎室内被带动的物料环流层的运转速度也加快了,又使粉碎物料通过筛孔的能力降,空转的损失也相应的加大。至目前尚不能用计算的方法求得最合适的速度。主要还是靠试验选择最合适的速度。

按理,每种物料都有一个最佳粉碎速度,据有关资料介绍,使用 2.5 mm 的筛孔,粉碎不同的物料的最佳速度如表 7-4 所示。

表 7-4　锤片的速度

物料	线速度(m/s)	物料	线速度(m/s)
高粱	48	大麦	88
玉米	52	燕麦	105
小麦	65	麸糠	110
黑麦	75		

试验还说明,在锤片线速度由 65 m/s 提高到 80 m/s,在此阶段锤片的速度提高,生产率上升,单位产品电耗下降,这说明锤片的冲击起主要作用;继续提高速度,生产率上升缓慢下来,而单位电耗缺迅速上升,这说明物料——气流层速度加快,锤片对颗粒的冲击相对速度下降,因而生产率低,又由于后期转动能量消耗大,环流层摩擦损失加大,因而单位产品能耗上升。所以,目前国内粉碎机锤片的线速度一般采用 80~90 m/s。

③锤筛间隙

所谓锤筛间隙,指的是在粉碎室中,旋转开后,径向状态的锤片顶端到筛片的内表面的距离。粉碎机工作时,在锤片和筛片之间,有一层物料环流层环绕筛片,且随锤片旋转,当锤片间隙较大时,环流中靠近筛片的物料速度较慢,较小的颗粒容易通过筛孔,较大的颗粒不易与锤片接触,受冲击的机会少,同时筛片对物料的摩擦作用也因速度降低而减弱,单位能量产品下降。但间隙大到一定程度时,筛面上物料运动速度过慢,甚至堵塞筛孔。当锤筛间隙过小时,物料受冲击的机会增多,而筛面上物料运动速度高,粉碎的颗粒又不易通过筛孔,受到搓、擦作用增强,致使颗粒过细,浪费能量,因而单位能量的产量也不高。

前苏联资料介绍锤筛间隙取决于锤片的切线速度,因为锤片速度增加,物料、环流层的速度也增加,因此,增大锤筛间隙有利于降低被粉碎的物料在粉碎室外圈的运动速度,有利于排料。

在不同的试验样机得出的锤筛间隙值是不同的。与锤片的线速度、有无风机、粉碎室内的压力条件不同有关。如丹麦皮里斯登的 4 K、4 KB 型粉碎机的锤筛间隙只有 5 mm,粉碎谷物的效率就很高。我国推荐的锤筛间隙为 12 mm 略高于国外资料的推荐值。对于草物料粉碎机的最佳锤筛间隙,尚待进一步试验研究,推荐为 10～20 mm;

④筛片的包角,加大筛片包角,能增加筛孔的面积,有利于粉碎物的分离,能提高度电产量,例如对 9F-32 锤片是粉碎机进行包角试验表明,包角 360 度(环筛)使度电产量最高;

⑤粉碎物料的粒度

粉碎的物料颗粒是不规则体,其形状尺寸一般用粒径(度)表示。所谓粒径是表示不规则物料形状尺寸的综合指标,表示具体的尺寸,是在一定的过程中,利用测量的某些与颗粒大小有关的量推导出来的,并使其与线性量纲有关。应用最多的是当量球径。

对不可数物料如对粉状饲料,面粉,颜料,食盐等测量的方法很多,例如离心法,电感应法,射线散射法,气体吸附法等,在农业工程中对粉碎物粒径测量的最普遍的方法是筛分法。其测量原理是:对一定的物料随机取样中。

若粒径为 d_1 的粒子占取样总质量的百分比是 x_1

若粒径为 d_2 的粒子占取样总质量的百分比是 x_2

若粒径为 d_3 的粒子占取样总质量的百分比是 x_3

$\vdots$

若粒径为 d_n 的粒子占取样总质量的百分比是 x_n

这些颗粒的平均粒径为:

$$d_s = \frac{\sum_{i=1}^{n} x_i d_i}{\sum_{i=1}^{n} x_i}$$

可用筛分法分别求出 x_i,d_i,进而计算出算数平均径 d_s。

例如由四筛法求粉碎物料的平均粒径,从粉碎物料中,随机取样 100 g,放在标准验粉筛(商业标准 SB)中,如图 7-46 所示。

图中:d_0 为底筛孔径(为 0),筛上物料的质量为 G_0。

d_1——第二层筛,筛上物料的质量 G_1;

d_2——第三层筛,筛上物料的质量 G_2;

d_3——第四层筛,筛上物料的质量 G_3。

振动筛分 5 min,各层筛上物料的质量分别是 G_0(x_0),G_1(x_1),G_2(x_2),G_3(x_3)。

d_4——是粉碎机筛孔的直径。

则粉碎物料的平均径:

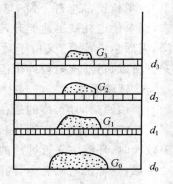

图 7-46 四层筛分

$$d_s = \frac{\frac{(d_0 + d_1)}{2}G_0 + \frac{(d_1 + d_2)}{2}G_1 = \frac{(d_2 + d_3)}{2}G_2 + \frac{(d_3 + d_4)}{2}G_3}{100}$$

(5)锤片粉碎机的典型结构

①自带风机粉碎机,一般 FQ 系列粉碎机,粉碎草物料粉碎机粉碎的物料通过筛片,粉碎

的物料由风机将其抛进旋风集料筒,颗粒物料从集料筒的下部落入收集装置;气流(夹带细粉尘)又返回粉碎室。试验表明,带风机的粉尘损失少,度电产量高,空气中的粉尘含量降低,如表 7-5 所示。

表 7-5　粉碎机参数

粉碎机	有无回风机	粉尘损失	台、时产量(kg)	度电产量(kg/kwh)	空气中的含尘量
9F-490	无	4%~5%	537	38	多
9F-490	有	2%	645	39	少
9FQ-50	无＋虑尘袋		333	19.6	多
9FQ-50	有		345	19.07	少

②有副料入口的气吸式粉碎机

9F-53.4 粉碎机是对丹麦皮里斯登(Denmark President)4 KB 改进而成的。如图 7-47 所示。

物料由风机和锤片转子旋转形成的低压将物料从轴向进料口吸入,通过粉碎、过筛至风机室,从出口抛出。另外,在环筛下部的侧面设一个副(粉)料入口。工作过程中,副料可从此被吸入,使与粉碎的粉料进行初混合,因此从出料口抛出的是初混合粉料。也就是说,该粉碎机具有粉碎、予混合作用。负压自动进料,将其进料管可以直接插入料坑进料。

粉碎机主轴直接与电机轴连接,结构简单,安装方便;运转平稳,噪声小。

产生足够的风压、风量(带风扇为 1 100 m³/h,不带风扇为 360 m³/h)可以实现物料的短距离的吸送。

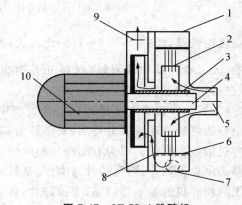

图 7-47　9F-53.4 粉碎机

1. 粉碎机;2. 锤片转子;3. 轴套;4. 转轴;5. 吸料口;6. 筛子;7. 副料入口;8. 至风机室料流;9. 风扇出料口;10. 电机

生产率,粉碎玉米粒(筛孔 1.2 mm)为 375-396 kg/h,度电产量超过行业标准 48 kg/kwh 的要求。

③粉尘回流式粉碎机,如图 7-48 所示。

物料从喂入口进入粉碎室后,首先遭受到高速旋转锤片的打击使其飞向齿板,与齿板碰撞后又被弹回,再次受到锤片的打击,然后落到筛面,受到强烈的摩擦。在锤片的反复打击、摩擦的作用下,体积逐渐变小,小于筛孔的颗粒从筛孔中分离出去,由风机气流从出料管道中排出至旋风集料器,粉碎的物料从集器下方排出,而部分粉尘从上方排出。这种粉碎机,不但减少了粉尘浓度,又减少了粉尘损失。根据在 9F-490 和 9FQ-50 粉碎机对比试验,度电产量还有所提高,明显减少了环境的粉尘浓度。

(6)草粉碎机的特点,草物料的基本特点是体积松散,密度小,体积蓬松;冲击破坏的强度大,粉碎困难,分离困难。所以锤片式粉碎机粉碎草物料的度电耗能高;生产率低;草粉机的粉

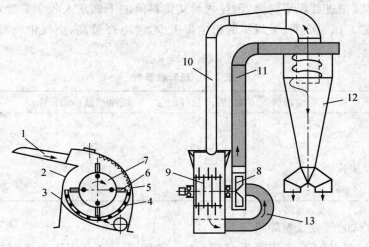

图 7-48 粉尘回流式粉碎机

1. 喂料斗；2. 上机体；3. 下机体；4. 筛片；5. 齿板；6. 锤片；7. 转子；8. 风扇；
9. 锤片架；10. 回料管；11. 出料管；12. 集料筒；13. 吸料管

碎室宽度比较厚，即 $\dfrac{D}{B}$（=0.8～1.8）比较大；另一个问题是喂入比较困难，生产率为每小时 1 t 以上的，人工喂入是非常困难，例如 9FC-1000 型草物料粉碎机，为了保证生产率，采取喂入前，先进行切碎，靠机械喂入。

（7）无筛粉碎机　有筛粉碎机工作过程中，粉碎室内的物料据其颗粒大小不同形成的环流。粗粒始终处于环流的最外层，紧贴筛面，不易被锤片冲击，而且阻碍细小颗粒通过筛孔，致使粉碎机的效率降低。成为有筛锤片粉碎机的一个基本问题。在有筛粉碎机中，粉碎物粒度的调节必须更换筛片，而且筛片易磨损，是其易损件。于是出现了无筛粉碎机。

无筛粉碎机的基本思路是，去掉筛片，以齿板取代，一侧轴向进料，通过锤片粉碎；另一侧有风机通过粒度控制装置将粉碎的物料吸入排料管排出。粒度控制装置，根据需要，通过孔隙可以随时调节。无筛粉碎机的结构如图 7-49 所示。

无筛粉碎机结构较简单，环形齿板增加了粉碎效果，省掉了筛片，粒度调节方便，可正反转工作，度电产量较高，可满足国家标准要求。适于粉碎粒状谷物等物料。

(二)爪式粉碎机

爪式粉碎机，作用用来粉碎谷物、干果品、蔬菜等。主要由进料斗、动齿盘转子、定盘、包角为 360°的环筛和排料口组成。如图 7-50 定齿盘上由两圈定齿，动齿盘上安装三圈钉齿。工作时动齿盘上的三圈齿与定齿交错运动。但物料喂入后在动、定齿、筛片间的冲击、碰撞与搓擦作用而粉碎，粉碎颗粒通过筛片分离出去。动、

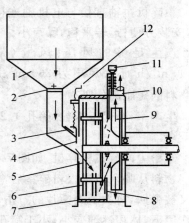

图 7-49 无筛粉碎机

1. 料斗；2. 控制门；3. 进气网；4. 进气控制门；
5. 转子；6. 锤片；7. 齿板；8. 粗细度控制；
9. 风扇；10. 排料管；11. 粗细度控制手柄；
12. 进料调节手柄

定齿间距喂 3.5 mm。

爪式粉碎机的特点是结构简单,粉碎室比较薄,筛片包角大,生产率比较高,但是噪声级比较高,粉尘比较大。

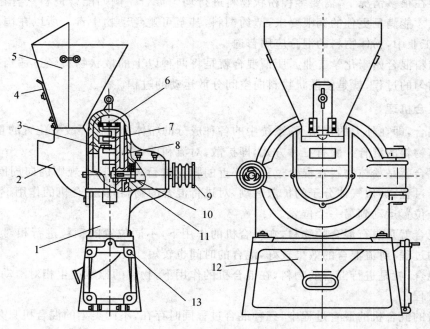

图 7-50 爪式粉碎机

1.机体;2.进料口;3.定齿盘;4.闸门;5.喂料斗;6.环形筛;7.齿爪;
8.动齿盘;9.皮带轮;10.轴承;11.主轴;12.出粉管;13.机架

(三)松针粉生产及设备

松针粉含有粗蛋白质、粗脂肪、多种维生素、氨基酸和微量元素,含硒量高达每千克 3.6 mg,是畜、禽的优质配合饲料源。其生产工艺:采集枝桠→脱叶切碎→干燥→粉碎→收集 →包装。我国在 1982 年研制成 9SZJ-60 型松针粉结构成套设备。包括脱叶机、切碎机、箱式 干燥机、锤片式粉碎机等。

脱叶机为滚筒式脱叶装置,靠滚筒上的旋转刀齿的撞切将嫩枝叶切下,落到输送带送出机 外、喂入切碎机。切碎机的结构、工作原理同卧式切菜机,靠旋转刀盘上的动刀和圆柱面上的 定刀将枝叶切碎。将切碎的枝叶装入箱式干燥机进行干燥;干燥的枝叶再进入粉碎机粉碎成 松针粉,经过收集装置出产品。器结构如图 7-51 所示。

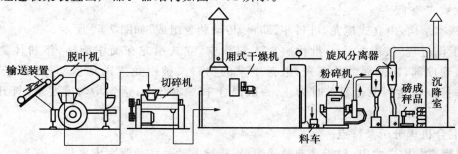

图 7-51 松针粉加工设备

三、粉体物料的混合

生产中在很多情况下,需要多种粉状物料进行均匀混合。例如配合饲料只有在其营养成分均匀混合才能满足更佳的饲喂要求,节约饲料,甚至可避免动物中毒。所以在国内外医药、化工,饲料工业中,粉体物料的混合应用普遍。

散状物料混合始于化学工业。所谓混合就是将两种以上的散状物料经过适当加工,使各成分分布均匀的过程,就是使散状物料向空间分散运动的过程。

(一)粉体混合机理

所谓混合,即在外力的作用下,系统中的各种成分的粉体物料循环改变位置的重新配置的过程。粉体物料的混合一般有三种方式,即扩散、对流和剪切。

扩散混合就是粉体物料在混合过程中邻近的颗粒进行无定向、不规则的向周围变换位置的局部混合过程;类似气体分子的扩散运动,对进行混合的物料,在混合机的作用下,不同位置颗粒从一个位置运动到另一个位置。

对流混合就是进行混合的物料,在混合机的作用下,不同位置的颗粒进行相对运动,达到部分对流的过程;对流混合的效果较好,混合的时间也较短。

剪切混合,就是进行混合的物料,在混合机的作用下,物料的颗粒产生相对滑动、冲击而进行混合的过程。

在一般的混合机的混合过程中,三种混合过程同时存在,不同类型的混合机只是以某种混合方式为主。

配合饲料生产过程种的混合存在分批混合和连续混合两种形式。

分批混合即将各种饲料成分,按生产配方配成一定的批量,一批一批地送入间歇工作的混合机,分批进行混合,混合一个周期即生产一批混合饲料;另一种是连续混合,就是混合的原料,按配方连续计量,连续混合。

注意,不论哪一种混合都有合宜的混合时间,混合时间过长,可能出现过混合,过混合可能使混合均匀度下降。也就是说不是混合时间越长,混合均匀度越高。

(二)粉体混合机

对混合机的基本要求是混合均匀。混合均匀一般用数理统计的方法表示,即混合过程容易取样的示踪剂浓度与配料比的浓度进行比较的指标表示,如混合均匀度系数等,一般配合饲料混合的不均匀度系数小于10%时;符合生产要求;残存量少;混合效率高。

配合饲料的混合机,主要应用的有立式混合机和卧式环带混合机。

1. 立式混合机

(1)基本结构,由立式搅龙,进料斗、卸料、传动装置组成,如图7-52所示。

(2)工作过程,按配方将一批物料放入料斗中,立式搅龙在筒中旋转,将粉体物料沿搅龙筒推送到顶部,向四周散落下来,散落下来的物料又被搅龙推送到顶部,再散落下来,反复连续进行。当达到混合要求时为止,一般混合15～20 min,达到均匀度要求,打开卸料口卸料。

(3)混合机理分析及特点

①螺旋搅龙推送物料,属于高速输送搅龙,靠搅龙叶片和筒壁完成物料的输送;

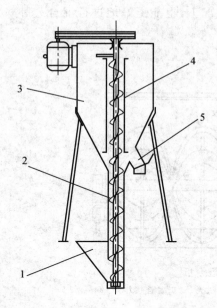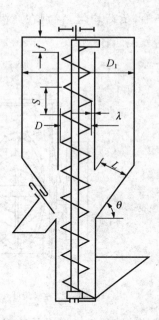

图 7-52　立式饲料混合机

左:结构:1. 料斗;2. 立式搅龙;3. 外筒;4. 搅龙筒;5. 卸料口

右结构尺寸:螺距 $S=D$,螺旋外径 D 螺旋输送器外壳的间隙 $\lambda=8\sim10$ mm,螺旋下部间隙 $L=(0.75\sim1)D$,

螺旋上端料出口尺寸 $f=0.75D$,圆筒直径 $D_1=(3\sim4)D$,圆筒锥角 $\theta=60°$

②混合方式,有对流(螺旋搅龙将底层和抛撒下来的物料推移到顶部抛撒下来)、扩散(即将不同的物料从搅龙上方向周围抛出);反复推送、抛撒过程中进行混合;以扩散混合为主;

③混合比较均匀,动力小,装、卸料方便,混合时间长,一般 15 min,卸料不充分,残留量较大,生产率低。一般适于小型机配套或单独应用。

(4)主要参数、结构的确定

混合机的容积,一般为 $0.8\sim2$ m³;料筒高度(包括锥体)与圆筒直径之比 $H/D_1=2\sim5$;锥体的顶角 60°;搅龙直径 $d=(0.25\sim35)D$;搅龙螺距 $s=D$,搅龙的转数 $n=120\sim400$ r/min;搅龙与筒间隙 λ 为 $8\sim10$ mm;搅龙的外筒下端与以料筒锥体部分的距离 $L=0.8\,d$;其生产率 Q(kg/h)的计算方法:

$$Q=\frac{60V\varphi\gamma}{t}$$

式中:V——料筒的容积(m³);

φ——筒内物料的充满系数;

γ——物料的密度(kg/m³);

t——混合一批需要的时间(min)。

2. 卧式混合机

(1)基本结构主要是有钢带制成的螺旋叶片,叶片为内外两层,螺旋方向相反,固定在一个横轴上,构成混合机的基本旋转部件;横置在一个 U 型壳体中,动力驱动横轴旋转。常见的结构有双层单头螺旋,双层双头螺旋;大型的也有三层螺旋带。双层双头螺旋结构完全对称于轴,负荷均匀,特别在充满系数较低的情况下,也能更好地进行混合。卧式混合机如图7-53。

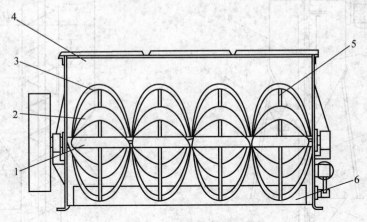

图 7-53　卧式混合机
1. 主轴;2. 左螺旋叶片;3. 右螺旋叶片;4. 机壳;5. 叶片连接片;6. 卸料活门

(2)工作过程,需要混合的物料,从上面进入,横轴上内外方向不同的螺旋叶推动物料使其里外层反向运动,实现混合,叶片在两个方向的输送能力相等;混合完成后,混合的物料从下部排料。

(3)混合机理及特点,以剪切、对流为主;混合效率高,一批料的混合时间 6 min(纯混合时间 3~4 min),混合质量好,卸料迅速,混合比高,可达 1∶100 000,耗能较立式混合机高。大型饲料厂广为应用。

(4)主要参数、结构的确定

①混合机容积 $V=\dfrac{q}{\varphi\gamma}$,混合机壳体为一 U 型体

式中:q——每批的装料量(t);

　　　γ——混合物料的密度(t/m³);

　　　φ——充满系数,一般取 0.8。

②转子直径 D,物料在混合过程中主要受摩擦力、离心力和重力的作用,离心力小于重力,圆周速度最大为 1.1 m/s 低速工作。容量为 75~300 kg 间的混合机的转子直径为 0.40~0.9 m;

③螺旋带的螺距 $s=(0.8\sim1.0)D$。

④转速 $n=\dfrac{60u}{nD}$

式中:u——最大圆周速度。

⑤混合室的尺寸如图7-54。

主要尺寸宽度 A,因为 $A-2\delta=D$,A 大,功率消耗高,A 小混合效果差;A 与 D 有关,又与长度 B 存在关系 $\dfrac{B}{A}=\rho$,$A+B=L$ 为定值时,ρ 值为何值 A×B 面积应最大(面积最大时,消耗材料少,而混合机的容积又最大),设 $L=A+B$,面积 $F=A\times B=A(L-A)=LA-A^2$,由二次函数的最大值与极小值中可知 $A=B$ 时,F 最大。由于混合机的长度 B 太长了易产生过混

合(混合后又分离),一般采取 $B=2S=(1.6-2)$ D。(S混合螺旋螺距),$B/D=1.6\sim2$。

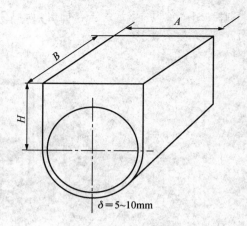

⑥环带的间隙,环带与壳体的间隙δ,理论上δ愈小,混合效果好,死角小,残留少,考虑转子旋转灵活;一般取底部、侧面的间隙$\delta=2\sim5$ mm;

为满足无死角,不产生堵塞,$3\sim5$ min混合好。不产生堆积积内、外螺旋方向相反,内螺旋向一个方向推动物料,外螺旋向另一个方向推物料;为使均匀混合,因此,应使内、外环带的输送能力相等,即内外环带间隙,内、外环间隙与内环带与轴的间隙相同。

图 7-54 混合室的尺寸

⑦螺距S及转速n,

混合中主要是摩擦力,离心力,重力的作用,希望离心力小于重力,圆周速度最大为1.1 m/s为低速工作。容量为$75\sim300$ kg的混合机的$D=0.4\sim0.9$ m,螺距一般$S=(0.8\sim1)D$,$n=\dfrac{60V}{Nd}$(V为最大圆周速度);

⑧转子中心高度H,物料下落有一个摩擦角,特别避免微量元素被抛入死角,应使混合机内空气有一定的流动,因此H要适当大些,$\dfrac{H}{R}=1.4-1.6$,式中$R=D/2$。总体积:$V_{总}=\left(\dfrac{\pi A^2}{8}+HA\right)B$。

内环带沿轴推动物料的体积:$V_1=\pi S\left[\dfrac{D_1^2}{4}-\dfrac{(D_1-2b_1)^2}{4}\right]$

外带沿轴推动物料的体积:$V_2=\pi S\left[\dfrac{D_2^2}{4}-\dfrac{(D_2-2b_2)^2}{4}\right]$

式中,D_1,b_1是内环带的直径和环带宽度,D_2,b_2是外环带的直径和环带宽度,如图7-55。

3. 影响混合的基本因素

除了机械、工艺的因素之外,物料性质对混合的影响是基本的,例如粒度、粒形、比重、表面粗糙度等,显然混合原料在粒度、粒形、比重、表面粗糙度等方面的差别越大越混合困难;

混合时间,混合时间对混合质量非常重要,但是不是混合时间愈长,混合质量愈高;一般来说对一定类型的混合机其混合时间是一定的,例如卧室混合机的纯混合时间$3\sim$ 4 min,批时间6 min;立式混合机一般混合时间$15\sim20$ min。超过这个时间,就会产生过度混合,使混合均匀度下降。

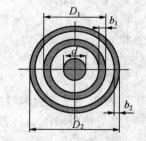

图 7-55 螺旋环带的直径、宽度

(三)粉碎机组及成套设备

为了适应生产的需要,有的将粉碎机、混合机,再加上进料装置,组成粉碎——混合机组。

粉碎-混合机组适于分散、小型作业。

例如:

1. 9SJ-600 粉碎-立式混合机组，如图 7-56。

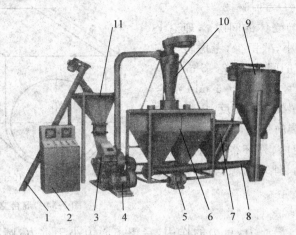

图 7-56　9SJ-600 粉碎-立式混合机组

1. 主(粒)料进料输送管；2. 控制箱；3. 粉碎机；4. 粉碎机电机；5. 搅龙输送器电机；

6. 粉碎的主料箱；7. 副料箱；8. 搅龙送料器；9 立式混合机；

10. 旋风集料器；11. 主料进料斗

其工艺是先粉碎后混合：每批混合饲料的副料定量装入副料箱 7，主料从进料管进入粉碎机，粉碎后的物料压入旋风集料器，落入主料箱 6，粉尘从旋风集料器的上方排出进入集尘器，每批相应的主料粉碎完之后，主、副料箱的物料由横向搅龙输送器送入立式混合器 9 进行混合，达到混合要求时，打开混合器的出料口卸料。

该机技术参量：

生产能力：不小于 600 kg/h；

电耗：11 kw·h/t；

装机容量：11.2 kW；

重量：1 200 kg。

2. 700 型粉碎混合机组(John Deere 750Grinder-Mixers)

该机组可以完成粉碎——混合，生产混合饲料。拖拉机牵引移动，固定作业，可与输出轴 540 r/min 和 1 000 r/min 的拖拉机配套作业。

机器结构如图 7-57。

工艺过程——谷物原料或碎草段通过搅龙 2 喂入锤片粉碎机 1 粉碎料通过筛孔进入搅龙 3。粉碎完的物料和添加料通过水平搅龙 3 进入混合器 5 进行混合；细小粉碎物料落入收集器 4，再通过搅龙 3 进入混合器。混合后的物料，通过水平搅龙 6 到垂直搅龙 7 卸料，如果是袋装，需要安装搅龙 8。

基本参数：

混合器——直径 55.9 cm，高度 1.98 m，容积 4.6 m³，重量 2 722 kg。

粉碎机——转子的转数，2 600 r/min(540PTO)，2 750 r/min，4 个锤片架装 48 个锤片，16 个刀片(共 64 片)；筛孔 2.38～3.81 cm。

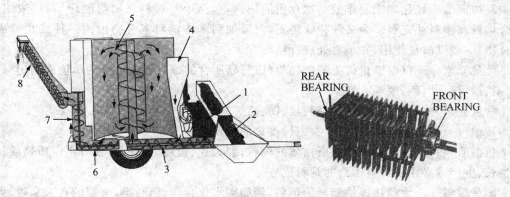

图 7-57　John Deere 750 粉碎机(Grinder-Mixers)

1. 粉碎机(如右图);2. 喂入搅龙;3. 粉碎物水平输送搅龙;4. 细粉收集器;5. 混合器;
6. 水平卸料搅龙;7. 垂直卸料搅龙;8. 附装卸料搅龙

四、其他设备

(一)配料、计量装置

1. 配料计量有容积计量和重量计量;按计量过程分连续式和分批式两种。

(1)容积计量——按物料容积比例的大小进行连续式或分批式计量。结构简单、操作维修方便,有利于连续化生产。受物料的特性(密度、颗粒大小、水分和流动性)影响大,计量误差大。容积式计量装置有箱式、带式、拨轮式、圆盘式等,常用的搅龙式容积计量器;

(2)重量式计量——按照物料的重量进行分批或连续计量。精度高自动化程度高。有秤车、倾翻式自动秤、光学自动秤、电子秤等。

(二)料仓

按其用途有原料仓、配料仓和成品仓;按存放物料来分,有粒料仓和粉料仓。

五、饲料加工厂工艺设计

(一)有关术语

配合饲料——是将各种饲料(feeds)按照动物的营养需要,严格配方进行配合成的全价饲料;是营养充分的饲料;除了水之外,无需任何加工,就可直接饲喂,使能满足饲养动物的营养需要又经济合理,也称全价饲料,完全饲料。

预混合饲料——仅包括钙、磷,微量元素,多种维生素及其他添加剂等进行混合而成的饲料,称为预混合饲料。约占配合饲料的 5%,用户买回后,按需要再加入 95% 的其他饲料成分,包括豆饼类等蛋白质饲料及玉米粉等能量饲料配合生产出配合饲料。

补充饲料——由预混合饲料,再加入蛋白质饲料,如饼类、鱼粉等,约占配合饲料的 20%;用户买回后再加入 80% 的能量饲料,如玉米粉大麦粉等谷物粉,配合成平衡饲料。

浓缩饲料——由蛋白质饲料、矿物质饲料、维生素饲料和某些添加剂按一定比例配制而成的均匀混合物。又称蛋白质补充饲料;在一般配合饲料总占 20%~40% 的比例。属半成品饲料,再掺入一定比例的能量饲料(如高粱、玉米、大麦粉等)就成为满足动物营养要求的全价饲料。

添加剂——轻化加工制作的动物食用的饲料,包括单一饲料添加与混合饲料、浓缩饲料、配合饲料和精料补充料。为某种特殊需要,而添加到基本饲料混合物内的一种或几种成分的混合物,一般以微量使用,并小心处理、混合。

微量元素——仅以微量需要的矿物质(以每磅所含的毫克数或更小的单位来测定),如铁、铜、碘、锰、锌、钴、硒、氟等元素。

常量元素——包括钙、磷、钠、钾、氯、镁、硫等元素。

日粮——指 24 小时内供给一头(只)畜禽的饲料量。

蛋白质饲料——为动物提供蛋白质的饲料,如大豆、鱼粉、肉粉、血粉等蛋白质物质。是动物生长、生产的必须从饲料供给的饲料成分。

能量饲料——为动物提供能量的饲料,例如碳水化合物、脂肪类,常见的有玉米粉、大麦粉等谷物饲料。是动物维持、活动力的能源饲料。

(二)饲料工厂的基本生产方式

饲料加工厂基本生产方式有:

(1)一次粉碎——就是生产过程中,就粉碎一次。一般粉碎机采用较小筛孔,粉碎的粉料能满足生产的要求,粉碎后直接加入配料仓应用。这种方式,工艺简单,中小型饲料厂广泛应用。

(2)循环粉碎——粉碎后的粉料经过筛子分级,筛下物为成品,筛上物再返回粉碎机中去粉碎。目前我国也有不少采用这种方式,这种生产方式,筛子的筛分能力要比粉碎机大(15%~25%)。

(3)先混合后粉碎——即原料混合后再进行粉碎。

(4)先粉碎后混合——即粉碎后进行混合。多用于大型饲料加工厂。也可以和先混合后粉碎结合起来,大部分采取先粉碎后混合,小部分采取先混合后粉碎。

(三)对饲料厂一般性的评价指标

(1)加工物料的适应性,一个好的加工厂的设计,应允许饲料配方有所变化,如主、副料之比,不粉碎、粉碎物料之比,增加工艺的灵活性。

(2)设备配套的合理性。

(3)流程、设备布置的合理性、紧凑性——要尽量缩短或减少物料的流程。

(4)加工质量的正确性。

(5)经济指标的先进性。

(6)作业安全性、维护修理的方便性。

(四)饲料加工厂的工艺设计

1. 工艺设计的基本条件

(1)生产纲领——每小时的产量和每年的产量(工作制度)。

(2)饲料的配方和品种——配方的种类、比例;粉料、颗粒料的比例,即饲养对象的特殊要求等。

(3)饲料质量要求。

(4)产品要求——袋装、散状,比例和要求等。

(5)自动化程度。

(6)厂房型式。

(7)其他要求,如原料来源、品质等。

2. 工艺设计方案的确定

饲料加工厂的工艺流程都是由原料输入,去杂清选、粉碎、配料、混合、制粒、产品包装(散装)等系统组成的。其中粉碎机是心脏,配料是关键,混合是保证。工厂的情况不同,各系统排列组合的方式不同,因而出现了各式各样的工艺流程。对年产万吨级的较大饲料厂,待粉碎的原料比例大,对饲料的质量要求高,一般采用先粉碎后混合并且是重量式配料计量,批次混合的工艺方案。

3. 工艺设计主要参数和设备能力的确定

(1)料仓的储存能力——原料仓、配料中间仓产品仓、粉碎仓的储存能力。

(2)主要设备能力——大混合机的生产能力决定了工厂的生产量,故优先确定大混合机的生产能力;配料秤,一般采取多料一秤集中配料工艺,这样,配料秤的称量要与混合机相对应;粉碎机系统,一般采取二套设计;颗粒压制机,按压制 $\phi3.2$ 直径的产量作标准,再加 20% 的系数即为颗粒压制机的生产率;产品计量与包装、主要运送设备等。

(五)饲料加工厂(成套设备)

ST-3 饲料加工成套设备如图 7-58 所示。

图 7-58　ST-3 饲料加工成套设备

采用先粉碎后配料、间歇混合的工艺方式。微量元素人工加入混合机。可以生产多种配合饲料,适于县级或地区级饲料厂使用。

主要技术参数:

生产能力:3 t/h

粉碎机:9FQ-60,生产能力 3 t/h,电机 30 kW;

混合机:HJJ——80,每批混合量—500 kg,功率——7.5 kW;

圆筒筛:SCY-63,生产能力—20 t/h,功率——0.6 kW;

配料秤最大量值:500 kg,装机容量 68.8 kW。

工艺流程如图 7-59 所示。

主要技术数据:

生产能力:3 t/h;

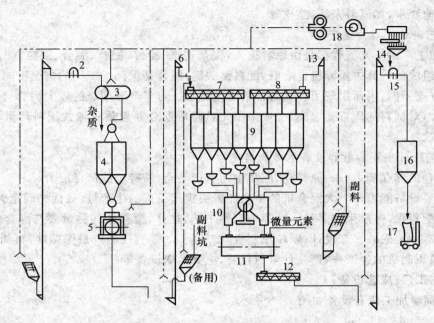

图 7-59 ST-3 饲料加工成套设备工艺流程

1.6.13.14. 斗式提升机;2.15. 磁铁;3.SCY63 圆筒筛;4. 粒料仓;5.9FQ60 粉碎机;7.8. 分配搅龙;

9. 配料仓;10.500 配料秤;11.HJJ80 混合机;12. 成品搅龙;16. 成品仓;17. 磅秤;18. 除尘风机

粉碎机:3 t/h,配套动力:30 kW;

圆筒筛:20 t/h,配套动力:0.6 kW;

混合机:每批混合量:500 kg,配套功率:7.5 kW;

配料秤最大称量值:500 kg;

装机容量:68.8 kW;

外形尺寸:13 200×4 400×8 500 mm。

第八章　农业物料水分与干燥工程

所谓干燥,就是根据生产的要求,从含水分的物料中去除水分的生产过程。

第一节　植物中的水分

一、水分的基本性质

(1)高比热——1 g 水温度升高 1℃较 1 g 其他物质升高温度 1℃需要更多的热量。

(2)高汽化热——在 25℃时,1 g 液态水变为气态约需 2 426 kJ/g 热量。

(3)水分子是植物体内很好的溶液剂,具有很大的表面张力,能吸附到其他一些物质,如纤维素、蛋白质、黏土等,所以水能在植物细胞壁及土壤中借毛细管力进行运动。

二、水分对植物的意义

水是细胞的主要组成成分;

水是许多生化反应的一种良好溶剂;

水分子间的内聚力及水分子与导管壁间的附着力,使吸收的水分能通过根及茎的导管运到枝叶;

细胞分裂需要水;

水分使细胞保持紧张度;水能吸收红外光,对可见光吸收得少;

除了上述的生理作用以外,水还有其生态作用,所谓生态作用就是通过水的理化特性调节植物周围的环境。

三、植物细胞的渗透作用

1. 扩散作用

水分子有较高的水分势向较低的水分势运转至在空间均匀分布的趋势,这种作用称为扩散。例如水中加入糖分子,则糖分子在水中趋于均匀分布;水分子亦将从水势较高的部位(即糖液较稀的部位)向水势较低的部位(即糖液较浓的部位)运转,直至水分子分布均一而达动态平衡。

2. 植物细胞的渗透作用

水分子通过半透膜从水分势较高向水分势较低的部位运转的作用称为渗透作用。植物细胞的膜质虽然不是半透膜,但具有选择性,水分子很容易通过,而溶质则不能或不易透过,当细胞在水溶液中时也发生渗透作用,渗透作用是细胞吸收水分的主要过程。

3. 细胞水势

成长的细胞在植物水分吸收中占主要地位,细胞的质外体细胞壁细胞间隙中的水分很少,溶质势很低,质外体中的水势主要取决于细胞壁与水分间的亲合力和毛细管作用而降低的水势值。细胞内部衬质的水势很小,一般忽略不计,所以细胞的水势作用取决于溶质势。故水分可以从质外体进入细胞。

4. 相邻细胞间水分的移动

在植物体内不同部位水势不同,植株地上部水势低于根系,故根系的水分可以向地上运转;同一植株的地上部分的水势,距主脉越远其水势越低;不同的环境下同一植物的水势不同。

5. 植物细胞的吸胀作用

植物细胞的吸胀作用是指原生质即细胞组成成分吸水膨胀的作用。原生质,细胞壁的组成成分都是亲水物质,它们与于水分间有很强的亲和力,二者的作用,其间存在附着力、毛细管力、电化学作用等,之中吸引水分的力称为吸胀力。蛋白质的吸胀力最强,脂肪次之,纤维素分子的吸胀力最小。所以豆科种子较禾本种子的吸胀力大。

四、蒸腾作用

水分从地上部分以水蒸气状态向外界散失的过程称为蒸腾作用。

不同的植物蒸腾作用不同,苜蓿的蒸腾作用强,植物幼嫩时,其地上部位整个表面都可进行蒸腾。成长后,其茎、枝木栓化,水分散失受到阻碍,但可通过茎、枝上的皮孔进行蒸腾,但皮孔蒸腾量很小。可见植物的蒸腾作用主要通过叶子表面进行的。叶子的蒸腾作用可通过角质层进行,称角质蒸腾,也可通过气孔蒸腾,称为气孔蒸腾。幼嫩或生长在阴湿地方的植株,其角质层较薄,角质层蒸腾作用就大;一般成长的植株的蒸腾作用靠气孔蒸腾。气孔是植物叶子表皮组织的小孔,不同的植物的气孔数目不同,不同的植物其叶子上下表面的气孔不同。

第二节　草、种子干燥概论

一、干草的干燥

(一)干草

1. 何谓干草

所谓的干草,是经过调制的草产品。从饲喂动物来讲正常的干草应该是:

(1)含水分 14%～17%,以能长期储存,而不发霉变质。

(2)具有绿色,是保留大量胡萝卜素的一个特征。

(3)保留大量的叶和花序,叶比茎秆中所含的蛋白质、脂肪、灰分多 1～1.5 倍以上。

(4)具有干草的芳香味;完全干燥时,由于蜡质、松脂、挥发油和松节油缓慢氧化时发酵的结果,这种香味,能刺激牲畜的采食,提高干草的适口性。

(5)物理、化学污染少。

2. 干草是养殖业生产的重要饲料

干草能长期储存且能长期保持其养分;是草原畜牧业的冬春枯草期最基本的饲料;干草能作为商品,进行长距离流通,满足非生产地、不同地区发展养殖业的需要。

3. 干草干燥的基本方法

农业物料的干燥有自然干燥、加热干燥和化学干燥等。加热干燥按物料受热的方式不同,分为热风干燥(对流干燥)、传导干燥(接触干燥)和辐射干燥三种,其中热风干燥应用最广。由于农业物料的种类、性状和干燥要求不同,其干燥的方法和设备类型也不同。

(二)干草调制的原理

农业物料性状差别很大,基本上是草类、农业秸秆类、蔬菜果品类、散体类。

1. 草水分散失的原理

水分是草株的主要成分,由根系从土壤种吸收。当被刈割下来后的青鲜草便失去了水分的来源;自然干燥的过程,就是青鲜草的水分散失的自然过程。

(1)青鲜草体内的水分的流动原理

割下的青鲜草内部的水分向大气中移动,促进移动的基本因素是水分势(单位就是气压单位),在土壤、植物、大气中,水常处于负压之下,草及环境中的水为负水势。例如土壤、植物根、叶、叶面空气、大气(50%的相对湿度),其水势(MPa)分别为-1、-10、-15、-69、-941,所以其中水的流动方向是由土壤向根、叶、叶面空气、大气方向流动。这也就是割下的青鲜草自然干燥的基本原理。

(2)青鲜草株内水分散失梯度

水沿水势梯度呈曲线移动,从高水势流向低水势。流动的快慢,除水势梯度之外,还取决于植株的构造特性,植株的构造阻碍水分的流动;即减慢了草株的干燥速度。收获过程中的搂、翻过程,由于绕动了植株大气界面的静止空气区,增加了二者间的水分势差,所以空气流动也能加快干燥速度。

(3)草株水分的散失可分为两个阶段

第一,即由含水分70%~80%降到45%~55%,即可认为完成了第一阶段的失水。此阶段散失的是游离水,体内游离水向环境流动的阻较力小,所以散失得快。

第二,当禾本草含水分降到40%~45%,豆科草降到50%~55%开始,水分散失速度变慢,一直降到15%~18%。

(4)种类不同,发育阶段不同水分散失快慢不同

禾本科比豆科干燥快;同种草株,不同的部位的干燥速度也不同,例如叶表面积大,具有大量的气孔,叶比茎秆干燥的速度快。当叶已经完全干燥时,茎秆的含水分还很高,茎秆的干燥缓慢导致整个草株干燥时间延长,使其干燥不均匀,草株的营养损失也较大。

2. 草株干燥过程营养损失原理

青鲜草株在干燥过程中营养损失,先后经过两个复杂的生化过程。

(1)生理生化(饥饿代谢阶段)过程

刚割下的青鲜草株,细胞还活着,一直延续到植物失去恢复膨压力(细胞死亡)为止。饥饿代谢过程就是在这个过程中进行的。此时植物体内保持较高的含水分,体内以水解酶的活动为主,分解各种蛋白质、糖类,形成氨基酸和单糖、蔗糖。呼吸消耗的糖类和蛋白质比较少,约为5%~10%。胡萝卜素在此阶段损失低于50%。但是由于蛋白质的分解,使一些重要的氨基酸,如赖氨酸(影响家畜产乳)和色氨酸数量的增加。人为的适当延长这一阶段的时间,增加氨基酸的数量,又不至于呼吸消耗过多的糖类,还是有可能的。

(2)自体溶解阶段

是在死亡的体内进行的,此时呼吸已经停止。酶的作用取代呼吸作用,死亡的植物体内开始氧化破坏过程。水溶性和双糖在酶的作用下分解为二氧化碳和水,蛋白质分解变成氨化物

和有机酸,使其营养下降。随含水分的降低,酶的活动弱化,复杂的碳水化合物如淀粉几乎是不变的,如果干燥进行得缓慢,酶的活动加剧,将氨基酸分解,变成氨化物和有机酸,甚至形成氨。在含水分 50%～55% 时拖延干燥时间,蛋白质损失最大。在这个阶段胡萝卜素的损失占总损失的 50% 以上。干燥后,胡萝卜素损失速度降低。但是在未干燥或已经干燥状态雨淋时,氧化作用增强,胡萝卜损失大增。

有的资料介绍,试验观察证明,单位时间内营养物质损失最大量是在含水分 32%～67% 时,即饥饿代谢末期和自体溶解初期。

3. 干草调制过程的营养物质的损失

机械损失——即机械作用造成的细嫩部分的脱落,尤其苜蓿草的叶、花的损失,已成为干草收获处理过程的突出问题。

雨淋损失——由于雨淋,蛋白质尤其胡萝卜素损失严重。

微生物引起的损失——死亡的植株是微生物发育的良好培养基。在适宜的湿度和温度调节下微生物使干草品质降低,水溶性糖和淀粉含量显著降低,发霉严重时脂肪含量下降,蛋白质遭破坏,形成一些非蛋白质化合物,易使牲畜致病和中毒。

光化作用引起的损失——日光直射胡萝卜素及维生素遭到破坏。

(三)调制干草的基本要求

1. 适时收割

根据经营的目的和需要,在草株生长发育过程中其营养、产量适宜阶段收割是获得优质产品(干草)的基础。

2. 迅速干燥

收割后,迅速干燥,是获得优质干草的必要条件。

3. 减少过程损失

收获过程中,要减少机械作用损失;减少日光暴晒,要晾干,不要晒干;忌雨淋;保持草株干净和不受污染等。

(四)影响干燥的基本因素

1. 物料的性质、种类、状态

(1)植株影响干燥的性质

①导热性——草是不良导体,尤其草堆导热性更差,因此干燥困难。

②比热——草的比热大。比热愈大,干燥需要的热量就大,含水分愈高其比热愈大。

③吸湿性——对水分的吸附和解吸的性能。当潮湿的物料摊放在干燥的环境中,由于外界的水气压力比内部低,水分子就从物料内部向外扩散,直到自由水全部释放出去。有时遇到高温干燥的天气,即使细胞水也会释放出一部分。

(2)物料的种类、状态——例如禾本科草比豆科草容易干燥;叶、花、细枝比茎秆容易干燥;表面角质层厚的干燥比较缓慢;单根草(或薄层状态)比堆积(厚层状态)容易干燥;含水分高的比含水分低的散失快,随含水分的降低其散水速度降低。

2. 环境的相对湿度

环境的相对湿度低,干燥速度就高。

3. 环境的温度

见下节。

4．环境的气流(介质)

流动的空气,可将物料散发的水分带走,保持环境有较低的相对湿度,对草的干燥,有时候增加环境空气的流动比提高环境的温度的效果还显著。

(五)草物料干燥过程的特殊性

1．植株中水分流动趋势

(1)生长时,水分由根部从土壤中吸收水分,输送到茎叶、花进行蒸腾,将水分散发到空气中。

(2)切割之后,内部的水分也是通过叶、茎秆表面向空气中散发的。影响水分向空气中蒸发的基本因素是物料本身的对水分流动的阻力(结构)及其环境温度、空气流动情况;切割之后,由于土壤——根——茎秆——叶——空气的环境的水势是递减的,所以茎秆中的水分,通过叶表将水分散发高空气中去,这就是其自然干燥过程。即水分总是向低水势方向移动,水势差越大,水分散失的越快。

• 在水分散失过程中,不同的品种,其内部阻碍水分流动的阻力不同;茎秆表面的角质膜也是阻碍其水分向外散发的重要因素。

• 干燥过程中,茎秆、叶子的含水分是不同的,例如叶子开始脱落的含水分,苜蓿草约为26%~28%(禾草很低),这时整株草的平均含水分约为35%~40%,而此时茎秆的含水分则更高。如果茎秆达到安全含水分时,叶、花早就脱落了。尤其苜蓿草,其主要营养成分在叶花中,叶花中的蛋白质、脂肪、灰分比茎秆高,且纤维素少,消化率高;所以减少叶花损失,实现均匀干燥,已成为生产高质量干草产品的基本要求;也是当前生产中要解决的重要问题。

• 青鲜草干燥过程中,叶的表面积大,具有大量的气孔,很快将水分散失到空气中,所以比茎秆干燥的快,叶子完全干燥时茎秆的水分还很高,叶子干燥了,茎秆继续干燥的速度就会减慢,使整体干燥时间延长。

• 在干燥过程中,首先失去的是游离水,然后散失的是细胞水,游离水散失的阻力小;再加上,散失过程中,细胞中的水势逐渐降低,所以割下的植物水分散失的速度是逐步减慢的。

• 通过割后生化过程分析,茎秆高水分持续时间愈长,其营养损失愈大,所以割后草物料的迅速干燥、均匀干燥是生产高质量的干草产品的基本条件。

草植物生长发育阶段不同,水分、营养、成分、物理特性质各异。从生产高质量的草产品出发,根据经营的目的,进行适时收割,适宜加工处理,是获得优质草产品的基础。

2．松散草物料水分的流动的特殊性

前已述及单根草的干燥,而群体草的干燥过程更为复杂和艰难。

(1)群体中的单根草干燥的环境不是空气,而变成了同样的草。即散出的水分集聚其周围,或者由于环境的变化,水分势高于空气;散失的速度大大减慢,甚至无法散出。使得群体的草物料的干燥速度非常缓慢和很不均匀;其干燥的过程十分复杂。

(2)从湿扩散方面来看,群体表面和内部虽然形成了湿度梯度,但是水分向外扩散的阻力太大,路程太长;因而干燥非常困难,干燥时间很长。

(3)如果人工加热,群体表面温度高于内部,形成温度梯度,水分随热源方向,由高温处移向低温处;热扩散与湿扩散的方向相反,是其干燥速度慢的重要原因。所以干燥过程中,翻动或搅动草物料,使其空气流动,可以加速干燥。但是草物料的流动性差,也是干燥过程缓慢的重要原因之一。

（4）群体中间的草的干燥过程中，周围的介质（草，不流动的孔隙）传热性差，空气流动性更差，所以群体状态的草物料干燥缓慢，干燥均匀性差。

——这就是厚层草物料干燥困难的基本矛盾所在。已构成人工生产高质量干草产品的基本矛盾。

二、种子干燥原理

(一)种子干燥的意义

一般新收获的种子（草种子和谷物种子）水分高达 25％～45％。这么高水分的种子，呼吸强度大，放出水分多、热量多，种子易发热霉变；高水分种子储存期间很快耗尽种子堆中的氧气；因而厌氧呼吸产生酒精使种子受到毒害；高水分种子遇到零下低温以受冻害而死亡；水分高有利于仓虫繁殖危害种子；因此，收获后的种子，必须及时干燥，将其水分降至安全储藏水分，以保持种子的旺盛的生命力和活力，提高种子的质量。有时在包衣和处理过程中种子吸水回潮增加水分，会使种子的呼吸强度增加、药液还会毒害种子，胚根，影响种子的正常发芽和成苗，因此处理后也应该进行干燥。

种子长期储存要求其含水分低于安全含水分，例如稻谷为 13.5％～15％；小麦 12.5％～13.5％；大豆 13％～14％；玉米 14％。

(二)种子的干燥原理

1. 种子的传湿力

种子是一种吸湿性的生物胶体。在低温潮湿环境中能吸收水蒸气，在高温干燥环境中能散出（解吸）水汽，种子的这种吸收和散出水汽的能力称为其传湿力。

（1）影响传湿力的主要因素有种子的生化成分和细胞结构及外界温度。如内部结构疏松，毛细管较粗，细胞间隙较大，含淀粉多和外界温度高时，传湿力就强；反之则较弱。禾本科种子传湿力比含脂肪多的豆类种子要强，软粒小麦种子传湿力比硬粒小麦强。

（2）传湿力强的种子，干燥比较容易；传湿力弱的种子，干燥就较困难。因此一定要根据种子的传湿力的强弱选择干燥条件。传湿能力强的可选择较高的温度干燥。

2. 种子的干燥介质

（1）种子干燥过程中必须受热，将种子中的水分汽化后排走，从而达到干燥的目的。单靠种子本身不能完成干燥过程。需要一种物质与其接触把热量传给种子，使种子受热，并带走种子中汽化出来的水分，则这种物质称为干燥介质。常用的干燥介质有空气、加热空气、煤气（烟道气和空气的混合物）。

（2）干燥介质对水分的影响。影响种子干燥条件是介质的温度、相对湿度和介质的流动速度。种子的水分以液态和气态存在，液态水排走必须经过气化，汽化所需要的热量和排走汽化出的水分，需要介质与种子接触来完成。干燥过程中，介质与种子接触的时候，将热量传给种子，使种子升温，促进其水分汽化，然后将部分水分带走。干燥介质起着载热体和载湿体的双重作用。

种粒水在汽化过程中，表面形成蒸汽层，若围绕种粒的气体是静止不动的，则该蒸汽层逐渐达到该温度下的饱和状态，汽化作用停止。如使种粒表面周围的气体介质流动，新鲜的气体可将已被饱和的原气体介质逐渐驱走，而取代其位置，继续承受由种子中水分所形成的蒸汽，则汽化作用继续进行。因此，要使种子干燥，降低水分，与其接触的气体介质应该是流动的，并需要设法提高该气体介质的载湿能力,即提高它达到饱和状态时的水汽含量。

在一定的气压下,1 m³ 的空气内,水蒸气最高含量与温度有关,温度越高则饱和湿度(饱和水气的含量)越大。因为温度提高,气体体积增大,所以它继续进行承受水蒸气量也加大。温度升高以后,由于绝对湿度不变,饱和湿度加大后,则空气相对湿度变小。一般情况下,空气温度每升高 1℃,相对湿时度可下降 4%～5%左右,同时种子在空气中的平衡湿度也要降低。相对湿度小,为种子水分气化、放出水分创造了条件;饱和湿度增大,增加了空气接受水分的能力,更能促进种子水分的迅速汽化。

因此提高介质的温度,是降低种子水分的重要手段。可以说用任何方法加热空气,空气的原有含水量虽然没有改变,但持水能力却逐渐增加,热风干燥就是利用空气的这一特性,从而加速干燥进程,提高干燥效果。

(3)空气在干燥过程中的作用。干燥过程中对种子的加热,促进自由水汽化,另一方面要将汽化的水蒸气带走,需要空气作介质;空气介质起着热载体和在湿载体的作用。利用传导和辐射原理干燥时,空气介质起着载湿体的作用。

①空气的压力　空气的总压力等于干空气和水蒸气分压力之和。

空气中的水蒸气占有与空气相同的体积,水蒸气的温度等于空气的温度。空气总的水蒸气含量越多,其分压力越大;水蒸气分压的大小,也反映了水蒸气量的多少,它是衡量空气湿度的一个指标。种子干燥是在大气压下进行的,由于大气压的不同,空气的一些性质也不同,所以干燥时要注意大气压的变化;

②空气的湿度　自然界中空气总是含有水蒸气的,也可以说空气是气体与水蒸气的混合物,称为湿气体。空气加热后仍是一种湿气体,湿气体是干气体和水蒸气两部分组成的。湿度是表明空气中含水分蒸汽多少的一个状态参数。

绝对湿度,每立方米的空气中所含水蒸气的重量(kg/m³,g/m³)即空气的绝对湿度。绝对湿度越大,单位体积内的水蒸气愈多,湿度越大。

饱和湿度在一定温度下每立方米空气所能容纳的水汽量是有限的。当其达到饱和状态时,水汽含量的最大值,就叫饱和水气量,又称"饱和湿度"。

相对湿度就是在相同温度、相同压力下,空气的绝对湿度和该空气达到饱和状态的水汽量之比值的百分率,它表示空气中水汽含量接近饱和状态的程度。

相对湿度可以直接表示空气的干湿程度。相对湿度越低,表示空气越干燥;相对湿度越低越有利于种子的干燥。相对湿度越高,表示空气越潮湿。

影响相对湿度变化的因素,一是空气中的实际含水汽量(绝对湿度)的多少;二是温度的高低。温度越高相对湿度越低(温度高饱和湿度大)。

(三)种子的干燥过程

1. 种子的吸湿和解吸

种子具有吸湿特性,在某些条件下也会释出水分

当空气中的水蒸气分压超过种子所含水分的蒸汽压时,种子就会从空气中吸收水分,直到种子所含的水分的蒸汽压与该条件下空气的相对湿度所产生的蒸汽分压达到平衡时,其水分不再增加,此时的含水分称为"平衡水分"。

当空气的相对湿度低于种子的平衡水分时,种子会向空气中释放水分,直到其水分与该条件下的空气的相对湿度达到新的平衡时,其水分不再降低。暴露在空气中的种子,其水分与相

对湿度所产生的蒸汽压相等时,种子的水分不发生增减,只有其水分高于当时的平衡值时水分才会从内部不断蒸发出来。

2. 水分的蒸发过程

水分蒸发取决于空气中的水蒸气压力的大小,水蒸气的分压力与含湿量实质是相同的。种子内部水分移动的现象称为内扩散。内扩散又分为湿扩散和热扩散。

(1)湿扩散,干燥过程中,其表面水分的蒸发,破坏了种子的平衡,表面水分的减少小于内部含水率时,形成了湿度梯度,引起水分向含水率低的外部方向移动,这种现象称为湿扩散。

(2)热扩散,物料受热后,表面温度高于其内部,形成温度梯度。由于温度梯度的存在,水分沿热源方向由高温处向低温处移动,这种现象称为热扩散。

温度梯度与湿度梯度一致时,热扩散与湿扩散方向一致,就是其干燥不影响其干燥效果和质量。

如果温度梯度与湿度梯度方向相反时,种子其热扩散与湿扩散以相反的方向进行,影响干燥速度。

加热温度较低时,种子体积较小,对水分移动影响不大。

如果加热温度较高,热扩散比湿扩散进行的强烈,往往种子内部水分向外移动的湿度低于种子表面水分蒸发的速度,可能影响干燥质量,严重时,其内部的水分不但不能扩散到种子表面,反而把水分向内迁移,可能致使其表面产生裂纹等。

(四)影响种子干燥的因素

综上所述,影响种子干燥的基本因素主要有:

1. 相对湿度

在温度不变的条件下干燥环境的相对湿度决定了其干燥速度和失水量;空气的相对湿度也决定了干燥后物料的最终含水量;当热风达到饱和时,则不在吸收水分,失去干燥作用。

2. 温度

温度是影响干燥的主要因素之一。干燥环境的温度高,可降低空气的相对湿度,增加持水能力;能使种子的水分迅速蒸发。应尽量避免在气温较低的情况下进行干燥。热风温度提高时,它传给种子的热量就多,增加了种子表面的汽化能力,使其内部水分转移速度加快;热风温度升高则其饱和湿含量增加,带走水的能力加强。因此可以提供干燥速率,缩短干燥时间,降低单位热耗。但是热风温度过高,种子温度升高,品质下降。所以在不影响种子干燥质量的前提下,尽量提高热风温度。

3. 气流的速度

干燥过程中,存在吸附种子表面的浮游状气膜层,阻止表面水分的蒸发。所以干燥中,必须用流动的空气将其吹走以使种子表面水分继续蒸发。热风量大,能增加穿过种子层的速度,干燥的就快。但是空气流速增加到一定程度,不能相应增加干燥强度,且可增大功率消耗。

4. 物料干燥前的含水分

干燥前种子的含水分影响到干燥过程的快慢,种子含水分较低时,干燥过程所蒸发的主要是微毛细管水和吸附水,而这些水的蒸发是比较困难的,干燥就慢;当种子含水分较高时,主要是自由水,容易蒸发,干燥过程就快。

5. 种子层厚度

薄层干燥速度快,厚层干燥困难;热风流速一定时,适当的种子厚层,可以保证种子层中水分蒸发有足够的热量,会增加干燥过程。但是种子层过薄,则单位热耗增加,还可能使种子过早出现表皮硬化,影响种子品质,延缓干燥过程。

6. 本身的生理状态和化学成分

(1)生理状态对干燥的影响　刚收获的种子含水分高、新陈代谢旺盛,宜缓慢干燥。采用高温干燥,会破坏内部毛细管结构,引起表面硬化,内部水分不能通过毛细管向外蒸发。在这种情况下,持续处在高温中,会使种子体积膨胀或胚乳变松软丧失种子的生活力。在这种情况下,或先低温后高温进行两次干燥。

(2)种子的化学成分对干燥的影响,种子的化学成分不同,其组织结构差异性很大,干燥也应区别进行。

①粉质种子,例如水稻、小麦等软粒种子,种子的胚乳由淀粉组成,组织结构较松软,籽粒内毛细管粗大,传湿力较强,容易干燥。

小麦外表较松软,毛细孔较大,水分容易蒸发,干燥降低水分快。温度掌握得好,干燥还可以促进后熟。对软质小麦干燥受热温度可控制在 60℃ 以上,对硬质小麦控制在 50℃ 以下。对新收获的小麦,单级干燥时热风温度不宜超过 90℃,二级干燥热风温度不超过 100℃。小麦的温度应控制在 40～50℃ 之间。

水稻是一种热敏作物,干燥速度过快或选择干燥温度不当,容易产生爆腰。所谓爆腰就是种子干燥后或冷却后,种子表面产生微观裂纹。爆腰影响质量和经济价值,我国干燥标准规定,稻谷干燥后,爆腰率增值不得超过 3%。稻谷干燥时,其外壳阻碍内部水分的蒸发,所以它是较难干燥的种子。因为稻壳、稻米的干燥特性不同,其含水率不同,平衡含水分不同,因此不能将其看作均匀体,而应该看作是一种复合体。稻谷干燥后的品质成为关键问题。稻谷的干燥不仅要求生产率高,爆腰率低,而且还要整米率高。美国研究表明,其整粒率与干燥介质温度、空气的相对湿度有关,热风温度增加,整米率降低,相对湿度增加,则整米率增加。为了解决爆腰问题,一般采取干燥——缓苏工艺,即干燥后将其放入缓苏仓中保温一段时间,使其内部水分向表面扩散,降低内部水分梯度。然后再进行二次干燥。为了提高稻谷干燥的品质,必须采取介质较低温度,据泰国水稻干燥调查,干燥所用热风温度,一般在 50℃ 以下。黑龙江农垦科学院采取 38～40℃ 热风温度,其爆腰率增值小于 2%。日本研究在相同温度下,空气的含湿率较高时爆腰率较低。

玉米收获后的含水率较高,有时高达 25%～30%,玉米胚大,含淀粉较多,果皮结实、紧密而光滑,内部水分外移阻力大,干燥速度过快,水分汽化激烈时,表皮变形将产生应力,胀裂表皮;裂纹增加,品质下降。玉米也是难以干燥的种子之一,主要因为其种粒大,表皮坚硬,水分蒸发困难。玉米一般干燥热风温度 100℃,籽粒温度不超过 50℃。当干燥介质温度超过 150℃ 时,籽粒温度大于 60℃ 时,就会大量产生裂纹,品质下降。

②蛋白质种子　以大豆为例,其肥厚子叶中,含有大量的蛋白质,其组织结构较致密,毛细管较细,传湿力较弱,然而其种皮很疏松易失水。如果在高温、快速的条件下干燥,子叶内的水分蒸发缓慢。种皮内的水分蒸发很快,容易产生种皮破裂,给储存带来困难。而且高温条件下,蛋白质容易变性,降低亲水性,影响种子的生活力。因此采取低温进行干燥。一般采取更软的干燥条件,种粒的温度不超过 30～35℃,干燥介质温度为 60～80℃。采取两级干燥时,一

级干燥,介质温度为 90℃,种温 25℃,二级干燥,介质温度 80℃,种温 35℃。也能保证品质,其爆腰率低于 0.5%。

③油脂种子　以油菜种子为例。

子叶中含有大量的脂肪,为不亲水物质,其余大部分为蛋白质。其水分比较容易蒸发,并有很好的耐热性,因此,可以高温、快速进行干燥。干燥的种温可用 55～60℃。但是其平均粒径只有 1.27～2.05 mm 孔隙度小,容易吸湿,不易储存,应将其含水率降至 10% 以下,才能进行安全储存。

(五)种子干燥的工艺方式

根据种子流动方向和热风流动方向的关系,种子的干燥工艺有以下方式,如图 8-1 所示。

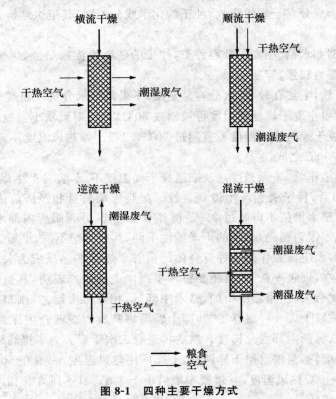

图 8-1　四种主要干燥方式

1. 顺流干燥

(1)热风与种子同向流动;

(2)可以使用很高的热风温度(如 200～285℃),而不使种子温度过高,因此干燥速度快,单位热耗低,热效率高;

(3)高温气流首先与最湿的种子接触;

(4)热风、种子平行运动,干燥均匀,无水分梯度,干燥质量较好;

(5)种子层较厚,对气流的阻力大,功率消耗大;

(6)适于干燥高水分种子。

2. 逆流干燥

(1)热风与种子逆向流动。

（2）热风首先与最干的种子接触，种子温度较高，因此不能用温度较高的热风。

（3）热效率高。

（4）干燥高水分种子时，种子层不能过厚，热风离开干燥机时接近饱和状态，排气潜热可以充分利用。

（5）干燥后种子的水和温度比较均匀。

3. 横流干燥

（1）热风与种子的流向垂直。

（2）干燥不均匀，进风侧种子过干，排气侧种子干燥不足，干燥品质较差。

（3）单位热耗高，热能未被充分利用。

（4）干燥结构简单，设备成本低，是目前应用较广泛的机型。

4. 混流干燥

（1）热风、种子的相对运动，混流干燥过程相当于顺流、逆流交替作用。

（2）干燥塔内交替布置一排排的进气盒，种子按照曲线向下流动，交替受到高温盒低温气流的作用，可以才用壁横流式高的热风温度。

（3）可以干燥小粒种子。

（4）种子层厚度较横流小，流动阻力较低，风机功率较小，单位耗能低，生产率高。

（5）干燥机可采用积木式结构型式。

（6）种子不是连续暴露在高温气流中，而是受高、低温的交替作用，干燥后品质较好，裂纹和热损伤较少。

5. 循环批式干燥

生产率高，使用方便，循环速度快，干燥和缓苏同时进行，卸料速度高，进料方便，可自动控制，种子始终处于混合与流动中，不受种子含水分的影响，水分高时，多循环一些时间等。

（六）干燥方法

干燥草或种子的干燥方法有自然干燥、通风干燥、加热干燥、干燥剂干燥和冷冻干燥等。

1. 自然干燥

自然干燥是节能、廉价、安全的干燥方法。干燥的基本原理是种子在日光下的晾晒中，种子内部的水分向两个方向移动：水分受热蒸发向上，散发于空气中；另一方面，表层受热较多，温度较高，而底层受热较少，温度较低，种子层中产生了温度梯度，根据温、热扩散定律，水分在干燥物体中，沿着热流方向移动，因此其含水分也由表层向底层移动。为了防止上层干、下层湿的现象，所以晾晒厚度不可过厚，或进行翻摊；对松散的草物料晾晒层不能太厚、太密实；另外对于草物料，在自然干燥过程中，应尽量进行阴干避免阳光曝晒，以减少胡萝卜素、叶绿素等损失。

2. 通风干燥

通风干燥包括在空气环境中让自然风吹，或摊翻增加与自然风接触的面积，让自然风吹走表面的水汽；还有通过风机向物料吹风，通风干燥与物料堆的密实、层厚密切相关。

3. 加热干燥

所谓加热干燥是利用加热空气作为干燥介质（干燥空气）直接接触物料层，使水分汽化和被吹走。对（空气）介质加热，以降低相对湿度提高介质的持水能力，并使介质作为热载体向物料提供蒸发水分所需的热量。根据加热温度和作业快慢可分为：

（1）低温慢速干燥　气流温度一般较低，其气流温度仅高于大气温度 8℃ 以下，采用较低的气流流量，一般 1 m³ 种子可用 6 m³/min 以下的气流量。干燥时间较长。

（2）高温快速干燥　用较高温度和较大的气流量对物料进行干燥。可以分为加热气体相对静止物料层干燥和对移动的物料层进行干燥两种。

①气流对静止物料层的干燥，物料层静止不动，一般加热气体温度不宜太高。对种子干燥一般高于大气温度 11～25℃。加热的气流温度不宜高于 43℃。

②加热气体对移动的物料层进行干燥。

4. 干燥剂干燥

这是将物料于干燥剂按一定的比例封入密闭容器中，利用干燥剂的吸湿能力不断的吸收物料散出来的水分，使物料干燥，直到达到其安全含水分为止的干燥方法。主要特点是，干燥安全。只要干燥剂用量比例合理，完全可以控制物料的干燥水分的程度；适用于少量种子的干燥。

5. 冷冻干燥

冷冻干燥是种子在冰点以下的温度产生冻结的方法进行升华作用以除去水分达到干燥的目的。冷冻干燥可使种子保持良好的品质。

第三节　加热干燥及设备

一、可用于草物料加热干燥设备

在草物料的干燥中采用的设备，主要有滚筒式干燥、带式干燥、气流干燥、太阳能干燥等。

（一）滚筒式干燥设备

1. 干燥过程原理

（1）滚筒式干燥机的基本工作部是干燥转筒。物料从一端进入滚筒在滚筒转动带动下运动；在运动中经热风或加热壁面加热进行干燥，干燥后从另一端排出。为提高干燥效率和干燥均匀性，筒壁上设有炒板（图 8-3），在滚筒转动过程中，将物料炒起来又撒下去，使物料与气流的接触表面积增大。为保证滚筒中物料的轴向运动，一般滚筒沿轴方向有一定的倾角；滚筒通过外齿圈转动。

（2）热风机将热空气从滚筒进料口方向喷入滚筒内，与沿滚筒方向流动物料混合进行热交换，废气携带着从物料交换来的水分从出料口方向排出。有的热风机将热空气喷入滚筒壁，通过壁间接与物料进行热交换。

2. 滚筒式干燥的型式

滚筒干燥机中，干燥介质热空气与物料的热交换型式主要有：

（1）直接传热交换——在滚筒内热空气与物料直接接触进行热交换；以对流的方式进行传热干燥。按照热风与物料之间的移动方向分并流式和逆流式。

在并流式中，热风与物料的流动方向相同，入口处温度较高的热风与水分含量高的物料接触，物料处于表面汽化阶段，故物料温度不致很高；出口处物料虽然温度升高，但由于热风的温度已经降低，故物料的温度不会太高。因此选择较高的热风入口温度，不会影响干燥质量。空气出口温度约 10～20℃。

在逆流式中,热风流动的方向与物料流动的方向相反。对于耐高温的物料,采用逆流干燥,热利用率高。空气出口温度没有明确规定,采用100℃比较合理。

常规直接加热滚筒的直径0.4~3 m,筒长、筒径之比为(4~10)∶1,筒的圆周速度0.4~0.6 m/s,热风的速度在1.5~2.5 m/s。如图8-2。

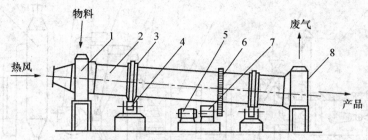

图8-2　热风直接加热滚筒式干燥机

1. 头罩;2. 筒体;3. 辊圈;4. 托轮;5. 电机;6. 大齿圈;7. 变速箱;8. 尾罩

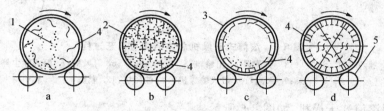

图8-3　炒板的结构形式

a. 升举式;b. 均布式;c. 百叶窗式;d. 扇形

1. 物料;2. 筒体;3. 滚圈;4. 炒板;5. 托轮

（2）间接传热交换——热空气通过滚筒壁与滚筒中物料进行热交换

对热空气不能直接接触物料时,筒内设有螺旋导板,物料被连续推向一侧,同时接受燃烧室窗给的热量而干燥。此种干燥机使用方便,热效率高,对燃料的要求不高,适用于烘炒瓜子和茶叶杀青等。可采取间接加热方式。如图8-4所示。

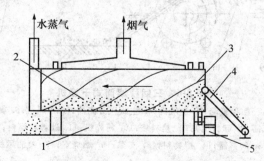

图8-4　筒壁加热式辊筒式干燥机

1. 燃烧室;2. 物料;3. 导板;4. 送料器;5. 电机

（3）复式传热交换——直接加热和间接加热并用。一部分热量由干燥介质经过传热壁传给物料,另一部分热量则由热载体直接与物料接触,是传导和对流传热两种形式的组合,热利用率高。

3. 滚筒式干燥机结构及工艺流程

滚筒式干燥机有单程式和多程式

（1）单程式滚筒干燥机，如图 8-5 所示。

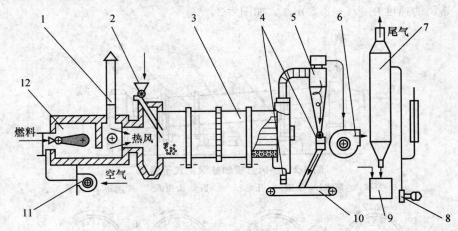

图 8-5　滚筒式干燥机总体结构与工艺过程

1. 排气管；2. 进料口；3. 干燥器；4. 出料口；5. 旋风分离器；6. 引风机；7. 湿式除尘器；

8. 泵；9. 水池；10. 带式输送机；11. 鼓风机；12. 燃烧室

（2）三回程滚筒式干燥机，如图 8-6 所示。

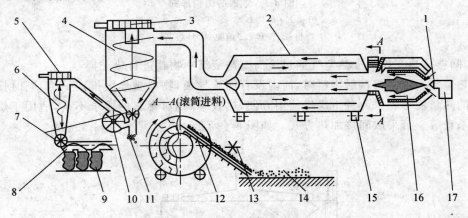

图 8-6　三回程滚筒式干燥机

1. 燃料喷嘴；2. 三回程辊筒；3. 主风机；4. 主旋风分离器；5. 小风机；6. 微粒物料分离器；

7. 卸料关风器；8. 卸料搅龙；9. 接料袋；10. 粉碎机；11. 硬颗粒物料；12. 供料器；

13. 匀料器；14. 湿物料；15. 支撑；16. 燃烧室；17. 喷油风机

　　进入的物料和热风通过滚筒内层流动，返回第二层，再返回外层，经主旋风分离器，干燥的物料从下部流出。较大、重的物料直接从主旋风分离器出口流出；比较轻、小的物料和热风进入微颗料分离器，分离器并从其下部排出。废气分别从两个分离器的上部排出。

　　三回程干燥机与单程干燥机比较，热损失少，热效率高，在物料干燥行程不变的情况下，设备的外表面积减少约 2/3，内表面积增加约 2/3。

　　（3）青饲料滚筒干燥机举例，如荷兰引进的 AS-25 型，如图 8-7 所示。

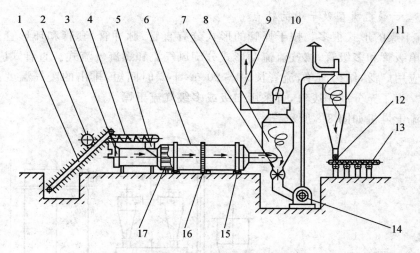

图 8-7　AS-25 型滚筒式青饲料干燥机

1. 链齿式升运器；2. 拨料轮；3. 燃烧炉；4. 螺旋输送器；5. 导料槽；6. 滚筒；7. 主关风器；
8. 主旋风分离器；9. 排烟管；10. 主引风机；11. 旋风分离器；12. 关风器；
13. 装袋螺旋推进器；14. 粉碎机；15. 支撑；16. 传动；17. 炒板

物料经升运器、螺旋推进器，进入滚筒，在入口处与热风温度（600～900℃）高速进行混合；在转动滚筒和炒板的作用下，物料向滚筒末端运动。干燥的物料经旋风分离器进入粉碎机粉碎，粉碎物料经过第二个旋风分离器、关风器排出，废气从其上部排出。

4. 滚筒式干燥机的适应性

（1）适应非黏性的散状物料，例如鱼粉、果粉、瓜子、牧草等物料的干燥。

（2）由于草类物料传热性很差，结构很松散，流动性很差，所以干燥生产率低，耗能量高，效率低；在滚筒式干燥机中干燥草物料必须切碎。国外一些滚筒干燥机参数如表 8-1 所示。

表 8-1　国外滚筒式牧草干燥机

参数	机型						
	德国 Galle	德国 Galle	德国 Galle	德国 布尤特尔	波兰 M840	匈牙利 LKB	前苏联 ABM-0.4
滚筒长度（mm）	12 000	13 000	15 000	9 000	9 600	9 600	3 970
滚筒直径（mm）	2 400	2 100	3 000	1 900	2 380	2 380	2 280
装机容量（kW）	300	460	750	240	300	300	160
电耗（kW/h）	140	160	310	155	120	190	80
生产率（干草）（t/h）	1.0	0.9	2.0	0.7	0.74	1.04	0.28

显然滚筒式干燥机干燥牧草的耗能量很高，生产率比较低。

（二）气流式干燥设备

1. 气流干燥的基本原理

气流干燥是利用热空气和物料在管流动过程中进行热较换。在两相流动中，呈悬浮（流化）状态，热空气能与物料均匀接触，管流中热气与物料流动存在相对速度，能使热气与物料反复、充分接触。因为物料在管中停留的时间短，也可称瞬间干燥。

2. 气流式干燥机类型及干燥的特点

(1)气流干燥的形式很多。按干燥管的形式分有直管、脉冲管、套管和环形管。按干燥管的数目分有单级管和多级管;按气流流动形式分旋风气流和螺旋气流式。直管式应用普遍;直管式干燥机应用广泛,结构简单,流管长 10～20 m,干燥时间短,排出的废气温度高、湿度低,热利用较差。为了充分利用废气,可采用二级或多级气流干燥。

单级气流干燥机如图 8-8 所示。

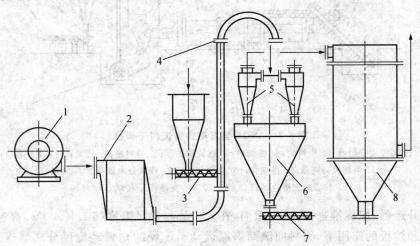

图 8-8　单级气流干燥机

1. 鼓风机;2. 翅片加热器;3. 螺旋加料器;4. 干燥管;5. 旋风分离器;
6. 储料斗;7. 螺旋出料器;8. 袋式过滤器

(2)气流式干燥机有如下特点

①干燥时间短,管内气流速度一般 10～20 m/s,干燥物料在管内停留时间短;

②热效率高,生产率高;

③适应粒状物料;

④结构简单,连续作业。

3. 气流干燥机结构

气流式干燥机主要由加热器、气流干燥装置、分离装置,其主要干燥部件是干燥管。干燥管包括底管、顶部管和干燥直管。

气流干燥机的基本工艺流程,待干燥物料经螺旋喂入器喂入立式干燥管中,加热器将加热的热空气送入干燥管进行干燥,干燥的物料经过旋风分离器分离出来,废气和灰尘分别经排气管和除尘器排出。

由于草物料流动性差,在管中流动困难,气流干燥机用于干燥草物料的较少。也曾有的采用较大的管径较长的管长,较大的动力进行干燥草物料。草物料必须切碎。

4. 气流干燥机的适应性

适应性广,适于颗粒料、碎块状物料,也可用于切碎草干燥。

(三)组合式干燥设备

(1)组合干燥设备,一般是第一级干燥为予干燥使物料的水分降到某一值,最后级干燥出产品。采取了搅拌——气流——滚筒三级干燥工艺,如图 8-9 所示。

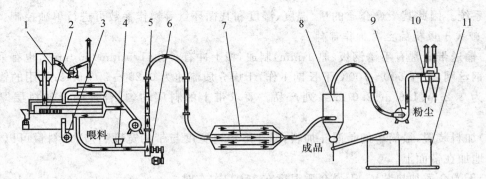

图 8-9　9SJG 草物料干燥设备

1. 多管除尘器；2. 链条式热风炉；3. 鼓风机；4. 进料关风机；5. 脉冲式气流干燥器；6. 搅拌干燥器；
7. 滚筒干燥器；8. 旋风分离器；9. 主风机；10. 微粒收集器；11. 暂存仓或储仓

第一级搅拌干燥就是将形态复杂的湿草充分打散，使其与热风充分接触，使其水分能够快速蒸发。也防止杂乱的草团进入滚筒造成堵塞。

搅拌干燥之后，经过脉冲式气流干燥，解决因含水分不均问题，气流干燥中，较干的物料其悬浮速度低，移动的速度就快，首先进入下一级干燥器中，而水分较高，悬浮速度较高的物料在气流干燥器中，就会脉冲悬浮，进一步与气流干燥器中的热风进行湿交换，待脱水到一定程度后，才进入第三级干燥器中。

第三级干燥采用了三回程的滚筒干燥器。经过了前两级干燥后的物料其形态和含水分已经调制到一个相对较好的状态。在滚筒干燥器中，由于转筒截面积各层依次增大，第一行程热风速度最高，然后依次降低。轻物料快速降水达到要求后排出。粗重的茎秆经第一、第二行程，特别是第三行程经炒板抛扬下慢速向后移动，达到要求时排出。

（2）9SJG 草物料干燥设备主要技术参数如表 8-2 所示。

表 8-2　9SJG 草物料干燥设备主要技术参数

产品型号	生产率（t/h）	脱水能力（t/h）	燃料	装机容量（kW）
9SJG-0.4	0.4	0.7	煤	85
9SJG-0.65	0.65	1.2	煤	120
9SJG-1.25	1.25	2.3	煤	160
9SJG-2.5	2.5	4.8	煤	230

（四）带式干燥设备

带式干燥器是把物料均匀地铺在干燥网带上，干燥网带在前移过程中与干燥介质接触，从而使物料得到干燥。

带式干燥设备主要有热风炉、风机、上料装置和旋风分离器组成。带式干燥设备按结构可分为单级和多级带式干燥器、多层式和冲击式带式干燥器。目前已有多层式带式干燥器在干燥草料中应用。一般多层式带式干燥器的干燥室是一个不隔成独立单元段的加热箱体，层数很多，常用的为 3～5 层。层间设置隔板以使干燥介质定向流动，使物料干燥均匀。每个加热单元均配有空气加热和循环系统，每一个通道有一个或几个排湿系统。带式干燥机有若干个独立的单元组成。每个单元段包括循环风机、加热装置、单独或公用的新鲜空气抽入系统和尾气排出系统。因此其干燥介质的量、温度、湿度和其循环量等操作参数可进行单独控制。

1. 带式干燥机的主要工作部件

(1)输送带通常有不锈钢板(厚1 mm)制成,板上冲有长孔(1.5 mm×6 mm),也有采用不锈编制钢丝网,可在500~700℃下长期工作,干燥介质流速为0.25 ~2.5 m/s;常用的输送带的宽度为1.2 m、1.6 m、2.0 m系列产品。要求带上的料层均匀,合理的设计料层厚度和强度。

(2)加料装置,最简单的是漏斗加料,漏斗下料口宽度与带的宽度适应,加料量可以调节,并均匀地加在带面上。

(3)干燥介质加热装置,干燥介质温度在150℃左右时。

2. 带式干燥机的干燥过程及特点

带式干燥机适宜透气性好的物料,例如颗粒物料、小块状物料、蔬菜脱水、中草药干燥、切碎的草物料等。干燥速度快,蒸发强度大,产品质量好。

冲击穿流循环式带式干燥机,如图8-10所示。

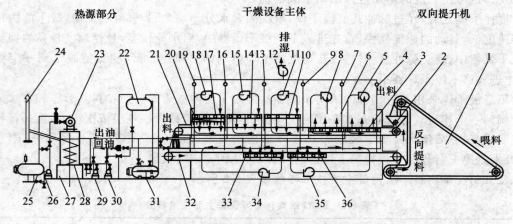

图8-10　多循环带式草物料干燥机示意

1. 双向提升机;2.布料机构;3.上层第一单元热交换器;4.上层第一单元调节阀;5.上层第一单元循环风机;

6.上层第二单元热交换器;7.上层第二单元调节阀;8.上层第二单元循环风机;9.上层第三单元调节阀;

10.上层第三单元热交换器;11.上层第三单元循环风机;12.排湿风机;13.上层第四单元调节阀;

14.上层第四单元热交换器;15.上层第四单元循环风机;16.上层第五单元调节阀;

17.上层第五单元热交换器;18.上层第五单元循环风机;19.下层调节阀;

20.条形喷嘴;21.上层输送网带;22.膨胀槽;23.燃烧器;24.烟囱;

25.燃烧槽;26.注油泵;27.炉体;28.导热油热交换器;29.循环油泵;

30.备用循环油泵;31.低位膨胀槽;32.下层输送网带;

33.下层第一单元热交换器;34.下层第一单元循环风机;

35.下层第二单元循环风机;36.下层第二单元热交换器

冲击穿流循环式干燥机的主体是一种双层网带式干燥设备,两层网带之间设一隔板将干燥设备分为上下两个独立的干燥室;上层干燥室分5个独立的循环单元,下层分成两个独立的循环单元,每个循环单元都装有独立的循环风机和热交换器,各层的上下腔经调节伐与排湿风机连接。在干燥机的一端装有双向提升机。双向提升机可以双向向上层网带送料。

双向提升机输送带逆时针转动时将料提升到布料器均布在输送网带上,物料随上层网带移动到其尾端落入运动方向相反的下层输送网带上,继续移动直到物料落入双向提升机输送带水平段后即停止加料。然后改变双向提升机电机的转向,使输送带顺时针运动,物料由双向输送带的水平段垂直提升到上层输送网带上进行循环干燥。物料在上下两层输送网带的运行过程中与热空气进行湿交换,物料在提升过程中同时进行缓苏。当物料达到要求的含水分,经冷却后,从上层输送网带排出。

(五)太阳能干燥设备

太阳能干燥是以太阳能代替常规能源来加热空气介质的干燥过程。太阳能干燥设备主要有太阳能空气集热器和干燥室组成。它与其他加热干燥,除热源不同外干燥设备的工作原理是相同的。因此,太阳能集热器的热性能和系统的配置情况决定了干燥设备的优劣。太阳能干燥种子和草(植物)在国内外都有较快的发展,尤其对干燥耗能高的松散的草物料的干燥,用常规能源干燥成本高,对环境污染大,所以国内外很早就探索和应用太阳能干燥草类物料。太阳能干燥的特点是:充分利用太阳辐射能,有效地提高干燥温度,缩短干燥时间,降低干燥成本,节约常规能源,对产品和环境的污染少。

1. 太阳能干燥原理综述

太阳能干燥型式有温室型、集热器型和聚光型三类。草或种子的太阳能干燥主要是采用温室型和集热器太阳能干燥。

(1)温室型和集热器太阳能干燥设备都是基于"热箱原理","光-热"转换。太阳光辐射的电磁波长短,一般在 $0.3\sim3\ \mu m$,而一般热辐射的电磁波波长大于 $3\ \mu m$。玻璃可使 $0.3\sim3\ \mu m$ 的短波通过,而大于 $3\ \mu m$ 的波不能通过。太阳光通过玻璃辐射到箱内的吸热体(黑体)上,黑体吸收太阳光的热量,使本身的原子、分子运动速度加快,转换成"热",箱内物体热辐射的电磁波被挡在箱内,把热传递给箱内空气而使气流温度升高。例如一种温室干燥设备,如图 8-11。

顶盖 2 的面积 32 m^2,空气由入口 1 进入被加热,透过吸热体 3 在干燥箱内的谷物种子充分接触,将水分带走,穿过平床 5,通过排风道 6 排出。

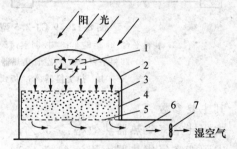

图 8-11　温室干燥设备
1. 空气入口;2. 透明采光顶盖;3. 吸热体(黑色盖面);
4. 干燥箱;5. 多孔平床;6. 排风道;7. 排风机

(2)集热器型干燥,阳光通过空气集热器把空气加热后,通入干燥室对物料进行脱水干燥。集热器的形式很多,平板空气集热器常用的集热器型式大致分为非渗透型和渗透型。元件上均涂黑色涂料。结构简单,成本低,主要问题是必须把板面上所有的入射辐射能在几微米内薄层中迅速吸收,使温度降低,否则吸热板温度升高,热损失大。

(3)聚光型干燥器,根据光的反射定律制成凹面镜,对光束会聚作用,凹面镜反射出来,汇集到黑色铁皮滚筒上转换为热能,使滚筒温度升高 $80\sim120℃$,干燥物料从滚筒中通过达到脱水干燥的目的。此种设备比较复杂。

2. 太阳能干燥设备、工艺过程

(1)太阳能干燥的一般工艺过程及特点　　以干燥苜蓿草为例,在收割之后,可在田间自然干燥到含水分 $35\%\sim45\%$,其细胞已经基本上死亡,进行太阳能干燥,可减少营养损失和叶花损失。可获得优质干草。

（2）为了迅速干燥和连续进行干燥生产，可采取交替供热式太阳能干燥设备，即阳光充分时，板式太阳能集热器加热的热空气直接干燥物料；管式集热器加热储热水罐中水，雨天、夜间利用储热罐热水的温度加热空气，进行干燥物料。

（3）例如9 G-2.5型交替供热式太阳能干燥设备的作业原理：交替供热式饲草干燥设备分别通过板式集热器和真空管集热器两套系统将太阳能高效转换为热能。在白天，通过热风吹送系统将板式集热器的热能直接转换为热风。在白天，通过热风吹送系统将板式集热器的热能直接转换为热风。通过空气分配筛将热风吹入干燥仓内干燥饲草，再将尾气排出机外。同时，储热水罐通过真空管集热器将太阳能加热罐中的水，储备热能。夜间，温度降低，通过自动控制系统关闭风机到板式集热器间的风管，使风机通过储热罐中的蛇形管，经加热后进入热风吹送系统，用于干燥饲草。当白天，太阳罩热板式集热器温度升高，自动控制系统打开风机到板式集热器间的风管，实现自动控制对饲草的昼夜连续干燥。电子检测系统可自动检测尾气温度。干燥仓内饲草的含水分变化等主要参数。如图8-12所示。

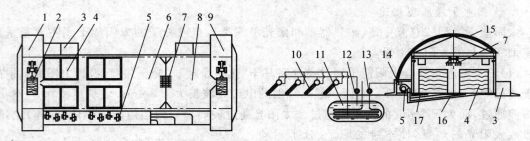

图 8-12　9 GJ-2.5型交换供热太阳能饲草干燥设备

1. 装料平台；2. 运输车；3. 控制室；4. 干燥仓；5. 风机；6. 暂存室；7. 抓草斗；8. 加工段；
9. 卸料平台；10. 真空管集热器；11. 储热水罐；12. 储热泵；13. 热交换泵；
14. 热交换器；15. 板式集热器；16. 风道；17. 空气分配筛

其主要参数

太阳能空气集热器热效率：$\geq 50\%$；

太阳能空气集热器面积（m^2）：1 400；

真空管集热面积（m^2）：300；

储热水罐容积（m^3）：15；

配套动力（kW）：135；

生产能力（t/h）：2.5（入仓含水分$\leq 40\%$，干草含水分$\leq 17\%$）。

3. 太阳能干燥草捆设备如图8-13

5 TGK-96型太阳能草捆干燥设备（农机院呼和浩特分院设计）

主要由草捆干燥箱、风送系统、太阳能空气集热器和储仓等组成。

草捆干燥箱由上、中、下风道、起落油缸和联风管组成。将装上待干燥草捆、压紧。风机吹送热风进入干燥箱下风道干燥草捆，直到草捆含水分达到安全含水分时，卸料。

干燥过程气流如图8-14所示。

热空气从风机入口13B处进入下风道4，一部分从下风道出风口12吹入草捆底部（图8-13），穿过草捆进行干燥，最终带着水分的热气从暴露的草捆侧壁排出进入大气。一部分流经联风

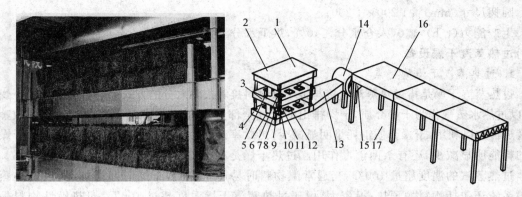

图 8-13　9TGK-1.0 型太阳能草捆干燥简图

左:工作情况,右构造示意:1. 草捆干燥箱;2. 上风道;3. 中风道;4. 下风道;5. 上支撑油缸;6. 联风管;
7. 上风道滑轨;8. 下支撑油缸;9. 上风道滑套;10. 下风道滑轨;11. 下风道滑套;12. 风道出风口;
13. 风机入风口;14, 风机;15. 风机入风管;16. 空气集热器;17. 储存仓

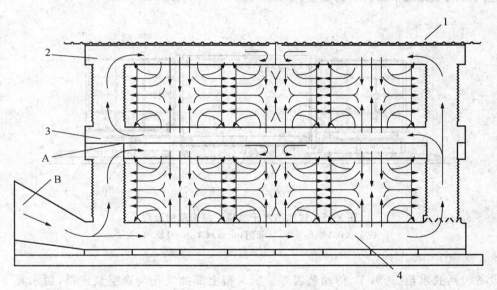

图 8-14　草捆干燥过程气流流动图

A—隔风板　B—进风口

管 6 进入中风道 3,从中风道下出风口吹入草捆顶部,穿过草捆进行干燥,带着水分的热气从草捆侧壁排出进入大气。在中风道隔风引流板 A 的作用下,另一部分热风从中风道上风口吹入草捆底部,穿过草捆进行干燥,最终待着水分从草捆侧壁排出进入大气。同时,通过联风管将风送入上风道 2,然后从上风道出风口吹入草捆顶部,穿过草捆进行干燥,最终待着水分从草捆侧壁排出进入大气。

　　在该设备上,当含水分降至 35%~40% 打成方草捆进行干燥。其主要参数:

太阳能集热器热效率(%):≥50;

太阳能集热器面积(m²):700;

配套动力:(kW)55;

方捆尺寸(mm):360×460×600;

圆捆尺寸(mm):φ1 200×1 200;

生产能力(t/h):1.0(入仓水分≤40%,烘干水分≤17%)。

(六)过热蒸汽干燥设备

1. 过热蒸汽干燥的特点

过热蒸汽干燥是指过热蒸汽直接与被干燥物料接触去除水分的方式。与传统的热风干燥相比,以过热水蒸气作为干燥介质,干燥排出的废气全部是热蒸汽,利用冷凝的方法可以回收蒸汽的潜热再加以利用,干燥介质消耗量明显减少,热效率高。由于水蒸气的热容比空气高,干燥介质的耗能明显减少,还有杀菌消毒作用。过热干燥是在密封条件下进行的,对环境污染小。

过热蒸汽的温度超过100℃,当遇常温物料时易产生冷凝,干燥时间增加,所以过热蒸汽干燥系统还包括物料的预热;投资大;由于过热蒸汽干燥温度超过100℃,对热敏性物料是不适宜的;过热蒸汽干燥喂料易产生结露现象,意味着干燥时间要加长,或者进行喂料预热。

2. 过热蒸汽干燥机干燥流程

过热蒸汽干燥机干燥饲草的流程,如图8-15。

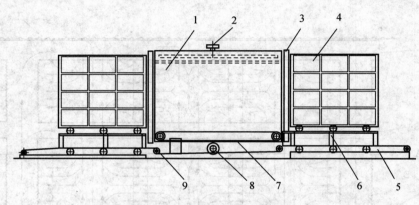

图 8-15　过热蒸汽干燥机干燥饲草的流程
1. 脱水箱;2. 抽真空口;3. 箱门;4. 运料车;5. 导轨;6. 支架;
7. 输送带;8. 过热蒸汽进口;9. 传动

设备包括脱水箱、送料车、传动装置等。脱水箱上部抽气孔与真空泵连接,脱水箱下部和过热蒸汽进口连接。干燥时利用过热蒸汽和真空状态下的低温汽化原理对饲草进行干燥、脱水,使饲草在真空缺氧状态下受热干燥而不会氧化变色。

干燥的过程是,送料车进入脱水箱(密闭),将脱水箱抽真空,同时充入过热蒸汽,使料车上的饲草干燥脱水,干燥后,料车离开脱水箱。

过热蒸汽干燥流程如图8-16。

(七)加热干燥草类物料生产中的问题

常规能源干燥草物料过程中存在两个基本问题。

1. 生产率低,相应的消耗的能源大

如表8-1国外的滚筒牧草干燥机,生产率1 t/h,装机容量却高达300 kW,耗能140 kW/h。我国生产的9SJG-2.5气流式草物料干燥机,生产率2.5 t/h,装机容量达230 kW 等,相当于用能源去换草产品;若再考虑草物料生命全过程的耗能,加热生产干草的耗能量是很惊人的,尤其能源紧张和从发展趋势上考虑,应提倡发展节能型干燥草物料。

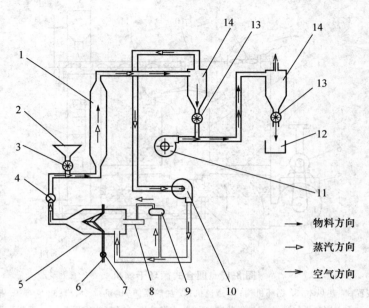

图 8-16 输送式过热蒸汽干燥原理

1. 干燥室;2. 加料斗;3. 喂料闭风器;4. 控制阀;5. 蒸汽发生器;6. 供水管;7. 水管阀门;8. 等离子吹管;
9. 蒸汽压缩机;10. 循环风机;11. 吹料风机;12. 接料箱;13. 排料闭风器;14. 旋风分离器

2. 草物料干燥生产过程很难进行平衡

草物料松散,材料运输困难,青鲜的原料储存、运输困难。例如干燥生产能力为 2.5 t/h 的 9GJ-2.5 太阳能干燥机,如果每天连续工作 10 h,那么每天供应 25 t 以上的鲜草怎么实现?运输距离长,用什么运输工具,尤其是含水分高的鲜草,在天气较热的情况下堆积一天就会发霉、变质。很难进行连续性的工业化生产。干燥设备的生产率再高,进行连续工业化生产是很难实现的。

3. 苜蓿草干燥中难题

苜蓿草是草物料干燥的主要原料,苜蓿草的营养价值在叶花,叶花与茎秆干燥差异性悬殊,叶花干燥容易,茎秆干燥困难,叶花已经干燥,茎秆的含水分还很高,待茎秆干燥,叶花早就脱落,一直是干草生产中的基本矛盾。这也是豆科草物料干燥过程中的基本问题。

发展草物料干燥必须统筹和研究上面的问题。不应该忽视在自然干燥过程中的工艺,如尽量在发挥气候(温度、干燥、气流等)中,采取一些有效工艺、方法,生产高质量的干草产品等。

二、常用种子的干燥设备

上述可以干燥草物料的设备中,很多也可以干燥种子等。

常用的种子干燥

(一)圆仓式循环干燥机

如图 8-17 所示。

待干燥的物料从上部进入通过均布板撒入仓内进行通风干燥,孔板上的螺旋推进器既能自转又同时绕圆仓中心公转,沿着孔板的表面刮扫谷物,并将其输送到圆仓中心经仓底出料装置和提升机送入仓的上层进行缓苏后,再进入干燥段,如此循环,待谷物达到要求的含水分时,

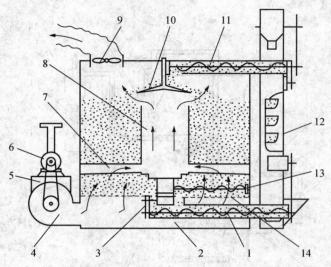

图 8-17　圆仓式循环干燥机

1. 出料装置；2. 热风室；3. 循环机构；4. 通风机；5. 加热器；6. 电机；7. 风槽；8. 风筒；9. 排湿风机；
10. 均布板；11. 仓顶进料装置；12. 斗式提升机；13. 螺旋输送器；14. 孔板

由出料装置进行卸料。其特点干燥速度快，生产能力大，干燥均匀，可兼储存仓用，结构复杂，属大型谷物干燥设备，批处理谷物量 5～20 t/h。

(二)穿流型箱式干燥机

如图 8-18 所示。从顶部进料，落入多孔圆筒之间，连续下落过程中受径向横流热风的作用；流导到底部，再由螺旋推进器提升，如此循环进行干燥。当达到要求时，拉绳，将出料管改变角度，管上的活门打开进行卸料。设备干燥均匀，产品质量好，可移动作业。处理量 1 t/h。

(三)隧道式干燥机

顺、逆流两段结合型隧道式干燥机由隧道体、空气加热器，通风和物料装运装置组成，如图 8-19 所示。

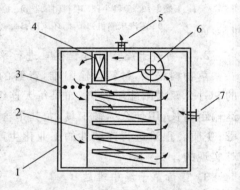

图 8-18　穿流箱式干燥机

1. 箱体；2. 料盘；3. 整流板；4. 加热器；
5. 排气口；6. 风机；7. 进气口

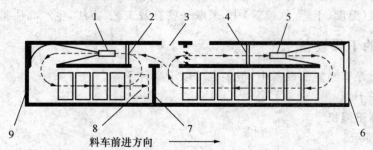

料车前进方向 ⟶

图 8-19　隧道式干燥机

1、5. 风机；2、4. 加热器；3. 空气入口；6. 料车出口；
7. 移动板；8. 废气出口；9. 料车入口

（四）内循环式种子干燥机

采用循环式工作原理。结构紧凑，循环速度快，混合均匀，工作品质好。可用于小麦、玉米、水稻等种子的干燥。可广泛用于农村小农场，中、小型饲料厂。例如 5HGN-2.5 型内循环干燥机，如图 8-20 所示。

干燥塔结构示意，如图 8-21 所示。

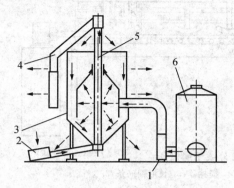

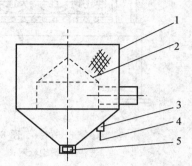

图 8-20 5HGN-2.5 型内循环干燥机

1. 主风机；2. 喂入装置；3. 干燥塔；4. 排粮装置；
5. 提升装置；6. 燃煤热风炉

图 8-21 干燥塔结构示意

1. 外筒；2. 内筒；3. 取样口；
4. 转杆；5. 清理门

干燥机的流程为喂料装置将种子喂到提升装置底部的垂直喂料器，由提升装置将料提升到工作塔顶，由顶部排放到干燥塔内、外筒之间。种子靠自重缓慢向下，流到塔底，由提升装置的循环进料口进入提升装置底部，再由提升装置提升到塔顶。循环过程中干净空气经热风炉加热后由进风机送入干燥塔的热风室，通过干燥塔内筒壁上的小孔进入干燥室，与自上而下流动的种子进行热交换，带走种子中的蒸发出的水分，此水分穿过干燥塔外筒壁上的小孔排出。

该机性能参数：生产率 2.5 t/h，降水幅度（小麦）20.5％降为 15.5％，干燥塔容积 10 m³，热风温度范围 40～130℃，热风风量 9 000～18 000 m³/h，电机总容量 18.5 kW，机重 5 t，耗煤量干燥小麦 15 kg/h，耗电量 5 度。

（五）远红外线牧草干燥

（1）远红外线干燥原理　远红外线干燥是利用远红外线辐射元件发出的远红外线微波为干燥物料吸收，直接转变成热能达到干燥的要求。远红外线辐射器产生的电磁波，以光速度直线传播到被干燥物料。当远红外线的发射频率和被干燥物料分子运动的固有频率相匹配时，引起物料内部分子强烈振动，在物料内部发生激烈的摩擦产生热达到干燥的目的。

在干燥过程中，被干燥物料的表面水分不断蒸发，使物料表面温度降低，造成内部比外部温度高，使物料的热量由内相外扩散。所以物料内部水分的湿扩散与热扩散方向是一致的，从而加速了物料的干燥过程。

（2）远红外线干燥设备组成　远红外线干燥设备主要由远红外线发射器、加热干燥装置等组成，如图 8-22 所示。

①远红外线干燥牧草的结构示意：牧草从进料口喂入转龙式搅拌器内。转龙是由钢筋焊成的转龙骨架，上面镶衬钢丝网，形成网转转龙，转龙外由保温壳。转龙下设由红外煤气燃烧床。燃烧床为隔式结构，上面铺由三层燃烧网，内层为里网，中层为燃烧网，面层为辐射网。当

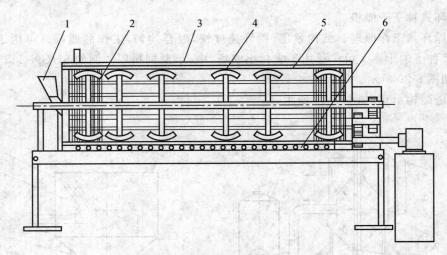

图 8-22 远红外线干燥设备

1. 进料斗；2. 钢丝网；3. 保温外壳；4. 搅拌器；5. 长形钢筋条；6. 燃烧床

点染燃烧床时,煤气作无焰燃烧,铁铬铝合金的燃烧网表面温度可高达 800~1 000℃。辐射出辐射波长 2.6~6 μm 的红外线,穿过转笼金属网,对转笼内部的物料进行加热。由于红外线穿透能力很强,使鲜草的水分在 2~10 min 内完成干燥,从转龙一端出口排出。转笼内设有搅拌翻动装置时牧草干燥均匀、有效干燥,在干燥过程中,推动牧草向一端移动。

②发射器主要由三部分组成:涂层——能在一定的温度下,发出所需要的波段和较大功率的射线;

发射体和热源——发热体为电热式电阻发热体;热源是指非电热式的蒸汽、燃烧气或余热烟等。其功能都是向涂层通过足够的能量。

基体及附件——基体是安装发射涂层的。

③加热装置基本上可分为固定式和移动式:固定式加热装置——被干燥的物料分批装入加热室,干燥过程中物料与辐射器的物质是固定不变的,干燥之后取出,适宜小批量干燥;

通道式加热装置——被干燥的物料,分批进入隧道干燥,适宜大批量干燥。

④放射集管装置——为了加强辐射效率,常用具有很高发射系数的金属来做发射极光装置。

⑤温控等附加装置——不同的物料干燥过程中,都有个自的理想温度特性曲线。干燥过程中需要对干燥器内温度进行监控。

⑥远红外线干燥的特点——干燥能量直接传递给物料,部需要干燥结质,干燥效率高,干燥速度快;成本低;干燥过程物料表面、内部同时收热,干燥质量高。

第九章　农业物料的其他加工过程

前几章介绍的是草物料的生产、加工的机械过程。在加工过程中,基本上是物料形态的变化和位置的转移。所谓其他加工指的非主要机械加工。在过程中随着物料形态的变化其成分、性质也发生了一些变化。在草产品生产中,涉及其他过程的愈来愈普遍,例如青饲料、生物质能等的微生物过程;植物成分的萃取的化学过程,内部的生物学转化过程;加热、分解、浓缩等过程等。其中有些过程虽然已经进入非机械工程门类,但是不管是什么门类的草加工,其原料都是草资源;不论是生产的什么产品,都是草产品;不论是什么样的草资源物料加工,其加工原料的生产、收集、储运等前处理过程都是草业工程的基本内容,与草业工程有直接关联。

第一节　生物学基础概论

其他加工过程,生产的草产品,不仅发生了物理的变化,同时内部发生了生物的、化学的变化;生产草产品已经不仅作为饲料,已向食品、饮料、添加、医药保健、生物质能生产方向展开,本章除了物理过程之外,对其他过程及其基础只作些简要的介绍。

一、植物的化学组成

植物是加工和产品的基础。植物的成分与加工过程和产品的性能有直接关系。所以植物原料组成和性质是加工过程和生产产品的基础。

植物均有化学元素所组成,绝大部分化学元素相互结合构成复杂的有机和无机化合物。按照常规饲料分析,构成植物体的化合物为水分、粗灰分、粗蛋白质(CP)、粗脂肪(EE)、粗纤维(CF)和无氮浸出物(NFE)六大部分,如图 9-1。

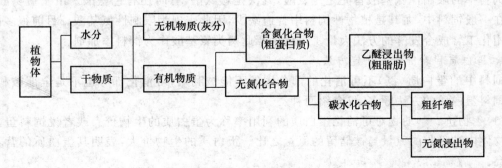

图 9-1　植物的化学组成

二、植物体化合物及其意义

(一)蛋白质(含氮化合物)概述

1. 蛋白质的意义

生命就是蛋白质的存在方式。动物本身的组成和产物(皮毛、奶、肉、蛋)等畜产品都是以蛋白质为主要成分,蛋白质是维持动物生命、生长和生产具有特殊意义,而且蛋白质不能以无氮物质所代替。饲养家畜的日粮中,蛋白质的含量一般为 $14\%\sim23\%$;产蛋鸡为 15% ,雏鸡为 23% ,肉猪为 14% ,断奶后的小猪为 22% ,奶牛为 $14\%\sim16\%$ 等。

2. 蛋白质的组成

蛋白质是碳、氢、氧、氮和少量的硫组成的,还有微量元素磷、铁、碘。蛋白质中富有特征性的元素是氮。植物中的氮绝大部分存在于蛋白质中,不同的蛋白质其含氮量存在差异,但皆接近于 16% ,所以测出含氮量,再乘以 $6.25\left(\dfrac{100}{16}\right)$ 即为所含粗蛋白质的量,因为物料中的氮除大量存在于蛋白质中之外,亦有少量以氨氮态存在;所以测出的蛋白质叫粗蛋白质,例如棉子饼粕的粗蛋白质为 41% ,表示为 CP41% ,花生饼粕 CP45%$\sim$55% ,大豆粕 CP44%$\sim$50% ,菜子粕 CP40% 等。

3. 蛋白质的组成单位——氨基酸

氨基酸是蛋白质的基本组成单位。动物食进各类蛋白质之后,经过消化后,分解成各种氨基酸,进入血液,运至体内各组织,即在那里重新合成新的蛋白质。

氨基酸约 25 种,可分为必需氨基酸和非必需氨基酸

(1)非必需氨基酸——是不一定从饲料中摄取,可以在动物体内利用其他氨基酸来形成的氨基酸。

(2)必需氨基酸——不能在动物体内由别的氨基酸形成的氨基酸,即必须由饲料提供的氨基酸。一般必需氨基酸有 10 种,例如赖氨酸(Lysine),氮氨酸(Methionine),精氨酸(Aryinine),组氨酸(Histisine),亮氨酸(Lencine),异亮氨酸(Isolencine),色氨酸(Tryptophon),苏氨酸(Threonine),苯丙氨酸(Phenylalanine),颉氨酸(Valine)等。

必需氨基酸中,蛋白质含量较多时,能基本满足动物需要的氨基酸,称为非限制性氨基酸;而在饲料中含量较少,达不到动物的需要的氨基酸,称为限制性氨基酸。因为各类氨基酸组成蛋白质时是按一定比例配套,这种含量不足的氨基酸在蛋白质营养中,起着举足轻重的作用。通常饲料中的限制性氨基酸首先是氮氨酸,其次是赖氨酸,有时还有色氨酸。由于蛋氨酸、赖氨酸在一般饲料中,尤其是植物性饲料中普遍缺少,因此表现为限制性氨基酸。目前很多国家都采用化工合成合发酵的方法大量工厂化生产此两类氨基酸作为饲料添加剂。

4. 蛋白质营养价值的评定方法

饲料中的蛋白质(氮)不可消化的部分固然不能被利用;可消化部分也不是全部被利用。评定饲料蛋白质的方法颇多,仅介绍两种。

(1)生物价——动物对可消化蛋白质的利用率称为蛋白质的生物价。或者说饲料蛋白质在动物体内被吸收的氮量与被储留的氮量之比。蛋白质的生物价大,表明其蛋白质的营养价值愈高。

(2)蛋白质的净利用率 $= \dfrac{氮在动物体内的储留量}{动物氮的进食量} \times 100\%$

生物价是以消化吸收的氮量为基础;净利用率则以进食的氮量为基础。净利用率实际上是蛋白质的生物价与蛋白质的消化率相结合的评价蛋白质营养价值的方法。

5. 蛋白质的消化吸收

(1)单胃动物蛋白质消化吸收 动物食入各类蛋白质经消化分解为各类氨基酸,由血液输送至体内各部位合成新的蛋白质。

单胃动物消化蛋白质主要是通过消化道分泌各种蛋白酶对蛋白质水解为组成单位——氨基酸后,方能被肠壁吸收。在胃中未被消化的蛋白质进入小肠继续进行消化。在单胃动物的消化蛋白质过程中胰蛋白酶最重要,单胃所进食的蛋白质其中一部分不能被消化(猪约占进食量的10%~15%,马约占20%~30%,)排出体外。但是饲草动物的盲肠、结肠颇发达,在蛋白质消化过程中起着重要作用。据测马在单一采食干草条件下,盲肠、结肠消化蛋白质占消化道消化蛋白质总量的50%。

单胃对蛋白质的吸收部位主要是小肠。氨基酸并不能全部被小肠吸收,并且各种不同的氨基酸的吸收率亦有差别,其中以苯丙、赖氨、丝氨、谷氨、丙氨、脯氨、甘氨等氨基酸的吸收速度较快;此外小肠对同一种氨基酸不同的构型吸收速度也不同。

(2)反刍动物(食草)对蛋白质的消化吸收 反刍动物的消化道结构比较复杂。具有瘤胃、网胃、瓣胃和皱胃四部分组成。其中1~3胃恰是食道部分的变形,无胃液分泌,(4)胃具有单胃动物胃的作用。

瘤胃消化(容积最大,约占整个胃的80%)食进的饲料大部分先进入瘤胃,一部分进入2胃。饲料在瘤胃中与胃液充分混合,隔一段时间,饲料团又返回口腔进行反刍,在(2)胃的协助下,连同1、2胃的容物送至3胃进行磨碎再进入4胃,蛋白质在4胃中的消化(酶的消化)同单胃动物蛋白质在瘤胃中的消化分解可分为两个阶段,首先蛋白质在蛋白酶的作用下分解成肽,然后在肽酶的作用下分解成游离的氨基酸;产生的肽和氨基酸很快被瘤胃细菌合成菌体蛋白(细菌本身),多数情况下都伴随着产生CO_2、氨和挥发性脂肪酸(称为瘤胃发酵)可被细菌利用合成细菌蛋白质。

瘤胃中的细菌很多,饲料中的纤维素的80%是由细菌分解的。瘤胃中有少量的原虫,对碳水化合物的发酵和蛋白质的分解利用有着重要作用,给反雏畜提供菌体蛋白质。

进入瘤胃的饲料蛋白质,其中70%可遭到细菌和纤毛虫的分解,仅有30%的蛋白质未经变化而进入消化道的下一部分,这一部分蛋白质常称为"过瘤胃蛋白质"。这一部分同瘤胃中的微生物蛋白质一同转移至皱胃,随后进入小肠,继续进行消化吸收。蛋白质在皱胃中的消化同单胃动物相似。

反刍动物对蛋白质的吸收,主要在瘤胃和小肠。瘤胃壁具有强烈的吸收氨的能力。蛋白质在瘤胃内被细菌分解成氨,被细菌用于合成菌体蛋白之外,多余的氨被瘤胃壁吸收。

反刍动物对氮化物的利用(非蛋白氮),主要通过瘤胃细菌将含氮饲料分解合成菌体蛋白。

6. 提高饲料蛋白质营养价值原理方法

(1)根据动物生产、维持需要制成全价配合饲料(日粮)饲喂动物,充分发挥饲料的作用。

(2)利用蛋白质的互补作用 一般植物性蛋白质的氨基酸的组成和含量与动物的氨基酸营养需要存在较大的差异,故单一植物性蛋白其营养价值往往较低。若将两种或两种以上的植物蛋白混合,利用其互补作用,可提高过其营养价值。

蛋白质的互补作用——因为蛋白质的组成是配套的,饲料中蛋白质的氨基酸在组成新蛋白质时,有的氨基酸可能是多余的;而有的氨基酸可能不足而表现为限制性氨基酸。对多余的氨基酸在饲料中没有营养意义而浪费;由于存在表现不足的氨基酸,而使蛋白质的营养价值降低。在生产配合日粮时,尽量实现蛋白质的氨基酸配套。例如,某种玉米喂猪,其饲喂价为51%,用某种肉骨粉喂猪,其饲喂价42%,若两份玉米和一份肉骨粉混合其平均生物价为(2×51+42)=48%,而实际生物价为61%。营养价值的提高在于蛋白质的配套和氨基酸的互补作用。

(二)碳水化合物(无氮化合物)概述

植物通过光合作用将能量储存于碳水化合物中,碳水化合物作是能源物质为动物的生活、生产过程提供能量。碳水化合物又称糖类,主要由碳、氢、氧组成,由于氢、氧的比例与水相似,所以称为碳水化合物。其分子通式是$(CH_2O)_n$。

1. 碳水化合物的种类、特点

碳水化合物可分为单糖、低聚糖和多聚糖三大类:

(1)单糖,是组成碳水化合物的基本单位;单糖单位为(C_6H_2O);单糖最重要的如葡萄糖$(C_6H_{12}O_6)$、果糖$(C_6H_{12}O_7)$、半乳糖和甘露糖等对动物的营养有重要意义。

葡萄糖是淀粉、糖元和纤维素的构成单位。在单胃动物,碳水化合物主要是以葡萄糖的形式被机体吸收;在反刍动物中,葡萄糖亦是机体吸收碳水化合物的形式之一。葡萄糖在动物体内作为能源被利用。

果糖是碳水化合物中甜味最重的糖,游离态存在许多植物中。

(2)低聚糖 由2—6个单糖分子失水而成。它又能经水解生成单糖。可分为二糖、三、四、五糖等。

二糖是低聚糖中最重要的异类糖,由两个单糖分子失水生成,通式$C_{12}H_{22}O_{11}$。二糖中以蔗糖、麦芽糖、纤维二糖、乳糖等最为重要。

①蔗糖是一个葡萄糖分子和一个果糖分子结合而成。广泛存在植物中,植物的光合作用,先形成果糖,而后再向植物各部位传送,送至各部位后,又迅速水解为葡萄糖供植物利用;或转变为淀粉加以储存。

②麦芽糖:由两个葡萄糖分子连接而成,它主要是淀粉降解而成的中间产物,淀粉在动物体内经淀粉酶或唾液酶的作用,可水解为麦芽糖。

③三、四、五糖等在豆科子实中较多,它不能在单胃动物消化道中降解为单糖,不能在小肠内被吸收,但有相当一部分进入大肠,经微生物发酵产生大量的气体(主要是氢、二氧化碳)排出体外。

(3)多聚糖主要由10个以上单糖分子脱水结合而成,可分为同聚糖(同一种单糖聚合而成)和异聚糖(一种以上单糖或其衍生物组成)。

多聚糖大都不溶于水,均无甜味,亦无还原性。多聚糖在植物体内分布甚广,按其生理功能一般可将其分为两大类:一类作为储备物质,如植物种子的淀粉,动物体中的糖元;另一类作为植物的结构物质,如纤维素、半纤维素和果胶质等。

①淀粉 由葡萄糖分子聚合而成,其分子式为$(C_6H_{10}O_5)_x$是植物储存的营养物质,存在植物各部位,以子实中最多,玉米淀粉多达65%～72%,小麦57%～75%,稻米62%～82%,马铃薯12%～14%,甘薯16%～17%。

淀粉通常由直链淀粉和支链淀粉组成,直链淀粉可溶于热水,多数植物体内约占25%～30%;支链淀粉分子量较大,不溶于水,在热水中吸水糊化。

淀粉可在淀粉酶或酸的作用下发生水解为小分子,过程产物是糊精,糊精进行水解为麦芽糖,麦芽糖在麦芽糖酶的催化下最后生成。某些淀粉细粒具有一定的抗裂解性,如马铃薯淀粉抗裂解性强,不利于动物的消化道中淀粉酶的消化吸收,所以在饲喂前进行蒸煮使其颗粒软化,以利于淀粉酶渗入颗粒,提高其消化性。

②糖元　存在于动物体的肝脏和肌肉中的碳水化合物,作为营养储备,参与调节血糖含量。血糖低时糖元就分解为葡萄糖;血糖正常时,葡萄糖就合成为糖元。

③纤维素　由葡萄糖分子聚合而成。是植物中含量极为丰富的一种碳水化合物。是构成植物细胞壁的主要成分。

其化学性质稳定,不溶于水,仅能吸水而膨胀,亦不溶于稀酸、稀碱,在强酸作用下方发生水解为葡萄糖。

④半纤维素　主要是戊糖和聚己糖聚合而成。农业秸秆和秕壳中含量较多。化学稳定性较纤维素低,可溶于稀碱,在稀酸分解为戊糖和己糖。

⑤木质素　非碳水化合物,与纤维素、半纤维素伴随存在,共同作为植物细胞壁的构造物质。

2. 碳水化合物的消化吸收

(1)单胃动物对碳水化合物的消化吸收:

①对淀粉的消化吸收,主要是淀粉、糖酶解过程,单胃动物消化道可分泌多种碳水化合物的酶。

动物采食饲料淀粉,首先经唾液淀粉酶解,而未被酶解的淀粉进入小肠后经胰淀粉酶水解,所产生的葡萄糖大部分为小肠壁吸收;剩余的淀粉和葡萄糖转到大肠(盲肠、结肠)中时,遭到细菌的分解产生挥发性脂肪酸和气体(二氧化碳和甲烷)为肠壁吸收,气体排出体外。

②对纤维素的消化吸收:单胃动物的胃不分泌纤维素酶和半纤维素酶,故其不能对纤维素、半纤维素酶解。单胃动物对纤维素和半纤维素的消化主要依赖于盲肠和结肠中的微生物的作用,初生动物的盲肠、结肠中并无微生物,随着采食植物性饲料,逐渐建立其微生物区系。目前已知,猪盲肠中的微生物可以产生纤维素、半纤维素酶,水解纤维素和半纤维素产生挥发性脂肪酸和二氧化碳,脂肪酸为肠壁吸收,气体排出体外。

(2)草食动物(如马、驴等)和杂食动物(如猪)对碳水化合物的消化吸收过程基本相同,但食草动物盲肠发达,其中的细菌区系对纤维素、半维生素有较强的消化能力,例如猪对苜蓿干草中的纤维素消化率仅为18%,而马却高达39%,所以饲料中的纤维素物质在食草性单胃动物中亦有重要意义。

(3)家禽的消化道存在的酶,与哺乳类动物大致相同,唯缺乏乳糖酶,故乳糖不能在家禽消化道中水解。此外家禽的盲肠借助于其中的细菌作用亦可消化少量的纤维素和半纤维素,其消化率一般在18%左右。

(4)反刍动物对碳水化合物的消化水解:与单胃动物的消化吸收不同,碳水化合物经消化分解物主要是以挥发性脂肪酸的形式被吸收,以单糖吸收的碳水化合物为数甚少。

反刍动物对碳水化合物消化分解一般情况如图9-2所示。

图9-2表示,日粮中的各种碳水化合物,首先转变为葡萄糖,然后进一步转变为丙酮酸,最后转变为挥发性脂肪酸,各种挥发性脂肪酸的比例随日粮的成分变化。变化的原因是瘤胃中的细菌组成发生变化所致。在细菌作用下挥发性脂肪酸可以直接被瘤胃、网胃、瓣胃和大肠所

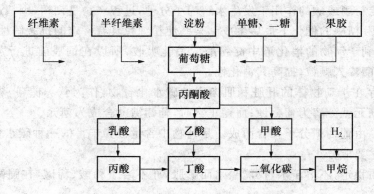

图 9-2　反刍动物对碳水化合物消化分解

吸收,瘤胃吸收的最快。

纤维素不仅在瘤胃或盲肠中的微生物发酵产生挥发性脂肪酸供作动物的能源;而且因其容积大,吸湿性强,难以消化,从而可充实胃肠使动物由饱感,还有刺激消化道黏膜促进肠胃蠕动的作用,有利于饲料的消化吸收。因此粗纤维是动物主要是草食动物所必需的营养物质。试验证明,长期给反刍动物饲喂的粗纤维少于干物质的 7.5%~8% 会引起消化代谢过程紊乱发生营养和代谢疾病。

在饲料营养分析中,将碳水化合物分成无氮浸出物和粗纤维量大类。无氮浸出物以植物的种子中含量胶多。

(三)粗脂肪(乙醚浸出物)概述

粗脂肪的功能是提供热能,虽然其组成都是碳、氢、氧,但是在脂肪中氢的比例大,氧的比例小,因此能产生较大的能量。它是动物体内储备能量的最佳形式。单胃动物靠脂肪酶分解消化吸收。反刍动物也是瘤胃的微生物区系作用下水解为游离的脂肪酸、甘油和半乳糖,它们进一步经微生物发酵产生挥发性脂肪酸。

(四)维生素类

维生素是维持动物体内不可缺少的,用于调节生理过程必需的一类有机化合物。脂溶性的如维生素 A,D,E,K 等,水溶性的如 B_1,B_2,B_3,B_5,B_6 生物素胆碱,叶酸,B_{12} 以及抗坏血酸等。

(五)矿物质可分成两大类:微量元素和常量元素

矿物质,即灰分,是构成动物机体的重要原料,在动物体内约占 4%,其中 5/6 存在于骨骼和牙齿中。与蛋白质协同维持组织细胞的渗透压;保证体液的正常移动和储留;维持机体内酸碱平衡等不可缺少的营养物质。其中常量元素占动物体重量最多的矿物质元素,平均占体重的 1%~2%,包括钙、镁、钠、钾、氯、硫等 7 种,微量元素占动物体总重的 0.01% 以下矿物质的元素,主要包括铁、铜、锌、锰、碘、钴、硒、钼、铬等 41 种。

第二节　青贮饲料生产的微生物过程

一、青贮饲料过程概述

青饲料收割下来时,微生物众多,其中有害的腐败菌最多,而有益的乳酸菌很少。如果不改变条件,田间堆放 2～3 天后,腐败菌急剧繁育,1 g 青饲料细菌数可达数十亿之多,很快就会发霉变质。

青贮过程的实质是微生物活动过程,有益微生物,如乳酸菌繁育抑制有害微生物发育、生存的过程。

青贮初期植物细胞呼吸,消耗其中的空气,产生一些热量,逐步变成嫌气状态,淘汰了好气微生物,也为厌气的乳酸菌发育创造了条件;乳酸菌利用青饲料中的糖分和水分,产生大量的乳酸,使青饲料中 pH 值下降,当 pH 值下降至 4.0 以下时,不耐酸的微生物被杀死;最后 pH 值继续下降,乳酸菌也受到强酸的抑制。使饲料变成了真空无菌状态,完成了青贮过程。

二、青贮微生物过程

青贮饲料的生产过程实质上是微生物过程。

(一)微生物过程

青贮过程的微生物主要有乳酸菌、丁酸菌、腐败菌、醋酸菌、酵母菌和霉菌等。在青贮过程中情况:

1. 乳酸菌

(1)乳酸菌,是促进青饲料发酵的主要有益微生物,属厌气性,耐酸性强,种类较多;主要有德氏乳酸杆菌、乳酸球菌等,以青饲料中的糖分为养料、水分为条件,将葡萄糖发酵转化为乳酸,消耗能量很少。

(2)乳酸菌发酵过程:乳酸菌发酵过程产物不同,有两类发酵过程。

一是同型发酵(乳酸球菌、乳酸杆菌),发酵后只产生乳酸($CH_3CHOHCOOH$)损失能量较少;二是异型发酵,除产生乳酸之外,还产生乙酸、醋酸、甘油和二氧化碳等。

(3)乳酸菌没有蛋白质酶,不能水解、破坏饲料中的蛋白质,因此,优质青贮饲料的蛋白质损失很少。

(4)乳酸菌中有好热性和好冷性。好热性发酵适宜温度达 32～34℃,如果超过这个温度,意味着还有其他微生物参与发酵。当温度高达 70℃ 时,青贮饲料的养分损失较大,应设法避免。好冷性发酵适宜温度 19～30℃,在 25～30℃ 下繁育最快,正常青贮时是好冷性细菌发酵:

$C_6H_{12}O_6$(葡萄糖)$\rightarrow C_3H_6O_3$(乳酸)。

(5)乳酸菌在厌气条件下繁育很快,乳酸不断积累,pH 值不断下降,当 pH＝4.2 以下时,乳酸菌本身也受到抑制。

2. 丁酸菌

厌气,不耐酸,青贮中的有害菌。

(1)丁酸菌可分解葡萄糖、乳酸产生丁酸、氢气、二氧化碳。

$C_6H_{12}O_6$(葡萄糖)$\longrightarrow C_4H_5O_2$(丁酸)$+CO_2+H_2$

$C_3H_6O_2$(乳酸)$\longrightarrow C_4H_5O_2$(丁酸)$+CO_2+H_2$

丁酸是挥发性有机酸,有难闻的臭味,青贮饲料中有百分之几丁酸时就能影响青贮质量。

(2)丁酸菌还能分解蛋白质生成胺,产生恶臭味,因此丁酸发酵程度是鉴定青贮饲料的重要标准。

(3)丁酸菌生存条件与乳酸菌相似,耐高温,但是不耐高酸,即 pH 值约 4.7 时就停止了活动。

3. 腐败菌

腐败菌种类很多,其适应性广,其中与青贮有关的好气性的枯草杆菌、马铃薯杆菌;厌气性的有普通型杆菌。它们能使蛋白质、脂肪、碳水化合物等分解产生氨、二氧化碳、甲烷、碳化氢和氢气等;使青贮饲料变质且产生臭味和苦味。

在正常青贮过程中,好气性腐败菌,因缺氧而死亡;少数厌气性腐败菌能在缺氧条件下繁殖,既耐高温又耐低温,有的能形成芽孢。但是它们不耐酸,当 pH 值达到 4.4 时,即可抑制其生长发育。

4. 醋酸菌

是一种好气细菌。在青贮初期尚又空气存在,能将青饲料中的乙醇变为醋酸,降低青饲料的品质。

$$C_2H_5OH(乙醇)+O_2 \longrightarrow CH_3COOH(醋酸)+H_2O$$

5. 酵母菌

酵母菌利用青饲料中的糖分进行繁殖,可使青饲料中的的蛋白质含量增加;同时可生成酒精等,使青贮饲料具有酒味。但是酵母菌数量少,且在青饲料中只能存活几天。

6. 霉菌

霉菌是青饲料中的有害微生物。是好气细菌,在青贮中若存在较多的空气,就有利于其繁殖,使饲料发酶变质。

青贮饲料过程中的微生物,如表 9-1 所示。

表 9-1　青贮饲料过程中的微生物

微生物	被分解物质	分解产物	适宜温度/℃	空气反应	酸、碱反应
乳酸菌	糖类	乳酸	19～37	厌气	耐酸性强
丁酸菌	糖、蛋白质	丁酸	30～40 耐高温	厌气	耐 pH＝4.7
腐败菌	脂肪、糖、蛋白质	氨、CO_2、沼气、H_2S	高、低温	好气、厌气	不耐酸
醋酸菌	酒精(C_2H_5OH)	醋酸、水		好气	
酵母菌	糖	酒精、蛋白质	25～30	好气	
霉菌	糖、蛋白质	氨、CO_2、水	25～30	好气	耐酸性强

(二)常规青贮发酵过程

1. 植物呼吸及好气性微生物活动阶段

(1)开始时,植物的细胞还活着,约在 1～3 天内仍有呼吸作用,使有机物氧化分解,产生二氧化碳和水并放出热量,直到饲料中的氧气耗尽,转变为厌气状态,植物细胞停止呼吸。($C_6H_{12}O$(葡萄糖)$+6O_2 \longrightarrow CO_2+H_2O+$热量),同时附在原料上的好气微生物利用植物细胞内压榨排出的可溶性碳水化合物等和氧气条件开始活动繁育,如酵母菌、霉菌、腐败菌等繁殖最快。

(2)直到饲料中的氧气耗尽,形成了无氧环境。并产生了 CO、H_2、醇类、有机酸(如醋酸、琥珀酸、乳酸等),使饲料变为酸性;呼吸发酵产生的热量等为乳酸繁殖创造了适宜的环境条件;如果内部残存的氧气过多,细胞呼吸时间过长,好气微生物旺盛,同时温度升高,有时达60℃,削弱了乳酸菌的竞争力,使饲料中的养分遭破坏;消化率、利用率降低——所以青贮过程应尽快排出内部空气,造成嫌气状态。

2. 乳酸菌发酵阶段

当嫌气条件形成后,各种嫌气性微生物迅速繁殖,且很快形成优势。乳酸菌大量繁殖,由于乳酸菌的繁殖,产生大量的乳酸,使内部的 pH 值下降,从而抑制了其他微生物的活动。当 pH＝4.2 以下,乳酸菌的活动也受到了抑制,乳酸菌的活动也逐渐慢下来。一般来说发酵 5～7 天,微生物总量达到高峰,其中以乳酸菌为主。正常发酵一般需要 17～21 天。

3. 发酵过程完成保存期

当乳酸菌产生的乳酸积累到一定程度时,乳酸菌也逐渐衰亡。即乳酸积累到高峰,pH＝4.4～4.2 时,乳酸菌的活动也就停止了,并开始大量死亡,致使青贮饲料内部的厌气、酸性环境、无菌状态,并能长期保存。

三、其他青贮技术方法

(一)加酸青贮

对难青贮的物料,加一定的无机酸和缓冲液,增加其酸度,使 pH 值迅速减低,腐败菌、霉菌活动受到抑制,发酵正常。加酸青贮,颜色鲜绿、味香、品质高、蛋白质分解损失很少,蛋白质损失低于一般青贮饲料。

(二)高蛋白青贮

高蛋白青贮有两种方法。一种含蛋白质含量较高的饲料,通过添加各种制剂,使蛋白质损失达到最小限度,保持高蛋白质含量。例如苜蓿等豆科饲料;在青贮原料中加蚁酸或偏亚硫酸氢钠等;另一种是青贮原料中添加氨化物,例如添加尿素或硫酸铵等,制成的青贮饲料,将其中的含氮物形成微生物蛋白。

(三)低水分青贮

低水分青贮也叫半干青贮,损失较少。其原理是原料含水分低,造成对微生物的生理干燥,一般含水分 45%～50%植物细胞的渗透压高达 55～60 Pa,对腐败菌、铬酸菌 以至乳酸菌均造成生理干燥状态,使其生长、繁育受到抑制。因此青贮过程中,发酵微弱,蛋白质不被分解,有机酸形成的少,在厌氧条件下微生物很快停止生长。低水分青贮饲料呈湿润状态,深绿色,结构完好。兼有干草和青贮饲料的特点。

(四)混合青贮

豆科草含糖量低,单独青贮很难成功,一般豆科草与和本科草混合青贮;豆科草除了 与禾本科草混合青贮之外,还添加富有碳水化合物的原料,例如添加糖蜜、玉米粉或麸皮等。

四、青贮饲料产品指标及青贮的技术要求

(一)青贮饲料的鉴定及指标

1. 颜色

颜色接近青绿色,越近似原料的颜色越好;优质青饲料一般是绿色至黄绿色;品质中等者,呈黄褐色至暗绿色,品质低劣者褐色或暗绿色。

2. 气味

气味品质优良的青饲料,具有芳香味,同时具有较浓的酸味,给人以酸香之感。中等品质酸味较少,而有酒味或醋味。低劣的发霉腐败结果有恶臭味。

3. 质地

质地良好的青贮饲料,质地非常紧密,拿到手中又很松散,质地柔软而湿润,茎、叶、花等保持原来状态,相反黏成一团好像一块污泥,或者质地松散干燥,粗硬,表示水分过多或过少,青贮品质不佳;

4. pH 值

pH 值是鉴定青贮饲料的一项重要指标。如表 9-2。

表 9-2 青贮饲料的评定标准

等级	pH 值	指示颜色	等级	pH 值	指示颜色
上等	3.8~4.4	红到红紫	下等	5.4~6.0	蓝绿到绿
中等	4.6~5.2	紫到黑绿	等外	6.0~6.8	绿

（可在实验室或现场测试,用 0.04% 甲基红与 0.04% 溴甲酚绿,按 1:1 的比例配合进行评定）

(二)青贮的条件及技术要求

制备优质青贮饲料的基本条件主要有

1. 尽快排出内部的空气形成厌气状态

装窖过程要压实;青贮过程要密封;秸秆要切碎。

2. 适当的温度

保持适当的温度,主要是为乳酸菌繁育创造良好的温度条件,青贮玉米以温度在 19~37℃ 为宜,以 19℃ 为最好。内部温度过高也会影响乳酸菌繁殖,温度过高的原因主要是内部空气过多,细胞呼吸所致。

3. 植物适宜的含水分

原料中的含水分对乳酸菌的发酵有重要影响。一般青贮原料的含水分 65%~75%,过高可造成汁液中糖分过于稀薄,不能保证乳酸菌发酵要求的糖分浓度,限制了乳酸发酵导致青饲料变质;水分过多也易遭成汁液的损失;如果含水分过低,也不易压实,易保留大量空气,使产生腐败的危险。

4. 保证青贮饲料原料的一定的含糖量

含糖量使乳酸发酵的关键之一。乳酸菌主要靠原料中的糖分进行发酵。为保证乳酸大量的繁殖产生足够的乳酸,青贮原料中,必须有最低的含糖量,即实际的含糖量比最低含糖量要高。最低含糖量是根据饲料缓冲度计算出来的。饲料的缓冲度是中和每 100 g 全干饲料中的碱性元素,并使其 pH 值降到 4.2 以下所需要的乳酸克数。因为青贮发酵的葡萄糖只有 60% 变成乳酸,所以得乘以 $\frac{100}{60} = 1.7$,即形成 1 克乳酸需要 1.7 g 葡萄糖。

例如玉米每 100 g 干物质需要 2.91 g 乳酸,才能克服其中碱性元素和蛋白质等的缓冲作用,使 pH 值降到 4.2,因此 2.91 是玉米的缓冲度,青贮玉米的最低含糖量是 2.91×1.7＝4.95%,而玉米的实际含糖量是 26%。所以玉米是很适宜青贮的原料。

(三)青贮过程型式

青贮窖中的青贮、青贮塔中的青贮、袋装青贮、裹膜草捆青贮等。在我国多用窖贮,最普遍的是切碎段的青贮,也有窖贮草捆和长散草的;裹膜青贮中圆捆裹膜的比较多,方捆裹膜青贮也应用了。

第三节 微生物在植物营养元素转化中的作用

一、碳素的转化

1. 碳素的生物循环

在自然界中,绿色植物利用光能进行光合作用时,将二氧化碳和水合成碳水化合物。并自土壤吸收氮素和矿物质合成蛋白质。动物和微生物都直接和间接依靠绿色植物而生存。但绿色植物进行光合作用需要二氧化碳是由微生物分解有机质,以及动、植物呼吸作用释放到空气中的,而其中大部分是由微生物作用产生的。因此,在一定程度上绿色植物又靠微生物提供二氧化碳而生存。另外,植物光合作用形的有机物质,如果没有微生物分解作用,那么有机物质则越积越多,而作为所需要的营养物质越来越少,最终将使一切生物无法生存。整个碳素循环可用图9-3表示。

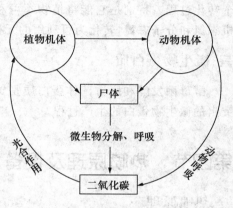

图 9-3 碳素的生物循环

例如纤维素的分解,纤维素是光合作用的主要产物,据估计地球上每年形成量千亿吨以上。它是植物细胞壁的主要成分。一年生植物死后,全部以有机物状态进入土壤;多年生植物也有大量枯枝、落叶、朽根、树皮等落到土壤内;农田中还要施大量的有机肥。所有这些有机物大约50%以上是纤维素。因此,纤维素的分解不仅对提高土壤的肥力增加作物产量具有重要意义,而且也是自然界碳素转化的重要环节。

纤维素是葡萄糖的高分子聚合物。分子量很大,平均每个纤维素分子含有 1 400~10 000 个葡萄糖基,其结构很稳定。工业上可用浓硫酸水解,自然界主要是依靠微生物的作用将其分解。

2. 微生物在碳素转化中的作用

纤维素是光合作用的产物,据估计地球上每年形成量在千亿吨以上。它是植物细胞壁的主要成分。纤维素是葡萄糖高分子聚合物,结构稳定难以分解、消化。工业上可靠浓硫酸水解,而自然界主要依靠微生物的作用将其分解。

(1)微生物分解纤维素时,首先在纤维素酶的作用下将纤维素分解成纤维二糖,再由纤维二糖酶将纤维二糖分解为葡萄糖。

(2)葡萄糖在厌氧条件下,通过多种厌氧性细菌的综合作用,可以产生多种有机酸;在好氧条件下,通过好氧性细菌则可完全氧化成二氧化碳和水。

(3)草食动物的瘤胃和盲肠中,生长着一些分解纤维素的微生物,它们分解纤维素产生各种有机酸,可被动物吸收利用。

(4)微生物分解纤维素是通过纤维素酶的催化作用进行的,所以培养分解纤维素的酶是最重要的环节。

(5)生物质能的生产中,多是利用微生物发酵进行的。

二、氮素转化中的作用

自然界中蕴藏着丰富的氮素物质,它以氮气、有机氮化物和无机氮化物三种形态存在。前两种数量最大,但是不能被植物吸收利用;后一种虽然能被植物吸收利用,但是数量很少,远不能满足需要。自然界在微生物的作用下,三种形态互相转化,保持了生态的平衡。氮素的生物循环如图9-4所示。

可以看出,在氮素循环中,微生物参与了每个转化过程。特别是它能将植物不可利用的有机态氮和分子态氮,转化为可利用的无机态氮。

三、微生物蛋白质

酵母菌发酵和瘤胃菌体蛋白质是饲料中最突出的微生物蛋白的生产过程。

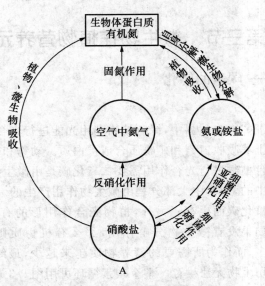

图 9-4　氮素的微生物循环图

第四节　热喷原理及设备

一、热喷原理

所谓热喷是对植物秸秆物料施以高温、高压而后喷放的处理过程。主要是改变木质素、纤维素的结构,提高其消化率和利用率。热喷是热化学过程。

(一)热喷工艺的纤维化学基础

热喷工艺技术主要是提高粗饲料的消化率和利用率。

粗饲料存在的消化阻碍因素,文献上提出消化阻碍因素依次有:

茎叶表皮角质层和硅细胞的阻抑;胞间木质素的障碍;胞壁结壳物质的阻隔;纤维素链分子结晶结构的高抗腐蚀性。进而认为,角质层和硅细胞的阻抑在理化处理中不难消除;胞间木质素的障碍在诸因素中当居首位。主要是胞间木质素、纤维素、半纤维素的紧密的结合的阻碍。

(二)热喷原理

热喷处理工艺,以消除秸秆中消化障碍因素为目的。通过热效应使胞间木质素熔化,使纤维素结晶度有所降低;再通过喷放的机械效应,使应力在熔化木质素的脆弱结构中集中,乃至细胞与细胞撕开而成游离状态。可望在三个方面使消化障碍得到一定的克服:即表皮角质层和硅细胞的阻抑基本得到消除;胞间木质素的障碍得到相当大的消除;纤维素的部分晶区被打开。使处理后的秸秆的消化率得到提高。

1. 热处理的物理化学作用

秸秆在 $140\sim250℃$(相当于 $4\sim40$ kg/cm² 饱和蒸汽温度)的较高温度下,与较短的时间内(3 min)完成,发生的变化:

(1)木质素熔化(塑化);木质素在高温、酸性介质中的溶解与水解。

(2)纤维素降解,半纤维素在在高温蒸汽作用下更易水解——所以易于消化。

2. 热喷处理的机械效应

热处理中。木质素已成熔化状态,成为细胞间结构薄弱区。全压喷放,物料高速运行,在管中产生强烈的摩擦使细胞和细胞之间互相错位和撕裂;在细胞之间、细胞腔内及细胞壁内的微细孔隙处存在有饱和的水蒸气、CO_2、O_2、N_2 等气体,当喷放骤然减压时,其中的气体急剧向外膨胀,撕裂细胞和使细胞蓬松。

——提高了消化率。

二、热喷机

(一)热喷机的原理、结构

热喷机主要有中压锅炉、热压罐、泄力罐组成。

1. 中压蒸汽锅炉

选择中压锅炉($16\sim59$ kg/cm² 压力)提供一定温度的过热蒸汽。

(1)按照小时处理饲料的量,确定锅炉的蒸发量

例如热压罐装罐量 50 kg,单罐周期 6 min,则 1 h 10 罐,即 1 h 处理 500 kg 饲料;按照 1:2 的比例需要 250 kg 蒸汽的锅炉,考虑到损失,需附加 20% 的蒸汽,则锅炉的蒸发量应定为 300 kg/h。

(2)锅炉的工作压力的确定

不同的饲料达到细胞分离需要的压力不同,例如木材,喷放压力 70 kg/cm² 以上,需高压锅炉;禾本科原料,喷放压力 $30\sim40$ kg/cm²,仅需要 40 kg/cm² 以下的中压锅炉。

(3)锅炉的蒸发温度

按照热处理的温度确定锅炉的蒸发温度。这是一个需要继续研究的问题。

2. 热压罐

是高压蒸汽加热饲料的密封容器。其上装有压力表,安全阀,排气阀门;连接进料管道,进料管与罐体成切线方向。罐的下方有排料管,其上装有球形阀门,球心阀的另一端的排料管与泄力罐连接。

进入罐的蒸汽应在短时间内均匀充满全罐,罐体外壁最好有烟气通过,使罐壁保持一定的温度,例如 180℃,可以大大减少罐内冷凝水。

3. 泄力罐

(1)从热压罐沿排料罐高速排出的饲料进入泄力罐。因此泄力罐承受的冲击力很大。例如 75 kg/cm²(绝干饲料+水)冲击力达 408 kg/cm²。

(2)为了泄力降压,泄力罐作成上小、下大的结构。

(3)饲料从切向喷入,饲料在罐内做旋转运动的同时下落,落向出口处(卸料)。喷入罐内的高温蒸汽则沿罐壁上升,经上筒排出,达到了料气分离。废气可以回收。

4. 热喷机的工作原理

如图 9-5(试验机)所示。

烧锅炉的烟通过烟道 1。进入热压罐外夹层烟道加热热力罐 B,有引风机将烟通过烟囱 5。排出机外;尾烟温度不低于 180℃,使热压罐壁温度保持在 180℃以上;

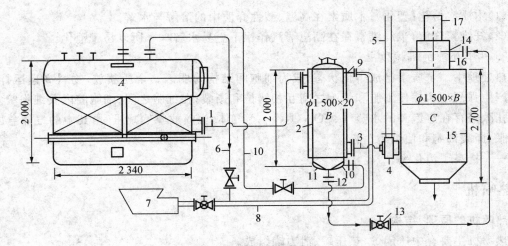

图 9-5 中型热喷试验机

A-中压锅炉；B-热压罐；C-泄力罐

1. 烟道；2. 热压罐外夹层烟道；3. 夹层引出管道；4. 引风机；5. 烟囱；6. 进料供气管；7. 料斗；

8. 进料管；9. 热压罐进料口；10. 蒸汽供气管；11. 罐底漏斗；12. 排料管；13. 球心阀门；

14. 排料管入口；15. 下筒；16. 中筒；17. 上筒

由蒸汽管道 10。将蒸汽通入热压罐漏斗 11 的下部，而后热蒸汽烟狭缝上升充满全罐。进料供气管 6 的阀门打开，高压蒸汽和料斗 7 中的饲料一同经进料管 8 从热压罐进料口 9，喷入热压罐。热压罐内高压（例如 40 kg/cm² 以上），温度在 250℃ 以上。

热压罐内处理完毕，开启球心阀门 13，料气经排料管高速喷出，经过排料管入口 14，进入卸料罐，在卸料罐中进行料气分离，完成一个工作周期。热喷设备如图 9-6 所示。

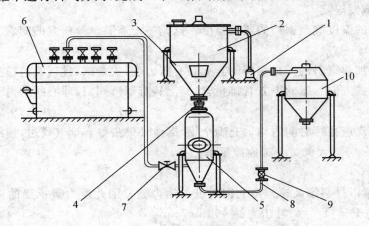

图 9-6 热喷设备

1. 切碎机；2. 储料箱；3. 进料漏斗；4. 进料阀；5. 压力阀；6. 锅炉；

7. 供气阀；8. 排料管；9. 排料阀；10. 泄力罐

(二)热喷技术的应用

1. 热喷粗饲料

对秸秆、秕壳、劣质稻草、灌木、树条，林木副产物是最大数量的可再生粗饲料资源。其所含能量及蛋白质丰富。热喷处理效果，如表 9-3 所示。

表 9-3 热喷处理效果

原始粗饲料	热喷粗饲料
牛羊采食量＜体重的 1％	牛羊采食量＞体重的 2％
有机物消化率 20％～45％，净能值低	有机物消化率 40％～70％，净能值提高 50％
外加尿素、氨、磷胺、碳铵等利用率低，不安全	外加尿素、氨、磷胺、碳铵等利用率高，安全
瘤胃内消化时总酸量低，乙酸∶丙酸比值高	瘤胃内消化时总酸量高，乙酸∶丙酸比值低
总消化养分明显低于草原干草	总消化养分相当于草原干草
饲喂奶牛时产奶量低于草原干草	饲喂奶牛时产奶量低于草原干草
饲喂肉牛时增重低于草原干草	饲喂肉牛时增重低于草原干草
饲喂绵羊时增重率低	饲喂绵羊时增重率较原始提高 50％

热喷的粗饲料如图 9-7 所示。

图 9-7 热喷的粗饲料
左是原料，右是热喷结果
由上而下：稻草，玉米秸秆，红柳，灌木（锦鸡儿），木块

2. 热喷饼粕去毒及过瘤胃蛋白

菜子饼、棉子饼、蓖麻饼、生大豆饼是一批宝贵的蛋白质资源，热喷技术提供了一项多种饼去毒、改善适口性的工业方法。当饲喂牛、羊、驼等反雏家畜时，适当的热喷处理还可使饼粕蛋白质具有过瘤胃的特性，减少瘤胃发酵分解而增加小肠内氨基酸数量，取得增重增毛的生产效

果,如表 9-4 所示。

表 9-4 热喷技术处理效果

项目	菜子饼		棉子饼		蓖麻饼		生大豆饼	
	原始	热喷	原始	热喷	原始	热喷	原始	热喷
去毒率(%)	0	5~90	0	85 以上	0	80 以上	0	90 以上
氨基酸总量变化	100	99.48	100	106.68	100	111.05	100	97.49

3. 热喷畜禽粪便

在我国热喷鸡粪为饲料已进入市场,其效果可以提高有机物的消化率;除臭、灭菌、杀虫卵;热喷不降低氨基酸的含量。在奶牛饲料中 2 kg 热喷鸡粪可替代 1 kg 精料;育肥猪可替代 15%~25%的混合精料。

4. 可热喷动物性副产物蛋白饲料等

第五节 植物蛋白质提取

一、叶蛋白质及其意义

1. 叶蛋白

绿色植物的叶子含有大量的蛋白质,称为叶蛋白(Leaf Protein Concentracte),可称 LPC,一般占其干物质的 15%~25%。

将青鲜绿叶中的蛋白提取出来,可作为高品质的蛋白质饲料或食品,用于饲料、食品生产。提取 LPC 后剩余的草渣可制作青贮饲料或直接饲喂反刍动物,同原来植物相比,剩余的草渣与青贮物的营养价值相差不大。通过 LPC 的提取,可使绿叶蛋白的利用率提高至 87%,是有效利用绿叶蛋白的最佳途径。

(1)叶蛋白的营养成分

叶蛋白的成分取决于植物的种类及生产工艺和手段。叶蛋白中粗蛋白含量 40%~60%,其中蛋白质中的氨基酸与大豆相近。据前苏联报道用苜蓿提取的叶蛋白含粗蛋白质 54%~60%,粗纤维 3.4%~4.7%,无氮浸出物 12.8%~13.2%,粗灰分 5.14%~6.5%,胡萝卜素 322~802 mg/kg,水分 4.2%~8.7%。

(2)饲喂价值,每千克含 416~465 g 可消化蛋白,98.4~109.7 g 可消化脂肪。氨基酸齐全,叶黄素胡萝卜素含量高,喂鸡效果更好。

2. 提取叶蛋白后的草渣

榨汁后的草渣呈绿色,也是草食动物的优良饲料,据报道,苜蓿草渣,含水分 65%,粗蛋白 12.2%,粗脂肪 1.8%,粗纤维 28.6%,无氮浸出物 50.1%,灰分 7.3%,草渣与原料秆草相比差别不大,如表 9-5 所示。

二、叶蛋白提取工艺

(一)原料

含蛋白高的无毒绿色植物,各类优良牧草、青绿饲料及水生植物等,如豆科、禾本科草,薯类、甜菜、向日葵、蔬菜叶,浮萍等。

表 9-5　草渣与原料的成分含量

植物成分	干物质含量		含氮量		体外消化率	
	原料	草渣	原料	草渣	原料	草渣
混播白三叶草(88%)	19.7	21.5	3.26	3.04	79.9	78.4
白三叶草(70%)	21.7	22.1	3.03	2.80	74.3	72.1
苜蓿(100%)	21.3	22.7	3.67	3.03	67.3	

含叶量丰富,种植过程适当施氮肥,制取叶蛋白要求最佳阶段收割,尽量减少污染等。一般要进行清洗。

(二)工艺过程

(1)基本问题是要破坏植物细胞壁结构,榨出细胞中的汁液,即细胞的蛋白质部分(内含叶绿体,线粒体,核糖体和其他蛋白质浓缩物)。破坏细胞壁的方法有机械粉碎和热化学加工。试验表明,粉碎的越细蛋白质的提取率越高,兼顾草渣的利用,试验一般不要粉碎太细。

(2)常用的工艺过程如图 9-8 所示。

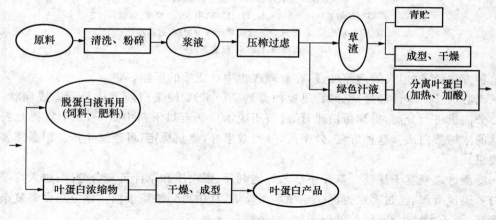

图 9-8　叶蛋白提取常用的工艺过程

其中,①粉碎成碎段,将茎秆表面尽可能的破坏,以提高出汁率;内部仍需保持一定的纤维结构,以保证饲喂反刍畜。国外一般用锤片式粉碎机。也有用打浆机和揉碎机等。②压榨,压榨的目的就是将其中的水分充分挤压出来,使汁液——草渣分离。

国外资料显示,用搅龙(螺旋推进器)压榨比较适宜,压榨出汁和草渣压块可在同一个机器过程中完成;搅龙的压榨区外围加上过滤部件,将草汁排出,草渣被压成草块或进行青贮或干燥。压榨持续时间约 20 s,出汁率可达 60%,压榨后,草汁、草渣各占 50%;草汁需要进行浓缩处理。草汁压榨机械工艺如图 9-9 所示。

(3)草汁也需要及时收集和处理

压榨后的草汁,一般需要经过初筛将草汁中悬浮草渣筛离出去,对干净的草汁比较经济的处理方法有沉淀法和离心法等。

•沉淀法——在草汁中加入醋酸、丙酸以降低 pH 值,使蛋白质等养分物质沉淀离析而

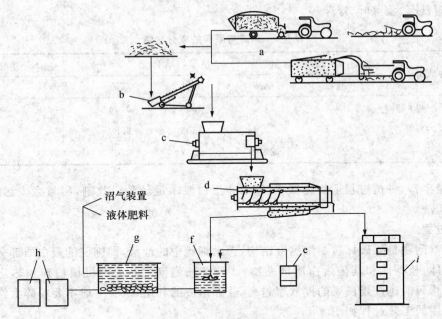

图 9-9　草汁压榨主要生产过程

a. 原料的收获——（清洗）；b. 均匀输送、喂入；c. 粉碎、打浆；

d. 螺旋挤压；e.f. 汁液收集盒向草汁液中加酸，进行搅拌；

i. 草渣处理；f. g. h. 浓缩蛋白质

出。这种方法经济，但是处理速度慢，在处理过程中有变质的可能。

• 离心法——草汁经过筛分后，迅速加温到 70～85℃ 使蛋白质等成分凝固成糊状，然后用离心分离机进行分离，得到蛋白质膏，经挤压脱水后送至烘干箱中烘干，烘干后得到粉状或颗粒状的浓缩蛋白质。这种方法，效率高，分离效果好，质量稳定，可连续生产。但是需要相应的分离机。

• 冷凝分离喷雾干燥——草汁中加入气泡剂后，蛋白质和草汁可充分分离；进入冷凝罐中使蛋白质迅速凝解，经过多次过滤送至喷雾干燥塔，从中得到浓缩蛋白。该方法设备复杂操作要求严格，适于大型生产（例如处理 20 t/h）采用；

• 发酵分离干燥法——草汁筛分后，送至厌氧的发酵罐中发酵，用压虑器进行脱水，浓汁烘干后称为浓缩蛋白。这种方法工艺简单，速度快，能耗低。

分离出的浓缩蛋白质除加工成固态物外，亦可糊状进行较长时间存放利用；淡化的（稀）草汁可作为肥料或沼气发生用。

一般生产浓缩固态蛋白质草汁处理主要设备除了压榨草汁的粉碎机、螺旋压榨机之外，需要发酵罐、滚筒烘干机以及输浆泵等辅助设备。草汁由输浆泵送至发酵罐发酵；经过离心脱水分离机，将汁液送至滚筒烘干机，同时将废液送至废浆罐。

中国农科院草原研究所对一年生苜蓿处理的 LPC 中，叶蛋白含量高达 66.31%，占鲜草干物质重量的 16.3%，LPC 提取率达 56.27%。

中国农科院草原研究所提供的饲喂试验结果，在基础日粮相同的条件下添加 LPC、鱼粉、豆饼进行喂鸡试验，LPC 可以替代 80% 的鱼粉动物蛋白质，而对生长指标无影响，并可改善肉鸡酮体的质量性状。

第六节　秸秆的化学处理

我国农业秸秆资源丰富。秸秆中的氮、可溶性糖类、矿物质以及胡萝卜素含量较低；而纤维物质含量很高。作为饲料动物采食量少，消化性差。纤维物质可用细胞壁成分（CWC）表示，主要包括纤维素、半纤维素和木质素等。秸秆饲料除了CWC部分之外，细胞的内含物，包括蛋白质、淀粉、糖、脂质、有机酸及可溶性灰分等。纤维素和半纤维素可在瘤胃微生物作用下分解，最终成为反刍畜的能源。但是在自然状态下，CWC的各成分互相交错地结合在一起；作物成熟度越高，这种结合就越紧密，纤维素和半纤维素就越难消化。某些粗饲料的CWC中还含有大量的硅酸盐和角质等；这些物质也影响饲料的消化。例如妨碍稻草消化的主要因素常常是硅酸盐而不是木质素。

基于上述因素，改善植物细胞壁成分消化性的方法，主要着眼于破坏其组织结构，降低纤维成分结晶性、改变分子结构，以及除去妨碍消化的木质素、硅酸盐等物质。其中化学处理就是其中的一类重要处理方法。化学处理包括碱化处理、氨化处理、氨、碱复合处理。

一、碱化处理

碱化处理中碱类物质使饲料纤维内部结合键变弱，使纤维素分子膨胀，使CWC中纤维素与木质素间的联系削弱，溶解半纤维素。这样就利于反刍畜前胃中的微生物作用，更易为瘤胃微生物附着和消化。因而碱化的主要是提高秸秆的消化率。碱化处理的方法主要有两种。

（一）氢氧化钠处理

1. 氢氧化钠湿法处理

最初由贝克曼提出的，所以称为贝克曼法

配制相当于秸秆10倍量的氢氧化钠溶液，将秸秆浸泡一定的时间后，用水洗净余碱，即可饲喂。此法可大大提高秸秆的消化率，但是水洗过程养分损失大，而且水洗易造成环境污染，没有广泛应用。

2. 干法处理

1960年代提出了所谓的"干法"，即将高浓度的氢氧化钠溶液喷洒于秸秆，通过充分混合使碱溶液渗透于秸秆，处理后不需水洗即可饲喂。干法处理最大的问题担心残留于秸秆的余碱对动物的影响。

3. 浸渍法

挪威等国提出了取消水洗的浸渍法，处理秸秆的营养价值与贝克曼法相近，将切碎的秸秆（压成捆更好）浸泡在1.5%的氢氧化钠溶液中，30～60 min捞出，放置3～4天进行熟化，即可饲喂。据报道，此法可使秸秆有机物消化率提高20%～25%。如果在浸泡液中加入3%～5%的尿素，则处理效果更佳。

碱化处理仅能提高秸秆的消化率，促进消化道内容物排空，所以也能提高牲畜的采食量，但是不能改善其适口性。

（二）石灰水处理

石灰与水形成氢氧化钙溶液是一种弱碱溶液，处理秸秆的时间比较长。可以浸泡也可以喷淋。浸泡法一般将100 kg的秸秆用3 kg生石灰加水200～250 L或者石灰乳9 kg兑250 L水。为了增进适口性,可加入0.5%的食盐。处理后的湿秸秆在水泥地上摊放1天以上,不需冲洗即可饲喂。因为处理的时间较长,氢氧化钙容易与空气中的二氧化碳化合生成碳酸钙,碳酸钙是一种无用物质,因此不能用在空气中熟化的石灰,要用迅速熟化的好石灰。石灰在水中溶解度很低,最好用石灰乳。

(三)碱化处理工艺、设备

1. 碱化处理工艺(国外)苛性钠处理茎秆的固定设备原理

如图 9-10 所示。

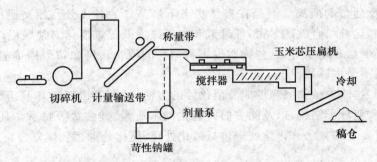

图 9-10　国外苛性钠处理茎秆的固定设备原理

秸秆经切碎机切碎,通过计量输送带,由剂量泵将苛性钠溶液计量喷入,将碎段秸秆称量进入搅拌器搅拌融和,接着在搅拌机上进行混合搅拌均匀,再可用秸秆压榨器把茎秆压扁(尤其对玉米秸秆),压扁后可以提高密度促进化学变化。

对于工厂化处理秸秆,在处理后,对秸秆进行继续加工,加工成草粉、配合饲料、或者制成颗粒等。印度庞特农业技术大学动物营养教授 M·G·杰克逊实现了每小时处理秸秆 4～5 t的工艺流程,如图 9-11 所示。

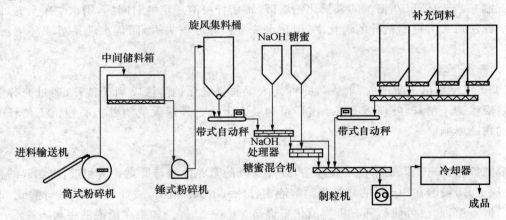

图 9-11　工厂化处理秸秆工艺流程

进料一般是秸秆捆,将秸秆捆送上输送机、进入筒式粉碎机进行初粉(揉)碎,将草粉送入中间储料仓,(有的在筒式粉碎机和储料仓之间的升运机中装上电热器,对秸秆粉进行干燥),粉碎成草粉后进入集料桶(仓),仓中的草粉计量进入处理器,氢氧化钠溶液喷在处理器的草粉上,搅拌融合,在进入糖蜜混合机与进入的糖蜜进行搅拌混合,混合后草粉和计量补充饲料一同进入输送器并进行混合,混合粉料进入制粒机制粒。碱化处理有利于制粒,试验颗粒非常坚实。制粒后进行冷却储存。制粒后立即冷却。

　2. 典型处理设备

　秸秆化学处理机,一般也称化学调制机或秸秆调制机。有的是碱化处理,有的碱、氨化处理(称综合调制机)

　(1)93JCZ-1000 型化学处理机组

　可将麦秸、稻草、干玉米秸秆等进行切碎、化学处理,改善适口性,提高消化率。机组固定作业,可移动式。适于规模饲养的畜牧场、家庭饲养场等应用。如图 9-12 所示。

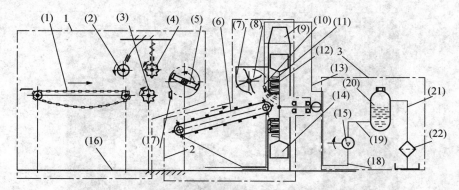

图 9-12　93JCZ-1000 型化学处理机组简图

1. 预切碎部分；2. 化学处理部分；3. 药液喷洒部分

(1)秸秆输送喂入链；(2)、(3)、(4)秸秆喂入口；(5)切碎器；(17)定刀；(6)切碎段带式输送器；(7)条状梳板

(8)指形轮将切碎段均匀的喂进动盘(11)和定盘(12)、风扇(14)组成的处理机进行化学学处理；

(10)药液流管,处理后的碎段经出口(9)抛出机外；(15)药液泵；(16)机架；

(18)出液管；(19)连接管；(20)缓冲管；(21)进液管；(22)吸嘴

　(2)93JCZ-1000 型秸秆调制机外形,如图 9-13 所示。

图 9-13　93JCZ-1000 型秸秆调制机

主要性能指标参数:

生产率:1 000 kg/h;

千瓦小时生产率:＞100 kg/(kW·h);

搅拌均匀度变异系数:＜10%;

秸秆预切长度:20～50 mm;

药液供应量:150 L/h,250 L/h,可调节;

机组配套动力:10.5 kW;

搅拌器主轴转速:970 r/min;

处理秸秆的含水量＜13%。

(3)9JT-1 秸秆调制机如图 9-14 所示。

图 9-14　9JT-1 秸秆调制机

主要技术性能规格:

生产率:800～1 000 kg/h;

动力:28 马力拖拉机(动力输出轴转速 540 r/min);

化学剂及用量:烧碱 3%～6%或尿素 3%～4%;

秸秆预切长度:30～50 mm;

处理后秸秆含水率:烧碱处理时＜25%,尿素处理时 40%左右;

处理搅拌均匀度变异系数＜15%。

(4)丹麦 TRAATUP(多奴)805 型调制机如图 9-15 所示。

二、氨化处理

氨化处理始于 20 世纪三四十年代,最初仅限于非蛋白氮的利用上,六七十年代转向处理各种粗饲料以提高其饲用价值。秸秆含氮量低,与氨相遇时其有机物遇氨发生氨解反应破坏木质素与多糖(纤维素和半纤维素)的键结合,并形成铵盐,铵盐则成为牛羊瘤胃内微生物的氮源,获得氮源后微生物活力大大提高,对饲料的消化率增强。另外铵溶于水形成氢氧化铵,对粗饲料有碱化作用,因此氨化处理通过氨化与碱化的双重作用提高秸秆的营养价值。氨化可使秸秆的消化率提高 20%,可使秸秆的蛋白质含量提高 1～2 倍;还可提高牲畜的适口性与采食速度;氨化后秸秆的总的营养价值可提高 1 倍以上,达到 0.4～0.5 个饲料单位。含水分高

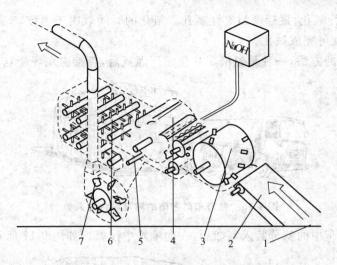

图 9-15 805 秸秆调制机
1、2. 输送喂入部分;3. 切开草捆;4. 切碎部分;5. 喷洒碱液部分;6. 搅拌混合器;7. 输送风扇

的秸秆经氨化可以防止霉变。氨化还能杀死杂草种子、寄生虫卵及病菌。理论上液氨、氨水、碳铵甚至尿素都可作为氨源,但是氨处理需要一定的设备。

(一)氨源

（1）液氨 即无水氨（NH_3）,含氮量 82.3%,常用量为秸秆的 3%,是最为经济的一种氨源,氨化效果也最好;常温下为气体,在高压容器中为液态。

（2）尿素 $CO(NH_2)$ 含氮 46.67%,在适宜温度和脲酶的作用下,可分解成二氧化碳和氨:

$$CO(NH_2)_2 + H_2O \longrightarrow 2NH_3 + CO_2$$

生成的氨可以氨化秸秆。尿素的用量范围较大。一般推荐用量为秸秆干物质重量的 4%～5%。尿素可以在常温下方便运输,氨化时不需要复杂设备,是我国目前普遍使用的一种氨源,氨化效果好,仅次于液氨,比碳铵要好。

（3）碳铵（NH_4HCO_3） 含氮量 15%～17%,在适宜温度下可以分解成氨二氧化碳和水:

$$NH_4HCO_3（加热）\longrightarrow NH_3 + CO_2 \longrightarrow H_2O$$

碳铵是化肥工业的主要产品,供应充足,价格便宜,氨化处理理论用量一般是 14%～19%。由于低温下分解不完全,用氨化炉氨化,温度可达 90℃,碳铵可以完全分解,一天就可完成氨化处理。

（4）氨水 是氨的水溶液,一般浓度 20%,常用量（氨浓度 20%）为秸秆干物质重量的 12%。

(二)秸秆氨化处理的方法

我国广泛采用的氨化方法有堆垛法、窖（池）法和氨化炉法。

1. 堆垛法

选择地势高、干燥、平整地面;铺上无毒聚乙烯薄膜;将秸秆（松散或草捆,草捆更好;切碎或不切碎,切碎更好,含水分 20%或以上）堆垛后在用无毒聚乙烯薄膜盖严;注入秸秆干物质重量3‰的液氨进行氨化,最后密封好注氨孔。氨化的时间取决于温度,5～15℃需4周时间,30℃以上,约一周就可完成氨化。

目前采取注氨的方法,一种是氨槽车从化肥厂灌氨后,直接去现场注氨,如图9-16所示。

图 9-16　氨槽车向密闭的秸秆垛内注入氨

一种是将氨槽车中的氨分装入氨瓶后,在向堆垛中注氨。如图9-17所示。

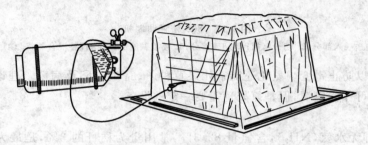

图 9-17　用氨瓶向密闭秸秆垛中注氨

2. 窖(池)法

是我国最为普及的方法。将秸秆切碎,每100 kg秸秆(干物质)用5 kg尿素、40～60 kg水,把尿素(或碳铵)溶于水中、搅拌,待完全熔化后,分数次均匀洒在秸秆上(入池前后喷洒皆可),如入窖前摊开喷洒则更均匀。边装,边踩实,装满踩实后用薄膜覆盖密封,在用细土压好即可。秸秆氨化池如图9-18所示。氨化时间接秆入池并铵比例加入尿素活碳铵溶液后密封。然后点燃炉膛秸秆(约用氨化秸秆量的5%～10%)进行加温。大约半天即可使池中温度大于30℃,然后停火、密封一周时间即可利用。若想缩短氨化时间,只需加大大量或延长加温时间。

3. 氨化炉法

(1)在氨化炉中进行氨化,氨化

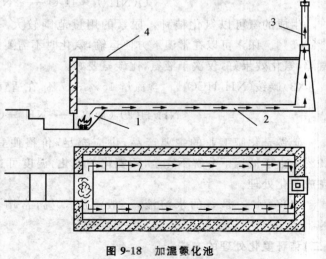

图 9-18　加温氨化池
1. 炉膛;2. 烟道;3. 烟囱;4. 塑料薄膜

炉有金属箱式和土建式,有炉体、加热装置、空气循环系统和秸秆车组成。炉体要保温、密封和耐酸、碱腐蚀。可用电加热,也可用煤等燃料通过水蒸气加热。草车为装料、卸料用,要便于装、卸、运输和加热。

（2）将秸秆（最好是草捆）装于车中；用相当于秸秆干物质 8%～12% 的碳铵（或 5% 的尿素）处理，碳铵最好预先溶于水中，均匀地喷洒在秸秆干上，秸秆的含水率调节到 45% 左右。草车装满后推进炉内，关门后加热 14～15 h 后，切断热源，再焖 5～6 个 h，即可打开炉门，将草车推出，让其通风，放掉余氨，即可饲喂。氨化炉如图 9-19 所示。

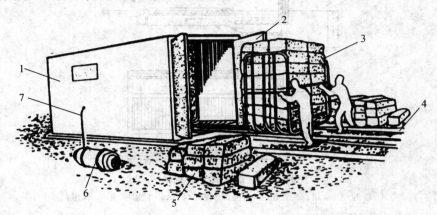

图 9-19　氨化炉外观
1. 氨化炉；2. 炉门；3. 草车；4. 轨道；5. 草捆；6. 氨瓶；7. 注氨枪

氨化炉由炉体和草车组成。可沿轨道将草车推进和拉出。氨化炉所用的氨源可以是液氨和碳铵，图中是液氨。液氨由高压氨瓶贮运。由于尿素是通过尿素酶与秸秆进行化学反应分解出氨的，所以它不适温度高于 90℃ 的氨化炉中使用。

氨化炉的热源有电、蒸汽和煤。氨化炉可以是金属的或土建式。对于炉体容积 30 m³ 的电加热金属箱式氨化炉其基本参数如表 9-6。

表 9-6　电加热金属箱式氨化炉其基本参数

指标	数据	指标	数据
外形尺寸（m³）	$6.2 \times 2.4 \times 2.6$	功率	加热器 $21 \times 6 = 12$，风机 0.55
炉室尺寸（m³）	$5.8 \times 2.3 \times 2.3 = 30$	煤炉耗电量（kW/h）	110～140
空重（kg）	2 000	生产率（kg/炉）	1 500～2 000
电源电压（伏）	360	生产周期（h）	24

用电通过电热管进行加热，温度用温控仪可自控，用时间继电器控制加热时间。如果用蒸汽作为热源，可用牛场的消毒的蒸汽锅炉箱氨化炉重供热气，干燥时保证温度达到 70℃ 保持 10～12 h，然后焖炉 22～24 h，即可开炉取草。其费用仅为用电的 40% 以下。

用燃煤加热的同时又能产生蒸汽为土建式氨化炉加热。如图 9-20 所示。

施氨设备（液氨瓶和氨枪）如图 9-21 所示。

从氨槽车向氨瓶输氨的系统如图 9-22 所示。

（三）氨化秸秆产品鉴定

1. 感官鉴定

氨化后的秸秆，质地变软，颜色呈棕黄色或浅褐色，释放余氨后气味糊香；颜色变为灰色、

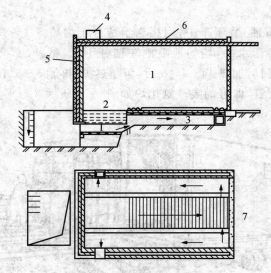

图 9-20　煤气式土建氨化炉

1. 炉膛；2. 水箱；3. 烟道；4. 烟囱；5. 保温材料；6. 保温室顶；7. 保温门

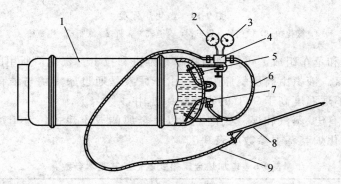

图 9-21　施氨设备

1. 氨瓶；2. 低压表；3. 高压表；4. 流量计；5. 安全塞；6. 高压管；7. 阀门；8. 氨枪；9. 低压管

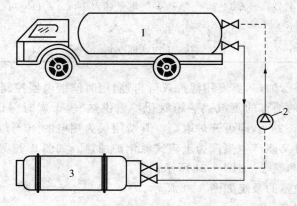

图 9-22　槽车向氨瓶输氨的系统

1. 氨槽汽车；2. 氨压缩机；3. 氨瓶

白色、发粘或结块，说明已经霉变，不能饲喂。

2. 化学分析

化学分析法使用普遍。

通过分析氨化前后秸秆的各项主要指标（如秸秆物质消化率，粗蛋白等），判定秸秆质量的改进幅度。

3. 生物技术法

如利用动物瘤胃瘘管尼龙袋测试秸秆的消化率。

4. 生产饲喂对比试验。

第七节　生物质能的生产过程

一、概述

生物质能的生产，已经延伸到化工能源领域，但是从草资源的生产、加工，尤其生物质能的前处理（生产、收集、处理、运输）工程与草业机械不可分割。故在此仅作简单的介绍。

生物质是指通过光合作用生成的各种有机体。广义上，生物质包括所有植物体、微生物以及以植物、微生物为食物的动物及其生产的废弃物。在我国农业秸秆是储量较大的生物质资源。在这里所谓生物质能的生产，主要是用农业秸秆等植物资源生产乙醇、柴油、沼气及其他生物燃料。从草资源开发、处理的角度，对此仅是作一般介绍。

除了生物质直接燃烧之外，目前主要有

1. 固化成型

主要以植物秸秆、稻壳、生活垃圾等固体废弃物经过挤压成高密度的捆、块、颗粒或制成薪棒，直接作为能源进行燃烧或经过脱烟炭化成清洁碳。

2. 生物质热分解

也称热化学反应，将生物质大分子物质（木质素、纤维素、半纤维素等）分解成较小分子的燃料物质（固态碳、可燃气体、生物油）根据产物的不同，热分解分为干馏炭化、热解汽化、热解液化。

所谓干馏炭化——是在完全无氧或只通过有限氧的情况下对生物质进行加热分解而取得多种产品。干馏炭化主要分为干燥、予炭化、炭化和煅烧四个阶段，其产物是固态炭、生物油和可燃气体。

热解汽化——生物质在汽化装置中，通入部分空气、氧或蒸汽，使生物质进行部分燃烧，从而使生物质在高温条件下与汽化剂（空气、氧气及水蒸气）发生反应得到可燃气体。

生物质热解液化——是传统热解基础上发展起来的一种技术，目的是尽可能的直接得到液态产品，仅有少量气体和少量或不含焦炭的液体油。

3. 生物质生物转化

生物质通过微生物的生物生化过程生产高品位的气、液燃料。

二、液态燃料

1. 燃料乙醇

10%的燃料乙醇与汽油混合的乙醇汽油已经在使用。

生产生物乙醇,以淀粉和油菜籽为原料;也可以农业秸秆、残茬根、树木及其废弃物等的植物纤维为原料通过微生物过程产生的。可以水解植物纤维素的纤维素酶来分解植物纤维将其中的糖分发酵为乙醇。但目前以淀粉为原料的燃料乙醇生产,从其生产成本不具有经济意义。以植物纤维等为原料生产乙醇,是值得期待的。2000 年我国已经开始了燃料乙醇的试点工作。

2. 生物柴油

生物柴油是一种由甲基酯组成的燃料,可以替代现有的石油柴油燃料,生产生物柴油需要使用植物油为原料,同时也需要甲醛和氢氧化钠。目前生产生物柴油,主要来自两种原料,一是用食用油(大豆油,菜子油)或废弃油;二是用其他油脂和野生油料作物。制取生物柴油普遍采用的方法是脂交换反应。整个过程复杂,同时还存在很多技术问题。

三、气体燃料

1. 生物制氢

由生物质汽化制氢和利用高浓度有机废水或固体有机废弃物厌气发酵进行生物制氢。其中菌种的选育是厌氧发酵制氢的关键技术,菌种选育现在几乎是空白,技术还不成熟。

2. 沼气生产

(1)沼气 沼气为无色、有味、有毒、有臭的气体。有机物在厌气环境中,通过微生物发酵产生的一种可燃气体。沼气含有多种气体,主要成分是甲烷(CH_4),沼气发酵过程主要是沼气细菌分解有机物产生沼气的过程。沼气细菌分两类,一类是分解菌,将复杂的有机物分解成简单的有机物和 CO_2 等,它们当中有专门分解纤维素的纤维素分解菌。分解蛋白质的叫蛋白分解菌,分解脂肪的叫脂肪分解菌;第二类叫甲烷菌,它把简单的有机物及 CO_2 氧化还原成甲烷。沼气中含甲烷 55%～70%,CO_2 28%～44%,还有少量的 H_2S 氮等。纯甲烷每立方米发热量为 36.8 kJ,沼气每立方米的发热量 23.4 kJ,相当于 0.55 kg 柴油或 0.8 kg 煤炭燃烧后的热量。从热效率分析,每立方米沼气所能利用的热量,相当于燃烧 3.03 kg 煤所能利用的热量。

有机物厌氧发酵生产沼气,是比较成熟的技术,且生产过程没有能源消耗,因此认为利用厌氧微生物生产沼气是最有希望的可再生能源生产。

(2)沼气生产主要设备是沼气池、锅炉等。沼气池的设计,因地制宜。锅炉等均有工业产品。农村沼气生产中,一般夏天一昼夜每立方米池容约可产气 0.15 m³,冬季可产 0.1 m³。农村建池,每人平均均按 1.5～2 m³ 有效容积计算较为适宜(有效容积一般指发酵间和储气箱的总容积)。

(3)我国的沼气生产,主要用人畜排泄物、植物秸秆、农业废弃物。

我国大力推广沼气,目前我国共建 2 355 座工业废水和畜禽粪便沼气工程,总池容达到了 88.29 万 m³,形成了每年 1.84 亿 m³ 的沼气生产能力。

目前我国农村户用沼气池在南方某些省份已经相当普及,并建立了一些较大的沼气工程。但是农村户型沼气池普遍存在产气率不高等问题,另外家庭模式自然发酵不可能使沼气成为商品,因此我国沼气发展,可以进行工业化生产,家庭利用、集中利用或沼气发电多型式生产和利用;提高沼气发酵速率,解决受气候调节限制等问题。

(4)生物质能源开发利用,生物质能的产业在国内外已经引起广泛关注,并有了一定的发展,但在某些方面也存在争议。在发展生物质能过程中,坚持发展可再生、清洁能源的战略方向是一致的;主要围绕不能与粮食生产争原料,争土地;充分考虑生产过程中的能耗,纯净获能率要高。在计算生产成本时,要考虑原料的生命的全过程生产和前处理过程的能耗等问题等。

四、植物基合成综合产品

(一)工艺过程

科学院理化技术研究所将植物加工联产为燃气、内燃机燃油和生物质碳,其工艺过程如图 9-23 所示。

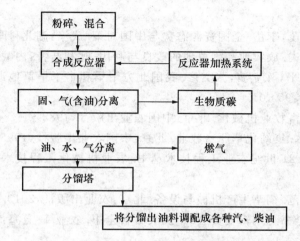

图 9-23 植物基合成综合产品工艺过程

(二)产品

如图 9-24 所示。

气体燃烧情况　　　　　　生物质炭

图 9-24 气体燃料和生物质炭

(1)液体燃料——将分馏出油料调配成各种汽、柴油;

(2)气体燃料(左图,燃烧);

(3)生物质碳(右图)。

参考文献

[1] 郎一环,王礼茂,李岱. 全国资源态势与中国对策. 武汉:湖北科学技术出版社,2002.

[2] 阿费. 伊万诺夫. 放牧地和割草地的改良与利用. 呼和浩特:内蒙古人民出版社,1960.

[3] 樊江文,钟华平,陈立波,张文彦. 我国北方干旱和半干旱草地退化的若干问题. 中国草地学报,2007,29(5):95-101.

[4] 王荫坡,中国畜牧业机械化. 北京:中国农业出版社,1988.

[5] 道尔吉帕拉木. 集约化草原畜牧业. 北京:中国农业出版社,1996.

[6] 江懋华. 面向 21 世纪农业工程技术丛书,农业机械化工程技术. 郑州市:河南科学技术出版社,2000.

[7] 杨世昆,苏正范. 饲草生产机械与设备. 北京:农业出版社,2010.

[8] 中国大百科全书总编辑委员会. 中国大百科全书. 农业 1. 上海:中国大百科全书出版社,1990.

[9] 卡那沃依斯基. 收获机械. 曹崇文,吴春江,柯保康等译. 北京:农业出版社,1983.

[10] 机械工程手册编辑委员会. 机械工程手册. 2 版. 专用机械卷(一). 北京:机械工业出版社,1997.

[11] 中国农业百科全书总编辑委员会. 中国农业百科全书. 农业卷. 北京:农业出版社,1992.

[12] 沈再春. 农产品加工机械与设备. 北京:中国农业出版社,1993.

[13] 郭庭双. 秸秆畜牧业. 上海:上海科学技术出版社,1996.

[14] 陈志一. 草坪与养护. 北京:中国农业出版社,2002.

[15] 北京农业工程大学. 农业机械学(上). 2 版. 北京:农业出版社,1991.

[16] 镇江农业机械学院,吉林工业大学. 农业机械理论基设计. 下册. 北京:中国工业出版社,1961.

[17] 中国农业机械学会基础技术专业委员会. 当代农机实用技术. 北京:中国农业出版社,1987.

[18] 周乃如. 气力输送原理与设计计算,郑州:河南科技出版社,1981.

[19] 北京钢铁学院. 气力输送装置,北京:人民出版社,1974.

[20] 华中农业大学. 南京农业大学. 微生物学. 北京:中国农业出版社,1999.

[21] 杨凤. 动物营养学. 北京:中国农业出版社,1999.

[22] 山西省原平农业学校. 农业微生物学. 北京:中国农业出版社,1992.

[23] 坂下摄(日),实用粉体技术. 李克永等译. 北京:中国建筑工业出版社,1983.

[24] 【美】Deere, Compary. Fundamentals of Machine, Operation, Hay and Forage Harvesting Moline, Deere & Compaty,1976.

[25] 杨明韶. 农业物料流变学. 北京:中国农业出版社,2010.

［26］杨明韶.草业料压缩试验研究.北京:中国农业出版社,2011.

［27］饲料工业杂志社.饲料机械产品样本.沈阳:饲料工业杂志社,1986.

［28］под редакциейинж. справочникконструктора Сельскохоузяйственых Машин，том1. ГОСХДАРСТВЕННОЕ НАУЧНОТЕХНИЧЕСКОЕ ИЗДАТЕЛЬСТВО МАШИНО-СТРОИТЕЛЬНОЙ ЛИТЕРАТУРЫ,МОСКВА,1960.

［29］А. В. РАСНИЧЕНКО, инж. Справочник конструкТроа Сельскохоузяйственых машин，том2. ГОСХДАРСТВЕННОЕ НАУЧНОТЕХНИЧЕСКОЕ ИЗДАТЕЛЬСТВО МАШИНОСТРОИТЕЛЬНОЙ ЛИТЕРАТУРЫ,МОСКВА,1961.

［30］М. И. КЛЕЦКИНА инж. Сиравочник конструкТора Сельскохоузяйственых Машин，том3. ГОСХДАРСТВЕННОЕ НАУЧНОТЕХНИЧЕСКОЕ ИЗДАТЕЛЬСТВО МАШИНОСТРОИТЕЛЬНОЙ ЛИТЕРАТУРЫ,МОСКВА,1964.

［31］刘德旺.1998,粮食及农产品干燥成套设备和技术.北京:气象出版社,1998.

［32］孙康杰,王英.韦立格尔圆捆机捡拾器运动轨迹分析.呼和浩特:畜牧机械,1980.

［33］Г. Д. 捷尔斯科夫.谷物收获机的计算.柏庆荣等译.北京:农业出版社,964.

［34］胡晋.种子贮藏加工.北京:中国农业大学出版社,2001.